Data Science on the Google Cloud Platform

IMPLEMENTING REAL-TIME DATA PIPE LINES:
FROM INGEST TO MACHINE LEARNING

スケーラブル データサイエンス

データエンジニアのための 実践 Google Cloud Platform

Valliappa Lakshmanan

葛木美紀

中井悦司

長谷部光治

本書内容に関するお問い合わせについて

このたびは翔泳社の書籍をお買い上げいただき、誠にありがとうございます。弊社では、読者の皆様からのお問い合わせに適切に対応させていただくため、以下のガイドラインへのご協力をお願いいたしております。下記項目をお読みいただき、手順に従ってお問い合わせください。

●ご質問される前に

弊社 Web サイトの「正誤表」をご参照ください。これまでに判明した正誤や追加情報を掲載しています。

正誤表　　　http://www.shoeisha.co.jp/book/errata/

●ご質問方法

弊社 Web サイトの「刊行物 Q & A」をご利用ください。

刊行物 Q & A　　http://www.shoeisha.co.jp/book/qa/

インターネットをご利用でない場合は、FAX または郵便にて、下記“翔泳社 愛読者サービスセンター”までお問い合わせください。

電話でのご質問は、お受けしておりません。

●回答について

回答は、ご質問いただいた手段によってご返事申し上げます。ご質問の内容によっては、回答に数日ないしはそれ以上の期間を要する場合があります。

●ご質問に際してのご注意

本書の対象を越えるもの、記述個所を特定されないもの、また読者固有の環境に起因するご質問等にはお答えできませんので、あらかじめご了承ください。

●郵便物送付先および FAX 番号

送付先住所 〒 160-0006 東京都新宿区舟町 5

FAX 番号 03-5362-3818

宛先 （株）翔泳社 愛読者サービスセンター

DATA SCIENCE ON THE GOOGLE CLOUD PLATFORM
by
Valliappa Lakshmanan

目　次

日本の読者の皆様へ

ビジネスのデジタル化が進むにつれて、利用可能なデータは年々増加しています。数年前には扱うことが難しかった動画のような大容量データも日常的に保存されるようになり、以前よりも格段にタイムリーに利用できるようになりました。データソースの量、速度、種類（Volume、Velocity、Variety）の増加に伴い、ビッグデータ分析はこれまで以上に重要になりました。

日本企業を含む多くの企業が、AI を用いたデータドリブンな意思決定によりビジネスの変革を進めています。機械学習を用いてデータドリブンな決定を自動化し、そしてスケールアウトすることで、個々の顧客に対応したリアルタイムなビジネスが実現できるようになりました。以前、そのような革新的な日本企業とビジネス変革の道のりを歩むため、桜の季節に東京を訪問した際に同僚達と楽しんだお花見を懐かしく思い出しています。

私が機械学習に携わるようになったのは 20 年以上前のことですが、データ処理、データ分析、そして機械学習は、これまで考えられなかったほど簡単なものになりました。機械学習モデルがますます強力になる一方で、機械学習のフレームワークはますますシンプルになり、計算処理のためのインフラストラクチャを構築・管理することなく、大規模なデータ分析が実施できるようになりました。まさに、この分野に参画し、クラウドコンピューティングで機械学習の問題を解決する絶好のタイミングと言えるでしょう。

私の著書を日本語に翻訳してくれた Miki さんと、彼女を助けてくれた Etsuji さん、Kozzy さんにとても感謝しています。技術書を翻訳するには、その書籍で取り上げられているすべてのテクノロジーと概念について精通している必要があります。特に、クラウドコンピューティングや機械学習といった分野では、技術が変化するスピードと必要とされる事前知識の深さを考えると、翻訳の難しさは想像を超えるものがあります。大変な努力と情熱の産物であるこの書籍を楽しんでいただけることを願っています。

Valliappa Lakshmanan

ベルビュー、WA、アメリカ合衆国

2019 年 4 月

はじめに

現在、私は、Google でさまざまな業界のデータサイエンティストやデータエンジニアと一緒に仕事をしており、データ処理やデータ分析のソリューションをパブリッククラウドに移行する作業に取り組んでいます。中には、クラウドから調達したコンピューティングリソースでオンプレミスと同じ仕組みを再現し、これまでと同じことを行おうと考える人々もいます。一方、先見の明のあるユーザーは、自分達のシステムを再考し、データを取り扱う方法を根本から変化させることで、業務をより早く革新することに成功しています。

2011 年の Harvard Business Review の記事では、クラウドコンピューティングの最大の成功は、これまでには不可能だった、グループとコミュニティの新たな共同作業を実現したことに起因すると指摘されています[1]。これは、いまでは広く認められた事実です。2017 年の MIT の調査では、パブリッククラウドへの移行の理由として、より多くのユーザーは、コスト削減（34%）よりもアジリティ（敏捷性）の向上（45%）をあげています[2]。

本書では、クラウドを活用した、これまで以上にコラボレーティブな新しいデータサイエンスの姿を具体例を通して説明します。エンドツーエンドのパイプラインの実装では、サーバーレスな方法でデータを取り込むことから始め、探索的データ分析、ダッシュボードの実装、リレーショナルデータベースの活用、さらには、ストリーミングデータの取り扱いを学びます。そして、最後には機械学習モデルのトレーニングと運用へと至ります。データエンジニアは、サービスの設計から始まり、統計モデルと機械学習モデルの作成、そして、それらを大規模なリアルタイム処理の本番システムとして実装するというすべての作業に携わることになります。そこで必要となる、データに関連するすべてのサービスについて説明を行います。

本書が対象とする読者

本書は、コンピュータでデータを扱うすべての人を対象としています。これには、データアナリスト、データベース管理者、データエンジニア、データサイエンティスト、あるいは、システムプログラマといった肩書が当てはまるでしょう。現在のあなたの役割は、（データ分析専門、モデル構築専門、あるいは、DevOps 専門など）特定の分野に限られているかもしれませんが、より広い知識を身につけたいと考える方も多いでしょう。データサイエンスに則ったモデルの作成方法、そして、それを大規模な本番システムに実装する方法を学びたいと思っている方もいるはずです。

Google Cloud Platform（GCP）は、インフラストラクチャを意識せず使えるように設計されています。Google BigQuery、Cloud Dataflow、Cloud Pub/Sub、Cloud ML Engine などの

[1] `https://hbr.org/2011/11/what-every-ceo-needs-to-know-about-the-cloud` を参照してください。

[2] `https://cloudplatform.googleblog.com/2017/10/turns-out-security-drives-cloud-adoption-not-the-other-way-around.html` を参照してください。

サービスは、すべてサーバーレスでオートスケーリングの機能を備えます。BigQueryにクエリを送信すれば、何千ものノードでクエリが実行されて結果が戻ります。クラスタを起動したり、ソフトウェアをインストールする必要はありません。同様に、Cloud Dataflowでデータパイプラインを実行する場合、あるいは、Cloud Machine Learning Engineで機械学習ジョブを実行する際は、クラスタの管理や障害回復を気にせずに、大規模なデータ処理や大規模なモデルの学習処理が実施できます。Cloud Pub/Subは、スループット、あるいは、パブリッシャーとサブスクライバーの数に応じてオートスケールする、グローバルなメッセージングサービスです。

GCPは、クラスタで動作するように設計された、Apache Sparkのようなオープンソースソフトウェアの実行も容易にします。データをHDFSではなくGoogle Cloud Storageに格納しておき、Sparkジョブを実行するためにそのジョブに固有のクラスタを起動します。ジョブが完了したら、そのクラスタは安全に削除できます。個々のジョブに最適化したインフラストラクチャを用いるため、ハードウェアの過剰なプロビジョニングや容量不足を心配する必要はありません。さらに、データは保存時だけではなく、転送中も暗号化されており、安全に保管されています。データサイエンティストとして、インフラストラクチャを管理する必要がないというのは、信じられないほど解放的な世界です。

GCPを利用する際に仮想マシンやクラスタを意識せずに済むのは、ネットワークのおかげです。GCPのデータセンター内のネットワークは1PB/秒の2分割帯域幅を持ち、Cloud Storageからの連続的なデータの読み取りは非常に高速です。したがって、従来のMapReduceジョブのようにデータを分割する必要はありません。GCPは、新しい計算ノードにデータを再配分することで、計算ジョブのオートスケールを実現します。こうして、GCPでデータサイエンスを行うことにより、クラスタの管理からも解放されます。

これらのオートスケール機能を持ったフルマネージドサービスは、データサイエンスモデルのスケーラブルな実装をより簡単にします。データサイエンティストは、もはや、データエンジニアにモデルを受け渡す必要はありません。データサイエンスのワークロードを用意して、自らクラウドに送信すれば、オートスケールな環境で実行することができます。これと同時に、データサイエンスのためのライブラリパッケージもますますシンプルになっており、エンジニアは、自らデータを収集して、既存の（そして優れた）モデルを容易に活用できるようになりました。適切に設計されたパッケージと使いやすいAPIを活用すれば、データサイエンスに必要なアルゴリズムの難解な詳細を知る必要はありません。それぞれのアルゴリズムが行うことと、現実の問題を解決するためにアルゴリズムを組み合わせる方法を知っていればよいのです。このようにして、データサイエンスとデータエンジニアリングの境界が消えつつある中で、データを扱うすべての人々は、現在の役割にとらわれず、より幅広い業務をこなすことができるようになっています。

この本を読む際は、実際にコードを試してみることを強くお勧めします。本書で構築するエンドツーエンドのパイプラインの完全なソースコードは GitHub にあります[3]。はじめに GCP のプロジェクトを作成しておき[4]、各章を読み終わるごとに、GitHub リポジトリの各フォルダにある README.md ファイルとコードを参照して、私と同じ手順を辿ってみてください。

[3] `https://github.com/GoogleCloudPlatform/data-science-on-gcp/`を参照してください。

[4] これを行うには `https://cloud.google.com/`にアクセスしてください。

謝辞

1 年ほど前に Google で仕事を始めるまで、私は、パブリッククラウドからインフラストラクチャを借り出していました。つまり、仮想マシンを起動して、必要なソフトウェアをそれらのマシンにインストールし、オンプレミスで使い慣れたワークフローによるデータ処理のジョブを実行していたのです。幸い、すぐに Google のビッグデータ・スタックは、オンプレミスとは異なるものであると気が付き、Google Cloud Platform 上のあらゆるデータ処理と機械学習のツールを最大限に活用する方法を学ぶことにしました。

私にとって物事を学ぶ最良の方法は、コードを書くことです。本書の内容に関しても例外ではありません。Python のミートアップグループから GCP について話すように頼まれたとき、私は自分が書いたコードを披露しました。エンドツーエンドのシステムを構築するコードのウォークスルーを実施しながら、データサイエンスの問題にまつわるさまざまなアプローチを対比するという手法は、参加者の理解を助けるのにとても有効だとわかりました。この時に話した内容を本書の提案として書き上げ、O'Reilly Media に送ったのが、この本を出版したきっかけです。

もちろん、書籍を出版するには、60 分のコードウォークスルーよりもはるかに大変な作業を伴います。ある日、自社の新入社員、たとえば、6 か月以内に入社した人からメールが届いたと想像してみてください。―― あなたが構築に携わった洗練されたプラットフォームに関する書籍を書くつもりで、あなたにも手伝って欲しいというのです。この人はあなたのチームメンバーでもなく、あなたにはこの仕事を手伝う義務などありません。このような状況で、あなたは何と返答するでしょうか？

Google がすばらしい職場と言われるのは、ここで働くすばらしい人々のおかげです。エンジニア、テクニカルリード、プロダクトマネージャー、ソリューションズアーキテクト、データサイエンティスト、法律顧問、ディレクターなど、さまざまなチームの多くの人々がその経験を見ず知らずの同僚に喜んで提供してくれたことは、会社の文化を体現する事実と言えるでしょう（実際、これらの人々の多くには、私はまだ直接会ったことがありません）。本書がこれほど素晴らしい内容になったのは、以下の人たちのおかげです。William Brockman、Mike Dahlin、Tony Diloreto、Brett Hesterberg、Bob Evans、Roland Hess、Dennis Huo、Chad Jennings、Puneith Kaul、Dinesh Kulkarni、Manish Kurse、Reuven Lax、Jonathan Liu、James Malone、Dave Oleson、Mosha Pasumansky、Kevin Peterson、Olivia Puerta、Reza Rokni、Karn Seth、Sergei Sokolenko、Amy Unruh。特に、すべての章をレビューしてくれた、Mike Dahlin、Manish Kurse、Olivia Puerta に感謝します。本書が出版されてすぐに、Anthonios Partheniou と David Schwantner から貴重な訂正箇所の報告を受けました。言うまでもなく、私は、残りのあらゆる誤りに対しても責任があります。

本書の執筆中、何度か完全に筆が止まってしまうことがありましたが、その中のいくつかは技術的な問題によるものでした。それらの課題に道を示してくれた Ahmet Altay、Eli Bixby、

Ben Chambers、Slava Chernyak、Marian Dvorsky、Robbie Haertel、Amir Hormati、Nikhil Kothari、Kenneth Knowles、Qi-ming（Bradley）Jiang、および、Chris Meyersに感謝の意を表します。その他にも、会社の方針を理解すること、適切なチーム、文書や統計データにアプローチすることも必要でした。これらの重要な課題を乗り越えられなければ、本書の品質を保つことはできなかったでしょう。Louise Byrne Apurva Desai、Rochana Golani、Fausto Ibarra、Jason Martin,、Neal Mueller、Brad Svee、Philippe Poutonnet、Jordan Tigani、William Vampenebe、そして、Miles Wardの助けと励ましに感謝します。

私を信頼して、ドラフトから出版までのプロセスを手助けしてくれたO'Reillyのチームメンバー、Kristen Brown、Marie Beaug Bureau、Ben Lorica、Tim McGovern、Rachel Roumeliotis、そして、Heather Schererにも感謝します。

そして最後に、私からの最も大切なメッセージを記します。執筆とコーディングに夢中になる私を受け入れ、それらすべてを価値のあるものにしてくれたAbirami、Sidharth、Saradaの理解と忍耐に大いに感謝します。

Valliappa Lakshmanan,
Bellevue WA, October 2017

著者について

Valliappa（Lak）Lakshmananは、現在、Google Cloudのプロフェッショナルサービス部門でデータ分析と機械学習の技術リーダーを務めています。彼のミッションは、機械学習を民主化し、統計やプログラミングに関する深い知識やハードウェアがなくても、Googleの優れたインフラストラクチャを使用して、誰でも、どこからでも機械学習が活用できるようにすることです。Googleに入社する前は、Climate Corporationでデータサイエンティストのチームを率いていました。また、NOAA National Severe Storms Laboratoryでリサーチサイエンティストを務め、悪天候の診断と予測のための機械学習アプリケーションの開発に取り組んでいました。

訳者まえがき

この本は、2018年1月に出版された"Data Science on the Google Cloud Platform: Implementing End-to-End Real-Time Data Pipelines: From Ingest to Machine Learning" (O'Reilly Media, Inc.,) の全訳です。

著者の Valliappa Lakshmanan の「はじめに」にもあるように、近年、データ分析や機械学習は、今まで考えられなかったほど簡単に行えるようになってきました。一方、業務でデータ分析やデータエンジニアリングをしている方の中には、いざデータが大規模になると、前処理の難しさや、分析・モデル作成にかかる時間に悩まされたり、クラウドを活用したいと思っても、何から始めれば良いか迷われる方もいるかもしれません。

本書は、そのような悩みを持つ方に、Google Cloud Platform 上でスケーラブルなデータ処理や分析、機械学習モデルの構築を行う一連の手順を具体例と共に案内しています。

数年前まで伝統的なデータベースに慣れ親しんでいた訳者自身も、フルマネージドなデータウェアハウスである BigQuery に触れた際、そのシンプルさに驚きました。従来のデータベースやデータウェアハウスと異なり、インストールや起動停止、バックアップリカバリやチューニングといった作業が不要で、データが準備できれば SQL 文を書くだけで良いのです。一方、機械学習に関しても「AutoML Tables」[5]のように、自動的に機械学習モデルを作成するサービスも現れています。

このように、最小限の専門知識でデータを扱えるようになってきた昨今では、ドメイン固有の知識・経験を活かした本質的なデータ分析や機械学習モデル設計の能力、またデータをクラウド上でどのように扱うかという幅広いデータエンジニアリングの知識が、ますます重要になっていくことでしょう。

本書を一読すれば、一般に、データ分析で何を重視して何に気を配るべきか、そして、クラウドにおけるデータ処理や分析のライフサイクルの全体像が理解できるはずです。また、サンプルコードを実際に試してみることで、従来は難しかったさまざまな処理が、驚くほど簡単に行えることを実感いただけるでしょう。本書が、皆さんのさまざまなデータ分析課題を解消する手助けになれば幸いです。

実行環境について

- 本書のコードは、一部を除き、Cloud Shell という Google Cloud Platform でホストされている Shell 環境から実行可能です。このため、対応しているブラウザさえあれば開発をスタートできます。最新の対応ブラウザなど詳細については Cloud Shell のドキュメント[6]を参照してください。

---

5 https://cloud.google.com/automl-tables/

6 https://cloud.google.com/shell/docs/limitations#browser_support

- 本文中のコードは執筆時点に書かれたものなので、文中の内容そのままでは動作しない場合があります。実際に手元で試される際は、必ず GitHub リポジトリ[7]の最新版コードを参照してください。
- 第 4 章以降で触れられている BigQuery について、本書のスクリーンショットは旧版の UI となっています。2019 年 5 月時点で GCP コンソールにて新しい UI に切り替わっており、見た目が若干異なる可能性があります。
- BigQuery はレガシー SQL と標準 SQL という二種類の SQL 言語[8]に対応していますが、本書は標準 SQL を想定して書かれています。万が一クエリがエラーになった場合、標準 SQL が有効になっているか確認[9]してください。

謝辞

著者の Valliappa Lakshmanan には、内容について疑問があった時、いつも丁寧に質問に答えていただきました。出版を引き受けてくださった翔泳社編集部には、構想から完成まで長期間にわたり、親身になって支えていただきました。同僚の大薮勇輝さん、金子亨さん、唐澤匠さん、胡淑鳳さん、下田倫大さん、田丸司さん、深堀まど佳さん、寶野雄太さん、水江伸久さん、吉川隼人さん、四津匡康さん（五十音順）には、レビューをしていただき多くの有益なアドバイスを頂戴しました。ここに感謝申し上げます。また、今回、中井悦司さん、長谷部光治さんに全体の監修をお願いしました。何度も内容を精査いただき、お二人のおかげで、非常にクオリティの高い内容になりました。本当にありがとうございます。最後に、夜遅くまで作業していても理解し、応援してくれた家族にも、感謝の意を表します。

葛木美紀

[7] https://github.com/GoogleCloudPlatform/data-science-on-gcp

[8] https://cloud.google.com/bigquery/docs/reference/standard-sql/migrating-from-legacy-sql?hl=ja#comparison_of_legacy_and_standard_sql

[9] https://cloud.google.com/bigquery/docs/reference/standard-sql/enabling-standard-sql?hl=ja

訳者・監修者紹介

翻訳

●葛木美紀（かつらぎ・みき）

兵庫県出身で二児の母。データベースベンダーでアナリスト、データ分析基盤の構築や運用を経て、米系 IT 企業で大手広告主のデジタル広告や CM の広告効果測定などビジネスデータの分析業務に従事。現在はエンジニアとしてクラウドを活用したサービスの開発やマーケティング分析の提案を担当。GCPUG 女子会（https://gcpug.jp/）オーガナイザー。

監修

●中井悦司（なかい・えつじ）

1971 年 4 月大阪生まれ。ノーベル物理学賞を本気で夢見て、理論物理学の研究に没頭する学生時代、大学受験教育に情熱を傾ける予備校講師の頃、そして、華麗なる（？）転身を果たして、外資系ベンダーで Linux エンジニアを生業にするに至るまで、妙な縁が続いて、常に Unix/Linux サーバーと人生を共にする。その後、Linux ディストリビューターのエバンジェリストを経て、現在は、米系 IT 企業の Solutions Architect として活動。

最近は、機械学習をはじめとするデータ活用技術の基礎を世に広めるために、講演活動のほか、雑誌記事や書籍の執筆にも注力。主な著書は、『[改訂新版] プロのための Linux システム構築・運用技術』『Docker 実践入門』『IT エンジニアのための機械学習理論入門』（いずれ技術評論社）、『TensorFlow で学ぶディープラーニング入門』（マイナビ出版）、『技術者のための基礎解析学』『技術者のための線形代数学』『技術者のための線確率統計学』（いずれも翔泳社）など。

●長谷部光治（はせべ・こうじ）

1980 年 10 月生まれ。小さい頃からゲーム開発者になることを夢見ていたが、ネットサービスの流行りに乗り、ゲーム会社のインフラエンジニアとしてキャリアをスタートすることになった。データセンターでケーブルを作り配線するところから、アプリケーション開発まで幅広く経験。その後、クラウドに出会い衝撃を受け、クラウドを利用するユーザー側としてアーキテクト、インフラマネージャーを経て、現在は米系 IT 企業にて Solutions Architect として活動。最近はハイブリッドという観点から、クラウドテクノロジーがどのようにビジネスを変革できるかを世に広めるべく活躍中。

第1章 データに基づくより良い意思決定

データ分析の主目的は、より良い決定を下すことです。分析結果に基づいた意思決定が必要なければ、そもそも、分析に時間を費やす必要はありません。たとえば、中古車の購入を検討する際に、車の製造年と走行距離を販売店に問い合わせることがあります。これは、車が販売されてからの経過年数で、その車の潜在的な価値が推測できるからです。走行距離を経過年数で割れば、この車がどれほど頻繁に使用されてきたかがわかります。この後、さらに5年間、この車を使い続けられそうかといった判断ができます。しかし、そもそも車を購入する予定がなければ、このような分析を行う必要はありません。

実際のところ、データというのは、ほとんどの場合、分析と意思決定のために収集されるものです。車の購入時に年数と走行距離を確認するということは、分析のためのデータを収集しているということです。その他にもさまざまな例が考えられます。すべての車には走行距離計が搭載されていますが、これは、中古車の購入以外にも、車の走行距離に基づいて意思決定を行うさまざまな場面があるからです。たとえば、トランスミッションが壊れた場合、メーカからの補償は得られるでしょうか？　オイル交換のタイミングは？　このような意思決定に必要となる分析は、それぞれに内容が異なります。しかしながら、いずれの場合も、まずは、走行距離が記録されていることが前提となります。

意思決定のためにデータを収集する際は、そのためのインフラストラクチャやそれを保護するセキュリティに、一定の要件が課せられます。事故の申し立てを受けて、車の価値に応じた保険金を支払う保険会社は、走行距離計が正確であることをどのようにして確認すればよいのでしょうか？　走行距離計はどのように検査されており、どのような改竄防止策が講じられているのでしょうか？　走行距離計のキャリブレーション時と異なるサイズのタイヤを取り付けている場合など、一見すると改竄に見える状況が偶発的だった場合はどうなるでしょう？

複数の当事者が関与し、データの所有者と使用者が異なる場合、データの監査は特に重要です。データの正当性が確認できなければ、関係者は手探りの判断に頼らざるを得ません。そこには、最適な決定ができず、市場が混乱に陥るというリスクさえもあります[1]。

なお、すべてのデータ収集が、車の走行距離計と同じくらいにコストがかかるとは限りません[2]。センサーの価格はここ数十年で劇的に下がり、私たちの日々の活動を通じて、膨大なデータが無自覚のうちに収集されるようになりました。データを収集・保存するハードウェアの価格が下がるに従い、明確な目的はなくとも、データは無期限に保存されるようになりました。しかしながら、収集・保存したデータを分析する際は、やはり、そのための目的が必要です。

繰り返しになりますが、データ分析の目的は意思決定です。市場に参入するかしないか？ コミッションを支払うかどうか？ 価格をどれくらい上げるか？ いくつ購入するか？ 今すぐ購入するか、1 週間待つのか？ このような意思決定が必要な場面は増え続けていますが、いまやデータはいたる所に存在しますので、もはや荒っぽい経験則に頼る必要はありません。データドリブンな方法で、意思決定ができる時代になったのです。

もちろん、すべての分析や意思決定を自分自身で行う必要はありません。たとえば、走行距離から自動車の価値を推定するという作業は、それ自体をサービスとして提供する企業があるほどに一般的です。走行距離計が正確であることや車が事故を起こしていないことの確認、あるいは、売却希望価格と市場価格の比較などは、そのような企業に依頼できます。したがって、データ分析の実際の価値は、個々の分析結果というよりは、むしろ、データドリブンな意思決定を体系的に実施して、それを継続的なサービスとして提供することにあります。これにより、それぞれの企業は専門性を持ち、意思決定の正確性を継続的に向上していくことができるのです。

1.1 多くの同様な意思決定

前述のように、センサーやストレージのコストが下がることで、データドリブンな意思決定の支援ができる業界やユースケースは増加しており、このような業界で働く人々、あるいは、起業を考える人々にとって、そのチャンスは広がりつつあります。場合によっては、新たにデータを収集する必要もあるでしょうし、すでに収集されたデータが利用できるとしても、多くの場合、その他のデータを収集して補う必要があります。これらのすべてのケースにおいて、データを分析し、データドリブンな意思決定を体系的に支援できる人は、市場で求められるス

---

[1] このような「手探りの判断」に関する古典的な論文は、1970 年に発表された、George Akerlof の「The Market for Lemons」です。Akerlof と Michael Spence（シグナリングの仕組みを説明）、および、Joseph Stiglitz（スクリーニングの仕組みを説明）は、この問題の解明により、2001 年にノーベル経済学賞を共同受賞しました。

[2] 走行距離計自体はそれほど高価ではないかもしれませんが、情報を収集し、データが正しいことを確認するには、それなりの費用がかかります。以前、私が車を売却した際は、走行距離計を改竄していない旨を宣言する署名を求められ、さらに、財務保証を担う銀行員による公証が必要でした。これは、車の買い取り主に費用を貸し出すローン会社の要求によるものです。すべての自動車整備士は、走行距離計の改竄を報告することになっており、この規則を遵守させるための州政府機関があります。これらのコストもすべて勘案する必要があります。

キルを持っていると言えるでしょう。

この後、本書では、いくつかの意思決定の例を示します。そこでは、さまざまな統計的手法、あるいは、機械学習を用いて、意思決定に必要な知見を得る方法を紹介します。ただし、それらをただ一度の作業として終わらせるのではなく、より体系的に行う方法を示していきます。最終目標は、この意思決定能力を顧客にサービスとして提供することです。顧客は既知の情報を提供し、私たちは、体系的に収集したデータを補い、組み合わせることで、さらにその先の知見を入手、あるいは、予測するのです。

データを収集する際は、データの安全性も考慮する必要があります。データが改竄されていないことを保証するだけではなく、個人情報の侵害を防止する必要もあります。たとえば、走行距離計から収集したデータが、収集時刻の情報を含んでいる場合、非常に機密性の高い情報になります。車の利用者に関する他の情報（自宅の住所や住んでいる都市の交通パターンなど）をあわせると、その人の行動パターンを推測し、任意の時刻の居場所を特定することができるからです。このように、一見すると無害なデータにおいても、プライバシーへの影響は想像以上に大きくなることがあります。セキュリティを考慮するならば、データに対するアクセスの制御、そして、誰がデータを参照・変更したかを監査するためのログの収集・管理は必須となります。

単純にデータを収集したり、そのまま使用するだけではなく、データを理解することも重要です。走行距離から車の価値を推定する際は、走行距離計の改竄に関わる問題を理解する必要がありました。これと同様に、データ分析の際は、データをリアルタイムに収集する方法やデータに含まれるエラーの種類を考慮する必要があります。それぞれのデータに固有の特性を十分に理解することは、データサイエンスの活動において、とても大切な意味があります。データサイエンスの新しいアイデアがうまくいくかどうかは、データの微妙な特性が適切に評価されているかどうか、それらが徹底的に理解されているかどうかによって決まることも少なくありません。

また、意思決定の支援機能をサービスとして提供したいと思った場合、オフラインだけでシステムを構築するわけにはいきません。サービス化にあたっては、想像し得るあらゆる課題が発生します。まずは、データから導かれた意思決定の質そのものに関わる問題があります。その決定はどこまで正確なのか、典型的なエラーの要因は何か、このシステムを適用すべきでないケースはどのようなものかといった疑問に答える必要があります。次は、サービスの品質に関する問題です。サービスの安定性、1 秒間に処理できるリクエスト数、あるいは、データを入手してから意思決定モデルに組み込まれるまでの時間といった考慮点があります。本書では、実際のユースケースを用いて、実践的なデータサイエンスで考慮すべきさまざまな側面を紹介します。

1.2 データエンジニアの役割

「ちょっと待って……」── ここで、そんな声が聞こえてくる気がします。「Web サービスの QPS（1 秒間に処理できる問合せ数）は、私の責任範囲ではありません。私の仕事は、SQL クエリを書いてレポートを作成することです。さきほどの話は、私の仕事に何か関係があるとは思えないのですが」。あるいは、冒頭の話題ですでに困惑している人もいるかも知れません。「ビジネス上の意思決定は、ビジネス側の人々が考えることでしょう。私の仕事はデータ処理システムの設計・構築、つまり、データ処理基盤を用意して、いま何が起きているかを把握すること、すべてを安全に保つことです。データサイエンスがすごいのはわかりますが、私はエンジニアです。Google Cloud Platform を用いたデータサイエンスの実践といえば、システムの運用方法やアクセス増加時のスケールアウトの方法が聞けるものだと思っていたのですが」。そして、3 つ目の反応のパターンはこうではないでしょうか。「これは本当にデータサイエンスの説明ですか？　さまざまなモデルの違いの説明、統計的推論と評価の手法、それから、数式はいつ登場するのでしょうか。データアナリストやエンジニアではなく、私のための説明をしてください。私は統計学の博士号を持っているのですから」。このような意見はもっともです。私は、組織内のさまざまな人々によって行われる仕事を混同しているように見えるかもしれません。

つまり、あなたは、次のような考えには同意するかもしれませんが、趣味であれ、仕事であれ、これらすべてに 1 人で取り組む必要があるとは思わないでしょう。

1. データ分析は意思決定を支援するためのものである。
2. 経験ベースではなく、データドリブンな意思決定の方が優れている可能性がある。
3. 意思決定モデルの精度は、適切な統計的手法、もしくは、機械学習によるアプローチの選択に依存する。
4. データの微妙な違いによって、モデルがまったく役に立たなくなることがあるため、データの本質的な理解が大切である。
5. 意思決定を体系的に支援し、それをサービスとして提供する大きな市場機会がある。
6. そのようなサービスは、継続的なデータ収集とモデルの更新を必要とする。
7. 継続的なデータ収集には、強力なセキュリティと監査が必要。
8. 顧客は、サービスの信頼性、正確性、待ち時間についての保証を必要とする。

しかしながら、Google では[3]、技術スタッフ全員をエンジニアと呼ぶことからもわかるよう

[3] 本書の内容は Google の公式見解ではなく、筆者の個人的な意見ととらえてください（データアナリスト、IT プロフェッショナル、そして、データサイエンティストの役割に関しては、Google から発表されたデータエンジニア認定試験があります）。Google の公式見解については、適切なソースを明示していますが、公式ドキュメントに関する記述においても、その解釈は筆者個人によるものとなります。公式情報については、公式の URL を参照するようにしてください。

に、個々の社員の役割をもう少し広くとらえており、データエンジニアというのは、「データ分析を実行してビジネスで成果を出す」ことができる人とみなしています[4]。データ分析においては、データドリブンな意思決定を支援する統計モデルを構築することから始めますが、その際、SQL クエリやチャート作成ソフトウェアで結果を単純にグラフ化するだけでは不十分です。その結果を解釈し、ビジネス課題に応えるための知見を導き出す統計的なフレームワークを理解する必要があります。したがって、いま利用している統計的手法がどのような意味を持つのか、そして、分析結果がどのようにしてビジネス課題の解決につながるのかという、2 つの要素をとらえる必要があります。つまり、クエリ、レポート、グラフは最終目標ではなく、最も重要なのは、ビジネス課題を解決するために、統計的に有効なデータ分析を実行する能力であり、適切、かつ、検証可能な意思決定にこそ価値があるのです。

また、データ分析は一度だけの仕事ではなく、スケール可能な手法が必要とされます。優れた意思決定プロセスは、反復可能で、あなた以外の多くのユーザーが実行できなければなりません。分析をスケールする方法の 1 つは自動化です。これにより、データエンジニアは、考案したアルゴリズムを体系的で、反復可能なものにしなければなりません。システムの信頼性を担うエンジニアは、自分自身でコードを修正できるようになるのが理想ですが、それと同様に、統計学や機械学習を理解している人々が、自分自身でモデルをコード化できるようになることが必要です。Google では、データエンジニアは、モデルの構築から自動化までをカバーできると考えていますが、それを実現するには、安全で信頼性が高く、耐障害性があり、スケーラブルで効率的なデータ処理システムの設計、構築、そして、問題発生時のトラブルシューティングが必要です。

データサイエンスを理解したエンジニア、あるいは、コードが書けるデータサイエンティストを必要としているのは、Google だけではありません。Stitch と呼ばれるスタートアップの創業者である Jake Stein は、ビッグデータの世界で最も需要の多いスキルは、データエンジニアであると求人広告から結論づけています[5]。サンフランシスコの求人データを用いて、同様の分析を行ってみたところ、実際に、データエンジニアの求人はデータアナリストとデータサイエンティストの合計求人数を上回っていました（図 1–1）。

サンフランシスコのハイテク企業だけではなく、これは、今後すべてのデータ集約型産業が進む方向です。データに基づいた、反復可能でスケーラブルな意思決定のニーズが高まるにつれて、このトレンドは、ますます加速するでしょう。企業がデータエンジニアを探しているとき、彼らが求めているのは、上記 3 つの役割をすべてカバーできる人なのです。

しかしながら、このような複数の領域に精通した、完璧な人材を求めるのは現実的と言える

4 https://cloudplatform.googleblog.com/2016/10/transform-your-business-become-a-Google-Certified-Professional-Data-Engineer.html を参照。

5 https://medium.com/startup-grind/why-is-san-francisco-on-a-data-engineering-hiring-spree-6570f4e0810b#.4td5m667k

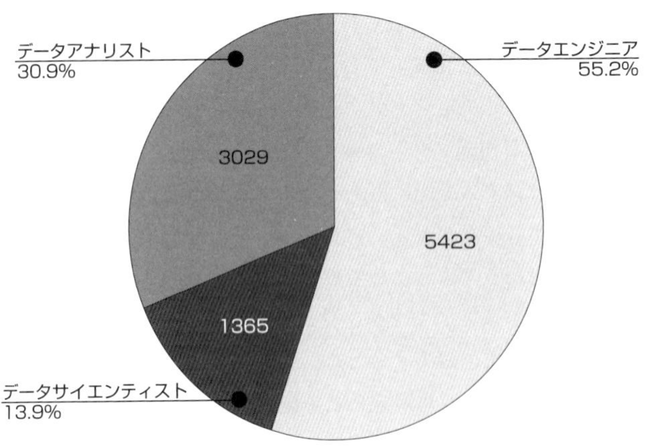

図1-1：サンフランシスコベイエリアにおける求人情報（2016年11月6日）

でしょうか？　データベーススキーマの設計、SQLクエリの作成、機械学習モデルの構築、データ処理パイプラインのコーディング、そして、これらすべてのスケールアップの方法を理解できる人物を見つけられる可能性はどのぐらいあるのでしょうか。―― 驚くべきことに、これは、とても現実的な選択肢なのです。なぜなら、これらの仕事をこなすために必要な知識の量は、数年前よりもずっと少なくなっているからです。

1.3　クラウドで実現するデータエンジニアリング

クラウドの普及により、データエンジニアは、これまでは4つの異なるスキルセットを持つ人々が行っていた作業を1人でこなせるようになりました。オートスケーリング、あるいは、設定が容易なサーバーレスのマネージドサービスが登場したことで、より多くの人々がスケーラブルなシステムを構築できるようになったからです。その結果、困難なビジネス課題を解決する、データドリブンなソリューションを構築するデータエンジニアを雇うことは、夢ではなくなりました。このようなデータエンジニアになるには、膨大な知識はもはや必要ありません。クラウド上で、データサイエンスを実践する方法を学べばよいのです。

クラウドがデータエンジニアリングを可能にするというのは、一見無謀に聞こえるかもしれませんが、これは、「クラウド」をどうとらえるかに依存します。社内のワークロードをパブリッククラウドに、そのまま移行するという話ではありません。ここでは、Google Cloud PlatformのGoogle BigQuery、Cloud Dataflow、Cloud Machine Learning Engineなど、インフラストラクチャのプロビジョニング、監視・管理などのサービスを自動化するマネージドサービスについての話をしています。クラウド上の適切なツール群を活用することで、データ分析、あるいは、データ処理に必要なワークロードのスケーリングと障害対応が自動化され、データサイエンティストのITサポートに対する依存性は、格段に減少することが理解できるでしょう。

また、データサイエンスに必要なツールは、ますます、使いやすく簡単になっています。Spark、scikit-learn、Pandas などのフレームワークが普及することで、データサイエンスとそのためのツールは、一般的な開発者でも容易に利用できるようになりました。統計モデルを作成する、あるいは、ランダムフォレストなどの機械学習モデルを利用するために、データサイエンスの専門家である必要はなくなりました。より伝統的な IT の役割を担う人々にも、データサイエンスの門戸が開かれたのです。

データアナリストとデータベース管理者の関係においても、同じことが言えます。現状では、両者のスキルセットは、大きく異なるかもしれません。データ分析には、SQL の詳しいスキルが必要で、一方、データベースの管理には、インデックスとチューニングに関する深い理解が必要だからです。しかしながら、BigQuery のように、非正規化されたテーブルを採用し、システム管理のオーバーヘッドが最小限に抑えられたツールが登場することで、データベース管理者の役割は大幅に減少しました。あるいは、企業内のすべてのデータストアと接続する、Tableau のようなビジュアライゼーションツールの利用が増えることで、より幅広い人々がデータウェアハウスと直接対話し、価値の高いレポートとデータに対する知見を得ることが可能になりました。

こういったデータに関わる役割が統合されつつあるのは、インフラストラクチャの問題が緩和されることで、データ分析とモデリングの分野がより多くの人々の関心領域となったからです。あなたが、データサイエンティスト、データアナリスト、データベース管理者、あるいは、システムプログラマのいずれかだとして、このような変化は、喜ばしいことでしょうか、それとも、非現実的なことでしょうか。これまでに説明したように、参入の障壁が低くなったいま、「自分の責任範囲外の作業が終わるのが待ちきれない」というのであれば、これは喜ばしいことでしょう。あなたが、この新しいデータサイエンスの世界に興奮しているならば、この本は、まさにあなたのためのものです。

このような複数の役割の統合に、まだ懐疑的な方も、もう少しお付き合いください。伝統的なエンタープライズ環境にいる人にとって、インフラストラクチャの管理を必要としないオートスケーリング環境というのは、想像しがたいものかもしれません。「少なくとも自分が引退するまでの間は、そのような劇的な変化は起こるはずもない」―― そんな風に考えるかもしれません。あなたの組織がどれほどの変化を望んでいるかはわかりませんから、その可能性も否定はできません。しかしながら、これからは、より多くの地域、より多くの産業において、サンフランシスコのハイテク企業と同様の変化が起きるはずです。データアナリストとデータサイエンティストよりも、さらに多くのデータエンジニアが求められる時代となり、その役割は、現在のデータサイエンティストに通じるものとなるでしょう。データエンジニアは、データサイエンスの活動に加えて、そのためのワークロードをパブリッククラウドで実行するための知識を持ち合わせているからです。データサイエンスの用語を理解し、データサイエンスのフレームワークを学ぶことで、あなた自身の価値をより高めることができるのです。

自動化によって利用が容易になることで、新しいものが世の中に広まるというのは、技術の世界では定番の道筋です。昔は、何かを輸送したい場合、馬車で運ぶ必要がありました。そのためには、馬を操る御者と馬の世話をする使用人を雇う必要がありました。これらの作業は、自分 1 人でできるほど簡単ではないからです。その後、自動車の時代になり、馬に餌をやる作業は、タンクにガソリンを入れるという簡単な作業に置き換わりました。もはや、馬の世話をする使用人は必要ありません。同じく、御者の仕事も時代遅れになりましたが、もともと御者を雇えなかった人々には、そもそも運転手を雇うという選択肢はありません。つまり、自動車の利用を民主化するには、自分 1 人で扱えるというシンプルさが必要だったのです。このような民主化によって、仕事が減るのを危惧する人もいるかもしれませんが、運転手を雇う必要がなくなったことで、より多くの人々が自動車を持てるようになったことも事実です。ただし、そこには、運転が容易であるという前提条件があります。交通渋滞がひどく、その一方で、人件費が安価な発展途上国では、一般の人々が運転手を雇うということもあるでしょう。一方、先進国では、運転に奪われる時間の増大と人件費の高騰があいまって、自動運転車の研究が盛んに行われています。

このような馬車から自動運転車への進化は、データサイエンスのトレンドと本質的に同じものです。インフラストラクチャが簡単になり、手作業が減ることにより、データサイエンスの活動はますます盛んになり、より多くの人々がデータサイエンスの活用を始めようとしています。たとえば、Google では、毎月、約 80%の従業員が Dremel（Google Cloud の BigQuery に相当するツール[6]）を使用しています。ツールの利用方法にはいくらかの違いがありますが、誰もが定期的にデータに触れて、意思決定をしています。誰かに何か質問をすると、BigQuery のビューやクエリへのリンクが返ってきます。「最新の回答を知りたいと思うたびにクエリを実行する」という習慣は、BigQuery を単なるマネージド DWH からセルフサービスのデータ分析ソリューションに昇華させたわけです。

もう 1 つの例として、企業内の通信手段がどのように発展してきたかを考えてみましょう。かつて、一般企業では、口述された内容をタイピングするための低賃金労働者が大量に雇用されていました。文書のタイピングは手間がかかる一方で、その作業自体は、企業のビジネス活動の中心とはみなされていなかったからです。高給の従業員は、その代わりに、営業活動や新製品の開発に時間を費やしていました。しかし、この方法は非効率的でした。電子化が進み、ワードプロセッサによって文書作成が容易になると、文書の入力作業はセルフサービスになりました。最近では、企業のほぼすべての役員が、自分自身でタイプしています。それと同時に、作成される文書の量は爆発的に増加しました。これと同じことが、データサイエンスにもあてはまります。データサイエンスのワークロードにおいても、テストとデプロイが容易になることで、多くの IT 関連業務において、データサイエンスに関わる作業がその一部となるはずです。これは、データサイエンスに関わる作業が、ますます容易になっているからです。データ

[6] 出典：Jordan Tigani, GCP Next 2016. 参照：https://www.youtube.com/watch?v=6Nv18xmJirs&feature=youtu.be&t=25m37s

サイエンス、あるいは、データを扱うという能力は、限られた業務だけではなく、企業全体へと自然に広がっていくでしょう。

1.4　この本の対象読者

この本の対象読者は、データアナリスト、データベース管理者、データエンジニア、データサイエンティスト、あるいは、システムプログラマなど、データを用いた作業を行うすべての人々です。いま、この本を読んでいるあなたも、近いうちに、データサイエンスに関わるモデルを作り、信頼性とセキュリティを考慮した本番システム上にスケーラブルな形で実装する必要性が生じることでしょう。

データアナリスト、データベース管理者、データサイエンティスト、そして、システムプログラマといった今日の役割分担は、それぞれの領域における深い専門知識を必要とする時代に生まれたものです。しかしながら、この状況は変わりつつあります。データエンジニアの実践的な活動において、他の人々にさまざまな仕事を依頼するということは、なくなっていきます。モデルを作成する人と、それを本番システムに実装する人の役割分担が必要となるのは、それぞれの作業があまりにも複雑だったからです。一方、今ではオートスケールを備えたマネージドサービス、そして、データサイエンスのためのシンプルなライブラリパッケージの登場により、データサイエンスのワークロードを記述して、スケーラブルな形でクラウドにデプロイすることはとても簡単になりました。つまり、データサイエンティストからすれば、自分が作成したモデルを本番システムにデプロイするために、特別な IT スペシャリストのチームは不要になったのです。

一方、データサイエンスそのものもシンプルで簡単なものになりました。よく設計されたライブラリパッケージと簡単に使える API のおかげで、データサイエンスのアルゴリズムを自分自身で実装する必要はなくなりました。それぞれのアルゴリズムの仕組みを理解し、それらを組み合わせて、現実世界の課題を解く方法を学べばよいのです。データサイエンスのワークロードを実装することが簡単になることで、データサイエンスの民主化が進むというわけです。すべての IT 担当者は、いまの役職が何であろうとも、一定レベルのプログラミング（特に Python）ができて、ビジネスドメインをよく理解しているのであれば、データ処理パイプラインを設計して、ビジネス課題の解決に取り組むことができるのです。

そこで本書では、データエンジニアが関わるであろう、データを用いたサービスに関するさまざまな側面に加えて、統計的モデルや機械学習モデルの開発、さらには、これを本番システムにスケーラブルな形で実装する方法について説明していきます。

1.5 クラウドで進化したデータサイエンス

私はGoogleに入社する以前は、研究者として、気象診断と予測のための機械学習アルゴリズムの実装に取り組んでいました。そのモデルは、複数の気象センサーからのデータを利用するものでしたが、特に、気象レーダーからのデータに大きく依存していました。数年前、最新のアルゴリズムを使って気象レーダーからのデータを再解析するプロジェクトに着手したとき、その作業には、4年を要しました。しかし、最近では、同じデータセットを横断的に処理して降雨量の推定を行う作業が、たった2週間で終わりました。4年要したものを2週間で行えるようになったこの例からも、イノベーションの速度が想像できるでしょう。

4年から2週間に短縮できた理由は、5年前までは、データ移動に多くの時間が費やされていたからです。データをテープドライブから取り出し、ディスクに格納して処理し、次のデータセットのためにまたそれらを移動します。失敗したジョブを特定するには時間がかかり、さらに、失敗したジョブをやり直す際は、複数のステップを手作業で実施する必要がありました。また、これらの処理は、固定サイズのクラスタ上で行います。このような要因から、過去のアーカイブデータを処理するには、恐ろしく長い時間がかかったのです。その後、パブリッククラウドにすべての作業を移行してみると、まず、すべてのアーカイブデータがクラウドストレージに保存できることがわかりました。同じリージョンの仮想マシンからアクセスする限り、データの転送速度は十分に高速でした。データをディスクに移動して処理をした後に、仮想マシンを停止するという作業は必要でしたが、その手順は、以前よりはずっと簡単です。データの移動量を減らし、多数のマシンでプロセスを実行する、それだけのことで、処理時間が大幅に短縮されたのです。

オンプレミス環境と比較した場合、10倍のマシンでジョブを実行するというのは、高額なコストがかかると思うかもしれませんが、計算能力というのは、購入するよりも、借りるほうが経済的なのです。10台のマシンを10時間稼動させるのと、100台のマシンを1時間稼動させるのとでは、結局のところ、コスト計算は同じになります。それなら、10時間ではなく、1時間で答えを得られたほうがよいに決まっています。

しかし、それでもまだ、クラウドのポテンシャルを十分に活用しきれたとは言えませんでした。本当は、仮想マシンを起動してソフトウェアをインストールし、失敗したジョブを探すというプロセスそのものが省略できたからです。Cloud Dataflowなどのオートスケーリングに対応したデータ処理パイプラインを使用していれば、数千台のマシンで処理を並列化して、2週間の作業を数時間まで短縮できたはずです。数テラバイトのデータを処理する場合、インフラストラクチャを管理する必要がないということが、大きな利点となります。データ処理、データ分析、そして、機械学習を数千台のマシンにオートスケールすることも可能です。

このように、クラウド上でデータエンジニアリングを行う主な利点は、時間を節約できることです。データエンジニアリングでは、並列化可能な処理が大部分を占めるため、結果を得るために何日も何か月も待つ必要はありません。多数のジョブを何千台ものマシンで並列実行すれば、数分で結果が得られます。非常に多くのマシンを恒久的に所有するのは高コストですが、一度に数分間借りるだけなら十分現実的です。このように、パブリッククラウド上のオートスケールに対応したサービスでデータを処理し、時間を節約するのは非常に合理的な選択肢といえます。

一度に何千台ものマシンでデータ処理のジョブを実行するには、完全なマネージドサービスが必要です。Hadoop分散ファイルシステム（HDFS）のように、計算ノードや永続ディスクなどのローカルにデータを保存する場合、どのジョブが、いつ、どこで実行されるかを正確に把握していないと処理をスケールすることができません。また、失敗したジョブの自動的な再実行機能がない場合、クラスタのサイズを縮小することもできません。クラスタのノード間で、動的なタスクの移動処理が行われない場合、最も負荷が大きいワーカーノードが実行時間のボトルネックになります。つまり、クラスタのサイズを動的に変更し、計算ノード間でネットワークを経由してジョブやデータを移動する、自動スケーリングの機能が重要になります。

Google Cloud Platformには、オートスケーリングの機能を備えた、主要なフルマネージドのサーバーレスサービスとして、BigQuery（SQL分析に優れたDWH）、Cloud Dataflow（データ処理パイプライン）、Google Cloud Pub/Sub（メッセージ駆動型システム）、Google Cloud Bigtable（ハイスループットの大規模データ向けDB）、Google App Engine（ウェブアプリケーション開発のPaaS環境）、Cloud Machine Learning Engine（機械学習の実行環境）などがあります。このようなオートスケールに対応したサービスを使用することで、物理マシン、仮想マシン、コンテナといった形態によらず、マシンの管理やソフトウェアのインストールといった作業から解放され、より複雑なビジネスの課題に取り組むことが可能になります。コンテナ、サーバー、クラスタなどを設定する必要のあるサービスと、そういった準備が不要なサービスの両方がある場合は、サーバーレスなサービスを選択して、本来のビジネス課題に取り組む時間を確保するべきです。

1.6 この本で扱うケーススタディについて

医学や法律などの分野では、ケーススタディに基づいた議論が盛んです。Paul Lawrenceの言葉を借りると、これは「実生活で直面する、確固たる事実に根ざした[7]」議論であり、ケーススタディというのは、「一度分解された後に、教室内における討論と思考を通じて再構築されるべき、複雑な状況の記録」なのです。

データサイエンスの分野でも、現実世界の問題に取り組むことで、ビッグデータ、機械学習、クラウドコンピューティングなどを取り巻く現実が理解できます。ケーススタディの内容を分解した後に、複数の方法で再実装してみれば、ビッグデータや機械学習に関連するさまざまな

[7] Paul Lawrence, "The Preparation of Case Material", The Case Method of Teaching Human Relations and Administration, ed. Kenneth R. Andrews, Harvard University Press, 1953

ツールの長所・短所が理解できるでしょう。ケーススタディを通じて、ビジネスにおけるデータドリブンな意思決定のポイントが把握でき、さらには、そのために収集・整理する必要のあるデータ、あるいは、使用するべき統計モデルと機械学習モデルに関する考慮点が明確になります。

データ分析や機械学習の分野では、残念なことに、実務データを使ったケーススタディは非常に稀です。一般的な書籍やチュートリアルの例は単純すぎて、現実世界にあてはめようとしても破綻する恐れがあります。Witten と Frank も、彼らの優れたデータマイニング[8]の著書の序文で、このような学術研究の実践軽視について指摘しており、「一般向けのデータマイニングの書籍における、ケーススタディに基づいた実践面のみを扱うアプローチと、機械学習の教科書における、より理論的で原理主義的な内容のギャップを埋めたい」と述べています[9]。本書でも、そのような既存のアプローチを変えようと試みています。実践的な内容と原理的な内容は、両立できるはずです。私自身は、理論面にはそれほど関心を持っていません。その代わりに、幅広い話題を通して、特定のアプローチの根底にある直感を説明した上で、そのアプローチを用いてケーススタディに取り組むことを目的としています。

現実世界の問題を扱うことで、データサイエンスのありのままの姿が理解できます。本書では、実際のデータセットを使用して現実的な問題を解決しながら、新たな課題が生まれるごとにその対処法を考えるという、現実世界のデータサイエンスの営みを再現しています。意思決定するべきポイントを明確にした後に、さまざまな統計的手法と機械学習を適用して、データドリブンな方法で意思決定を行うための知見を収集していきます。これにより、現実の他の問題についても同様の原則を適用し、解決策を見出す自信が得られるでしょう。基本的には、単純な手法からスタートして、より複雑な方法へと進んでいきますが、これは、複雑な手法から始めると、問題の本質が曖昧になる恐れがあるためです。もちろん、単純な手法には相応の欠点がありますが、そこから、より複雑な手法が必要な理由が理解できるでしょう。

なお、本書では、より洗練されたアプローチを試す中で得られた知見を用いて、以前の単純なソリューションを改善するという作業は行っていません。しかしながら、現実の分析に取り組む際は、初期のコードを保存しておき、新たな知見を得るごとに、それを継続的に拡張するという作業を強くお勧めします。これは、並列実験（Parallel experimentation）と呼ばれる方法です。書籍という形態の制限があるため、本書内では行いませんが、複数のモデルを同時に拡張していくという手法には大切な意味があります。そして、同等の精度を達成する複数のモデルが得られた場合は、より単純な方のモデルを採用します。単純なモデルを少し拡張するこ

[8] コンピュータを用いてデータから知見を導き出すという研究分野には、KGB のスパイにも負けないほどの多様な名前があります。統計的推論、パターン認識、人工知能、データマイニング、データ分析/可視化、予測分析、知識発見、機械学習、学習理論などが思い浮かびますが、私のお勧めは、このような名称にとらわれるのではなく、30 年間にわたって変わることのない、主要な原則と手法に焦点を当てることです。

[9] Ian Witten and Eibe Frank, "Data Mining: Practical Machine Learning Tools and Techniques", Second Edition, Elsevier, 2005

とで、より複雑なモデルと同じ効果が得られるならば、そちらを採用するほうが合理的といえるでしょう。

1.7　確率論的な意志決定

飛行機に搭乗して、離陸前に（電子機器の使用中止がアナウンスされる直前という）最後のテキストメッセージを送れそうなタイミングを想像してください。さらに、予定の出発時刻を過ぎていて、少し心配な状況だとします（図 1-2）。

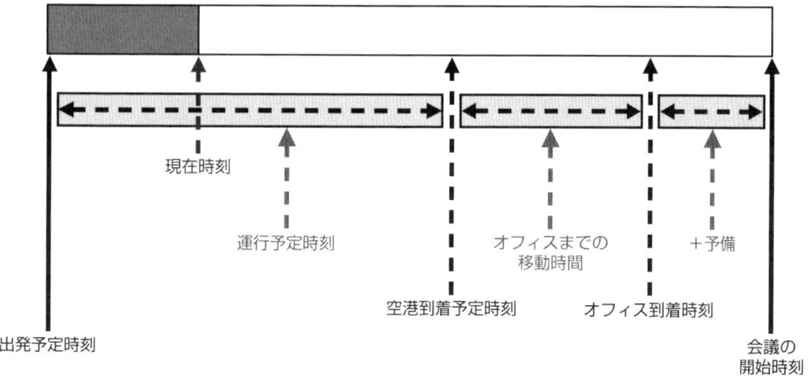

図1-2：飛行機で会議に向かうスケジュールの例

あなたが不安を感じる理由は、目的地で顧客との重要な会議を予定しているからです。合理的なデータサイエンティストらしく、あなたは正確に物事を計画していました[10]。フライトの予定到着時刻を信用した上で、フライト到着後にタクシーで顧客のオフィスまで行く時間を見積もるためにオンラインの地図サービスを使用し、ある程度の余裕（たとえば 30 分）を見て顧客に会う時刻を決めました。そして、いま、飛行機の出発遅延という想定外の出来事に遭遇したというわけです。このような状況で、あなたは、フライト遅延のため会議をキャンセルする旨をメールで顧客に伝えるべきでしょうか？　メールを送るべきか、送らないべきかの意思決定が必要です。

このような決定は、直感や経験則でも行えますが、合理性を重んじるあなたは、この決定に

10　ただし、100%達成可能な計画というのは現実的ではありません。たとえば、私は空港の出発ゲートには、15 分前にまでに到着することにしていますが、5 回のうち 1 回（20%）は、出発まで 15 分未満のタイミングで到着することもあると見積もっています。そうでない場合は、逆に時間に余裕を持ちすぎていると判断します。この 15 分と 20%という組み合わせは、私のリスク回避の基準となります。具体的な値は人によって異なるかも知れませんが、たとえば、「1%は 2 時間未満」という組み合わせは適切ではないでしょう。この場合、空港で無駄に長い待ち時間が発生してしまい、その時間的損失は、旅行によって得られる利益を打ち消すことになります。

データを使うことにします。しかも、このような判断は、社内の多数の同僚が常に必要とするものです。予定時刻に間に合わないと予想される予定をカレンダー上で発見し、それをサーバーから自動で通知するシステムがあれば便利です。本書では、この問題を体系的に解決するフレームワークを構築していきます。

データドリブンな方法で決定を下すとしても、私たちが取れるアプローチには複数の選択肢があります。会議に間に合わない可能性が 30%以上ある場合、会議をキャンセルするべきでしょうか？　あるいは、会議をキャンセルして延期した場合の損失（自社の素晴らしい製品を顧客に見せる前に、競合他社が参入するかもしれません）と、予告なしに会議をすっぽかした場合の損失（顧客は、2 度と私たちの提案には応じないでしょう）を見積もり、利益損失を最小化するという手法もあります。確率的なアプローチは、このようなリスク計算に対応しており、リスクに基づいて、さまざまな実際的な決定がなされます。さらに、確率的なアプローチには汎用性があります。会議に遅れる確率と、それに伴う利益損失がわかれば、あらゆる意思決定に対して、対応する期待値が計算できるからです。たとえば、会議に遅れる可能性が 20%あるが、会議を行うという決定を下したとします（キャンセルする閾値を 30%とする場合、20%はそれを下回るため）。また、この顧客が大規模な契約（100 万ドル）にサインをする確率は 25%だとします。会議に間に合う可能性は 80%あるため、会議を続行する場合、売上期待値の上限は、$0.8 \times 0.25 \times 100$ 万ドル $= 20$ 万ドルになります。会議に遅刻することで成約の確度が既存の 90%に低下するものと仮定すると、売上期待値の下限は、$0.2 \times 0.9 \times 0.25 \times 100$ 万ドル $= 4.5$ 万ドルになります。これら 2 つのケースを総合すると、会議をキャンセルしなかった場合の売上期待値は、24.5 万ドルとなります。このように、確率的なアプローチでは、期待値の上限や下限が得られるので、意思決定の閾値を適切に調整することが可能になります。

確率的なアプローチのもう 1 つの利点は、人間の心理を直接考慮できることです。会議が始まる 2 分前に到着しても、最善を尽くせない場合があります。非常に重要な会議の 2 分前に到着しても、ぎりぎりすぎると感じる人もいるかもしれません。具体的な時間は人によって異なりますが、あなたが十分に余裕を持って到着したと感じられるのは、15 分前だとしましょう。つまり、15 分前に到着できない場合、あなたは会議をキャンセルしたいと思っています。あるいは、より一般的なリスク回避の閾値、つまり、万が一のための余裕時間の設定と考えてもよいでしょう。そこで、会議の 15 分前より早く到着できる可能性が 70%未満の場合に、会議をキャンセルするものとします。私たちの決定基準は以下の通りです。

会議の 15 分前より早く到着できる可能性が 70%未満であれば、会議をキャンセルする。

これまでのところ、15 分という時間の意味は説明しましたが、70%という確率を持ち出す理由は、まだわかりません。本節の冒頭に示した図 1-2 を見ればわかるように、顧客のオフィスに到着するまでの行程は決まっており、これにフライトの遅延時間をあわせれば、実際の到着時刻が計算できます。この時刻が会議の 15 分前より遅れるようであれば、会議をキャンセルすればよいわけです。このような確率は、いったいどこから現れるのでしょうか？

ここでは、図 1-2 が必ずしも正確ではないという認識が必要です。確率論的な決定手法のフレームワークを用いることで、このような不正確さを体系的に取り入れることができます。たとえば、航空会社からアナウンスされたフライト時間が 127 分だとしても、すべてのフライトが正確に 127 分で到着するわけではありません。離陸から着陸まで、ずっと追い風であれば、90 分で到着するかもしれません。仮に、航空会社の予定が最悪のケースを想定したものであれば、ずっと向かい風が続いた結果が 127 分なのかもしれません。あるいは、Google マップの経路検索では、過去のデータから予測した移動時間を表示していますので[11]、タクシーの乗車時間は、表示された時間の前後に分布するはずです。さらに、空港のゲートからタクシー乗り場まで歩くのにかかる時間は、特定のゲートへの着陸を前提としており、実際の時間は異なる可能性があります。つまり、ここで前提としている、出発地から目的地までの時間は必ずしも正確な数字ではなく、実際には、図 1-3 のような分布を持つかもしれません。

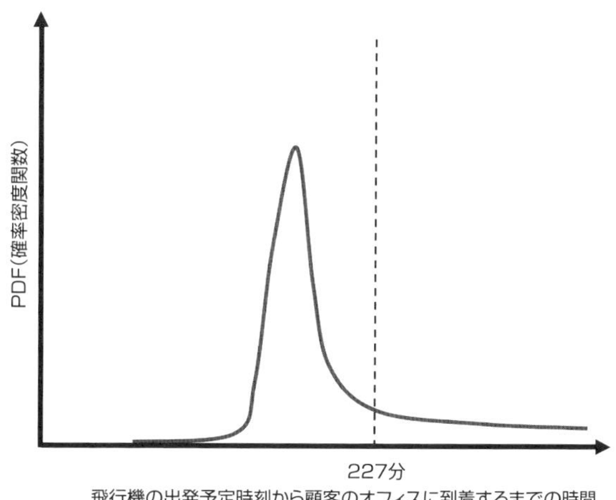

図1-3：到着までにかかる時間の確率分布

このグラフでは、x 軸に出発から到着までにかかる時間を示し、y 軸に各時間に対する確率を示しています。十分なデータセット（同じ行程での顧客訪問の記録）があれば、特定の時間（たとえば、227 分）に対する確率は、同一行程の顧客訪問の中で、実際に 227 分かかったケースの割合として計算することができます。ただし、現実の時間というのは連続的な値を取るので、1 ナノ秒のずれもなく、厳密に 227 分となる確率はゼロです。とり得る時間の値は無限に存在するので、特定の 1 つの時間に対する確率というものは存在しません。

したがって、私たちが計算する必要があるのは、ε を適当に小さな値として、到着までの時

[11] `https://cloud.googleblog.com/2015/11/predicting-future-travel-times-with-the-Google-Maps-APIs.html`

間が、227 − ε と 227 + ε の間に収まる確率ということになります。これは、図 1–4 に塗りつぶした四角で示した領域に相当します。

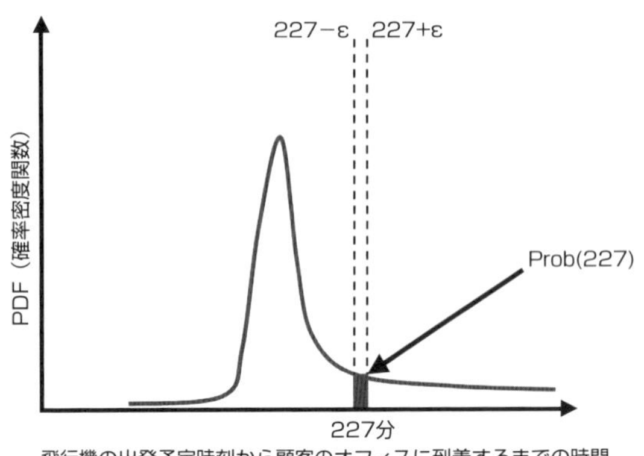

図1–4：確率密度関数の積分で確率を求めるようす

現実のデータセットでは、このような連続値は、6 桁程度の浮動小数点の値に丸められており、227 分ぴったりのデータが存在する可能性はあります、その意味では、227 分の確率はゼロではないかも知れません。しかしながら、理論上は、227.000000 分という、特定の 1 つの値に対する確率を考えることはできませんので、その代わりに、実際に得られる結果が、2 つの値の間（226.9 以上、227.1 未満など）に含まれる確率を計算します。これは、データセットに含まれる、226.90、226.91、226.92 といった値のデータの数を数えることで計算されます。このような離散値のデータ数を足し合わせる操作は、連続値の積分と同じ意味を持ちます。これは、ヒストグラムを使って確率を近似するときに行う方法と同じです。ヒストグラムは、連続した x 軸の値を一定の範囲の値ごとにまとめて、離散化することに対応しているからです。

なお、図 1–4 の y 軸の値を積分したものが確率になることからわかるように、実は、y 軸の値そのものは、確率ではありません。これは確率の「密度」であり、確率密度関数 (PDF：probability density function) と呼ばれます。密度と呼ばれる理由は、x 軸の一定範囲の値を積分すると塗りつぶした四角部分の面積が得られ、その領域が確率となるからです。言い換えれば、y 軸は、確率を x 軸の値で割ったものに相当しており、そのため、PDF の値は 1 を超えることもあり得ます。

一方、確率密度関数を積分して確率を得るというのは、頻繁に行われる作業ですが、あまり直感的でないのも事実です（PDF の説明に、数段落の文章と手書きのグラフまで必要だったわけですから）。PDF の代わりになるものとして、値 x の累積分布関数（CDF：cumulative distribution function）があります。これは、「観測値 X が閾値 x よりも小さい確率」を表すもので、たとえば、227 分未満のデータが全体の何パーセントあるかを求めることで、227 分に対する CDF が計算できます。図 1–5 は、CDF のグラフの例です。

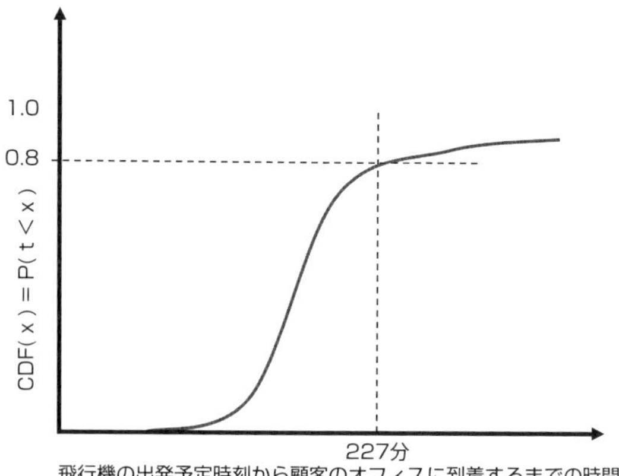

図1-5：累積分布関数のグラフ

この例では、CDF（227 分）= 0.8 となります。これは、80%のケースでは、227 分以内に到着することを意味しており、この中には、100 分で到着できる場合や、226 分の場合などが含まれます。PDF とは異なり、CDF の値は、0 から 1 の間に限定されており、確率そのものを表します。ただし、特定の値に対する確率ではなく、ある値より小さな値が得られる確率になります。

ここでさらに、到着空港から顧客のオフィスまでの時間は、フライト遅延の影響を受けず、常に一定であると仮定します[12]。同様に、空港を歩き、タクシーを呼び、会議の準備をする時間も一定だとします。この場合、（フライトが予定通りであれば、30 分前に到着することから）15 分前より早く到着できる確率は、フライトの到着遅延時間が 15 分以下である確率に一致します。したがって、「会議の 15 分前より早く到着できる確率が 70%未満の場合に、会議をキャンセルする」という基準を採用するのであれば、フライトの到着遅延時間が 15 分というイベントに対する CDF（つまりは、会議の 15 分前より早く到着できる確率）を計算して、これが 70%未満であるかを調べればよいことになります（図 1-6）。

[12] これは、厳密にはあてはまりません。目的地の空港で悪天候のためにフライトが遅れた場合、タクシーの列が長くなり、交通も渋滞する可能性があります。しかしながら、複数の確率現象を組み合わせた議論は複雑になるため、ここでは、そのような依存性はないものとします。

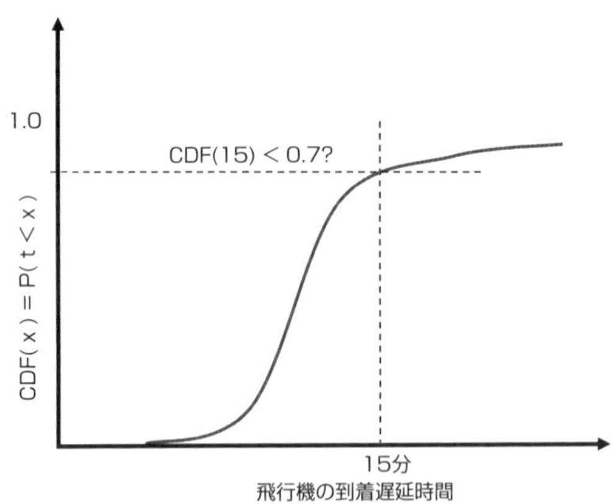

図1-6：到着遅延時間が 15 分未満の確率を求めるようす

したがって、さきほどの判断基準は、次のように言い換えることができます。

到着遅延時間 15 分に対する累積分布関数（CDF）が 70 %未満の場合、会議をキャンセルする。

この後は、データパイプラインを構築して、到着遅延時間の CDF を計算する統計的モデル、もしくは、機械学習モデルを作るという作業に入ります。CDF が計算できれば、15 分の到着遅延に対する CDF を調べ、それが 70%未満であるかがチェックできるようになるわけです。本書の残りの部分では、これを実際に行う方法を解説していくことになります。

1.8　データとツール

フライトの遅延時間に対する確率を予測するには、どのようなデータ、そして、ツールを使えばよいのでしょうか。Hadoop を使うべきでしょうか？　もしくは、BigQuery？　ノート PC で十分？　それとも、パブリッククラウドが必要でしょうか？　―― まず、データに関して言うと、米国運輸統計局が公表している過去のフライトデータを使用することができます。一方、ツールについては、それほど簡単な答えはなさそうです。多くの場合、データサイエンティストは、自身の経験から最適なツールを選択していきます。ここでは、前述のデータを分析するいくつかの方法を紹介しながら、できるだけシンプルなツールで、必要十分な分析を実施するベストプラクティスを組み立ててみます。

米国運輸統計局のデータをざっとながめてみると、2015 年だけで 580 万便以上のフライトがある事がわかります。さらに過去のデータを用いることで、データセットをより堅牢にできます。これは、ノート PC で処理できる分量ではないため、パブリッククラウドである Google Cloud Platform（GCP）を利用することにしましょう。本書で使用するツールには、BigQuery、

Cloud Dataflow など、GCP に固有のものと、MySQL、Hadoop、Spark など、その他のプラットフォームでも利用可能なものがあります。ただし、GCP を使用すると、後者のツールについても仮想マシンの設定は不要なので、データ分析に集中することができます。私が一番よく知っているプラットフォームでもあるため、本書では、これらのツールも GCP 上で利用することにします。

本書はデータサイエンスのすべてをカバーするわけではありませんが、特定の課題に対して、複数の手法やツールを適用してみせることで、一連の流れを理解することを目指します。完成済みのソリューションとコードをはじめから示すのではなく、ソリューションを構築するステップを示しながら、その過程における「頭の使い方」を説明していきます。

本書が提供する教材は、次の 2 つで構成されています。

1 いま読んでいるこの本
2 本書内で参照されている GitHub 上のコード
`https://github.com/GoogleCloudPlatform/data-science-on-gcp/`

上記のコードを参照しながら、本書を読み進めることを強くお勧めします。各章を読み終えた後に、それでもまだ不明点がある場合は、実際にコードを実行して確認するとよいでしょう。

1.9 コードに触れてみる

GitHub 上のコードを実行するには、はじめに、Google Cloud Platform のプロジェクトを作成して、シングルリージョンのストレージバケットを作成します[13]。続いて、CloudShell のウィンドウを開き、GitHub のリポジトリをクローンするという流れになります。詳細な手順は、次の通りです。

1 `https://cloud.google.com/`にアクセスして、まだアカウントを持っていない場合は、アカウントを作成します。
2 ［コンソールに移動］ボタンをクリックすると、既存の GCP プロジェクトに移動します。
3 データと中間出力を格納するためのリージョナル・ストレージバケットを作成します。コンソールのナビゲーションメニューから［Storage > ブラウザ］を開き、［バケットを作成］ボタンから新規バケットを作成します。バケット名はグローバルでユニークでなければなりませんが、ユニークな文字列を得る方法の 1 つは、プロジェクト ID

13 シングルリージョンを選択する理由は、第 2 章を参照してください。一言で言うと、強整合性（Strong consistency）を必要とし、グローバルな可用性を必要としないためです。

を使用することです。プロジェクトIDはグローバルでユニークな文字列になっており、Google Cloud Platformのダッシュボードから確認できます。また、ストレージクラスは、図1–7に示すように「Regional」を選択し、デフォルトのUSリージョン「us-central1」を選択してください。

図1–7：ストレージバケットの作成画面

4　CloudShell（ブラウザ上で利用可能なコマンド端末）を開きます。グラフィカル・ユーザー・インターフェイス（GUI）の方がコマンドラインより直感的に使え、初めて利用するには最適ですが、繰り返し行うタスクについては、コマンド端末の方が便利です。CloudShellを開くには、下図の「CloudShellを有効にする」アイコンをクリックします。これにより、CloudShell専用の小さな仮想マシンが起動して、ブラウザ上にコマンド端末が開きます（コマンド端末のウィンドウを閉じると、仮想マシンは自動で破棄されます）。この仮想マシンは無料で、Google Cloud Platformの開発者が必要とする多くのツール、Python、git、Google Cloud SDK、Orion[14]（Webベースのコードエディタ）などが事前にインストールされています。

5　CloudShellのウィンドウで、次のコマンドを実行して、リポジトリをクローンします。

```
git clone https://github.com/GoogleCloudPlatform/data-science-on-gcp
```

14　https://orionhub.org/

```
cd data-science-on-gcp
```

CloudShell の仮想マシンは一時的なものですが、ユーザーアカウントにひも付けられた永続ディスクが接続されており、そこに保存したファイルは、新しく起動した CloudShell に引き継がれます。

CloudShell ではなく、ローカルマシンで開発を行う場合は、Cloud SDK をインストールした後に、リポジトリをローカルにクローンしてください。

1. https://cloud.google.com/sdk/downloads の指示に従って、ローカルマシンに gcloud をインストールします（CloudShell や Google Compute Engine の仮想マシンには、事前にインストールされています)。
2. 必要に応じて git をインストールします（具体的な手順は、https://git-scm.com/book/en/v2/Getting-Started-Installing-Git の指示に従ってください)。その後、ターミナルウィンドウを開いて、次のコマンドでリポジトリをクローンします。

```
git clone https://github.com/GoogleCloudPlatform/data-science-on-gcp
cd data-science-on-gcp
```

これで、次章からのコードを実行する準備ができました。コードを実行する際は、コード内のプロジェクト ID（cloud-training-demos）とバケット名（gs://cloud-training-demos-ml/）を自分のものに変更するように注意してください。次章では、必要なデータをクラウドに取り込む方法について説明します。

1.10　まとめ

データ分析の主要な目的は、正確な意思決定をシステマティックに行うことをデータドリブンな手法で支援することです。このような支援は、サービスとして提供できることが理想ですが、その際は、サービスの品質が重要な課題となるでしょう。これは、その正確さだけではなく、サービス基盤の信頼性、待ち時間、セキュリティなどを含みます。データエンジニアは、データを活用したサービスや統計モデル、あるいは、機械学習モデルを構築し、さらには、それを信頼性のある形で実装する必要があります。こういった作業は、オートスケール、サーバーレス、そして、マネージドサービスといった機能を提供するクラウドサービスの出現により容易になりました。また、データサイエンスのためのツールが広く利用可能になり、データサイエンスの専門家でなくとも、統計モデルや機械学習モデルの作成が可能になり、データを扱う能力は企業全体へと広がりました。

本章のケーススタディでは、フライトの遅延状況によって会議をキャンセルするかどうかを決定する例を検討しました。その結果、到着遅延時間 15 分に対する累積分布関数（CDF）が 70%未満であれば、会議をキャンセルするべきであるという判断基準が得られました。次章以降では、フライト遅延の確率を推定するために、米国交通統計局が提供する過去のフライトデータを使用します。

実際にコードを実行しながら本書を読み進めるために、Google Cloud Platform のプロジェクトを作成し、本書のコードを含む GitHub のリポジトリをクローンしておいてください。リポジトリ内の各章のフォルダには、手順を示す README.md ファイルが含まれているので、不明点がある場合は、こちらもあわせて参照してください。

第 2 章 クラウドへのデータの取り込み

第 1 章では、会議をキャンセルするかどうかをデータに基づいて決定する方法を考えました。議論を簡単にするためにいくつかの仮定を設けましたが、最終的な結論としては、「フライトの到着遅延が 15 分以内に収まる確率が 70%未満であれば、会議をキャンセルする」という、確率論的な判断基準を得ました。フライトに関するさまざまな属性を用いて、到着遅延時間の予測モデルを構築するには、多数の運行データが必要ですが、1987 年以降のデータを米国運輸統計局（BTS）[1]から入手することができます。米国政府がこのデータを収集する目的の 1 つは、行政指導のために、定刻通りに運行している便数を航空会社ごとに把握することです（米国政府は、遅延時間が 15 分以内であることを「定刻」の定義としています）[2]。定刻（オンタイム）運行の状況を把握するためのデータであることから、「オンタイム・パフォーマンスデータ」と呼ばれます。本書では、このデータを用いて到着遅延時間のモデルを作成します。

2.1 オンタイム・パフォーマンスデータ

米国の主要な航空会社[3]は、30 年前より、BTS にすべての国内線の統計データを提出することが義務付けられています。このデータには、出発と到着の予定時刻に加えて、その実績値が含まれており、これらの差分として、各フライトの到着遅延時間を計算することができます。つまり、このデータセットから、到着遅延時間の予測モデルに対する「正解ラベル」を得ることができます。

データとして記録される、出発、および、到着の時刻は、航空機のパーキングブレーキが解

---

[1] https://www.transtats.bts.gov/

[2] 一例として https://www.congress.gov/congressional-report/107th-congress/senate-report/13/1 が参考になります。このレポートで触れられている法案は、法律としては制定されていませんが、交通省が収集した統計データに基づいた、議会の監視機能が理解できます。

[3] ここでの「主要な」とは、米国内路線における売上げが、すべての航空会社の売上げ総額の 1%以上に相当する航空会社を指します。

除、もしくは、ロックされた時刻によって厳密に定義されています。さらに、パイロットがパーキングブレーキの操作を忘れた場合は、ドアが開閉された時刻を用いるなど、さまざまなルールが定められています。たとえば、自動誘導システムを利用している航空機では、15 秒間隔で航空機の移動状況をモニタリングして、航空機が最初の 1m を移動する 15 秒前を出発時刻として採用します。このような明確なルールの適用が義務付けられているおかげで、すべての航空会社のデータを同等に取り扱うことができます。もしも、このような厳格なルールがなければ、各航空会社が「出発」と「到着」をどのように定義しているかを掘り下げて調査した上で、適切な変換を行う必要があります[4]。データサイエンスというのは、本来、このように、標準化されて、再現可能な、信頼のおけるデータ収集のルールを決定することから始まります。ログファイル、Web のインプレッション、センサーデータなど、自分自身でデータを収集する際は、BTS の明確なデータ収集ルールを参考にすることをお勧めします。航空会社が月次で BTS に報告するこれらのデータは、Web 上で無償公開されています。

このデータには、出発・到着時刻の予実データに加えて、出発地と目的地の空港名、フライト番号、2 つの空港間の距離といった情報が含まれています。ここで言う距離情報が、実際の飛行距離なのか、単純な直線距離なのかは、データセットの説明文からは読み取ることができません。たとえば、雷を避けて迂回した場合、実際の飛行距離と大圏航路[5]の距離は異なることになります。この点については、なんらかの検討が必要ですが、たとえば、特定の空港間の距離がフライトによって変化しているかを確認すれば、どちらかがわかるでしょう。フライトの時間は、一般に、タクシーアウト、飛行時間、タクシーインの 3 つの部分に分かれますが、これらの情報もすべて記録されています（図 2–1）。

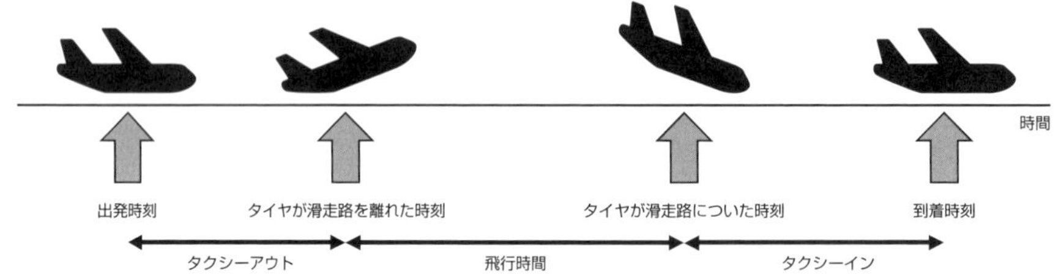

図2–1：フライト時間を構成する 3 つのパート

[4] たとえば、2000 年以前の気象レーダーのデータに含まれるタイムスタンプは、レーダーを操作する技術者が腕時計を見て入力していました。当然ながら、あらゆるタイプの人的ミスが発生して、入力される時刻が数時間ずれることもありました。ネットワーク・クロックが導入されて、この問題は解決されましたが、過去の気象データを使用する場合、時刻修正は重要な前処理の 1 つとなります。

[5] 地球上の 2 点間の最短経路を表します。

2.1.1 予測時に知り得る情報

データセットに含まれるこれらの属性の一部は、到着遅延を予測するモデルの入力となります。それでは、なぜ「一部」であって、すべてではないのでしょうか？　たとえば、タクシーインの時間や実際の飛行距離を入力データにするべきではありません。なぜなら、この予測モデルの目的は、飛行機が離陸する前に、会議をキャンセルするかどうかを決定することであり、そのタイミングでは、これらの情報はまだわからないからです。航空機の挙動はパイロットの意思で変化しますので[6]、これから先の出来事をあらかじめ知ることはできません。したがって、これらの情報がデータセットに含まれていても、モデルの作成には使用するべきではありません。これは「因果律制約」と呼ばれます。

因果律制約は、より一般的な原則の一例です。どのような項目であれ、予測を行い、意思決定を下すタイミングで、その情報が入手できるかどうかを検討した上で、モデルへの入力として採用する必要があります。さきほどのタクシーインの時間のように、原理的に知り得ない情報もあれば、セキュリティ上の理由（意思決定者が該当データへのアクセスを許されているかどうか）や、データが収集されてからモデルに入力可能になるまでの遅延時間、さらには、データを入手するためのコストなど、実務的な意味で入手が制約される情報もあります。その一方で、因果律制約によって原理的には入手できない情報であっても、なんらかの近似値が得られる場合はあります。たとえば、空港間の実際の飛行距離の代わりに、大圏航路の距離を利用できる可能性があります。

あるいは、過去のデータを用いて、近似値を作成するという方法もあります。これから発生する実際のタクシーインの時間の代わりに、同じ空港における、過去数日間の同一フライトの平均値を用いる、あるいは、過去数時間のすべてのフライトの平均値を用いるといった方法が考えられます。過去数日間のデータを用いる場合は、空港と日時でデータをグループ化するといった、単純なバッチ処理で計算することができます。あるいは、過去数時間のデータを用いて、リアルタイムに予測しようというのであれば、ストリーミングデータに対して移動平均を計算するといった仕組みが必要になります。未知のデータを近似する処理は、今回のモデルの重要な構成要素となります。

2.1.2 トレーニングとサービングの歪み

「トレーニングとサービングの歪み」とは、モデルのトレーニング時とは異なる方法で計算された変数を予想時に使用することを言います。たとえば、マイル単位の距離をトレーニング時に使用していたにもかかわらず、予測処理の際に入力するデータはキロメートル単位だったとします。これは、実際の距離の 1.6 倍の値で予測することになるので、明らかに間違った処理だとわかります。そして、このような、トレーニングデータと予測時のデータに関する不整

---

6 https://www.npr.org/2016/08/17/490272380/airline-pilots-pump-the-brakes-on-plans-to-speed-up-flights

合は、単位の間違いといったわかりやすい例だけとは限りません。

たとえば、前述のタクシーインの時間は、予測の際に近似値を用いる場合、トレーニングデータとして生データを用いるべきではありません。予測時と同様に、過去のデータを集約した近似値をトレーニングデータにしなければ、トレーニングとサービングの歪みが発生するからです。予測時に過去数時間分の平均値を入力するのであれば、これと同じ計算を適用したデータをトレーニングの際にも使用します。繰り返しになりますが、データセットに含まれる値をそのまま使用することはできません。たとえば、平均値を計算する前の生データには、極端に大きな値が部分的に含まれている可能性があります。生データを用いてトレーニングを行った場合、このような極端な値を重要なシグナルとみなして予測を行うモデルができあがるかも知れません。一方、予測時に用いる平均値では、そのような値は平均化されて失われるため、ここで発生する歪みは、単位の間違いに匹敵するほどの悪影響を及ぼすこともあり得ます。

モデルが洗練されていき、ブラックボックス化が進むと、トレーニングとサービングの歪みに起因する問題のトラブルシューティングは、非常に難しくなります。トレーニングデータを生成するためのコードと、予測時のデータを処理するコードが個別にメンテナンスされるようになると、特に危険性が高まります。トレーニングと予測を含むシステム全体を設計する際は、このような問題の発生を避けるために、細心の注意を払う必要があります。本書では、トレーニングと予測において、できる限り共通のコードを用いるソリューションを採用しています。

今回のデータセットには、離着陸する空港のコード（たとえば、アトランタのコードは ATL）が含まれていますが、緊急事態や気象条件によっては、予定された場所ではない空港に着陸したり、フライトがキャンセルされる場合もあります。このような状況が、データセットにどのように反映されているかを確認することも重要です。比較的稀なケースとは言え、このようなケースにも合理的な対応をしておかなければ、分析に悪影響を及ぼす可能性があります。このような例外ケースに対応する方法についても、トレーニング時と予測時で一貫している必要があります。

また、データセットに含まれている航空会社のコード（たとえば、アメリカン航空は AA）などは、時間と共に変わる可能性があることにも注意が必要です。たとえば、Continental Airlines は、2012 年に United Airlines と合併したため、それ以降は、United Airlines として記録されています。航空会社のコードを使用するのであれば、このような変更にも一貫して対応する必要があります。

2.1.3 データのダウンロード手順

2016 年 11 月現在、オンタイム・パフォーマンスデータは、1987 年からはじまる、約 1.7 億件のレコードが含まれています。データの更新には 1 か月以上の遅延があるため、本書の執筆時点で利用可能な最新データは、2016 年 9 月時点のものになります。

本書で構築するモデルでは、主にこのデータセットを使用しますが、空港の位置情報や天候など、必要に応じて、他のデータセットも使用します。BTS の Web サイトからは、オンタイム・パフォーマンスのデータをカンマ区切り（CSV）ファイルとしてダウンロードできますが、Web のユーザーインターフェイスでは、必要な項目に加えて、対象とする地域や期間を手動で指定する必要があります[7]（図 2–2）。

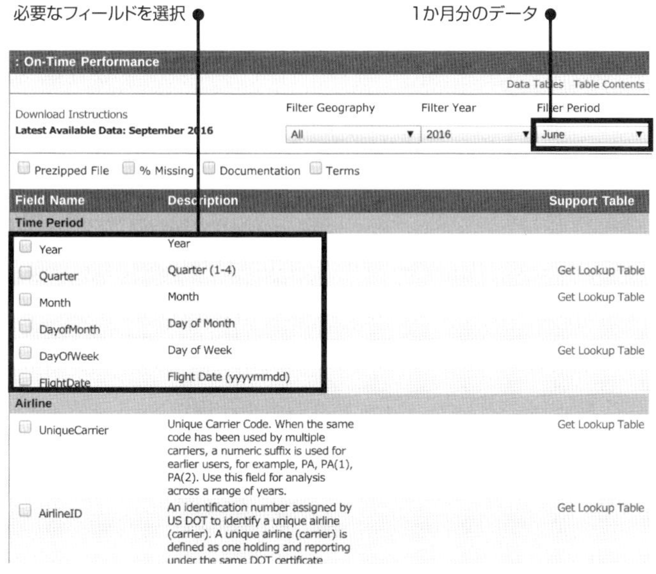

図2–2：オンタイム・パフォーマンスデータのダウンロードサイト

これは、データを取得する方法としては、理想的とはいえません。一度に 1 か月分のデータしかダウンロードできず、必要なフィールドを毎回手動で選択する必要があるので、たとえば、2015 年 1 月分のフィールドを慎重に選択してフォームを送信した後に、2015 年 2 月以降についても、同様の作業を繰り返す必要があります。あるフィールドを選択するのを忘れた場合、データを分析するまで、その事実に気づかない可能性もあります。このような失敗を避けるためにも、ダウンロードのプロセスをスクリプト化して、簡単、かつ、一貫性のある作業にしておく必要があります。

2.1.4 データセットのフィールド

データセットに含まれるの 100 以上のフィールドについて、それぞれの説明文を確認した後に、これからの作業に関連しそうな 27 のフィールドを選択しました（表 2–1）。これらは、到着遅延時間の予測モデルについて、トレーニング、予測、評価のそれぞれのフェーズで必要となる項目をすべて含みます。

---

7 https://www.transtats.bts.gov/DL_SelectFields.asp?Table_ID=236

表2-1：BTS からダウンロードしたデータセット（月毎にこのようなデータがある）

カラム	フィールド	フィールド名	説明（BTS から引用）
1	フライト日付	FL_DATE	フライト日付（yyyymmdd）
2	一意の航空会社コード	UNIQUE_CARRIER	一意の航空会社コード。同じコードが複数のキャリアによって使用されている場合は、PA、PA(1)、PA(2) などのサフィックスが付与される。
3	航空会社 ID	AIRLINE_ID	BTS によって割り当てられた、航空会社の ID。認定事業者ごとの一意のコードであり、1 つのコードに複数のキャリアが含まれる可能性がある。
4	航空会社コード	CARRIER	IATA によって定められた航空会社識別コード。コードは必ずしも一意ではないため、分析の際は、これを一意に修正した UNIQUE_CARRIER を使用する。
5	フライト番号	FL_NUM	フライト番号
6	出発空港 ID	ORIGIN_AIRPORT_ID	BTS によって割り当てられた、出発地の空港 ID。分析の際は、この ID を使用する（一般的な空港コードは変更・再利用が行われることがある）。
7	出発空港シーケンス ID	ORIGIN_AIRPORT_SEQ_ID	出発空港のシーケンス ID。BTS によって割り当てられた、特定の時点ごとに一意に空港を識別するための ID。空港名や座標などの属性は、時間とともに変化する場合がある。
8	出発空港市区町村 ID	ORIGIN_CITY_MARKET_ID	BTS によって割り当てられた、出発空港の市区町村 ID。このフィールドを使用すると、同じ市区町村の空港が統合できる。
9	出発空港	ORIGIN	出発空港
10	到着空港 ID	DEST_AIRPORT_ID	BTS によって割り当てられた、到着地の空港 ID。分析の際は、この ID を使用する（一般的な空港コードは変更・再利用が行われることがある）。
11	到着空港シーケンス ID	DEST_AIRPORT_SEQ_ID	到着空港のシーケンス ID。BTS によって割り当てられた、特定の時点ごとに一意に空港を識別するための ID。空港名や座標などの属性は、時間とともに変化する場合がある。
12	到着空港市区町村 ID	DEST_CITY_MARKET_ID	BTS によって割り当てられた、到着空港の市区町村 ID。このフィールドを使用すると、同じ市区町村の空港が統合できる。
13	到着空港	DEST	到着空港
14	出発予定時刻	CRS_DEP_TIME	予定出発時刻（現地時刻：hhmm）
15	出発時刻	DEP_TIME	実際の出発時刻（現地時刻：hhmm）
16	出発遅延	DEP_DELAY	予定出発時刻と実際の出発時刻の差（分）。予定より早い出発の場合は、負の値を取る。

17	タクシーアウト時間	TAXI_OUT	タクシーアウトの時間（分）
18	ホイールオフタイム	WHEELS_OFF	タイヤが滑走路を離れた時刻（現地時刻：hhmm）
19	ホイールオンタイム	WHEELS_ON	タイヤが滑走路についた時刻（現地時刻：hhmm）
20	タクシーイン時間	TAXI_IN	タクシーインの時間（分）
21	到着予定時刻	CRS_ARR_TIME	予定到着時刻（現地時刻：hhmm）
22	到着時刻	ARR_TIME	実際の到着時刻（現地時刻：hhmm）
23	到着遅延	ARR_DELAY	予定到着時刻と実際の到着時刻の差（分）。予定より早い到着の場合は、負の値を取る。
24	キャンセル	CANCELLED	キャンセルされたフライト（1=はい）
25	キャンセルコード	CANCELLATION_CODE	キャンセルの理由。
26	迂回	DIVERTED	迂回したか（1=はい）
27	空港間距離	DISTANCE	空港間の距離（マイル）

本書では、これらのフィールドを未加工のデータセットとして取り扱います。ここでは、まず、2015 年の 1 年間のデータをダウンロードして（本書執筆時点では、これが取得可能な最新の 1 年分のデータとなります）、データのようすを探ることにします。

2.2 データの保存場所

ダウンロード用のスクリプトを作成する前に、少し立ち止まって、まずは、データをダウンロードする理由を考えてみましょう。この議論の目的は、大規模データを扱う際の技術的な選択肢を明らかにすることです。特に、利用可能なインフラストラクチャの種類によって、データ処理の方法が変わります。ここでは、ネットワーク、ディスク速度、データセンター設計といった技術的な観点から、それぞれの選択肢におけるトレードオフを適切に判断するための情報をまとめます。Google Cloud Platform には、これまでに経験してきたインフラストラクチャとは異なる点があるかも知れません。本書では、ここでの議論から明らかになる、Google Cloud Platform のメリットを最大限に活用していきます。

まずは、当然のことながら、手元のノート PC にすべてのデータをダウンロードするというのは、必ずしも最適な方法ではありません。一方、BTS のデータは月次に分割してダウンロードできるので、分析プログラムから、必要な部分だけを直接取得するという方法もあります。BTS の Web サイトという単一の情報源を利用することは、セキュリティ保護（アクセス制御）や、古いデータのコピーを使用するという失敗を避けるという点でメリットがあります。

しかしながら、実は、今回のケースでは、さらに回りくどい作業を行います。データをダウンロードした後、さらに、それをパブリッククラウド（Google Cloud Storage）にアップロードします。オリジナルの BTS のサイトではなく、Google Cloud Platform という、また別のネットワーク上の環境にデータを保存するのです。

この理由を理解するために、ローカルの PC にデータをダウンロードするメリットをコストと速度の 2 つの観点から考えてみます。まず、BTS のサーバ上のデータを毎回参照すれば、永続的なストレージは必要なくなるので、ストレージのコストはゼロです。しかしながら、接続速度に関しては公衆インターネットに依存してしまいます。米国の公衆インターネットの速度は、一般的なコーヒー店で 8Mbps（8 ビットが 1 バイトになるので 1MB/秒）、都市部の最も接続環境が良い場所で約 1000Mbps（「ギガビットイーサネット」は 125MB/秒）です[8]。2015 年第 3 四半期の Akamai の報告書によれば、平均速度 27Mbps（3MB/秒を少し上回る）の韓国が、世界で最も高速なインターネット環境になります[9]。これらを勘案して、仮に公衆インターネットの一般的な速度は 3〜10MB/秒だとすると、ローカルの PC で分析を実行する場合、インターネット経由でのデータアクセスは深刻なボトルネックになることが想定されます（図 2-3）。

図2-3：データへのアクセス速度の比較

したがって、ローカルのドライブにデータをダウンロードしておけば、ストレージのコストはかかりますが、データへのアクセス速度は圧倒的に速くなります。ハードディスクのドライブでは、ギガバイトあたりのコストはおよそ 4 セント[10]で、約 100MB/秒のファイルアクセス速度を提供します。SSD（ソリッドステートドライブ）にした場合は、コストは約 5 倍になりますが、ファイルアクセス速度は約 4 倍に上がります。いずれにしても、公衆インターネットを介してデータにアクセスするよりは、10 倍以上高速なアクセスが可能になります。このよう

8 たとえば、ミズーリ州カンザスシティ（https://fiber.google.com/cities/kansascity/plans/）とテネシー州チャタヌーガ（https://money.cnn.com/2014/05/20/technology/innovation/chattanooga-internet/）。

9 https://www.akamai.com/us/en/multimedia/documents/report/q3-2015-soti-connectivity-final.pdf

10 本書で表示されている金額は、執筆時点での見積もり（単位：US ドル）となります。

な観点では、データ分析の際に、ローカルドライブにデータをダウンロードするのは、自然な選択肢と言えるでしょう。

しかしながら、この方法はスケールしません。小規模なデータセットによる簡単な計算であれば大丈夫ですが、ノート PC では長時間を要する複雑な分析、あるいは、ノート PC には保存できないほどに大きなデータセットを扱う場合はどうなるでしょうか？　このような場合、一般的には、スケールアップか、スケールアウトの 2 つの選択肢があります。

2.2.1 スケールアップする

大規模なデータセットや複雑な計算ジョブに対処する 1 つの方法は、多数の CPU と大容量のメモリを備え、テラバイト規模のディスクを搭載した、大型のサーバーを使用することです。これは、スケールアップと呼ばれる有効なソリューションです。しかしながら、そのようなサーバーは、非常に高額になります。また、必ずしも 24 時間使い続けるというわけではありませんので、パブリッククラウドで適切な性能の仮想マシンインスタンスを借りる方が合理的です。この場合、インスタンスを解放した際にデータを失わないよう注意が必要です。たとえば、BTS からダウンロードしたデータをインスタンスに接続した永続ディスクに保存するという方法があります。

Google Cloud Platform の永続ディスクは、ハードディスクと SSD が選択でき、ローカル PC の場合と同じく、コストとスピードのトレードオフがあります。また、インスタンスが動作する物理サーバーにダイレクトに接続された、ローカル SSD を選択することで、さらなる高スループットと低レイテンシが得られます。ただし、データ分析のタスクでは、多くの場合、データセット全体をシーケンシャルに読み出す処理が中心となるため、ランダムアクセス性能よりは、一定のスループットを継続することが重要になります。そのため、ローカル SSD と通常の SSD の性能差は、2 倍程度に留まります[11]。また、インスタンスの使用料における対費用効果に加えて、Google Cloud Platform を利用するメリットとして、永続ディスクの対障害性が高いという点があげられます。永続ディスクのデータは内部的に複製されており、ディスク障害時のデータロスを防ぐように設計されています。さらにまた、永続ディスクは、複数のインスタンスで（読み取り専用モードで）共有することができます[12]。

ここまでの話をまとめると、大型のサーバー 1 台で分析を行い、かつ、データは永続的にクラウド上に保存しておきたいのであれば、大型のインスタンスを Compute Engine で起動して、永続ディスクを接続した後に、外部のデータ（今の場合は、BTS のデータセット）を永続ディスクに保存するという使い方が推奨されます。必要なときだけインスタンスを起動することで、インスタンスの使用料に対する対費用効果が得られます（図 2–4 の価格は、US リージョ

11　ディスクによる一般的なスループットのパフォーマンス差については `https://cloud.google.com/compute/docs/disks/performance` を参照してください。

12　`https://cloud.google.com/persistent-disk/`

ンを使用した際の推定月額料金で、実際にかかる費用は異なる場合があります)。

図2-4：Compute Engine を用いたスケールアップ構成の例

分析が完了したら、Compute Engine のインスタンスは削除しても構いません[13]。保存が必要なデータを収める最小限度の永続ストレージを用意しておき、分析中に必要となる一時的なストレージ（またはキャッシュ）は、ローカル SSD として用意するという方法もあります。この場合、インスタンスを削除すると、ローカル SSD に保存したデータは消失します。なお、保存データ用の永続ストレージの容量が不足した場合は、後からサイズを拡張することもできます。これにより、ローカルのサーバーで作業する場合と同等の環境、もしくは、より高性能なサーバー環境をより低コストで利用できることになります。ただし、ここまでの説明には、強力なサーバーが秒・分単位で利用できて、サイズ変更が可能な永続ディスクを接続でき、さらには SSD の永続ディスクで十分なディスク性能が得られるという前提があります。Google Cloud はこれらの条件を満たしていますが、その他の環境を利用する場合は、このような前提条件を確認する必要があります。

2.2.2　スケールアウト

前述したような、Compute Engine によるハイメモリのインスタンスと永続ディスク、キャッシュを使用するソリューションは、単一マシンで実行できるジョブには合理的な選択ですが、それ以上に大きなジョブになると、もはや機能しません。ジョブを分割して複数のマシンで実行できるようにすることをスケールアウトといいます。処理をスケールアウトする 1 つの方法は、シャーディング[14]によってデータを分割することです。これは、複数のインスタンスのそれぞれにディスクを接続して、データを分割保存するという方法です。この場合、それぞれのインスタンスは、小さく分割されたデータに対して高速に分析を行い（この処理は「map」と

13　Compute Engine のインスタンスを削除せずに、停止だけすることもできます。この場合、インスタンスの利用料金はかかりませんが、引き続きストレージに対する料金はかかります。特に、Compute Engine のインスタンスに接続した SSD の料金が必要となります。インスタンスを停止だけする利点は、停止前の状態から処理を再開できることですが、毎回、同一の初期状態からジョブを開始するのであれば、これは重要ではありません。

14　シャーディングは、大規模なデータベースをより小さく、管理しやすいサイズに分割する手法の 1 つです。たとえば、データベースのテーブルを正規化すると、それぞれの列は、対応するテーブルに分かれます。一方、シャーディングでは、テーブルの行を分割し、異なるデータベースサーバーで、それぞれの部分を処理します。参照：`https://en.wikipedia.org/wiki/Shard_(database_architecture)`

呼ばれます)、これらの結果は、複数のインスタンスに再配布された後に、統合処理(この処理は「reduce」と呼ばれます)が行われます。この手法を用いる場合は、外部からクラウド上にデータをダウンロードすることに加えて、適切にデータを分割配置する必要があります。

また、このような構成の場合、ジョブを実行するごとに、複数ノードからなるクラスタを起動して、永続ディスクを再接続するという処理が必要になりますが、幸いなことに、Google Cloud Platform ではクラスタの作成や前述のシャーディング処理を自分で行う必要はありません。Cloud Dataproc を用いて、Hadoop、Pig、Spark などが事前にインストールされた(Compute Engine のインスタンスによる)クラスタを起動する、あるいは、自動でシャーディングを行う機能を持った Hadoop 分散ファイルシステム(HDFS)にデータを保存するといった使い方ができます(図 2-5)。

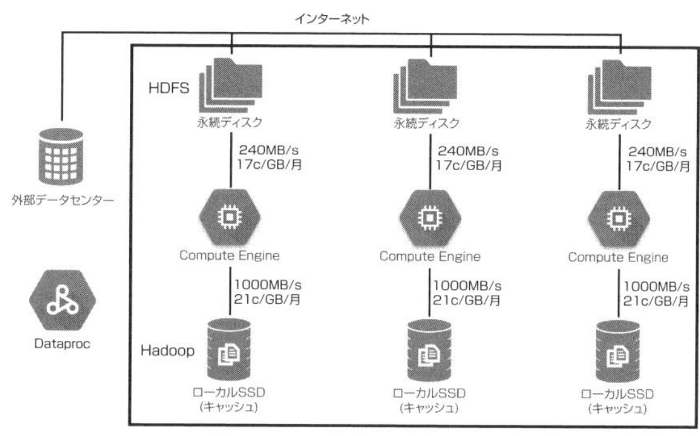

図2-5:Cloud Dataproc を用いたスケールアウト構成の例

ただし、この構成にも欠点があります。Hadoop エコシステムが提供する Map-Reduce フレームワークでは、データを事前にシャーディングして、それぞれのインスタンスに接続されたディスク上に分割配置する必要があります。データの配置そのものは HDFS によって行われますが、全体的なリソースの利用効率を上げるには、配置されたデータに対する計算処理(タスク)が、すべてのインスタンスで常に継続する必要があります。しかしながら、実際の動作は次のようになります。まず、ジョブの実行を開始すると、計算処理を行うコードが各ノードに配布されて、処理対象のデータがあるノードでタスクが実行されます。本来は、CPU やメモリなどのリソースが空いているノードにタスクを配置するべきですが、そのようにはなりません。そのため、タスクが長時間継続するノードやまったく可動していないノードなど、リソースの利用状況に偏りが発生して、全体の使用効率が悪くなるのです。

ここまでの議論をまとめると、大規模なデータセットに対処するには、2 つの方法があります。サイズの大きなインスタンスを利用してスケールアップする方法と、複数ノードにデータをシャーディングした後に、各ノードに計算処理のコードを配布してスケールアウトする方法です。しかしながら、どちらの方法にも欠点があります。スケールアップでは、利用できるインスタンスの最大サイズに限界があります。スケールアウトでは、リソース割り当ての非効率性が発生します。これら両方の欠点を解決する方法、すなわち、データを分割配置せずにスケールアウトする方法はないのでしょうか？　次で説明するように、Google Cloud Platform では、それが実現可能になります。

2.2.3 Google Cloud Storage を用いた構成

計算処理を行うノードにデータをダウンロードするのは、ディスクの速度と比較して、インターネット接続の遅さがボトルネックになっていたからでした。公衆インターネットの速度がわずか 3〜10MB/秒なのに対し、ディスクは 2 桁以上に高速です。このため、十分に大きなサイズのインスタンスにデータを移動するスケールアップか、各ノードのディスクにデータをシャーディングするスケールアウトの選択が必要となりました。

それでは、もし、非常に高速なネットワークがあり、すべてのインスタンスから、ネットワーク経由で高速にファイルアクセスできる環境があればどうでしょうか？　たとえば、100,000 台のサーバーが、1GB/秒の帯域幅でお互いに通信できる場合はどうでしょう。これは非常に高速です。SSD の 2 倍、ローカルハードディスクの 10 倍、そして、一般的なインターネットよりは、100 倍高速です。さらには、(ノード単位ではなく) クラスタ全体からアクセス可能なファイルシステム[15]があり、そのメタデータはデータセンター全体に配置され、耐久性のために複製されているとしたらどうなるでしょうか？　Google のデータセンターにある、Jupiter ネットワークの二分割帯域幅合計は 125,000GB/秒[16]で、さらに、Google の次世代ファイルシステムである Colossus はクラスタレベルで動作するため、この夢のような構成が実現可能です。Google Cloud Storage と Compute Engine は、これらの技術をベースに作られており、Google Cloud Storage のバケットにデータを保存しておき、同じリージョンにある Compute Engine のインスタンスからアクセスすることで、各インスタンスは、共通のデータに高速にアクセスすることができます。

これは、データセンター全体を 1 台のコンピュータとして扱える環境と言ってもよいでしょう。高速なネットワークとクラスタレベルのストレージにより、計算処理は任意の場所に割り当てられるようになります。多数の小さな領域にジョブを個別配置するよりは、1 つの大きな領域に複数のジョブをまとめて投入した方が、全体的なリソースの使用効率は向上します。さらに、このようなリソース割り当ての自動化もできます。データを事前に分割する必要はなく、適切なマネージドサービス（BigQuery、Cloud Dataflow、Cloud ML Engine など）を使用すれば、Compute Engine のインスタンスを自分で起動する必要すらなくなります（図 2–6）。

15　言い換えると、単一のマシンのローカルなファイルシステムではなく、データセンターにあるマシン全体に対する、共通のファイルシステムと考えてください。

16　Google のネットワークインフラストラクチャに関するブログ（`https://research.googleblog.com/2015/08/pulling-back-curtain-on-googles-network.html`）を参照。

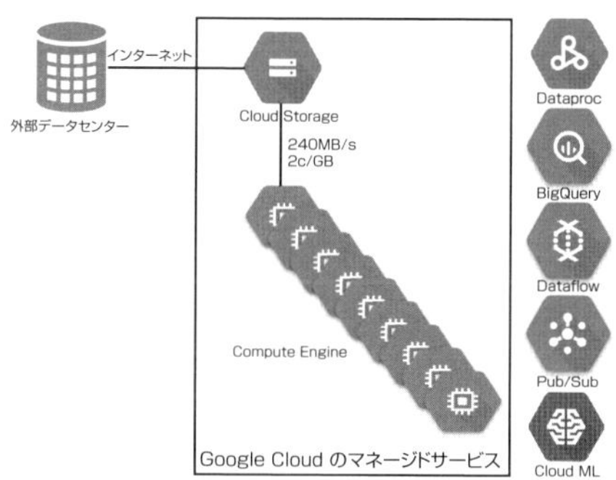

図2-6：Google Cloud Storage とマネージドサービスを組み合わせた構成

ほとんどのデータセンターでは、ネットワークの通信速度について、すべての経路が最適化されているわけではありません。多くの場合、同一ネットワーク内のサーバー同士のトラフィック帯域幅（ネットワーク用語で「East-West トラフィック」）を最適化するのではなく、インターネットから Web サイトへのアクセスなど、外部ネットワークにある端末との通信（「North-South トラフィック」）に最適化されています。通常、East-West トラフィックを最適化したデータセンターを設計するのは、外部からのリクエストに応答する際にバックエンドで発生するネットワークの呼び出し量が、リクエスト自体のトラフィックの数倍になるような場合ですが、実は、Google のサービスでは、ほとんどの場合がこのケースに該当します。たとえば、検索クエリの呼び出しに応じて、何百ものマイクロサービスにファンアウト（連鎖的に広がるネットワーク呼び出し）が発生します。このような状況に対応するため、Google では、サーバーのどのリソースを使うかを事前に決定するのではなく、必要なリソースを動的に割り当てる仕組みを採用しています。これにより、データセンターのある部分では CPU が余っており、別の部分ではメモリが余っているといった、リソースの偏りを最小限度に抑えます。バックエンドのネットワークは、数万台のサーバーに対して均一な帯域幅を提供しているため、それぞれのアプリケーションは、これら数万台のサーバーにスケールアウトすることができます。複数のサービスを連携して、さらに上位のフェデレーションサービスを構築することも簡単にできます。さらにまた、データセンター内のあらゆるサーバーは、任意のアプリケーションを実行することができるので、障害発生時の復旧も容易になります。

従来の Google File System（GFS：HDFS のベースとなったファイルシステム）は、バッチ処理用に作られていましたが、Colossus は、リアルタイムの更新を念頭に設計されています。GFS/HDFS は、数日かかるバッチ処理には十分ですが、Google の検索インデックスをリアルタイムで更新するには不十分でした。そこで、リアルタイムの更新に対応した Colossus を採用することで、最新の状況を即座に反映することが可能になりました。そして、データを事前にシャーディングする必要がない、このようなアーキテクチャに到達するには、いくつかの技術革新がありました。

大規模なファンアウトを行う際は、リクエスト呼び出しのレイテンシを抑えることが重要になります。そこで、head-of-line ブロッキング[17]を回避するためにリクエストを分割したり、あるいは、ジョブの移動を容易にするために、1 台の物理サーバーで数百のコンテナを動かすなどの工夫が行われました。あるいは、頻繁に使用されるデータチャンクを事前に複製しておく、1 つのリクエストを複数のアルゴリズムで同時に実行して、どれか 1 つから応答があれば、その他は即座にキャンセルするといった処理が実装されています。また、データセンター内のあらゆるインスタンスから高速にアクセスできるクラスタファイルシステムを構築するには、データセンター内のネットワーク経路のホップ数を最小限に抑える必要があります。Google Cloud Platform では、SDN（ソフトウェア・デファインド・ネットワーク）を利用して、同じゾーン内の 2 台のマシンは、1 ホップで通信できるという構成を実現しています。

ネットワーキング、コンピューティング、そして、ストレージの革新は、これで終わったわけではありません。Jupiter ネットワークは、125,000GB/秒の二分割帯域幅を提供していますが、エンジニアが見積もったところ、最大では、600,000GB/秒が必要と推定されています。さらに、I/O デバイスの応答時間はマイクロ秒単位なので、ジョブのスケジューリングは、現在のミリ秒単位よりも、さらに細かく分割する余地があります。次世代のフラッシュストレージを活用する方法も、これからまだ研究が進むでしょう。さらにまた、Colossus は、クラスタレベルのファイルシステムですが、このようなシングルリージョンのクラスタ内の整合性だけではなく、グローバルな整合性を必要とするアプリケーションもあります。グローバルに分散できるデータベースを必要とする場合は、Cloud Spanner[18]が利用できます。インフラストラクチャの革新は、今もまだ続いています。

繰り返しになりますが、データ処理を行う際は、どのプラットフォームを選ぶかによって、パフォーマンスとコストが変化することに注意してください。そのため、この本のタイトルには、「Google Cloud Platform」という言葉が含まれています。データパイプラインをオンプレミスで実装するのか、あるいは、どのクラウドプロバイダで実装するのかによって、ハードウェア構成の最適化手法は変わってきます[19]。これまでに説明した、スケールアップ、データのシャーディングによるスケールアウト、あるいは、Google Cloud Storage とマネージドサービスを用いたスケールアウトの実装方法は、Google Cloud Platform の場合は、表 2-2 のようにまとめられます。

---

17 ネットワークパケットが順番に送られるため、遅いパケットが 1 つでもあるとその影響を受けて後続のパケット送信が保留されてしまう状態のこと。

18 `http://static.googleusercontent.com/media/research.google.com/en//archive/spanner-osdi2012.pdf`

19 `https://www.microsoft.com/en-us/research/publication/vl2-a-scalable-and-flexible-data-center-network/`に記載されている Microsoft のプロトタイプは、集中化されたホストのレイヤーを含んでいます。このようなインフラストラクチャの場合、ここでの説明とは異なる設計が必要となります。

表2-2：Google Cloud Platform で大規模データを扱う方法

オプション	コストとパフォーマンス	必要なもの	Google Cloud Platformでの実装方法
スケールアップ	・高価なサーバーとストレージ ・利用可能なサーバーの最大構成で性能が制限される	・分単位で利用可能な高性能サーバー ・SSD の永続ディスク	SSD の永続ディスクを Compute Engine で使用
スケールアウト	・安価なサーバーと高価なストレージ ・サーバーの追加で性能を向上できるが、データのシャーディングに依存する	・ローカルデータ保存が可能なサーバー ・SSD の永続ディスク	Cloud Dataproc と HDFS を使用
マネージドサービスの利用	・安価なサーバーとストレージ ・サーバーを追加して必要な性能を得る	・高速なネットワークシステム ・クラスタレベルで動作するファイルシステム	Cloud Dataproc と Cloud Storage の組み合わせ、BigQuery、Cloud Dataflow、Cloud Machine Learning Engine などを使用

一方、その他のプラットフォームを使用する場合、利用可能な API やソフトウェアの種類は一見すると同じでも、パフォーマンスの特性は異なります。TensorFlow や Apache Beam などのオープンソースは、オンプレミス環境や複数のクラウドプロバイダで共通に利用することができますが、Cloud ML Engine や Cloud Dataflow といった、Google Cloud Platform に固有の高性能なインフラは他の環境では代替することはできません。

2.3 データの取り込み

オンタイム・パフォーマンスデータを分析するために、BTS の Web サイトから月ごとのデータをダウンロードして、Google Cloud Storage にアップロードします。手作業で行うのは面倒で、作業ミスも発生するため、これらの手順をスクリプト化していきます。

Web フォームの入力は、どのようにスクリプト化すれば良いでしょうか[20]。ここでは、フォームが生成する HTTP リクエストのフォーマットを特定して、それをスクリプトで再現します。フォームの処理を確認するために、まずは、Chrome ブラウザから手動でリクエストを送信し

[20] スクリプトによる自動ダウンロードが禁止されていないことを Web サイトの最新の利用規約で確認するようにしてください。

てみます。BTS のダウンロード用 Web サイトを開き[21]、いくつかのフィールドを入力して、［ダウンロード］ボタンを押すと、zip ファイルのダウンロードが始まります（図 2–7）。

図2–7：BTS の Web サイトからダウンロードされる zip ファイル

ダウンロードしたファイル名の数字が何に対応しているかは不明ですが、おそらくはリクエスト番号と考えられます。これから作成するスクリプトでは、たとえば、2015 年 1 月を選択した場合は、201501.zip というファイル名で保存するようにします。

2.3.1 Web フォームのリバースエンジニアリング

このワークフローをスクリプト化するために、フォームが生成する HTTP リクエストを調べます。まず、BTS の Web フォームは、動的ではない、単純な HTML のようです。このタイプのフォームは、すべての入力情報を単一の POST リクエストに集約しているだけなので、スクリプトから同じ POST リクエストを送信すれば、Web フォームを経由せずにデータが取得できます。

BTS のサイトで必要な項目を選択した後に、ブラウザから送信される HTTP リクエストを確認するために、Chrome ブラウザのデベロッパーツールを使用します[22]。ブラウザ右上の設定アイコンから「その他のツール > デベロッパーツール」を開くか、ページ上の任意の場所で右クリックして「検証」を開き、デベロッパーツールメニューを開いてください（図 2–8）。

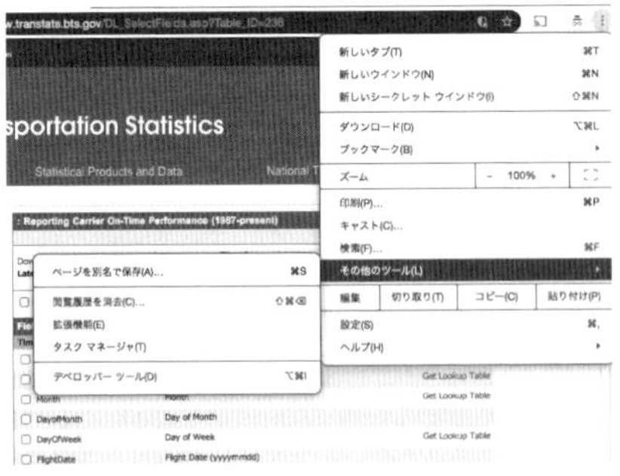

図2–8：Chrome ブラウザのデベロッパーツール

[21] https://www.transtats.bts.gov/DL_SelectFields.asp?Table_ID=236
[22] Web トラフィックが調べられる、他の Web 開発ツールやブラウザでも構いません。

デベロッパーツールのNetworkセクションで、すべてのネットワークログを保存するために「Preserve log」をチェックします（図2-9）。

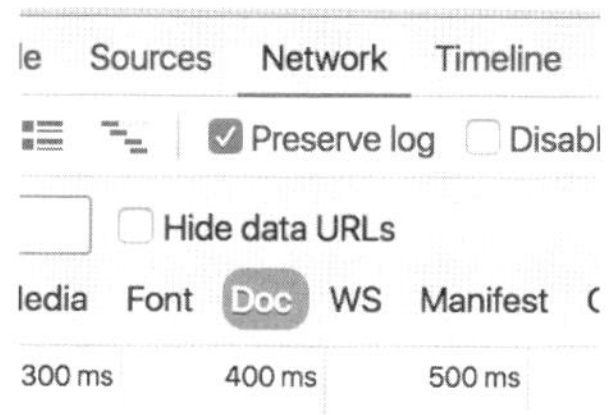

図2-9：Networkセクションの「Preserve Log」をチェック

次に、先に説明した27個のフィールドを選択して、ダウンロードを実行します。このとき、「All」という項目から、BTSのサーバーに送信されたHTTPリクエストが確認できます（図2-10）。Download_Table.aspページがいくつかのデータをPOSTした後、その結果が、zipファイルにリダイレクトされるようです。「Form Data」の項目までスクロールすると、送信されたデータが表示されます。

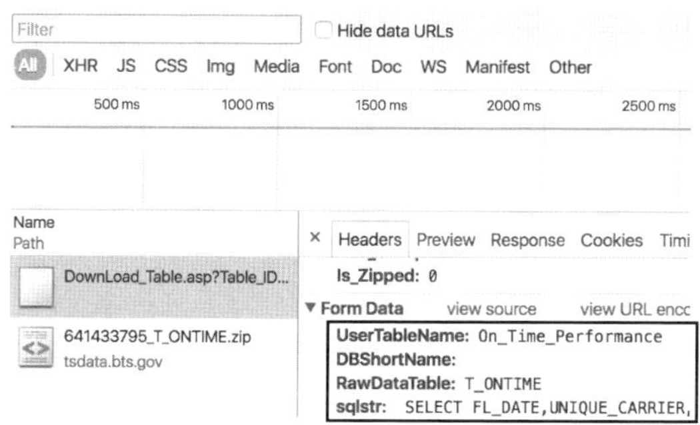

図2-10：項目「All」から「Form Data」を確認

「Form Data」の項目で「view source」を選択すると、完全なリクエストが参照できます（図2-11）。

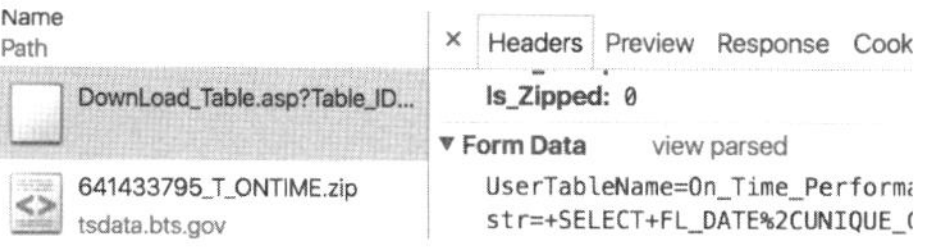

図2-11：「view source」から完全なリクエストを参照

Linuxの`curl`コマンドを利用すると、上記のリクエストをコピー&ペーストするだけで実行できます。ブラウザは不要で、クリックも必要ありません。

```
curl -X POST --data "copy-paste-stuff-from-window" \
  http://www.transtats.bts.gov/DownLoad_Table.asp?Table_ID=236&\
Has_Group=3&Is_Zipped=0
```

しかしながら、これに対する応答は zip ファイルへのリダイレクトであり、ファイル自体は取得できません。そこで、別の curl コマンドを使うか、curl コマンドのオプションで、リダイレクトに対応させなければなりません。この後、実際に動作するスクリプトの例を示します。

2.3.2 データセットのダウンロード

データに関する試行錯誤を行う際は、Linux のコマンドラインツールを使用するのが便利です。この後の手順を実行するには、Cloud SDK がインストールされた、Linux、macOS、または、cygwin（Windows の場合）が必要ですが、ここでは、Chromebook でも利用できる方法として、CloudShell を使用します。その他の環境を利用する場合は、それぞれのコマンドを使用する環境にあわせて変更してください（たとえば、パッケージをインストールする際の sudo apt-get install は、使用する Linux 環境のパッケージ管理コマンドに置き換えます）。まずは、実行すべき処理を試行錯誤しながら発見し、最後に完全な自動化を行います。

まず、BTS のサイトから 12 か月分のデータをダウンロードするスクリプトは、次のようになります。ここでは、download.sh という名前で保存するものとします[23]。

```
#!/bin/bash
export YEAR=${YEAR:=2015}
echo "Downloading YEAR=$YEAR..."
for MONTH in `seq -w 1 12`; do
    echo $YEAR$MONTH
    PARAMS="UserTableName...
    RESPONSE=$(curl -X POST --data "$PARAMS"
    https://www.transtats.bts.gov/DownLoad_Table.asp?\
Table_ID=236&Has_Group=3&Is_Zipped=0)
    echo "Received $RESPONSE"
    ZIPFILE=$(echo $RESPONSE | tr '\"' '\n' | grep zip)
    echo $ZIPFILE
    curl -o $YEAR$MONTH.zip $ZIPFILE
done
```

PARAMS=と記された行は、Chrome の Form Data タブのテキストブロック全体、つまり、ブ

23 本書で引用するすべてのコードは、GitHub リポジトリ（https://github.com/GoogleCloudPlatform/data-science-on-gcp/）から抽出したもので、Apache License, Version 2.0 が適用されます。ライセンスの詳細は、https://github.com/GoogleCloudPlatform/data-science-on-gcp/blob/master/LICENSE を参照してください。

ラウザがBTSのWebサイトに送信するフォームデータに対応します。ここでは、月と年にあたる部分を変数${MONTH}と${YEAR}に置き換えています。また、このリクエストに対するレスポンスはリダイレクトであるため、最初、curlコマンドに-Lオプションを追加してみました。これはリダイレクトに対応するためのオプションですが、content-lengthが次のリクエストに引き継がれないという問題がありました。そのため、ここでは、リダイレクトレスポンスからzipファイルのURLを取得した後に、再度、curlコマンドでダウンロードし、適切な名前で保存しています。

完全なダウンロードスクリプトは、GitHubのhttps://github.com/GoogleCloudPlatform/data-science-on-gcp/tree/master/02_ingestにあります。実際にこのスクリプトを実行する際は、以下の手順に従います。

1　https://console.cloud.google.com/を開きます。
2　下図右上のボタンを使用して、CloudShellを有効にします。

3　CloudShellで、次のコマンドを実行します。

```
git clone https://github.com/GoogleCloudPlatform/data-science-on-gcp/
```

これで、GitHubのコードが、CloudShellのホームディレクトリにダウンロードされます。

4　次のコマンドで、ディレクトリを移動します。

```
cd data-science-on-gcp
```

5　データを保持するための新しいディレクトリを作成して、そこに移動します。

```
mkdir data
cd data
```

6　スクリプトを実行して、BTSのサイトからファイルをダウンロードします。

```
bash ../02_ingest/download.sh
```

7　スクリプトが完了したら、ダウンロードしたzipファイルを確認します（図2-12）。

```
ls -lrt
```

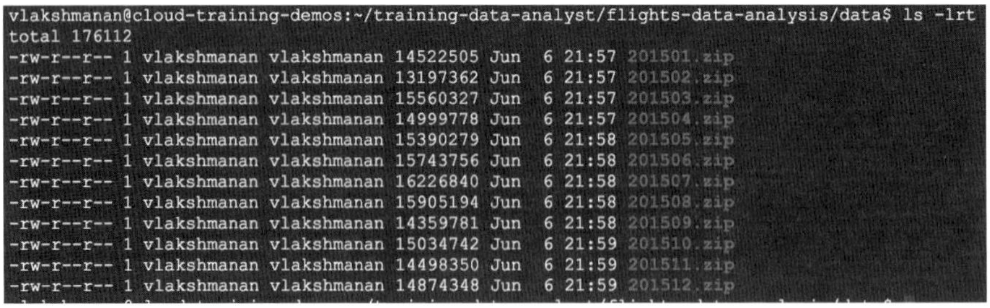

```
vlakshmanan@cloud-training-demos:~/training-data-analyst/flights-data-analysis/data$ ls -lrt
total 176112
-rw-r--r-- 1 vlakshmanan vlakshmanan 14522505 Jun  6 21:57 201501.zip
-rw-r--r-- 1 vlakshmanan vlakshmanan 13197362 Jun  6 21:57 201502.zip
-rw-r--r-- 1 vlakshmanan vlakshmanan 15560327 Jun  6 21:57 201503.zip
-rw-r--r-- 1 vlakshmanan vlakshmanan 14999778 Jun  6 21:57 201504.zip
-rw-r--r-- 1 vlakshmanan vlakshmanan 15390279 Jun  6 21:58 201505.zip
-rw-r--r-- 1 vlakshmanan vlakshmanan 15743756 Jun  6 21:58 201506.zip
-rw-r--r-- 1 vlakshmanan vlakshmanan 16226840 Jun  6 21:58 201507.zip
-rw-r--r-- 1 vlakshmanan vlakshmanan 15905194 Jun  6 21:58 201508.zip
-rw-r--r-- 1 vlakshmanan vlakshmanan 14359781 Jun  6 21:58 201509.zip
-rw-r--r-- 1 vlakshmanan vlakshmanan 15034742 Jun  6 21:59 201510.zip
-rw-r--r-- 1 vlakshmanan vlakshmanan 14498350 Jun  6 21:59 201511.zip
-rw-r--r-- 1 vlakshmanan vlakshmanan 14874348 Jun  6 21:59 201512.zip
```

図2-12：ダウンロードしたzipファイルを確認

すべてのファイルが異なるサイズを持ち、そのサイズから、各ファイルは単なるエラーメッセージではないことがわかります。これで、正常にファイルがダウンロードできました。

2.3.3 探索とクレンジング

下記のbashスクリプトは、すべてのzipファイルを解凍して、適切なファイル名に変更します。

```
for month in 'seq -w 1 12'; do
    unzip 2015$month.zip
    mv *ONTIME.csv 2015$month.csv
    rm 2015$month.zip
done
```

このスクリプトは、02_ingest/zip_to_csv.shに保存されているので、次のコマンドで実行できます。

```
bash ../02_ingest/zip_to_csv.sh
```

この時点では、12個のカンマ区切り（CSV）ファイルがあります。そのうちの1つの最初の数行を見て、データが正しいか確認しましょう。

```
head 201503.csv
```

各CSVファイルは、1行目にヘッダーがあり、2行目以降のデータは次のようになります。

```
2015-03-01,"EV",20366,"EV","4457",12945,1294503,32945,"LEX",12266,1226603,31453,
"IAH"1720","1715",-5.00,10.00,"1725","1851",17.00,"1902","1908",6.00,0.00,"",0.
00,828.00,
```

文字列は（おそらくは、文字列自体にカンマがある場合を考慮して）すべて引用符で囲まれているようです。また、最後に不要なカンマがあります。

次に、今回選択した、27 項目のデータが存在するかを確認します。

```
head -2 201503.csv | tail -1 | sed 's/,/ /g' | wc -w
```

上記のコマンドは、データファイル 201503.csv の最初の 2 行（head -2）を取得し、そのうち最後の行（tail -1）を取得することで、2 行目を参照しています。さらに、すべてのカンマをスペースで置き換え、スペース区切りの単語数を wc -w で数えます。すると、実際に 27 列存在することがわかります。

次に、それぞれのデータの行数を wc コマンドで確認すると、毎月、約 43,000 行から 52,000 行のデータがあることがわかります。

```
$ wc -l *.csv
469969 201501.csv
429192 201502.csv
504313 201503.csv
485152 201504.csv
496994 201505.csv
503898 201506.csv
520719 201507.csv
510537 201508.csv
464947 201509.csv
486166 201510.csv
467973 201511.csv
479231 201512.csv
5819091 total
```

つまり、2015 年には、合計で約 600 万行、すなわち、約 600 万便のフライトに関するデータがあることになります。

文字列中に引用符やカンマがあると、この後の分析で問題を引き起こす可能性があるので、一般には、データクレンジングを行う必要があります。特に今回は、さまざまなツールの利用例を示すという目的があるので、そのような問題が発生する可能性は高くなります。幸い、今回選んだフィールド（空港 ID など）には、引用符が使われておらず、最後の余分なカンマにも意味がないことがわかっています。したがって、引用符と余分なカンマを削除することができて、これで、潜在的な問題が回避できます。

実際に削除するには、次のスクリプトを使用します[24]。

---

[24] GitHub リポジトリの 02_ingest/quotes_comma.sh に該当するため、bash../02_ingest/quotes_comma.sh を実行すると同様の操作が行えます。

```
for month in `seq -w 1 12`; do
    sed 's/,$//g' 2015$month.csv | sed 's/"//g' > tmp
    mv tmp 2015$month.csv
done
```

最初の sed コマンドは任意の行の末尾のカンマ（/,$/）を削除し（//）、2番目の sed コマンドは、すべての引用符を削除します。論理 OR を使用して、2つの文字列置換を1つの文字列置換にまとめることもできますが、処理の内容がわかりやすくなるよう、分けたままにしてあります。いずれにせよ、これらのスクリプトの内容は、後ほど、単一の Python のコードに書き換えを行います。

上記のコマンドを実行した後に、データファイルの最初の数行を調べてみます。

```
head 201503.csv
```

2行目以降のデータ部分は、次のようになります。

```
2015-03-01,UA,19977,UA,1025,14771,1477101,32457,SFO,11618,1161802,31703,EWR,0637
,0644,7.00,15.00,0659,1428,12.00,1450,1440,-10.00,0.00,,0.00,2565.00
```

ここまでの例からもわかるように、簡単な Unix コマンドを知っていると、データ分析の初期段階で非常に役立ちます。

2.3.4　Google Cloud Storage へのデータのアップロード

続いて、このデータセットを Google Cloud Storage にアップロードするために、ストレージバケットを作成します。バケットは、共通のアクセス権を適用したファイルをまとめて保存する、一種のネームスペースです。ここでは、Google Cloud Platform コンソール（https://console.cloud.google.com/storage）から、シングルリージョンのバケットを作成してください。

第1章でも説明したように、バケットの名前は、全世界でユニークでなければなりません（プロジェクトや組織内ではなく、Google Cloud Platform 全体で一意です）。また、バケット名の存在は、外部からも確認することができるので、センシティブな文字列を含まないように注意してください。たとえば、acme_gizmo という名前のバケットを作成した場合、競合他社が同一名のバケットを作成しようとすると失敗します。これにより、Acme Corp. が、新しい Gizmo というサービスを開発している可能性を知られてしまう恐れがあります。一意のバケット名を作成する一般的なパターンは、プロジェクト ID にサフィックスを追加するという方法です。

プロジェクト ID はグローバルに一意[25]なので、<project-id>-ds32 のようなバケット名も一意になります。本書で用いる例の場合、プロジェクト ID は cloud-training-demos で、バケット名は cloud-training-demos-ml になります。本書のコードを実行する場合は、実際に使用する名前に置き換えるようにしてください。

Cloud Storage は、Google Cloud Platform の標準的なファイルストアで、共同作業に必要なデータの共有が可能になります。Cloud Storage にファイルをアップロードするには、次の gsutil コマンドを実行します。

```
gsutil -m cp *.csv gs://cloud-training-demos-ml/flights/raw/
```

このコマンドは、Cloud Storage のバケット cloud-training-demos-ml に、マルチスレッド (-m) で、ファイルをアップロードします。Cloud Platform Console (https://console.cloud.google.com/storage) から、ローカルのファイルをアップロードすることもできます。

Cloud Storage は、通常のファイルシステムではなく、いわゆる Blob ストア[26]にあたるものなので、複数ファイルを 1 つの大きなファイルにまとめるのではなく、別々のファイルとして保存することをお勧めします。Cloud Storage 上のファイルには追記処理ができないため、12 個のファイルを 1 つのファイルにまとめた場合、後から新しいデータが追加されると、新たに結合データを作って置き換える必要があります。また、ファイルを別々に保存しておけば、データ処理パイプラインに特別な分割処理を入れずに、アーカイブ全体の一部（たとえば、夏期のみ）を処理できます。また、一般的に、取得したデータは、可能な限り元の状態に留めておく方が望ましいとも言えます。

ファイルをアップロードするバケットは、シングルリージョンを選択します。この後の作業では、基本的には、バケットと同じリージョンに Compute Engine のインスタンスを作成して、同一のリージョンからアクセスします。今回のケースでは、グローバルな可用性は必要ないことから、マルチリージョンバケットは不要で、シングルリージョンの方が安価になります。ただし、この他にもシングルリージョンを推奨する理由があります。本書の執筆時点において、Google Cloud Platform のシングルリージョンバケットは強整合性（強い一貫性）を提供しますが、マルチリージョンバケットはそうではないためです。この違いは、データ分析や機械学習の処理において、特に重要になります。

ここで、強整合性について補足しておきます。分散型のアプリケーションにおいて、あるノー

---

[25] プロジェクト ID は、Cloud Platform Console のダッシュボードで確認できます。プロジェクト ID は、プロジェクト名とは異なる場合があるので注意が必要です。デフォルトでは、プロジェクト名と同じプロジェクト ID を与えようとしますが、その名前がすでに使用されている場合は、自動生成された一意のプロジェクト ID が割り当てられます。このため、プロジェクト名にセンシティブな情報を含めないよう、同様の注意が必要です。

[26] https://en.wikipedia.org/wiki/Binary_large_object

ドのワーカーがデータを更新し、その直後に、別のノードのワーカーが同じデータを参照するとします。2番目のワーカーが、更新された最新の値を常に参照できる場合、強整合性（強い一貫性）があると言えます。一方、このような動作が保証されず、更新が遅延する可能性がある場合は、結果整合性があると言います。後者の場合、異なるノードのワーカーは、同じ瞬間に別々の値を参照する可能性があります。最終的には、すべてのノードに更新された値が反映されますが、その遅延はノードごとに異なります。結果整合性ではなく、強整合性が満たされていることは、多くのプログラミングパラダイムにおける暗黙の前提です。しかしながら、強整合性を実現するには、一般に、スケーラビリティとパフォーマンスを犠牲にする必要があります。これは、Brewerの定理（CAP定理）と呼ばれます。

Brewerの定理は、CAP定理とも呼ばれ、一貫性・可用性・分断耐性を同時に保証するコンピュータシステムは存在しない事を述べています。一貫性は、すべての利用者が、常に最新の情報を見られるという保証です。可用性は、最新の情報であるかどうかは別にして、すべての要求への応答を保証することです。分断耐性は、ネットワーク通信に問題が起きてもシステムが動作し続けることを保証します。ネットワーク障害は、分散システムでは必ず起きる問題ですので、分断耐性は必要となります。したがって、分散システムを設計する際は、一貫性と可用性のどちらかを選択する必要があります。本書の執筆中にリリースされたCloud Spannerは、GoogleのグローバルなCloud Spanner高可用性SQLデータベースですが、Cloud SpannerもCAP定理を破るわけではありません。グローバルな一貫性と99.999%の可用性を実現するものであり、100%の可用性を保証するわけではありません。詳細については、`https://cloud.google.com/spanner/docs/whitepapers/SpannerAndCap.pdf`を参照してください。

スケーラビリティとパフォーマンスを考慮すると、結果整合性が有効な場合もあります。たとえば、インターネット上で利用されるDNSサーバーは、必要な情報をキャッシュし、その値をインターネット上の多数のDNSサーバーに複製します。更新された情報がすべてのDNSサーバーに複製されるまでには、いくらかの時間がかかるため、これは結果整合性にあたります。仮に、なんらかの情報が変更されるたびに、すべてのDNSサーバーに対する参照をロックする、集中型のシステムを構築した場合、これは、非常に脆弱なシステムになるでしょう。DNSサーバーは、結果整合性を採用することにより、インターネット上の数百万ものデバイスに関する情報を取り扱える、高い可用性と拡張性を実現しているのです。これと同様に、Google Cloud Storageのマルチリージョンバケットは、リージョン間でオブジェクトを複製する必要があり、スケーラビリティとパフォーマンスを維持するために結果整合性を採用しています（これは、現時点での設計上の選択ですので、将来変更される可能性はあります）。書き込んだデータが即座に反映されないことに起因する問題を避けるため、本書では、シングルリージョンのバケットを使用しています。

ちなみに、今回使用するデータは、一般公開されているものですので、すべての同僚（この例では、Google社員）がこのデータを参照できるように、権限を変更してみます。

```
gsutil acl ch -R -g google.com:R gs://cloud-training-demos-ml/flights/raw/
```

これにより、アクセス制御リスト（acl）が再帰的に（-R）変更されます。具体的には、Cloud Storage が提供するこれらのデータの URL に対して、google.com グループの読み取り権限（:R）が与えられます。データセットに機密情報が含まれている場合は、もちろん、注意が必要です。後ほど、BigQuery にデータを格納する際には、組織内のさまざまなロールに対して異なるビューを提供することで、よりきめ細かなセキュリティを実現する方法について説明します。

2.4 毎月のダウンロードをスケジュールする

クラウドストレージのバケットに、過去のフライトデータを格納することができましたので、次は、これを最新の状態に保つ方法を考えます。当然ながら、各航空会社は 2015 年以降もフライトを継続し、BTS は Web サイトのデータを毎月更新していきます。毎月のデータのダウンロードを自動化して、BTS のデータと同期を図ることにしましょう。

ここで考慮するシナリオは、2 つあります。1 つは、新しいデータが発生したときに、BTS から通知を受けてデータを取り込む方法です。もう 1 つは、BTS の Web サイトを定期的にチェックして、新しいデータがあれば、それを取り込むという方法です。BTS の Web サイトは、データの更新を通知する方法を提供していないため、実際には、後者の方法に頼らざるを得ません。もちろん、データが更新されるタイミングがわかっている場合は、その情報を活用することはできます。たとえば、BTS が毎月 5 日頃に Web サイトを更新することがわかっていれば、そのタイミングでデータの更新をチェックすればよいでしょう。

それでは、このデータ同期処理は、どこで実行すればよいのでしょうか？　このような、月に一度だけ定期的に実行する処理の場合、一般的な方法は、Unix/Linux の cron ジョブです[27]。cron ジョブのスケジュールを登録するには、crontab ファイル[28]に次の行を追加して、スケジューリングを担当するデーモンプロセスに登録します。

```
1 2 10 * * /etc/bin/ingest_flights.py
```

これは、毎月 10 日の 02：01 に、/etc/bin/ingest_flights.py を実行します（つまり、先ほどコマンドライン上で行った、フライトデータの取得と同じ処理を行います）。cron ジョブは簡単で便利ですが、いくつかの問題もあります。

[27] cron は、特定の時刻にスケジュールされたジョブを実行する Unix デーモンのプロセス名で、ギリシャ語で時間を表す chronos に由来します。**訳注**：本書では、cron ジョブの代替として、Google App Engine を使用していますが、2018 年にリリースされた Cloud Scheduler を使うとより簡単にスケジュールすることができます。

[28] crontab は、Cron Table の省略形です。

1 cronジョブは、特定のサーバーで実行されます。仮に、そのサーバーが4月10日の午前2時頃に再起動されると、その月はデータの取得が行われない可能性があります。

2 cronジョブを設定できる環境には、さまざまな制限があるかも知れません。今回の場合は、BTSからデータをダウンロードして解凍した後に、クレンジングの処理を行い、さらに、クラウドにアップロードする必要があります。cronジョブを設定できるサーバーで、このために必要なメモリ、ディスク領域、実行権限などの要件を満たすのは難しいかも知れません。また、後から環境を移行する際は、ポータビリティの問題が発生する恐れもあります。

3 ジョブの実行に失敗した場合（たとえば、BTSのサイトに接続するネットワークがダウンしている場合）に、自動的にリトライする方法がありません。リトライ処理やその他の障害時の対応処理は、Pythonで明示的にコーディングする必要があります。

4 ジョブの監視や、ワンショットでの実行は、cronの機能に含まれません。ジョブの監視やリトライを実装するには、なんらかの工夫が必要です。

これらの欠点は、cronに固有というわけではありません。特定のサーバーにひも付けられた処理は、基本的にこのような課題を有します。それでは、クラウド上でこのような処理を実装するには、どうすればよいのでしょうか？　Compute Engineの仮想マシン上でcronジョブを設定するのは、同じ課題を持つのでお勧めできません。

効率性と信頼性を考慮すると、サーバーレスな手法が適していることがわかります。このジョブは、どこかのマシンで実行する必要がありますが、月に1度の処理のために、サーバーを管理するのは無駄が多いと感じるでしょう。必要なリソースを動的に確保して実行し、ジョブの監視やリトライを提供するサービスが必要です。

これを解消する方法の1つに、Google App Engineがあります。これは、Cronサービスを提供しており、サーバーレスな形で、定期的なジョブの実行が可能ですので、今回の目的にちょうど合いそうです（図2-13）。

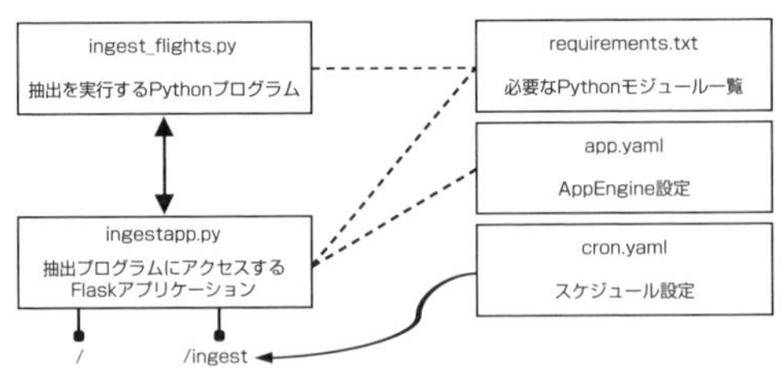

図2-13：Google App EngineのCronサービスを用いた実装

最初に、特定の年月のデータをダウンロードして、Cloud Storageにアップロードするスクリプト `ingest_flights.py` を作成します。データをダウンロードする際に、一時的なファイルシステムが必要となるので、App EngineのFlexible Environmentを使用する必要があります。App Engine Flexible Environment は、GCE のインスタンス上の Docker コンテナ[29]でコードを実行するサービスで、Standard Environment と比較すると、コードのデプロイとオートスケールに時間がかかりますが、今回の目的では、これらのスピードはそれほど重要ではありません。

Linux 上の cron の例では、ジョブを実行するために、cron デーモンが稼働するサーバー上のスクリプトを指定していましたが、App Engine の Cron サービスでは、特定の URL をエンドポイントに指定します。つまり、App Engine は、指定したスケジュールに従って、指定の URL（この URL は任意で、AppEngine 上のサービスに限定されません）にアクセスします。スタンドアロンの Python スクリプトを実行したい場合は、Flask Web アプリケーション（`ingestapp.py`）にラッピングすることで、URL へのアクセスをトリガーにして、実行することができます。

App Engine Flexible Environment では、`requirements.txt` に依存関係を指定して、Dockerfile（コンテナイメージを作成するための設定ファイル）を生成します。App Engine の各種設定（URL マッピング、セキュリティなど）は `app.yaml` に、実行スケジュールは `cron.yaml` に記述します。これらを含むパッケージをデプロイすると、アプリケーションがサービスとして公開されます。

2.4.1 Python によるダウンロード処理

これまで、bash のコマンドラインで、データのダウンロードに関連する処理を実行し、それらを個別のスクリプトにまとめてきました。これらをまとめて実行する bash スクリプトを作成すれば、データの抽出プログラムが完成します。

```
#!/bin/bash
bash download.sh
bach zip_to_csv.sh
bash quotes_comma.sh
bash upload.sh
```

しかしながら、このような方法は、解読が難しく、メンテナンスが困難な、いわゆる「スパゲッティコード」になりがちです。これらの bash スクリプトには、何をダウンロードするのか、一時ストレージがどこにあるのか、そして、どこにアップロードするのかなど、多くの前

[29] Docker コンテナ（`http://www.docker.com/`）はアプリケーションの軽量なラッパーで、特定のアプリケーション（ここでは、Flask アプリケーションの `ingestapp.py`）の実行に必要なすべてのファイルを含んでいます。具体的には、アプリケーションコード（`ingest_flights.py` など）、ランタイム（Flask、Python の依存パッケージなど）、設定ファイル（`app.yaml` など）、システムライブラリ（ここでは、特定の Linux ディストリビューション）などです。仮想マシンとは異なり、同じマシン上のコンテナは、ホスト OS の機能を共有しています。

提があり、これらを変更する際は、複数のスクリプトを変更する必要があります。bash を用いてデータを迅速に処理するのは良い考えですが、データ抽出をより体系的で定常的な処理にする上では、シェルスクリプトよりは、もう少し本格的なプログラミング言語を用いた方がよいでしょう。

本書では、システムプログラミングから統計、機械学習まで、幅広いタスクに対応したプログラミング言語である、Python を使用します。さまざまな作業を 1 つの言語で行うのであれば、現在のところは、Python が最適と言えます。Java のオブジェクト指向とパッケージング方式は、複数の開発者による大規模な開発プロジェクトに向いていますが、コードが冗長になり、さらに、REPL（Read-Evaluate-Process-Loop）インタプリタがないため、試行錯誤を繰り返す処理には向いていません。C++は、数値処理は効率的ですが、非数値型タスクの標準ライブラリは、それほど豊富ではありません。既存のパッケージの豊富さを考えると、Python、Scala、R、Java を選択肢として並べた場合、多くの人が、Python や Scala を選択するでしょう[30]。Scala は、Python の利点（簡単なスクリプティング処理と簡潔さ）と、Java の利点（型安全性と実行速度）を兼ね備えていますが、Scala のツール（統計やビジュアライゼーションなど）は、Python ほどには普及していません。また、本書で使用するいくつかのツールは、Scala を正式にサポートしていません[31]。これらの理由から、本書では、主に Python を使用します。ただし、実行速度が重要で、Python では不十分なユースケースでは、Java が必要な場面もあるでしょう。

これから Python で実装するコードには、先にコマンドラインから bash で実行したときと同じ、次の 4 つのステップがあります。

1. BTS の Web サイトからデータをダウンロードしてローカルファイルに保存する。
2. ダウンロードした zip ファイルを解凍して、CSV ファイルを取り出す。
3. CSV ファイルから引用符と末尾のカンマを削除する。
4. CSV ファイルを Google Cloud Storage にアップロードする。

まず、年月をパラメータとして受け取って、BTS の Web サイトからデータをダウンロードする関数は次のようになります。

---

30 2016 年の Databricks 社の調査では、回答者の 65%が Spark を Scala で記述し、62%が Python、44%が SQL、29%が Java、20%が R を使用していると回答しました。`https://databricks.com/blog/2016/09/27/spark-survey-2016-released.html`

31 App Engine Flexible Environment は、Java、Python、Node.js、Go、Ruby をサポートしますが、Cloud Dataflow は Java と Python のみをサポートしています。Scala は Java 仮想マシン上で動作するため、Scala から Java ライブラリを呼び出すこと（もしくはその逆）ができて、さらに、Scala のコードを動作させるためのオープンソースが、App Engine（`https://github.com/sbt/sbt-appengine`）と Cloud Dataflow（`https://github.com/spotify/scio`）にあります。ただし、これらのツールは公式のものではなく、機能上の制限に注意が必要です。

```
def download(YEAR, MONTH, destdir):
   '''
     Downloads on-time performance data and returns local filename
     YEAR e.g.'2015'
     MONTH e.g. '01' for January
   '''
   PARAMS="...".format(YEAR, MONTH)
   url='http://www.transtats.bts.gov/DownLoad_Table.asp?...'
   filename = os.path.join(destdir, "{}{}.zip".format(YEAR, MONTH))
   with open(filename, "wb") as fp:
     response = urlopen(url, PARAMS)
     fp.write(response.read())
   return filename
```

注意すべき点は、bash スクリプトは、zip ファイルをカレントディレクトリにダウンロードしていたことです。しかしながら、今回の Python スクリプトは、Cron サービスによってオンデマンドに実行されるため、スクリプトが実行されるディレクトリを事前に想定することができません。該当のディレクトリが書き込み可能で、十分なスペースがあるかも不明です。したがって、今回の実装では、関数の呼び出し元で、ダウンロードした zip ファイルを格納するディレクトリを用意しておき、そのパスをパラメータとして渡すようにしています。`curl` コマンドと異なり、Python の `urlopen` 関数は、リダイレクトに適切に対応しており、2 番目の HTTP リクエストを発行する必要はありません。ただし、`urlopen` は、Python 2.7 と Python 3 で挙動が異なります。Python 2.7 では、`urllib2` モジュールの一部になっており、2 番目のパラメータは文字列にできましたが、Python 3 では、`urllib` モジュールの一部に変わっているため、2 番目のパラメータはバイトの配列でなければなりません。今回のコードでは、（App Engine Flexible Environment のデフォルトである）Python 2.7 の使用を前提としています。

続いて、ファイルを解凍して、CSV コンテンツを抽出する関数は、次のようになります。

```
def zip_to_csv(filename、destdir):
   zip_ref = zipfile.ZipFile(filename, 'r')
   cwd = os.getcwd()
   os.chdir(destdir)
   zip_ref.extractall()
   os.chdir(cwd)
   csvfile = os.path.join(destdir, zip_ref.namelist()[0])
   zip_ref.close()
   return csvfile
```

Python の `zipfile` モジュールは、特定のディレクトリにコンテンツを抽出する方法を提供しておらず、必ず、カレントディレクトリに保存します。したがって、実行の前にカレントディレクトリを変更しています。

引用符と末尾のカンマを削除する関数は、次のようになります。

```
def remove_quotes_comma(csvfile, year, month):
    try:
        outfile = os.path.join(os.path.dirname(csvfile),
                               '{}{}.csv'.format(year, month))
        with open(csvfile, 'r') as infp:
            with open(outfile, 'w') as outfp:
                for line in infp:
                    outline = line.rstrip().rstrip(',').translate(None, '"')
                    outfp.write(outline)
                    outfp.write('\n')
    finally:
        print ("... removing {}".format(csvfile))
        os.remove(csvfile)
```

これは、ファイルのオープンとクローズに関わる処理が大部分で、引用符と末尾のカンマの削除は、次の1行で行っています。

```
outline = line.rstrip().rstrip(',').translate(None, '"')
```

ここで、クラウドストレージにデータをアップロードする前に、外部サイトの障害時への対応と、防御的プログラミングについて考えておきましょう。たとえば、BTSのサイトは、提供するデータがない場合（未提供の日時のデータを指定した場合など）は、ヘッダーのみのCSVファイルを含むzipファイルを返します。また、このようなデータ抽出プログラムで発生する問題の1つに、データスキーマの変更があります。データを提供する側が、こちらの知らない間に新しい列を追加するなどの可能性が考えられますが、システムの自動化をすすめていくと、このような変更に起因して、大きな障害が発生する可能性も高くなります。そこで、ここでは、ダウンロードしたCSVファイルには、(1) 複数の行が含まれており、(2) 想定通りのヘッダーが含まれているという2つのチェックを行います。

```
class DataUnavailable(Exception):
    def __init__(self, message):
        self.message = message

class UnexpectedFormat(Exception):
    def __init__(self, message):
        self.message = message

def verify_ingest(outfile):
    expected_header = 'FL_DATE,UNIQUE_CARRIER,AIRLINE_ID,CARRIER,FL_NUM,'
    'ORIGIN_AIRPORT_ID,ORIGIN_AIRPORT_SEQ_ID,ORIGIN_CITY_MARKET_ID,'
    'ORIGIN,DEST_AIRPORT_ID,DEST_AIRPORT_SEQ_ID,DEST_CITY_MARKET_ID,'
    'DEST,CRS_DEP_TIME,DEP_TIME,DEP_DELAY,TAXI_OUT,WHEELS_OFF,WHEELS_ON,'
    'TAXI_IN,CRS_ARR_TIME,ARR_TIME,ARR_DELAY,CANCELLED,CANCELLATION_CODE,'
    'DIVERTED,DISTANCE'
```

```
    with open(outfile, 'r') as outfp:
        firstline = outfp.readline().strip()
        if (firstline != expected_header):
            os.remove(outfile)
            msg = 'Got header={}, but expected={}'.format(
                                firstline, expected_header)
            logging.error(msg)
            raise UnexpectedFormat(msg)

        if next(outfp, None) == None:
            os.remove(outfile)
            msg = ('Received a file from BTS'
                 + ' that has only the header and no content')
            raise DataUnavailable(msg)
```

この例のように、エラーを返す代わりに、例外を発生させることで、関数を呼び出す側のコードを単純化できます。例外処理は、最も外側のコードに任せることができ、この場合は、コマンドライン（スタンドアロン実行の場合)、もしくは、Flask アプリケーション（Cron サービスの場合）になります。また、2 種類のケースについて異なる例外を発生させています。

指定した月の CSV ファイルを Cloud Storage にアップロードする関数は、次のようになります。

```
def upload(csvfile, bucketname, blobname):
    client = storage.Client()
    bucket = client.get_bucket(bucketname)
    blob = Blob(blobname, bucket)
    blob.upload_from_filename(csvfile)
    gcslocation = 'gs://{}/{}'.format(bucketname, blobname)
    print ('Uploaded {} ...'.format(gcslocation))
    return gcslocation
```

このコードは、`bucketname`（先ほど作成したシングルリージョンのバケット）と `blobname`（たとえば、`flights/201501.csv`）をパラメータで受けて、Cloud Storage 用の Python ライブラリを使用してアップロードを行います。単純に `gsutil` コマンドを呼び出す方法もありますが、コードを実行するマシンに（`gsutil` を含む）Cloud SDK がインストールされていることを確認する必要があるので、あまりお勧めできません。特に、App Engine Flexible Environment では、ベースとして使用する Docker イメージによって SDK の有無が異なります。したがって、外部のコマンドに頼るのではなく、できる限り純粋な Python ライブラリを使用して、必要なモジュールを `requirements.txt` に追加しておくことをお勧めします。

```
Flask==0.11.1
gunicorn==19.6.0
google-cloud-storage==0.21.0
```

最初の 2 つは、Flask Web アプリケーションに必要なモジュールで、google-cloud-storage は、get_bucket() と upload_from_filename() を実行する際に必要となります。

これで、必要なパーツが揃いました。これまでに準備した、4 つのステップと最後の検証を順番に呼び出す関数は、次のようになります。

```
def ingest(year, month, bucket):
    '''
    ingest flights data from BTS website to Google Cloud Storage
    return cloud-storage-blob-name on success.
    raises DataUnavailable if this data is not on BTS website
    '''
    tempdir = tempfile.mkdtemp(prefix='ingest_flights')
    try:
        zipfile = download(year, month, tempdir)
        bts_csv = zip_to_csv(zipfile, tempdir)
        csvfile = remove_quotes_comma(bts_csv, year, month)
                verify_ingest(csvfile) # throws exceptions
        gcsloc = 'flights/raw/{}'.format(os.path.basename(csvfile))
        return upload(csvfile, bucket, gcsloc)
    finally:
        print ('Cleaning up by removing {}'.format(tempdir))
        shutil.rmtree(tempdir)
```

Cloud Storage にアップロードする前にダウンロードしたデータを一時保存するディレクトリは、Python の tempfile パッケージで取得しています。これにより、なんらかの理由で、このコードが複数同時に実行された場合でも、ディレクトリの競合を避けることができます。

最後に、以下のメイン関数を用いると、全体の動作を試すことができます[32]。

```
if __name__ == '__main__':
    import argparse
    parser = argparse.ArgumentParser(description=
           'ingest flights data from BTS website to Google Cloud Storage')
    parser.add_argument('--bucket',
                        help='GCS bucket to upload data to', required=True)
    parser.add_argument('--year', help='Example: 2015.', required=True)
    parser.add_argument('--month', help='Specify 01 for January.',
                        required=True)
```

[32] ソースコードの全体像は https://github.com/GoogleCloudPlatform/data-science-on-gcp/tree/master/02_ingest/monthlyupdate/ingest_flights.py を参照。

```
    try:
        args = parser.parse_args()
        gcsfile = ingest(args.year, args.month, args.bucket)
        print ('Success ... ingested to {}'.format(gcsfile))
    except DataUnavailable as e:
        print ('Try again later: {}'.format(e.message))
```

まだ利用できない月をダウンロードしようとすると、次のように、エラーメッセージが表示されます。

```
$ ./ingest_flights.py --bucket cloud-training-demos-ml --year 2999 --month 01
...
Try again later: Received a file from BTS that has only the header and no content
```

有効な月を指定すると、クラウドストレージ上に新しい（または置き換えられた）ファイルが作成されます。

```
$ ./ingest_flights.py --bucket cloud-training-demos-ml --year 2015 --month 01
...
Success ... ingested to gs://cloud-training-demos-ml/flights/raw/201501.csv
```

一方、存在しないバケットを指定すると、キャッチされない例外が発生します。

```
$ ./ingest_flights.py --bucket cant-write-to-bucket --year 2015 --month 01
...
Traceback (most recent call last):
  File "./ingest_flights.py", line 144, in <module>
    gcsfile = ingest(year, month, args.bucket)
...
google.cloud.exceptions.NotFound: 404 Not Found (GET https://www.googleapis.com/
storage/v1/b/cant-write-to-bucket?projection=noAcl)
```

Cron サービスからの実行時に例外が発生した場合は、リトライが行われて、最大試行回数に達した時点で処理が失敗します。BTS の Web サーバーにアクセスできない場合も、同様のリトライが行われます。

ここまでの内容は、機能的には最初の bash スクリプトと同様ですが、さらに柔軟な機能を追加することもできます。たとえば、さきほどのコードでは、年、月、バケットを指定して実行しましたが、毎月、定期的に実行するのであれば、次にどの年月を指定するべきかは事前にわかっています。ただし、BTS のデータにはタイムラグがあることを思い出してください。ジョブ実行時の年月ではなく、Cloud Storage に保存されているデータの最終年月を見て、その次の月を指定する必要があり、この処理は次のコードで実現できます。

```
def next_month(bucketname):
    '''
      Finds which months are on GCS, and returns next year,month to download
    '''
    client = storage.Client()
    bucket = client.get_bucket(bucketname)
    blobs  = list(bucket.list_blobs(prefix='flights/raw/'))
    files = [blob.name for blob in blobs if 'csv' in blob.name] # csv files only
    lastfile = os.path.basename(files[-1]) # e.g. 201503.csv
    year = lastfile[:4]
    month = lastfile[4:6]
    dt = datetime.datetime(int(year), int(month), 15) # 15th of month
    dt = dt + datetime.timedelta(30) # will always go to next month
    return '{}'.format(dt.year), '{:02d}'.format(dt.month)
```

たとえば、クラウドストレージ上の最終年月のファイルが 201503.csv だとします。この場合、最終のデータは 2015 年 3 月分であり、次は、2015 年 4 月のデータをダウンロードする必要があります。上記の関数では、次の月を計算するために、「2015 年 3 月 15 日の 28 日後の年と月」を求めています。1 か月の日数は 28〜31 の間に限られるので、この計算で必ず次の月が得られることに注意してください。

年と月を指定せずに実行した場合は、上記の関数で次の月を探すように、メイン関数に次の処理を追加します。

```
if args.year is None or args.month is None:
    year, month = next_month(args.bucket)
else:
    year = args.year
    month = args.month
gcsfile = ingest(year, month, args.bucket)
```

これで、1 か月ごとに、新しいデータを Cloud Storage のバケットに保存するプログラムが完成しました。次は、このプログラムをサーバーレスで実行するように準備を行います。

2.4.2 Flask webapp

Flask[33]は、Python で Web アプリケーションを書くためのマイクロフレームワークです。今回は、Cron サービスから起動することが目的ですので、シンプル（軽量）で直感的に使える Flask が最適です。今回のアプリケーションは、「/」と「/ingest」の 2 つの URL を持ちます。1 つ目は、2 つ目へのリンクを返す、単純な Welcome ページです。

33 http://flask.pocoo.org/

```
@app.route('/')
def welcome():
    return '<html><a href="ingest">ingest next month</a> flight data</html>'
```

Welcome ページを Flask 以外の静的なページに置き換えることもできますが、静的ページのレイアウト設計に時間を取られたくないので、今回はやめておきました。

次は、データのダウンロード処理を実行するための URL です。

```
@app.route('/ingest')
def ingest_next_month():
    try:
        # next month
        bucket = CLOUD_STORAGE_BUCKET
        year, month = ingest_flights.next_month(bucket)
        logging.info('Ingesting year={} month={}'.format(year, month))

        # ingest
        gcsfile = ingest_flights.ingest(year, month, bucket)

        # return page, and log
        status = 'Successfully ingested {}'.format(gcsfile)
    except ingest_flights.DataUnavailable:
        status = 'File for {}-{} not available yet ...'.format(year, month)
    logging.info(status)
    return status
```

このコードは、スタンドアロンの抽出プログラム（`ingest_flights` モジュール）から必要な機能を実行した後に、Web 画面に表示するプレーンテキスト（実行結果のメッセージ）を返します。

2.4.3 App Engine で実行する

App Engine でアプリケーションを実行するには、`app.yaml` という設定ファイルが必要です。これにより、`http://flights.cloud-training-demos.appspot.com/`から、Flask アプリケーションを実行するように、App Engine に指示を出します（この URL に含まれる `cloud-training-demos` はプロジェクト ID で、`https://console.cloud.google.com/`のダッシュボードから確認できます）。

```
runtime: python
env: flex
entrypoint: gunicorn -b :$PORT ingestapp:app
service: flights

#[START env]
env_variables:
    CLOUD_STORAGE_BUCKET: cloud-training-demos-ml
#[END env]

handlers:
- url: /.*
  script: ingestapp.app
```

設定ファイル内のバケット名は自分のものに変更してください。コマンドライン（CloudShell）で次のコマンドを実行すると、App Engine にコードがデプロイされます。

```
gcloud app deploy
```

この後、Web ブラウザで、`https://flights.PROJECTID.appspot.com`（`PROJECTID` は、自分のプロジェクト ID）にアクセスし、表示されたリンクをクリックすると、新しいデータがバケットに保存されます。これで、URL へのアクセスを通じて、Python のプログラムを実行できるようになりました。プログラムの実行環境はオートスケールするようになっており、インフラストラクチャの管理は不要です。`https://console.cloud.google.com/`のダッシュボードから、App Engine サービスに対するリクエスト数とリソースの使用状況が確認できます。

2.4.4 URL の保護

しかしながら、まだ 1 つ問題があります。この設定では、誰でもこの Web サイトを訪問してバケットを更新できてしまうため、実は安全ではありません。バケットの更新自体は、大きな問題ではないかも知れませんが、リンクの呼び出しを繰り返すと、ネットワーキングとコンピューティングに対する料金がかかります。一般には、ユーザー認証などの処理を実装する必要がありますが、今回の場合、この処理は、App Engine の Cron サービスから呼び出すという使い方だけですので、サービスへのアクセスを Cron サービスに限定すれば問題ありません。

Cron サービスは、HTTP リクエストにカスタムヘッダーを追加するので、`/ingest` ハンドラに、次のようなチェックを追加します。

```
try:
    # verify that this is a cron job request
    is_cron = flask.request.headers['X-Appengine-Cron']
    logging.info('Received cron request {}'.format(is_cron))

    # as before
except KeyError as e:
    logging.info('Rejected non-Cron request')
```

リクエストヘッダーに X-Appengine-Cron が存在しない場合は、例外（KeyError）が発生するので、その場合はリクエストを拒否します。

もう 1 つの考慮点は、Cron サービスが唯一のクライアントなので、アプリケーションのインスタンスは、1 つで十分なことです。これは、app.yaml で指定できます。

```
manual_scaling:
  instances: 1
```

2.4.5 Cron タスクのスケジューリング

これで、毎月の取り込みタスクを開始する URL が準備できたので、定期的にこのページを訪れるように、Cron サービスをスケジュールします。これには、cron.yaml というファイルを作成して、具体的なスケジュールを指定します。

```
cron:
 - description: ingest monthly flight data
   url: /ingest
   schedule: 8 of month 10:00
   timezone: US/Eastern
   target: flights
```

これは、毎月 8 日の 10：00（米国東部時間）に、flights サービス（すなわち、flights.PROJECTID.appspot.com）の/ingest というパスにアクセスするという設定です。日時による指定の他に、5 分ごと[34]、あるいは、毎日 10：00 などの周期を指定することもできます。デフォルトのタイムゾーンは、UTC です。スケジュールを設定するタスクが複数ある場合は、複数のセクションを用意して、それぞれに個別の description、url、schedule、target を指定します。

デフォルトでは、App Engine は要求が成功するまでリトライを続けますが、リトライ間隔は次第に長くなり、最終的には、約 60 分間隔になります。リトライ間隔を明示的に設定することもできます。

34 Cron サービスの動作をすぐに確認したい場合は、cron.yaml に"every 5 minutes"を指定して、5 分待つとよいでしょう。

```
retry_parameters:
    min_backoff_seconds: 600
    max_backoff_seconds: 3600
    max_doublings: 20
```

この例では、最初のリトライが 10 分後に発生して、2 番目のリトライが 20 分後、3 番目のリトライがさらに 40 分後というように、リトライごとに間隔が 2 倍になります。4 番目以降のリトライは、すべて 60 分間隔になります。リトライ間隔は、min_backoff_seconds から始まり、max_backoff_seconds に達するまで 2 倍ずつに増えていきますが、max_doublings でこの動作を制限することができます。たとえば、max_doublings に 0 を指定した場合、リトライ間隔は、10、20、30 というように線形に増加します。あるいは、2 を指定すると、2 回までは倍になり、それ以降は同じ値が追加されていきます。具体的には、10、20、40、80、120、……、となります。その他には、一定の条件でリトライを中止することもできます。

```
retry_parameters:
    task_retry_limit: 7
    task_age_limit: 1d
```

task_retry_limit は、リトライ回数の制限で、task_age_limit は、リトライの期限です。これら両方の制限を超過するとタスクが失敗します。

gcloud コマンドで、cron.yaml をアップロード（置き換え）できます。サービスの停止は必要ありません。

```
gcloud app deploy cron.yaml
```

多くの場合、次のように、app.yaml と cron.yaml の両方を含むアプリケーションを更新します。

```
gcloud app deploy --quiet app.yaml cron.yaml
```

--quiet オプションを使用すると、コマンドライン上で確認のプロンプトが表示されません。gcloud app コマンドを使用すると、アプリケーションの実行ログを表示することができます。

```
gcloud app logs read -s flights
```

上記の flights は、サービス名を表します。既存のジョブは、App Engine コンソールの「タスクキュー」セクションに表示されます[35]。そこから、最後に実行された時間とステータス

35 https://console.cloud.google.com/appengine/

を確認することができます。あるいは、その場でタスクを実行することも可能です。

なお、今回の実装の場合、前月のデータが Cloud Storage にあれば、毎月の更新メカニズムは意図通りに機能しますが、今回の手順では、Cloud Storage には 2015 年のデータのみ存在する状態が出発点となります。この場合、まずは、Cloud Storage 上のデータが最新のものになるまで手動で処理を実行して、その後、Cron サービスによる月次の作業を継続する必要があります。あるいは、毎月ではなく、毎日実行するようスケジュールを変更するという方法もあります。この場合、最新の状態にたどり着いた後は、新しいデータがない状態でのタスクの実行が毎日行われます。新しいデータがない場合、このタスクは何もせずに正常終了するので、(タスクの実行に伴うワークロードが小さいことから) これは大きな問題にはなりません。さらにより良い解決策は、新しい月のデータの取り込みに成功した場合、即座に次の月を取り込むように、取り込みタスクを変更することです。この方法であれば、月ごとに最新の利用可能データをすべて取得し、常に最新の状態に保つことができます。

最後に、ここまでの手順を振り返ってみましょう。Python のコードを作成して、Google Cloud Platform にデプロイすることで、データを取り込み、最新の状態に保つことができるようになりました。この際、インフラストラクチャの管理が不要だった点を思い出してください。OS のインストール、ユーザー管理、セキュリティパッチの適用、あるいは、フェイルオーバーの仕組みを実装するといった作業は必要ありません。クラウドにコードをデプロイするだけのサーバーレス・ソリューションの優位性がよくわかります。今回用意した仕組みは、便利なだけではなく、非常に安価です。本書の執筆時点では、Google Cloud への取り込みに必要なネットワークの料金は無料です。App Engine Flexible Environment の料金は、約 6 セント/時間ですので、月当たりで約 45 ドルになります。シングルリージョンバケット内のストレージは 1 月当たり約 1 セント/GB で、時間の経過と共に増加します。今回のデータセットが、約 5GB のストレージを使用すると仮定しても、その費用はごくわずかです。あるいは、App Engine Standard Environment は、ローカルファイルシステムに書き込めないという制約がありますが、インスタンスをゼロまでスケールダウンできます。したがって、メモリ内でファイルを解凍をするようにコードを書き直して、Standard Environment に移行すれば、月当たり数セントまでコストを抑えられる可能性もあります。ただし、実際のコストは、状況に応じて変化する可能性があります。

2.5 まとめ

この章では、米国運輸統計局 (BTS) が提供する、フライト情報のデータセットを扱いました。これには、予定出発時刻、予定到着時刻、実際の出発時刻と到着時刻、出発地と目的地の空港、フライト番号など、主要航空会社のすべての国内線について、さまざまな情報が記録されています。このデータセットを用いて、(会議をキャンセルするかどうかを決定するために) フライトの到着遅延時間が 15 分を超える可能性を予測することが、この後の目標です。

データセットから分析に使用するフィールドを選択する際は、今回の問題に関連しているかどうか、因果律制約に反していないかといった点を考慮する必要があります。今回は、これらの考察に基づいて、27 個のフィールドを選択して、実際にデータをダウンロードしました。

大規模なデータセットを扱う場合、クラウドには 3 つのデータ処理のアーキテクチャ（スケールアップ、スケールアウト、マネージドサービスの利用）があります。スケールアップは効率的ですが、利用可能なサーバーの最大サイズによって制限されます。スケールアウトはよく使われる方法ですが、計算ノード間でデータをシャーディングする必要があり、高い稼働率を維持できない限り、高価なクラスタをもてあます可能性があります。データ分割を意識せずにデータを分散処理するには、データセンター内の任意の計算ノードに高速にファイルを移動できるだけのネットワーク速度が必要となりますが、Google Cloud Platform では、それを実現することができます。Google Cloud Storage にデータをアップロードしておき、マネージドサービスを利用して、このデータを分析していきます。

また、ファイルの取り込みを自動化するため、BTS の Web フォームをリバースエンジニアリングして、POST リクエストのフォーマットを取得しました。これにより、12 か月間のデータをダウンロードし、zip ファイルを解凍し、クレンジングするための bash スクリプトを書くことができました。

そして、強整合性と結果整合性の違いと、Brewer の CAP 定理によって課せられるトレードオフの考え方を説明しました。今回の場合は、強い一貫性が求められ、グローバルな可用性は必要ないため、シングルリージョンのバケットを選択しました。次に、ダウンロードして得られた CSV ファイルを Cloud Storage のバケットにアップロードしました。

最後に、毎月のデータのダウンロードを自動化するために、ダウンロードとクレンジングを Python のプログラムで行い、Flask を利用して、Web サービスとして呼び出せるようにしました。Flask の Web アプリケーションを App Engine Flexible Environment にデプロイすることで、サーバーレスな実行環境を実現しました。さらに、Cron サービスから Flask Web アプリケーションを定期的に実行するように設定して、BTS データの取り込み処理の自動化が完了しました。

2.6 コードに触れてみる

ここで、この章で行った作業を実際に完了しておいてください。本章の手順に沿った作業をまだ行っていない場合、まずは、第 1 章の最後の指示に従って、プロジェクトを作成した後に、Google Cloud Storage のバケットを作成し、さらに、Cloud Shell のコマンドラインから、`git clone` コマンドで、コードリポジトリをクローンしてください。その後は、本章の手順に沿って作業を進めます。本文内で引用されているコードは、すべて、GitHub のリポジトリに対応するコードがあります。

特に、`02_ingest` フォルダ以下のコードを実行しながら、コードの構成を理解して、同様のコードを自分で書けるようになることを目指してください。コードに不慣れな場合は、まずは、以下の手順を実行してみてください。

1 リポジトリの 02_ingest フォルダに移動します。
2 upload.sh の BUCKET 変数を自分のバケット名に変更します。
3 ./ingest.sh を実行して、2015 年のデータを保存します。
4 バケット名、年（2016）、月（01）を指定して、monthlyupdate/inges_flights.py を実行します。monthlyupdate/ingest_flights.py --help を実行すると、ヘルプが表示されます。

これにより、2015 年と 2016 年 1 月のデータがバケットに保存されます。これらのファイルは、次章以降の作業で必要になります。

次章からの作業に必須というわけではありませんが、Cron サービスも試す場合は、次の手順に従います。

1 リポジトリの 02_ingest/monthlyupdate フォルダに移動します。
2 ./init_appengine.sh を実行して、プロジェクト内のデフォルトの App Engine 環境を初期化します。
3 app.yaml を編集して、CLOUD_STORAGE_BUCKET を自分のバケット名に変更します。
4 ./deploy.sh を実行して、アプリケーションをデプロイします。これには、5〜10 分かかります。
5 GCP のコンソールにアクセスして、AppEngine のセクションに移動すると、flights サービスが確認できます。
6 flights サービスをクリックした後に、リンクをたどってデータを取り込むと、アクセスが禁止されていることがわかります。このサービスは、Cron サービスからのみアクセスが許可されているためです。GCP のコンソールで、AppEngine のタスクキューセクションにある［今すぐ実行］ボタンをクリックすると、Cron サービスから実行することができて、数分後に次の月のデータがストレージバケットに現れます。
7 この後の作業では不要なので、flights アプリケーションは、ここで停止しておきます。

このリポジトリの内容は、予告なく変更される場合があるため、最新の手順は、02_ingest/README.md を参照してください。これは、次章以降でも同じです。

第3章 魅力的なダッシュボードを作成する

第2章では、BTSのオンタイム・パフォーマンスデータを取得して、航空便の離着陸に関する情報から、到着遅延時間の予測モデルを作成する準備を整えました。この分析の目的は、予定の到着時刻に対する遅延が15分以内に収まる可能性が70%未満の場合に、予定されている会議をキャンセルすることです。

統計モデルや機械学習モデルなど、新たな予測モデルを構築する際は、まずは、データセットの特徴を直観的に理解することが大切です。この後の第5章では、そのためのデータ探索作業、すなわち、探索的データ分析について説明しています。意思決定のためにどのようなデータセットを使うとしても、探索的データ分析は必ず実施する必要があります。一方、本章では、データの理解に関するもう1つの側面として、エンドユーザーや意思決定者に向けたデータの表示方法について説明します。これは、モデルの予測に基づいたレコメンデーションをよりよく理解してもらうためのものです。本章で説明するダッシュボードによる表現は、データサイエンティストのためではなく、あくまで、エンドユーザーを対象としたものです。この点は、データサイエンスの知識がある方は、特に注意してください。ダッシュボードの目的は、新たなモデルを開発するための知見を得ることではありません。既存のモデルの内容を説明することです。エンドユーザー向けにカスタマイズされた、対話的に操作可能なレポートがダッシュボードであり、その内容は、新しいデータで定期的に更新されていきます（表3-1参照）。

表3-1：ダッシュボードと探索的データ分析の比較

要素	ダッシュボード	探索的データ分析
対象者	エンドユーザー、意思決定者	データサイエンティスト
グラフの種類	現在の状況を示す円グラフや折れ線グラフ	モデル適合度を示すエラーバー、KDE（カーネル密度推定法）による確率密度関数の推定グラフなど
説明しているもの	モデルのレコメンデーションと信頼水準	入力データ、特徴量の重要性、モデルのパフォーマンスなど
表されるデータ	ユーザーの興味にあわせたデータセットのサブセット	過去データの統計値
典型的なツール	データポータル（旧 Data Studio）、Tableau、Qlik、Looker など	Cloud Datalab、Jupyter、Matplotlib、seaborn、R、S-plus、Matlab など
インターフェイス	GUI	コード
データの更新	リアルタイム	リアルタイムではない
対応する章	第 3 章、第 4 章	第 5 章
表示例	 [1]	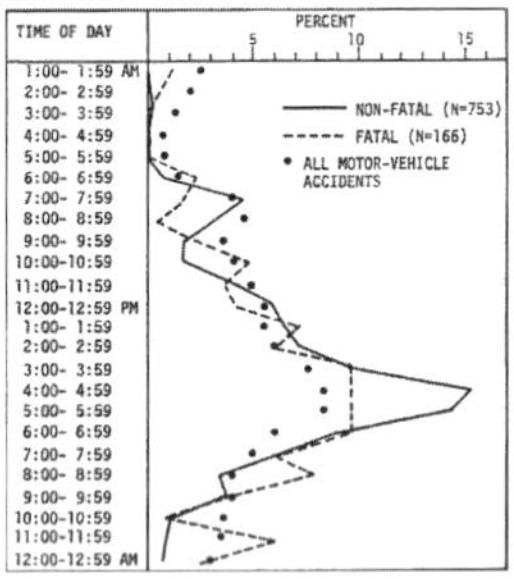 [2]

エンドユーザー向けにデータを表示するこのステップは、一般に、ビジュアライゼーション（可視化）と呼ばれていますが、本書では、あえて、ビジュアライゼーションという言葉は使いません。本章で説明するダッシュボードは、単純にデータのグラフを表示するというものではなく、エンドユーザーがモデルを理解できるよう、さまざまなデータを適切に提示する、インタラクティブなプラットフォームだからです。

3.1 ダッシュボードでモデルを説明する

ダッシュボードの目的は、単にデータを表示するのではなく、モデルがどのように機能しているのかをユーザーに理解してもらうことです。データセットの表示方法を検討する際は、次の 3 つの点を確認する必要があります。

1 https://newsroom.aaa.com/2013/05/gas-prices-aaas-fuel-gauge-report-may-20-2013/

2 https://www.truewheelers.org/research/studies/aaa/04desc.htm

1　データを正確に表現しているか（誤解を与える表現をしていないか）。元データが意思決定の基準となる場合は、特に注意する必要があります。

2　データそのものだけではなく、その背後にある情報を示すことができているか。これは、ダッシュボードの操作を通して、ユーザー自身の認識能力でデータに対する知見や洞察を得ようという場合に、特に重要となります。

3　レコメンデーションの根拠となるモデルの振る舞いを十分に説明できるように構成されているか。

つまり、正確な情報を表示することは当然として、ユーザーがなんらかの知見を得られるように設計されていることが大切です。そして、知見を得たユーザーは、それを元にして、さらにデータの詳細を理解していくといった、インタラクティブな操作が必要となります。

3つ目の「ダッシュボードに示したデータによってモデルを説明する」というポイントは特に重要です。ここには、組織全体にわたってデータに対する理解を深めるという意図があります。一般に、統計モデルや機械学習モデルは、エンドユーザーからはブラックボックスとみなされます。個々のケースでうまくいった、いかなかったというフィードバックは得られますが、モデルそのものを改善するための提案が得られることは、まずありません。つまり、モデルの開発者は、モデルの全体的な性能を評価する一方（これは、統計的な厳密性を担保する上では必要なことです）、個々のユーザーは、より細かな粒度でモデルを評価しているのです。彼らは、個別のシナリオごとに意思決定を行い、その特定の目的のためだけにデータを分析していると言えるでしょう。したがって、モデルから得られたレコメンデーションを提示するだけではなく、その根拠となるデータを（ユーザーの関心事にあわせて）適切に提示することで、エンドユーザー自身もモデルに対する理解を深めることができます。個々のレコメンデーションに対して、その根拠となる個別のデータをインタラクティブに表示していくようなツールが提供できれば、さまざまなイノベーションのきっかけが生まれるに違いありません。

多くのユーザーにとって、データを見ることは直接の関心事ではありません。そのため、積極的に見てもらうには、魅力的な表現が必要です。私の経験では[3]、最も有効的な方法は、リアルタイムの情報を表示することです。たとえば、2012年1月12日にジョン・F・ケネディ国際空港で発生した、航空会社の平均遅延時間を表示しても、誰も気に留めないでしょう。しかしながら、シカゴのオヘア空港の現在の平均遅延時間を表示した場合、強い関心を持つ人がい

[3] 私が、天気予報の機械学習アルゴリズムの開発に取り組んでいたとき、ユーザーからの提案や機能改善要求のほぼすべては、ユーザーがリアルタイムのレーダー情報を見ている最中に生まれたものでした。私の同僚は、嵐が起きた際にレーダーを見ていて、嵐の追跡が不安定であることに気が付き、嵐のどの部分が追跡を困難にしているのかを教えてくれました。彼らの興味は、すべてリアルタイムデータに関するもので、私がどれほど頼んでも、過去のデータに関するフィードバックは得られませんでした。また、私たちのオフィスがオクラホマ州にあったため、同僚の関心もその場所に集中していました。つまり、私たちの予測モデルは、意図せずして、オクラホマ州の予報に最適化されていたのです。

るはずです。シカゴへの旅行者に関係する情報であり、かつ、それがリアルタイムであるということが大切なポイントです。

そこで、本章では、正確性を保ちつつ、モデルの振る舞いをインタラクティブに理解できる魅力的なダッシュボードの構築に取り組みます。最良の予測モデルを構築する前に、いきなりダッシュボードを作成するというのは、少し奇妙に感じるかも知れませんが、これには大切な理由があります。

3.2　最初にダッシュボードを作成する理由

機械学習モデルを構築するときにダッシュボードを作成するのは、モデルの構築に役立つアンケートを作成するようなものです。高性能な予測モデルを構築するには、データセットを理解して、予測に有用な情報を発見する必要があります。モデルの最終的な利用者にデータを詳しく見てもらうことで、個別のユースケースに基づいた視点からの見解が得られます。これは、データサイエンティストが持つ、包括的な視点を補完する情報となります。ユーザーからの提案、あるいは、知見を継続的にモデルに取り込むことがダッシュボードを提供する目的の１つです。

また、データが想像通りの内容かどうかを確認することも大切です。先に説明した探索的データ分析は、そのために欠かすことのできない作業ですが、ダッシュボードを作成するという明確な目的を持つことで、作業内容がより具体化され、データが持つ微妙な特徴を発見するのに役立ちます。誰かに説明してみることで物事の理解がより深まるのと同様に、データを説明するためのダッシュボードを作ることで、あなた自身のデータに対する理解も深まるというわけです。いずれにしろ、データをグラフ化して理解するというのは、異常値検出などの基本的な前処理を行う上でも必須の作業です。それであれば、モデルのユーザーを意識して作業するのは、決して悪いことではありません。

そして、モデルをサービスとしてリリースした後の利用を見越した上で、ダッシュボードの開発を先行することにも意味があります。まず、機械学習モデルを開発する際は、その説明能力を常に意識する必要があります。開発済みのモデルをブラックボックスとして提供しても、多くの場合、ユーザーは積極的には利用しません。モデルの予測、あるいは、レコメンデーションについて、それを説明する情報を付け加えることで、心理的障壁を下げる必要があるのです。たとえば、予測結果に大きな影響があると思われる特徴量を５つ表示すれば、モデルのレコメンデーションは、より信頼を得ることができるでしょう。あるいは、予測結果が適切でなかった場合でも、「予測が当たらなかったのは、３番目の特徴量が怪しい気がする。こちらの特徴量を使った方がよいはずだ」といったフィードバックが得られるかも知れません。つまり、モデルの予測に説明を付け加えることで、ユーザーの共感が得られやすくなり、予測結果に不満を持ったユーザーからも建設的な改善案が得られるようになるでしょう。機械学習モデルが完成したら、すぐに公開したいと思うかも知れませんが、（ダッシュボードを並行して開発しておき）ダッシュボードとあわせて提供すれば、モデルとダッシュボードを一体のサービスとして利用してもらうことができます。

それでは、このようなダッシュボードは、どこに用意するとよいでしょうか？　対象分野の専門家と将来的なモデルのユーザーを特定し、彼らの目に留まる環境に実装することが大切です。たとえば、既存の可視化ツールがあり、特にそれがリアルタイムデータを取り扱う専門家に向けたものであれば、そのツールに向かって 1 日の大半を過ごすユーザーがいるはずです。気象予報、交通監視、トレーダーなどの例が想像できます。このような場合は、彼らが利用する既存のインターフェイスにデータ表示を埋め込む方法を検討するとよいでしょう。あるいは、よりカジュアルに、Web ブラウザから利用したいというユーザーもいるかも知れません。その場合は、静的なページにするのではなく、コメント機能を持ったインタラクティブなツールにするのがお勧めです。いずれにせよ、対象ユーザーや組織ごとに個別のダッシュボードを用意して、1 つのツールにすべての情報を詰め込まないように注意が必要です。

3.3　正確さ、信頼性、良いデザイン

ダッシュボードは、モデルを説明することが目的ですので、モデルに対して誤った解釈を誘導するような表示は避けなければなりません。奇抜な手法は避けた方が無難です。最近の可視化ツールは、さまざまな種類のグラフやレイアウトに対応していますが、まずは、データの種類に応じた、定番の形式を選んでください。データの相関を示すのに適した形式、カテゴリーデータに適した形式、数値データに適した形式などがありますが、大きくは、次の 4 つに分類することができます。

- **相関**：2 つの変数の関係性を示す
- **時系列**：時間の経過に伴う値の変化を示す
- **地図**：場所ごとの値の変化を示す
- **説明的表現**：特定のストーリーを説明するためのレイアウト

最後の説明的表現というのは、雑誌の見開きにあるような、複数のグラフを組み合わせたレイアウトのことで、デザイナーとしての才能が要求されるものです。その他の 3 つは、もう少し荒削りなグラフになるでしょう。

これまで、正確性や誠実性に欠けた、あるいは、基本的なデザインのルールに従っていない、誤った（と直感的に感じる）グラフを目にした読者も多いことでしょう[4]。ここでは、いくつかの基本原則を説明しておきます。まず、データの相関を示すには、折れ線グラフか散布図を用

[4] デザインの基本原則を学ぶには、Edward Tufte の "The visual display of quantitative information 2nd edition"（Graphics Press, 2001）がお勧めです。

います。このとき、軸のスケールが不適切で（特に、自動設定を用いている場合）、誤解を与えるような表示になっていないことを確認してください。時系列データは、水平方向に時刻が進むように表示します。また、グラフの目盛りやラベルではなく、データを示すラインが適切に強調されるようにしてください。地理的データの場合は、関心のある領域を地図上で切り取り、（無駄なスペースが目立たないように）データそのものを十分に大きく表示します。地名などのテキストは、必要以上に強調しないようにしてください。

名著から名文を学ぶように、正確で魅力的なデータ表示の感覚を養うには、プロフェッショナルによる具体例を見ることが大切です。たとえば、英国の The Economist のサイトにある Graphic Detail blog[5]では、毎日、さまざまなデータ表示形式を活用したレポートが掲載されています。図 3-1 は、本書執筆時に掲載されていた最新のグラフの一例です[6]。

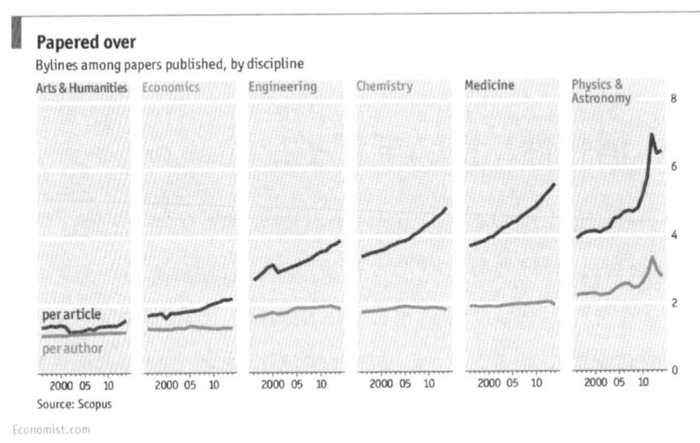

図3-1：Graphic Detail blog に掲載されたグラフの例

この図は、過去 20 年間の科学論文における、共著者数の増加を示しています。このグラフから、いくつかのデザインの原則を学ぶことができます。まず、時系列グラフの原則通り、時間が x 軸にあり、時変量（論文あたりの著者数、および、著者あたりの論文数）は y 軸に示されています。y 軸の値はゼロから始まっているので、グラフの高さは正確な指標になります。そして、グラフの理解を妨げるものが、最小限に抑えられている点に注目してください。軸のラベルとグリッド線は控えめで、グラフのタイトルも注意を引くものではありません。その一方で、データを示す折れ線は、適切に強調されています。繰り返しを効果的に使用している点も注目してよいでしょう。異なる学問分野（経済学、エンジニアリングなど）をまとめて表示するのではなく、それぞれの分野ごとに、独立したパネルが用意されています。これによって、

5 https://www.economist.com/blogs/graphicdetail/

6 https://www.economist.com/graphic-detail/2016/11/25/scientific-papers-get-more-authors

グラフが見やすくなり、データの解釈が容易になります。各パネルには2つの折れ線があり、1つは論文あたりの著者数、もう1つは著者あたりの論文数です。一貫した色使いと、各パネルの配置方法により、全体の比較が容易になっています。たとえば、物理学と天文学を除いて、著者あたりの論文数は、論文あたりの著者数の増加に追従していないことがわかります。

しかしながら、このグラフには、誤解を招く要素もあります。それは、パネルの配置順序に起因します。このグラフの作成者は、増加傾向が大きくなる順にパネルを並べたようですが、実際には、この順序は恣意的なものであり、たとえば、経済学の横にエンジニアリングを配置する深い理由はありません。しかしながら、このグラフを一見すると、2016年の経済学の著者数と、1996年のエンジニアリングの著者数の値がつながっているようにも見えてしまいます。6つのグラフがすべてつながったものだと考えて、著者数の増加は、1人から6人、すなわち、6倍もの増加だと誤解する（慌て者の）読者が現れる可能性もあるでしょう。

3.4 Google Cloud SQL にデータを読み込む

インタラクティブな分析用ダッシュボードを作成するには、高速なランダムアクセスと集計処理が可能な形でデータを保存する必要があります。今回使用するオンタイム・パフォーマンスデータは表形式なので、リレーショナルデータベースが1つの選択肢になります。リレーショナルデータベースは、歴史のある成熟した技術で、多数のビジネス向けのシステムで使用されています。また、広く普及しているため、周辺ツールが豊富で、現在では、プログラミング言語からのアクセスにおける互換性の問題もほぼ解決されています。

リレーショナルデータベースは、特に、小規模なデータセットに対して、不定形のクエリを実行したい場合に適しています。大規模なデータセットであっても、主要な列にインデックスを作成して、性能を維持することができます。トランザクションをサポートしており、強い一貫性を保証するので、頻繁に更新されるデータにとっては優れた選択肢となります。一方、データが読み取り専用で、さらに、データセットのサイズがテラバイト規模になる場合、あるいは、リアルタイムデータが高速にアップロードされるような場合は、リレーショナルデータベースは適しません。そのような場合は、個別の用途に特化したデータベースを選ぶ必要があります。このようなケースについては後の章で詳細な議論を行いますが、一般論としては、リレーショナルデータベースは、高速なランダムアクセスに適した、極めて汎用性の高い選択肢である点は忘れないようにしてください。

MySQL[7]は広く使われているオープンソースのリレーショナルデータベースです。組み込みアプリケーションから、高速な行レベルのロックとデータの整合性を必要とするトランザクション処理システムにいたるまで、幅広いユースケースをカバーしています。MySQLは高性能なだけではなく、ANSI-SQLやさまざまなプログラミング言語のクライアントライブラリ、

7 https://www.mysql.com/

そして、ODBC や JDBC などの標準的な接続方式をサポートしています。これらの理由から、MySQL は人気の高いリレーショナルデータベースの 1 つです。

3.5 Google Cloud SQL インスタンスを作成する

Google Cloud SQL は、MySQL のマネージドサービスを提供します[8]。Cloud SQL は、バックアップ、修正パッチの適用、アップデート、さらには、レプリケーションの自動管理機能を持ち、グローバルな可用性と自動フェイルオーバーによる、高い稼働率を実現します。最高の性能を実現するには、最大サイズのテーブルを保持するのに十分なメモリ容量を持つマシンを選択します。本書の執筆時点では、4GB 未満のメモリを搭載した単一 CPU のマシンから、100GB を超えるメモリを搭載した 16CPU のマシンまで選ぶことができますので、性能とコストのバランスを考えてマシンを選択するようにしてください。

ここでは、Cloud SQL のインスタンスを立ち上げて、データベースのテーブルを作成した後に、Cloud Storage に保存したデータを取り込みます。すべての作業を `gcloud` コマンドで行うこともできますが、まずは、Cloud Platform Console（`https://console.cloud.google.com/`）から始めてみます。左側のメニューで「ストレージ > SQL」を選択して Cloud SQL の管理画面に移動した後に、図 3-2 の「インスタンスを作成」ボタンをクリックして MySQL インスタンスを作成します。

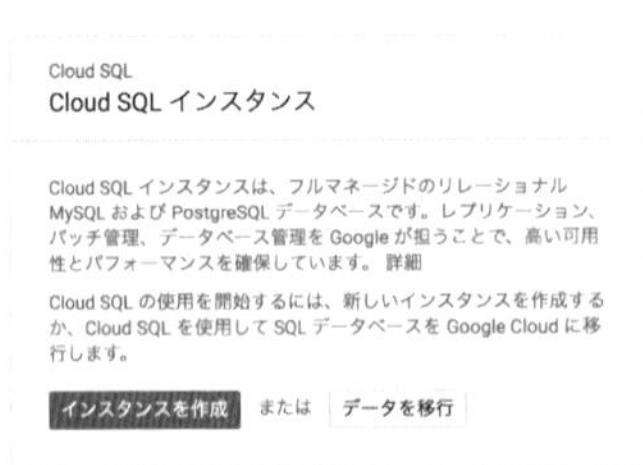

図3-2：Cloud SQL インスタンスの作成

インスタンスの世代を選ぶ画面が出た場合は、第 2 世代のインスタンスを選択します。インスタンスのパラメータを指定する画面が表示されるので、インスタンス ID に `flights` を指定し、任意の root パスワードを入力します。その他の項目はデフォルトのままにして、[作成] をクリックします（図 3-3）。

[8] `https://cloud.google.com/sql/`

図3-3：Cloud SQL インスタンスのパラメータ設定

3.6 Google Cloud Platform の操作方法

GUI でパラメータを指定する代わりに、CloudShell（または、`gcloud` がインストールされた任意のマシン）から、コマンドラインツールである `gcloud` を使用して、インスタンスを作成することもできます。

```
gcloud sql instances create flights \
  --tier=db-n1-standard-1 --activation-policy=ALWAYS
```

この後は、基本的には、`gcloud` コマンドを使って操作します。次の例のように、`--help` で使用方法が表示されますので、オプションをすべて記憶する必要はありません。

```
gcloud sql instances create --help
```

この例では、Cloud SQL のインスタンスを作成する際のすべてのオプション（マシン、リージョン、ゾーンなど）が表示されます。

もう 1 つの例を示しましょう。

```
gcloud sql instances --help
```

この場合は、Cloud SQL のインスタンスを操作するためのあらゆるコマンド（`create`、`delete`、`restart`、`export` など）が表示されます。

一般に、コマンドラインでできることは、Cloud Platform Console からもできますし、その逆のことも言えます。どちらも、その背後では、REST API で環境を操作しており（API の詳細は、Google Cloud Platform の Web サイトに記載されています）、この API は、プログラムコードから呼び出すこともできます。一例として、bash から、インスタンスを作成するための REST API を呼び出すのであれば、次のようになります。

```
ACCESS_TOKEN="$(gcloud auth application-default print-access-token)"
curl --header "Authorization: Bearer ${ACCESS_TOKEN}" \
     --header 'Content-Type: application/json' \
     --data '{"name":"flights", "settings": \
             {"tier":"db-n1-standard-1", "activationPolicy":"ALWAYS"}}' \
    https://www.googleapis.com/sql/v1beta4/projects/[PROJECT-ID]/instances \
     -X POST
```

あるいは、さまざまなプログラミング言語に対応した、`gcloud` クライアントライブラリを用いて、REST API を呼び出すこともできます[9]。たとえば、第 2 章では、Python の `google.cloud.storage` パッケージを使用して、Cloud Storage を操作しました。

まとめると、Google Cloud Platform を操作するには、次の 4 つの方法があります。

1. Cloud Platform コンソール
2. `gcloud` コマンド（CloudShell、もしくは Google Cloud SDK がインストールされたマシン上で利用）
3. REST API を直接呼び出す
4. Google Cloud クライアントライブラリ（Go、Java、Node.js、Python、Ruby、PHP、C#に対応）

本書では、2 の CloudShell、もしくは 4 の Python プログラムを主に使用していきます。

3.7 MySQL のアクセス制御

手元の端末やアプリケーションから MySQL のデータベースに接続する際は、接続元のマシンを認可する必要があります。認可されたホスト以外からは、`mysql` コマンドや JDBC による接続は拒否されます。そこで、認可されたネットワークリストを変更して、CloudShell から接続できるようにします。

```
gcloud sql instances patch flights \
  --authorized-networks $(wget -qO - http://ipecho.net/plain)
```

9 https://cloud.google.com/apis/docs/cloud-client-libraries

ここでは、wget コマンドで、発信者の IP アドレスを返すサイト（https://ipecho.net）にリクエストを送信することで[10]、接続元となる IP アドレスを取得しています。CloudShell は一時的な仮想マシンで動作しているので、CloudShell を立ち上げ直した際は、同じ手順を繰り返す必要があります。

3.8 テーブルの作成

テーブルを作成するために、スキーマや列の定義を記述した、次の.sql ファイル（create_table.sql）を用意します[11]。

```
create database if not exists bts;
use bts;
drop table if exists flights;
create table flights (
  FL_DATE date,
  UNIQUE_CARRIER varchar(16),
  AIRLINE_ID varchar(16),
  CARRIER varchar(16),
  FL_NUM integer,
  ORIGIN_AIRPORT_ID varchar(16),
  ORIGIN_SEQ_ID varchar(16),
  ORIGIN_CITY_MARKET_ID varchar(16),
  ORIGIN varchar(16),
  DEST_AIRPORT_ID varchar(16),
  DEST_AIRPORT_SEQ_ID varchar(16),
  DEST_CITY_MARKET_ID varchar(16),
  DEST varchar(16),
  CRS_DEP_TIME integer,
  DEP_TIME integer,
  DEP_DELAY float,
  TAXI_OUT float,
  WHEELS_OFF integer,
  WHEELS_ON integer,
  TAXI_IN float,
  CRS_ARR_TIME integer,
  ARR_TIME integer,
  ARR_DELAY float,
  CANCELLED float,
  CANCELLATION_CODE varchar(16),
  DIVERTED float,
```

[10] パブリック IP アドレスは、人々が頭に写真を貼って歩き回るパーティのようなものです。彼らは、自分の頭にある写真が何かわからないので、他の人に尋ねる必要があります。CloudShell の IP アドレスを知るには、リクエストを送信して、通信先からどのように IP アドレスが見えているかを確認します。

[11] このファイルは、GitHub リポジトリにある 03_sqlstudio/create_table.sql です。本章で引用するコードは、すべて 03_sqlstudio ディレクトリにあります。

```
  DISTANCE float,
  INDEX (FL_DATE), INDEX (ORIGIN_AIRPORT_ID),
  INDEX(ARR_DELAY), INDEX(DEP_TIME), INDEX(DEP_DELAY)
);
```

CREATE TABLE コマンドの最後の部分で、5種類のインデックスが作成されていることに気が付いたかもしれません。これは、この後の検索処理で、頻繁にフィルタリングすると予想した列です。インデックスは、書き込み時間を増加させ、ストレージも使用しますが、これらの列を含む SELECT クエリを大幅に高速化することができます。

MySQL に付属のコマンドラインツール mysql を使用して、.sql ファイルを MySQL データベースに取り込んで実行することができます。このツールは、CloudShell にデフォルトでインストールされていますが、他の方法で作業している場合は、ダウンロードしてインストールしなければなりません（その他の方法として、Cloud Platform Console のインポートボタンから、ファイルを指定することもできます。この場合は、.sql ファイルを Cloud Storage にアップロードしておく必要があります）。

mysql コマンドを使用する際は、接続先の MySQL インスタンスを IP アドレスで指定します。インスタンスの名前（flights）はわかっていますが、IP アドレスはまだ不明です。そこで、次のように gcloud を用いて検索します。

```
gcloud sql instances describe \
  flights --format="value(ipAddresses.ipAddress)"
```

describe コマンドは、Cloud SQL のインスタンスに関する情報を出力するもので、--format オプションで特定の情報をフィルタリングすることができます。--format オプションなしで実行すると、すべての情報が JSON 形式で表示されますので、（JSON に馴染んだ読者であれば）そこから、特定の情報を指定する方法がわかるでしょう。

これで、MySQL インスタンスの IP アドレスが得られるので、CloudShell から、mysql コマンドを実行することができます[12]。さきほどのテーブルの定義ファイルを実行するのであれば、次のようになります。

```
MYSQLIP=$(gcloud sql instances describe \
  flights --format="value(ipAddresses.ipAddress)")
mysql --host=$MYSQLIP --user=root \
  --password --verbose < create_table.sql
```

再度、mysql コマンドを使用して、テーブルの作成に成功したことを確認します。

---

12 エラーが発生する場合は、前項で説明した、接続元マシンの認可を実施したか確認してください。

```
mysql --host=$MYSQLIP --user=root --password
```

パスワードを入力した後に、次のように入力すると、テーブルのさまざまな列の説明が表示されます。

```
mysql> use bts;
mysql> describe flights;
```

また、次の SQL 文で、テーブルが空であることが確認できます。

```
mysql> select DISTINCT(FL_DATE) from flights;
```

続いて、Cloud Storage からデータをインポートして、テーブルにデータを取り込みましょう。

3.9 テーブルへのデータインポート

MySQL のテーブルにデータをインポートするには、MySQL に付属のコマンドラインツール `mysqlimport` が使えます。これは、CloudShell にデフォルトでインストールされていますが、Cloud Storage 上のファイルを読み取れないため、一旦、ローカルディレクトリにファイルをコピーする必要があります。`mysqlimport` は、CSV ファイルのファイル名からインポート先のテーブルを推測するので、コピーしたファイルの名前を変更する必要もあります。そこで、ファイルのベースネームにテーブル名と同じ「`flights`」を使用します。

```
counter=0
for FILE in 201501.csv 201507.csv; do
  gsutil cp gs://cloud-training-demos-ml/flights/raw/$FILE \
            flights.csv-${counter}
  counter=$((counter+1))
done
```

ここでは、2015 年 1 月と 2015 年 7 月の 2 つのファイルだけをコピーしています。すべてのファイルをインポートすることもできますが、今回は、MySQL のインスタンスとして、比較的小さなマシンを選んでいるので、インポートするデータは、百万行程度にしておいた方がよいでしょう。

この後は、`mysqlimport` コマンドから、root ユーザー（`--user=root`）で MySQL に接続し、ローカルディスク（`--local`）の CSV ファイルをインポートします。

```
mysqlimport --local --host=$MYSQLIP --user=root --password \
  --ignore-lines=1 --fields-terminated-by=',' bts flights.csv-*
```

今回の CSV ファイルには、無視すべき 1 行（`--ignore-lines=1`）のヘッダーがあり、カンマで区切られたフィールドで構成されています。インポート先のデータベース名は `bts` で、インポートするファイルはワイルドカードで指定します。ファイルのベースネーム（今の場合は `flights`）を使用して、インポート先のテーブル名を推測します。

インポートができたら、前節の SQL をもう一度実行して、データを確認してみます。

```
mysql --host=$MYSQLIP --user=root --password
```

root パスワードを入力して、次のように入力します。

```
mysql> use bts;
mysql> describe flights;
```

テーブルのさまざまな列の説明が表示されます。次の SQL 文で、テーブルが空でないことを確認します。

```
mysql> select DISTINCT(FL_DATE) from flights;
```

2 か月間の日付データが即座に取得できます。これは、インデックスを作成した列ですが、データの件数がそれほど多くないため、その他の列の取得も高速に行えます。

```
mysql> select DISTINCT(CARRIER) from flights;
```

これで、データの検索が可能になりましたので、これを用いて、最初のモデルを作成しましょう。

3.10　第 1 のモデル

フライトの出発が 15 分遅れると、直感的には、到着も 15 分遅れるものと予想できます。したがって、今回のケースでも、フライトの出発遅延が 15 分以上であれば会議をキャンセルするというモデルを考えることができます。もちろん、このモデルでは、確率については何も触れられていません（15 分以上の到着遅延確率が 30%を超えた場合にキャンセルする、という前提を思い出してください）が、まずはこのモデルを試してみることにしましょう。

3.10.1　クロス集計表

第 1 のモデルは、次のようにまとめることができます。

出発遅延時間が 15 分以上の場合は、会議をキャンセルするただし、この判断が正しかったかどうかは、到着遅延時間が 15 分を超えたかどうかで決まります。次のクロス集計表（コンフュージョンマトリックス）には、4 つの可能性が示されています（表 3–2）。

表3–2：第 1 のモデルに対するクロス集計表

	到着遅延 <15 分	**到着遅延 ≥15 分**
会議をキャンセルしなかった	正解（真陰性）	偽陰性
会議をキャンセルした	偽陽性	正解（真陽性）

フライトが 15 分以上遅れて到着したにもかかわらず、会議をキャンセルしなかった場合、間違った判断を下したことは明らかです。会議のキャンセルを陽性と定義すれば、これは偽陰性（陰性と判断したが間違っていた）となります。キャンセルしなかったことを陽性と定義しても構いませんが、一般には、稀なケース（もしくは、稀であって欲しいと希望するケース）を陽性と定義します。ここでは、キャンセルが陽性で、キャンセルしないことを陰性と定義することにしておきます。

それでは、過去のデータに今回のルールを適用した場合、正しい判断ができた頻度はどの程度になるでしょうか？　さきほど、Cloud SQL にインポートした 2 か月分のデータセットについて、次の 4 つのクエリを実行して、これを確認してみます。

```
select count(dest) from flights where arr_delay < 15 and dep_delay < 15;
select count(dest) from flights where arr_delay >= 15 and dep_delay < 15;
select count(dest) from flights where arr_delay < 15 and dep_delay >= 15;
select count(dest) from flights where arr_delay >= 15 and dep_delay >= 15;
```

これらの結果を用いて、さきほどのテーブルを埋めると、表 3–3 のようになります。

表3–3：過去のデータに対する判断の結果

	到着遅延 <15 分	**到着遅延 ≥15 分**
会議をキャンセルしなかった（出発遅延 <15）	747,099（正解：真陰性）	42,725（偽陰性）
会議をキャンセルする（出発遅延 ≥15）	40,009（偽陽性）	160853（正解：真陽性）

本来の判断基準（到着遅延時間が 15 分以下の可能性が 70%以下であれば、会議をキャンセルする）とは異なりますが、上記の結果は、どのように評価できるでしょうか？

3.10.2　閾値の最適化

まずは、判断が正しかった割合を計算してみます。会議をキャンセルしなかった場合、$(747,099 + 42,725)$ 回の中で、747,099 回（約 95%）は予定時刻の 15 分前までに到着することになります。 一方、会議をキャンセルした場合は、$(160,853 + 40,009)$ 回の中で、160,853 回（約 80%）は、予定時刻の 15 分前より遅く到着します。全体としては、$(747,099 + 160,853)/(747,099 + 42,725 + 40,009 + 160,853)$、すなわち、91.6%は正しい判断を行っています。最初のモデルとしては悪くない結果ですが、改善の余地はあるはずです。ただし、どのような意味で改善が必要なのかを考える必要があります。会議をキャンセルするケースは、増やすべきでしょうか、減らすべきでしょうか？　そこで、会議をキャンセルする（出発遅延時間の）閾値を 10 分、もしくは、20 分に変更したときに、どのように結果が変わるかを見てみましょう。

まず、閾値を 10 分に引き下げて分析を繰り返します。閾値ごとに同じクエリを入力するのは面倒なので、たとえば、次のように、値を文字列に置き換えたテキストファイル contingency.sql を用意します。

```
select count(dest) from flights where arr_delay < ARR_DELAY_THRESH and dep_delay
< DEP_DELAY_THRESH;
```

次のように、sed コマンドで、必要な値に置換して実行します。

```
cat contingency.sql | sed 's/DEP_DELAY_THRESH/10/g' \
    | sed 's/ARR_DELAY_THRESH/15/g' \
    | mysql --host=$MYSQLIP --user=root --password --verbose
```

4 つのパターンについて同様の作業を繰り返すと、表 3–4 の結果が得られます。

表3–4：出発遅延時間の閾値を 10 分にした場合

	到着遅延 <15 分	**到着遅延 ≥15 分**
会議をキャンセルしなかった（出発遅延 <10）	713,545（正解：真陰性）	33,823（偽陰性）
会議をキャンセルする（出発遅延 ≥10）	73,563（偽陽性）	169,755（正解：真陽性）

この場合、会議をキャンセルしなかった場合は 95%、キャンセルした場合は 70%において、正しい決定をしたことになります。全体としては、89.2%のケースで正しい決定をしたことになります。

出発遅延時間の閾値を 20 分に変更すると、次の結果が得られます（表 3–5）。

表3-5：出発遅延時間の閾値を 20 分にした場合

	到着遅延 <15 分	**到着遅延 ≥15 分**
会議をキャンセルしなかった（出発遅延 <20）	767,041（正解：真陰性）	53,973（偽陰性）
会議をキャンセルする（出発遅延 ≥20）	20,067（偽陽性）	149,605（正解：真陽性）

この場合、会議をキャンセルしなかった場合は 93%、キャンセルした場合は 88%において、正しい決定をしたことになります。全体としては、92.5%のケースで正しい決定をしたことになります。したがって、全体的な正解率に注目すれば、20 分は、15 分よりも良い閾値になります。すべての可能な値を試して、最適な閾値を選択することも難しくはありません。

ただし、全体的な正解率を最大にするのは、必ずしも適切な判断基準ではない点に注意が必要です。キャンセルという判断が間違っていた場合のビジネス損失と、キャンセルしないという判断が間違っていた場合のビジネス損失は、その影響度が異なるので、実際には、それぞれの場合のバランスをとった判断が必要となります。

3.10.3 機械学習

さまざまな閾値を試すというこの作業は、実は、機械学習の考え方そのものです。私たちのモデルは、単一のパラメータ（出発遅延時間の閾値）を持つ単純なルールであり、一定の指標を最大化にするように、パラメータを調整することができます。この後の章では、より多くのパラメータを持つモデルを作成して、それらの最適な値をよりシステマティックに探索していきます。しかしながら、モデルを用意して、そのパラメータを最適化するというプロセスに、本質的な違いはありません。

ただし、機械学習のもう 1 つの主要なプロセスである、モデルの評価はまだ実施していません。2 か月分のデータを用いて閾値を決定したならば、さらに独立したデータセットでその結果を評価する必要があります。とはいえ、まずは、過去のフライトデータに基づいて、会議をキャンセルするかどうかのガイダンスを提供する、簡単な機械学習モデルが完成したと言ってよいでしょう。

3.11 ダッシュボードの作成

このような単純なモデルでも、エンドユーザーからのフィードバックを得ることは可能です。前節の冒頭では、直感的に、出発遅延時間が 15 分という閾値を採用しましたが、クロス集計表を用いて、より適切な閾値を選択することもできます。それでは、エンドユーザーはこのモデルに満足してくれるでしょうか？　ここでは、このモデルによるレコメンデーションを表示して、その根拠を説明するダッシュボードを作成します。この中で、エンドユーザーにモデルを説明するとは、どういうことかが明確になるでしょう。

ビジネスインテリジェンス（BI）と可視化のためのツールには、さまざまな種類がありますが、その多くはGoogle Cloud Platform（GCP）上のBigQueryやCloud SQLなどのデータソースに接続することができます。ここでは、GoogleのBIソリューションであるデータポータル（旧Data Studio）を使用してダッシュボードを作成しますが、Tableau、QlikView、Lookerなどでも同じことが実現できるはずです。

データサイエンスの知識を持つ読者のために、あらためて強調しておきますが、ダッシュボードは、エンドユーザーが現状を素早く把握するためのものであり、自由にカスタマイズできる、完成された統計分析用のソリューションではありません。自動車のダッシュボードに表示される内容と、実験室で車体の空力特性を分析する際に、分析機器に表示される内容の違いを考えるとよいでしょう。これはちょうど、データポータルによる表示と、後の章で説明する、Cloud Datalabによる分析の違いにあたります。ここでは、エンドユーザーに対して、効果的に情報を提供することが目標であり、インタラクティブで共同作業が可能なレポートであることが大切なポイントです。データポータルが提供するレポートは、G Suiteのドキュメントのように共有することが可能で、他の同僚に、読み取り権限や編集権限を与えることができます。レポートにアクセス可能なユーザーは、いつでもチャートを更新して、最新のデータを表示することができます。

3.12 データポータルを使ってみる

データポータルは、`https://datastudio.google.com/`からアクセスできます。データポータルには、レポートとデータソースという2つの重要な概念があります。レポートは、他の人と共有する一連のチャートと説明文です。レポートに含まれるチャートは、データソースから取得したデータで構成されています。したがって、最初のステップは、データソースを設定することです。私たちのデータはCloud SQLのデータベースに入っているので、データポータルからCloud SQLに接続するためのデータソースを設定します。

まず、データポータルのWebページの左パネルにある［データソース］メニューをクリックして、右下の青色のプラス記号をクリックします[13]（図3-4）。

[13] グラフィカルユーザーインターフェイスは、ソフトウェアの中で最も急速に変化する部分です。実際の画面表示が本書の内容と異なる場合は、少しばかり、メニューを探ってみてください。どこかに、新しいデータソースを追加する方法があるはずです。

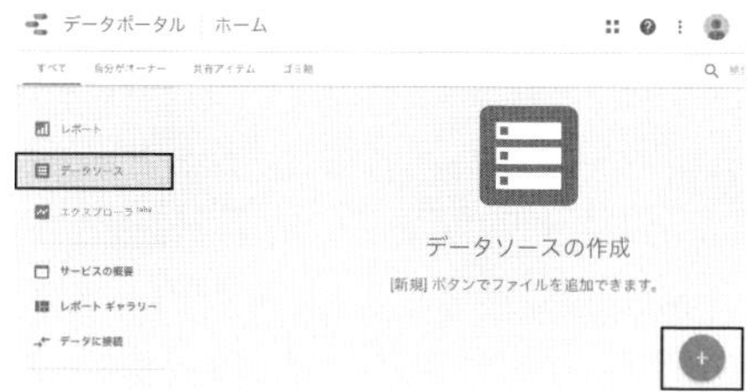

図3-4：データソースの作成

サポート対象のデータソースのリストが表示されますので、今回は、Cloud SQL を選択します（図 3-5）。

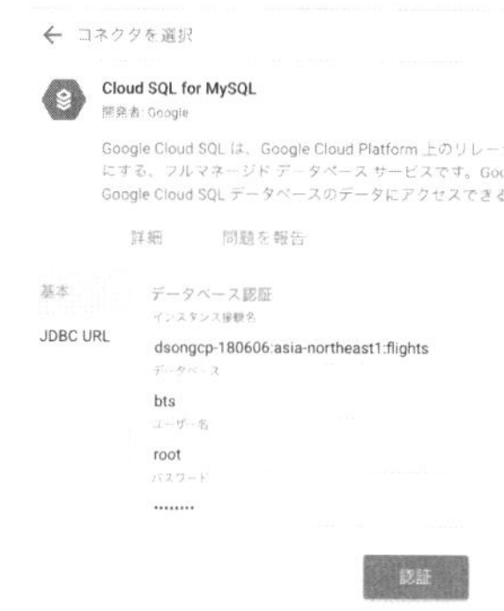

図3-5：データソースに Cloud SQL を選択

Cloud SQL インスタンスに対する「インスタンス接続名」は、`<project-id>:<region>:flights` という形式です（図 3-6）。Google Cloud Console の CloudSQL のセクションからコピー&ペーストすることもできます。

図3-6：インスタンス接続名の確認

データベースの名前には `bts` を指定します。ユーザー名に root を指定して、先に設定したパスワードを入力した後に、［認証］ボタンをクリックします。

ここで、テーブルのリストが表示されますが、今は、flights というテーブルしかありません。これを選択して［接続］ボタンをクリックします。すると、テーブル内のフィールドのリストが表示されます。各フィールドのフォーマットは、保存データから自動的に推測されます。自動で割り当てられたデータ形式を修正することもできますが、ここでは、取り急ぎ、［レポートを作成］ボタンをクリックして、すべてデフォルトのままで先へ進みます。

3.12.1 チャートの作成

画面上部の［グラフを追加］から散布図アイコン（図 3–7）を使用して、メインウィンドウのどこかにドラッグ&ドロップで四角形を描くと、グラフが表示されます。表示されるデータは、この段階では、自動的に選択された適当な列から取得されます。

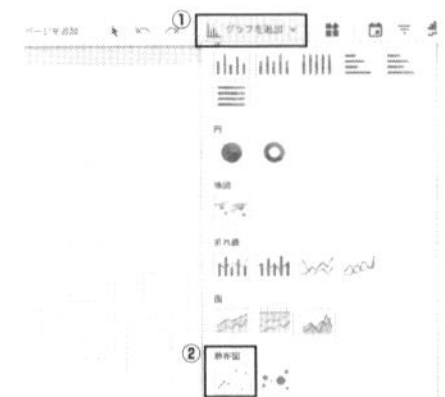

図3–7：散布図を追加

「期間のディメンション」を除くと、今のところ 3 つの列が使用されています。「ディメンション」とは、分析の切り口となる要素です。「指標 X」は X 軸に、「指標 Y」は Y 軸に該当する数値です。指標 X を DEP_DELAY に、指標 Y を ARR_DELAY に、そして、ディメンションを UNIQUE_CARRIER に変更してください。これで航空会社ごとの平均出発遅延時間と平均到着遅延時間と思われるデータが表示されるはずです。「スタイル」タブに切り替えて、［データラベルを表示］を選択し、［トレンドライン］に「線形」を選択します。結果は図 3–8 のようになります。

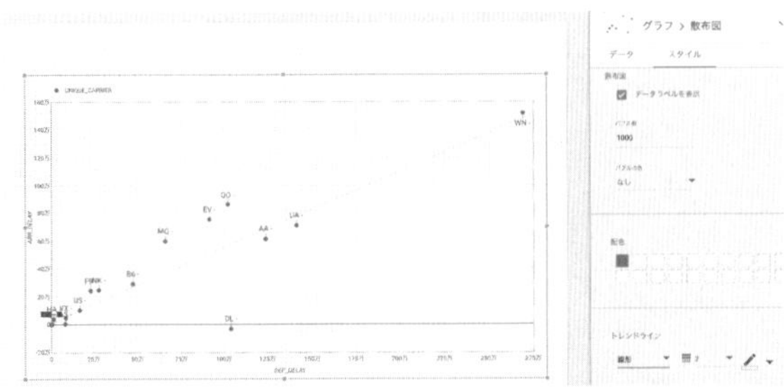

図3–8：デフォルトで表示されるグラフ

ただし、ここで実際に表示されているのは、数万という規模の軸の値からもわかるように、各航空会社の到着と出発の合計遅延時間です。これは、データソースを追加したときに、データポータルがフィールドの属性を自動設定したためです。これを修正するために、[データ] タブで DEP_DELAY と ARR_DELAY の横に表示されている編集アイコンを選択します[14]。2 つの遅延に関する集計値が「合計」に設定されていることに注意してください（図 3–9）。

図3–9：データの集計値を合計から平均値に変更

これらを「合計」から「平均値」に変更すると、図 3–10 のようになります。

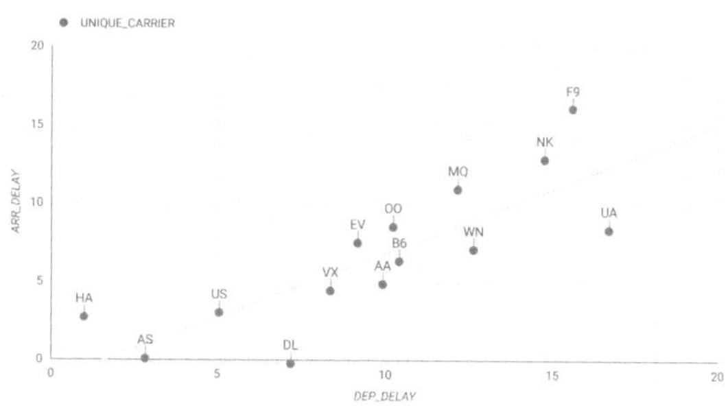

図3–10：集計値を変更した後のグラフ

3.12.2 ユーザーコントロールの追加

これまでに作成したチャートは静的で、エンドユーザーが操作するような要素はありません。グラフをインタラクティブに操作できるようにするために、グラフに「コントロール」を追加します。

ここでは、日付の範囲を設定できるようにしましょう。上部のアイコンリボンの日付範囲コントロールを選択します（図 3–11）。

図3–11：日付範囲コントロールを選択

14　「SUM」と表示されている部分にマウスオーバーすると鉛筆アイコンに変化するので、それをクリックします。

日付範囲コントロールを選択した状態で、グラフ上に矩形を描画すると、図 3–12 のような項目が表示されます。

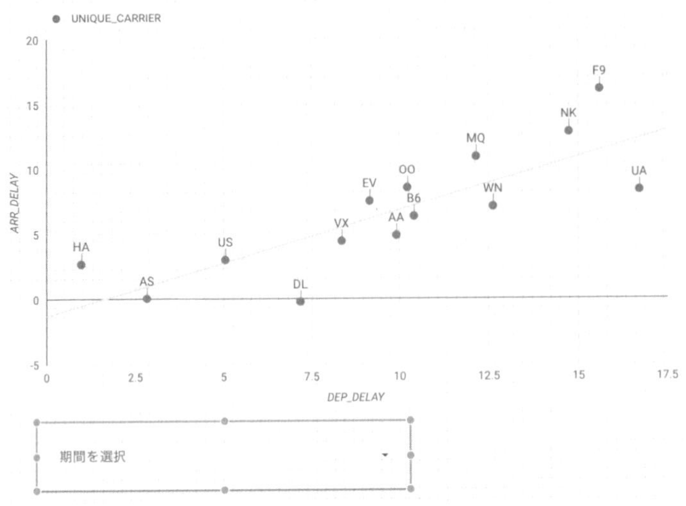

図3–12：日付範囲コントロールが追加された

画面右上の「編集」アイコンを「ビュー」に変更して、ユーザーがレポートを表示するモードにします（図 3–13）。

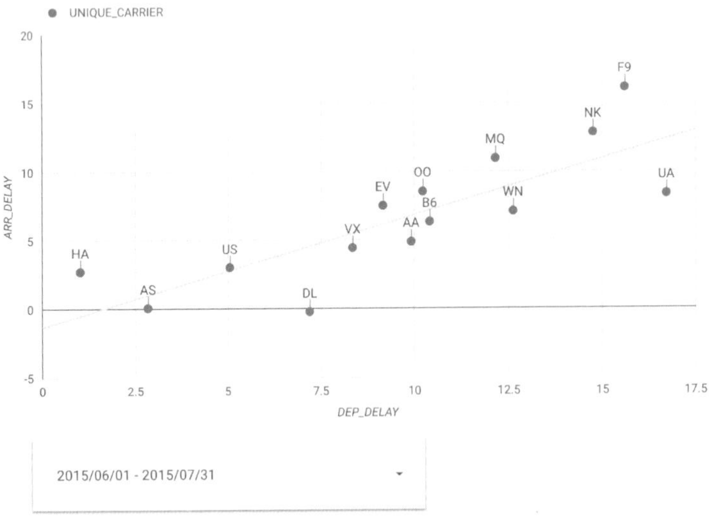

図3–13：完成した散布図

これで、日付範囲を変更して、グラフを更新できるようになりました。

ここまでの作業で、それらしいレポートが完成しましたが、このグラフがどのようなモデルを説明しているのかを考えてみてください。直線があることから、線形モデルが想像されます。この直線をそのまま読み取ると、出発遅延時間が20分を超えると、到着遅延時間が15分を超えるということになりますが、これは、さきほど用意したモデルとは異なります。実は、この直線は、航空会社ごとの平均値に基づいた線形回帰モデルであり、一方、さきほど作ったモデルは、全データセットに対するクロス集計表に基づくものです。つまり、このグラフは、今回のモデルを説明するには不適切であり、ダッシュボードに採用するべきグラフではなかったのです。

3.12.3 円グラフで割合を表示する

今回のモデルをダッシュボードで説明するには、どのようなグラフが適切なのでしょうか？

出発遅延時間に閾値を設けて、会議をキャンセルするかどうかを判断するわけですから、ある閾値の元に「キャンセルする」と判断した場合、実際に到着が15分以上遅延するフライトがどれほどあるのかがポイントです。今回の場合、到着が15分以上遅延したフライトの割合をダッシュボードに示すのがよいでしょう。

割合を表示する最善の方法の1つは、円グラフです[15]。画面上部の［グラフを追加］から［ドーナツグラフ］を選択し、円グラフを表示したい場所に四角形を描画します（さきほどの散布図は削除しておきましょう）。その後、表示する内容にあわせて、ディメンションと指標を編集する必要があります。最終的な表示例は、図3-14のようになります。

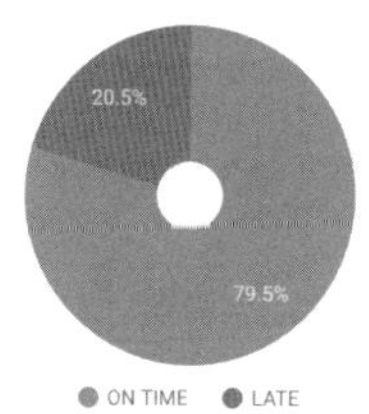

図3-14：到着が遅延する割合を示す円グラフ

この図では、すべてのフライトについて、遅延して到着した（予定時刻より15分以上遅延した）航空便と、定刻通りに到着した（遅延が15分以下であった）航空便の割合を表示しています。ラベル付きフィールド「ON TIME」と「LATE」はディメンションです。フライト数

[15] 割合を表示するもう1つの方法は、積み上げグラフです。特に、時間的に割合がどう変化するかを示す場合に適していています。`https://developers.google.com/chart/interactive/docs/gallery/columnchart#stacked-column-charts` を参考にしてください。

が、ラベル間で配分されるメトリックになります。それでは、Cloud SQL のテーブルから、これらの値を取得するにはどうすれば良いでしょうか。

まず、フライトの総数を示す列がデータベースにないことは明らかです。フライトの総数は、すべての行数に一致しており、null 値を持たないフィールドを `Count` した値として取得することができます。そこで、`FL_NUM` フィールドを指標として選択し、集計をデフォルトの「合計」から「件数」に変更します（図 3-15）。

図3-15：FL_NUM フィールドを指標に選択

ここで、「`islate`」という値は、数式として計算する必要があります。［新しいフィールドを作成］から新規フィールドを作成し、次のような数式[16]を記述して、`islate` として保存します（図 3-16）。

```
CASE WHEN
      (ARR_DELAY < 15)
THEN
      "ON TIME"
ELSE
      "LATE"
END
```

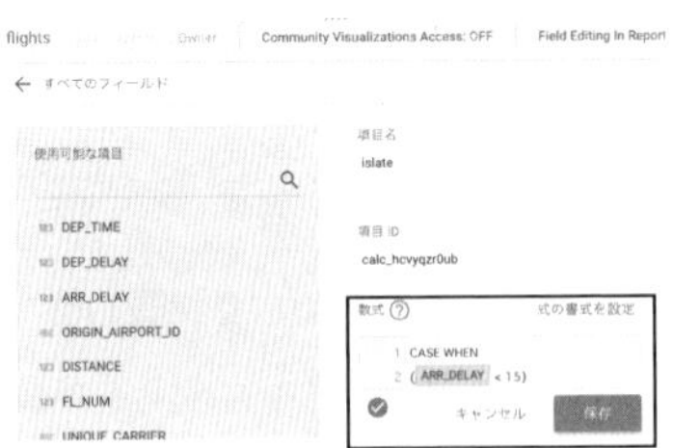

図3-16：islate フィールドを追加

16 https://support.google.com/360suite/datastudio/answer/7020724

作成した islate をディメンションに指定すると円グラフが完成し、遅延したフライトとしていないフライトの割合が表示されます。円グラフの外観を変更したい場合は、［スタイル］タブで設定を変更できます。

遅延するフライトの割合は、私たちの意思決定の基準となる量なので、この円グラフは、今回のユースケースに適しているといえます。しかしながら、これだけでは、実際の遅延時間がどの程度なのかがわかりません。そこで、図 3-17 のような棒グラフを追加します。右側の「全フライト」という文字列は［テキスト］アイコンからラベルとして追加しています。

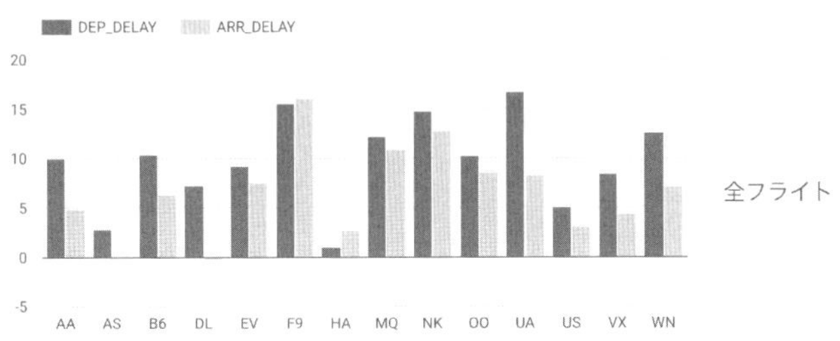

図3-17：航空会社ごとの遅延時間を表示

ここでのラベル（ディメンション）は CARRIER（航空会社）です。DEP_DELAY と ARR_DELAY の 2 つの指標を表示しています。DEP_DELAY と ARR_DELAY は、どちらも、平均値（AVG）として表示します（図 3-18）。

図3-18：航空会社ごとの遅延時間グラフの設定

最後の［並び替え］の項目指定に注意してください。ユーザーから見た時に、関心のある情報が常に同じ位置にくるように、航空会社名の順にソートしています。

最後に、「スタイル」タブで棒の数を変更して、最大で20の航空会社を表示するようにします（図3-19）。

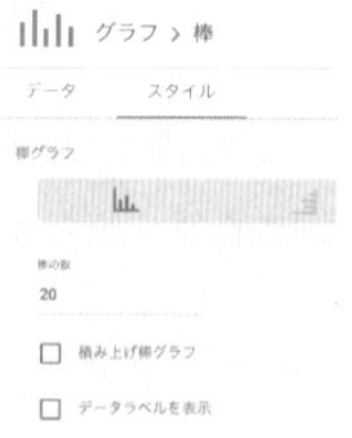

図3-19：表示する棒の数を設定

もちろん、日付範囲コントロールを追加することもできます。この時点でのダッシュボードは、図3-20のようになります。

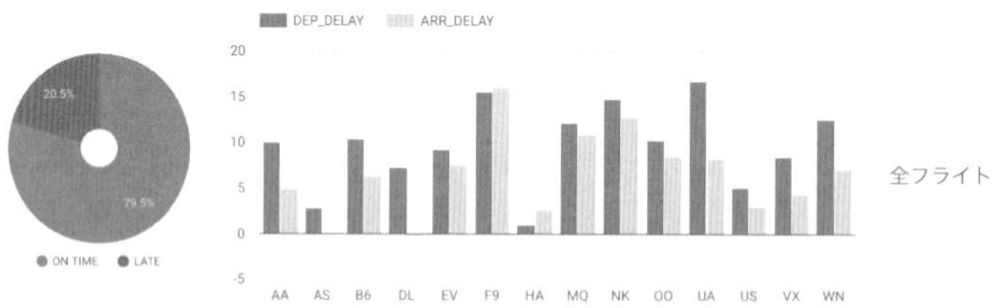

図3-20：円グラフと棒グラフを用いたダッシュボード

平均で約80%の便が定刻であり、典型的な（出発、および、到着の）遅延時間は航空会社によって異なりますが、およそ0〜15分の範囲内にあるようです。

3.12.4　クロス集計表を説明する

上のダッシュボードでは、意思決定基準（遅延フライトの割合）とその特徴（典型的な到着遅延時間）を示していますが、これだけでは私たちのモデルは説明しきれていません。私たちのモデルは、出発遅延時間についての閾値を含んでいますので、ダッシュボードを図3-21のように拡張します。つまり、同様のチャートを10分、15分、20分の出発遅延の閾値について、それぞれ表示するようにしています。

これを実現するには、データソースを変更する必要があります[17]。具体的には、出発遅延時間が、特定の閾値よりも大きなフライトのみを取得するクエリを用いて、チャートを作成する

[17] データポータルの［フィルタを追加］で DEP_DELAY に対してフィルタを適用することもできます。

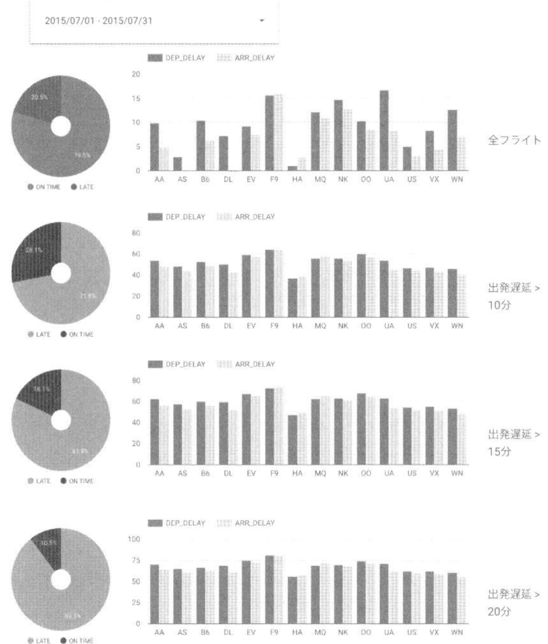

図3–21：閾値ごとの結果を示したグラフ

必要があります。ここでは、Cloud SQL 側で、データソースとして必要なビューを次のように作成します[18]。

```
CREATE VIEW delayed_10 AS SELECT * FROM flights WHERE dep_delay > 10;
CREATE VIEW delayed_15 AS SELECT * FROM flights WHERE dep_delay > 15;
CREATE VIEW delayed_20 AS SELECT * FROM flights WHERE dep_delay > 20;
```

この結果得られた、10 分の閾値のグラフ（図 3–22）を見ると、およそ 70%のフライトが遅延していることがわかります。そして、棒グラフが示す値は、閾値の設定が重要である理由を説明しています（ヒント：10 分という時間が重要というわけではなく、10 分の遅延がどのような結果をもたらすかが重要です）。実際のところ、何が起きているのかわかるでしょうか？

18 本書の執筆時点では、データポータルは、BigQuery については、クエリそのものをデータソースとして利用できますが、Cloud SQL の場合は、テーブル（またはビュー）のみをデータソースに指定できます。ただし、コネクターがクエリを用いた読み取りをサポートしていても、再利用性を考えると、ビューを用いるほうがよいでしょう。

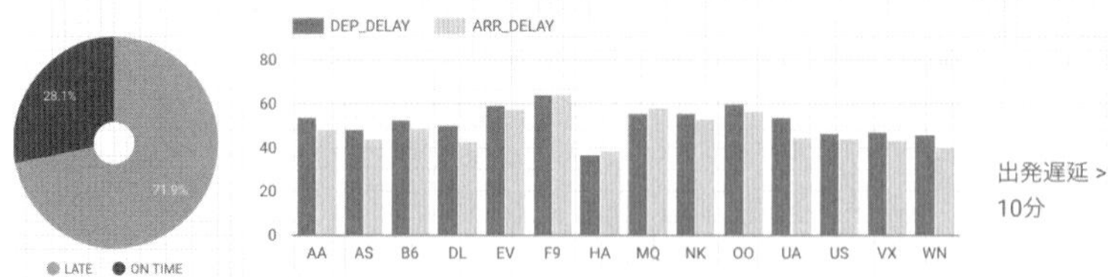

図3-22：出発遅延時間の閾値が 10 分の場合の結果

まず、全フライトの典型的な出発遅延時間は、約 5 分です（はじめに作成した、すべてのフライトに対応する図 3-20 を参照）。ところが、10 分以上遅延したフライトに限定すると、その典型的な出発遅延時間は、なんと約 50 分です！　つまり、出発が 10 分以上遅れているフライトには、迅速に解決できない深刻な問題があり、その遅れは長引く傾向にあるということです。あなたが飛行機に搭乗する際に、出発が 10 分以上遅れていれば、ゲートでの待ち時間は想像以上に長くなるでしょう。やはり、会議はキャンセルしたほうがいいかもしれません[19]。

これで、非常に単純なモデルと、それをエンドユーザーに説明するダッシュボードが完成しました。エンドユーザーは、モデルの予測がどの程度正確なのかを視覚的、そして、直観的に把握することができます。モデルそのものは単純ですが、なぜこれがうまくいくのかが、棒グラフのデータから理解することができます。

ただし、まだ 1 つ不足している要素があります。個々のユーザーの関心事にあわせた表示方法です。まず、ここで構築したダッシュボードは、すべて、過去のデータを使用しています。しかしながら、実際のダッシュボードには、ユーザーの関心を引く、よりタイムリーなデータを表示する必要があります。また、この時点では、すべての空港におけるデータを集約した結果が表示されていますが、ユーザーは、自分が利用する空港のデータにしか関心がないでしょう。どれほど素晴らしいダッシュボードを構築しても、時間や場所の観点で、適切な選択ができなければ、ほとんどのユーザーは興味を示してくれません。位置情報を備えた、リアルタイムなダッシュボードが必要というわけですが、既存のデータセットだけでは、これは実現できません。次章では、この問題の解決に取り組んでみます。

3.13　まとめ

本章では、エンドユーザーの知見をできるだけ早期に取り込み、モデルに反映する必要性を説明しました。有益なフィードバックを得るには、ユーザーの関心事にあった情報を用いてモデルを説明するダッシュボードが有効であり、まずは、その作成に取り掛かる必要があります。

19　私の同僚は、この事実をよく知っています。10 分待たされたタイミングで電話を取り出し、別のフライトを確保しようとしはじめます。

また、トランザクション型のリレーショナルデータベースである Cloud SQL にデータをインポートした後、データポータルを用いてダッシュボードを作成しました。Cloud SQL は、Google Cloud Platform で提供される、MySQL データベースのフルマネージドサービスです。

ここで構築したモデルでは、一例として、フライトの出発遅延が 10 分を超えると、予定の会議を直ちにキャンセルするというレコメンデーションができます。この場合、到着遅延時間が 15 分を超えるフライトは、約 70%という結果になります。

そして、データポータルで作成したインタラクティブなダッシュボードでは、遅延するフライトの割合から適切な閾値を判断するために、いくつかの閾値ごとに、円グラフでその割合を示しました。また、実際の到着遅延時間を棒グラフで表示することにより、10 分という閾値が持つ意味を直感的に理解することができました。

第4章 ストリーミング・データ処理

第3章では、クロス集計表を用いて、会議をキャンセルするかどうかを決定する単純なモデルを作成した上で、モデルを説明するためのダッシュボードを構築しました。しかしながら、このダッシュボードはリアルタイム性に欠けており、個々のユーザーの関心事に直接答えることはできません。そのためには、位置情報を備えた、リアルタイムデータのダッシュボードを構築する必要があります。

具体的には、各空港における遅延状況を地図上にリアルタイム表示するという方法が考えられますが、そのためには、空港の位置情報やリアルタイムのフライトデータが必要になります。空港の位置情報については、オンタイム・パフォーマンスデータと同様に、BTSから取得することができますが、リアルタイムのフライトデータについては、有償のデータを購入する必要があります。そこで、今回は、過去データを用いて、擬似的にリアルタイムデータのストリーミングを行います。言い換えると、過去に戻って、これらのデータがリアルタイムに生成される状況を再現することにします。

この方法には、リアルタイムデータを提供する側の作業と、それを受け取ってデータベースに保存する側の両方の作業を体験できるという利点があります。本章では、この後、リアルタイムデータを受け取り、データベースに挿入するパイプラインを構築していきます。

4.1 イベントフィードの設計

擬似的なリアルタイムデータ（データストリーム）を生成するために、BTSからダウンロードした過去データの内容を再確認しておきます。

まず、過去データには、次のフィールドがあります。

```
FL_DATE,UNIQUE_CARRIER,AIRLINE_ID,CARRIER,FL_NUM,ORIGIN_AIRPORT_ID,
ORIGIN_AIRPORT_SEQ_ID,ORIGIN_CITY_MARKET_ID,ORIGIN,DEST_AIRPORT_ID,
DEST_AIRPORT_SEQ_ID,DEST_CITY_MARKET_ID,DEST,CRS_DEP_TIME,DEP_TIME,
DEP_DELAY,TAXI_OUT,WHEELS_OFF,WHEELS_ON,TAXI_IN,CRS_ARR_TIME,ARR_TIME,
ARR_DELAY,CANCELLED,CANCELLATION_CODE,DIVERTED,DISTAN
```

次は、CSVファイル内の実データの例です。

```
2015-07-03,AA,19805,AA,1,12478,1247802,31703,JFK,12892,1289203,32575,LAX,0900,
1406,-5.00,17.00,0912,1230,7.00,1230,1237,7.00,0.00,,0.00,2475.00
```

ここからリアルタイムなデータストリームを生成するには、タイムスタンプの順にデータを追いかける必要があります。たとえば、出発時刻は、上記データの太字部分で、FL_DATEとDEP_TIMEの2つのフィールドに対応します。FL_DATEは、2015-07-03（2015年7月3日）、DEP_TIMEは、1406（現地時刻の2:06pm）という形式ですが、残念なことに、タイムゾーンの情報が含まれていません。つまり、同じ1406という値が、空港によって異なる時刻を示す状態になっており、このままでは、時刻順にデータを追いかけることができません。

タイムゾーンについては、出発地と目的地の2か所で考慮する必要があり、それぞれの空港の場所に依存します。ここでは、空港の位置情報を持つデータセットを用いて、タイムスタンプをUTC（協定世界時）に統一するという変換を行います。ただし、午前の便と午後の便で典型的な遅延時間を比較すると言った分析を考えると、現地時刻の情報も保持しておく必要があります。そこで、UTCから現地時刻に変換するためのタイムゾーンのオフセット（-3600分など）をあわせて保存しておきます。また、空港の位置情報データを用いて変換するので、このタイミングで、空港の位置（緯度、経度）もデータに追加しておきます。

まとめると、既存の過去データについて、2つの変換を実施します。はじめに、すべての時刻フィールドをUTCに変換します。次に、出発地と目的地の空港について、緯度、経度、タイムゾーンオフセットの3つのフィールドを追加します。これらのフィールドの名前は、次の通りです。

```
DEP_AIRPORT_LAT,DEP_AIRPORT_LON,DEP_AIRPORT_TZOFFSET
ARR_AIRPORT_LAT,ARR_AIRPORT_LON,ARR_AIRPORT_TZOFFSET
```

次に、リアルタイムなデータストリームをシミュレートする際は、それぞれのデータを送信するタイミングも考える必要があります。過去データにおいては、出発時の情報と到着時の情報が1つのレコードにまとめられていますが、飛行機が目的地に到着するまで待ってから、これらの情報をまとめて送信しても遅すぎます。一方、出発時にすべての情報を送信することは、因果律制約に違反することになります。そこで、フライトごとに、「フライトスケジュール（scheduled）、出発（departed）、離陸（wheelsoff）、着陸（wheelson）、到着（arrived）」

という、5 種類のイベントを送信するようにします。すべてのタイミングにおいて、同一のフォーマット（フィールド）の情報を送信しますが、その時点で未確定のフィールドには、null を埋め込んでおきます。たとえば、出発時にイベントを送信するタイミングでは、到着時刻に関するフィールドは、null になります。

表 4-1 は、それぞれのイベントに含まれる（null ではない）フィールドと、そのイベントが送信できるタイミングを示します（[nulls］の部分は、複数の null のフィールドが連続することを示します)。

表4-1：フライトイベントデータのフォーマット

イベント	送信日時（UTC）	イベントメッセージに含まれるフィールド
フライトスケジュール	CRS_DEP_TIME の 7 日前	FL_DATE、UNIQUE_CARRIER、AIRLINE_ID、CARRIER、FL_NUM、ORIGIN_AIRPORT_ID、ORIGIN_AIRPORT_SEQ_ID、ORIGIN_CITY_MARKET_ID、ORIGIN、DEST_AIRPORT_ID、DEST_AIRPORT_SEQ_ID、DEST_CITY_MARKET_ID、DEST、CRS_DEP_TIME、[nulls]、CRS_ARR_TIME、[nulls]、DISTANCE、[nulls]
出発	DEP_TIME	フライトスケジュールで利用できるすべてのフィールドに加えて、DEP_TIME、DEP_DELAY、CANCELED、CANCELLATION_CODE、DEP_AIRPORT_LAT、DEP_AIRPORT_LON、DEP_AIRPORT_TZOFFSET
離陸	WHEELS_OFF	出発で利用できるすべてのフィールドに加えて、TAXI_OUT、WHEELS_OFF
着陸	WHEELS_ON	離陸で利用できるすべてのフィールドに加えて、WHEELS_ON、DIVERTED、ARR_AIRPORT_LAT、ARR_AIRPORT_LON、ARR_AIRPORT_TZOFFSET
到着	ARR_TIME	着陸で利用できるすべてのフィールドに加えて、ARR_TIME、ARR_DELAY

これらのイベントをシミュレートするため、過去データのタイムスタンプを変更した後に、それぞれの行について上記の 5 種類のイベントを生成して、その結果をデータベースに保存しておきます。リアルタイムデータの生成をシミュレートするプログラムは、データベースに格納されたイベントを時系列に従って発行していきます。

以上の変換手続きをまとめると、図 4-1 のようになります。この一連の処理は、いわゆる、

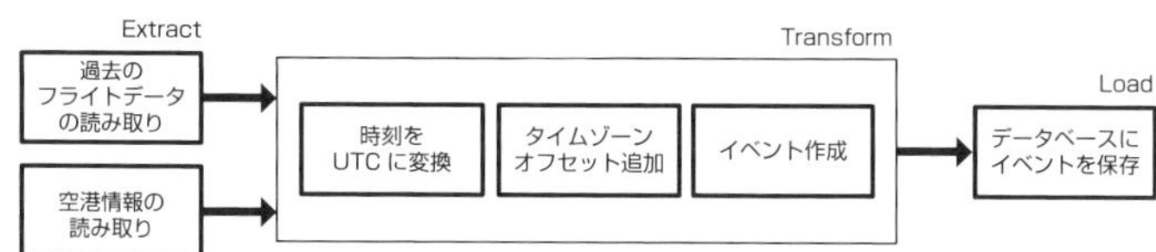

図4-1：イベントデータを作成する流れ

Extract-Transform-Load（ETL）パイプラインとして実行することができます。

4.2 時刻補正

現地時刻を UTC に修正するのは、実際には、それほど簡単な作業ではありません。次の手順が必要となります。

1. 現地時刻は、場所によって異なります。今回の場合、空港コード（例：アルバニーは ALB）から緯度と経度を取得する必要があります。BTS には、空港コードから位置を検索できるデータセットがあります[1]。
2. 緯度と経度を指定して、タイムゾーンを検索します[2]。たとえば、アルバニー空港の緯度と経度を与えると、`America/New_York` を返す必要があります。これを行ういくつかの Web サービスがありますが、ここでは、Python パッケージ `timezonefinder`[3] を利用します。オフラインで動作するので効率的ですが、海洋地域のデータを持たないことと、最近のタイムゾーンの変更を反映していない[4]という課題があります。今回は、これらの問題は、トレードオフとして許容することにします。
3. 地域によっては、夏時間の補正を考慮する必要があります。たとえばニューヨークのタイムゾーンオフセットは、夏は 6 時間、冬は 5 時間です。したがって、タイムゾーン（`America/New_York`）を取得した後に、対応するタイムゾーンオフセットを算出するには、現地時刻（たとえば 2015 年 1 月 13 日）も必要になります。Python パッケージ `pytz` には、これらの点を考慮して、タイムゾーンオフセットの算出と、現地時刻の UTC への変換を行う機能が含まれています。

その他にも問題は残っています。夏時間から標準時間（冬時間）に切り替わる日は、現地時刻の 01：00 から 02：00 が二重に存在します。したがって、01：30 に到着するフライトがある場合、それがどちらの日に属する時間かを選択する必要があります。今回は、フライトの典型的な所要時間を見て、より可能性が高い方を選択します。

これらの手続きの複雑さを考えると、時刻情報を保存する際のベストプラクティスがわかります。時刻データを格納する際は、次の方法を強くお勧めします。

1. 必要に応じて世界中のデータをマージできるように、UTC で時刻を保存する。

---

[1] `https://www.transtats.bts.gov/DL_SelectFields.asp?Table_ID=288`

[2] `https://commons.wikimedia.org/wiki/File:Standard_Time_Zones_of_the_World_(October_2015).svg`

[3] `https://pypi.python.org/pypi/timezonefinder`

[4] たとえば、セヴァストポリのタイムゾーンは、ロシア連邦によるクリミアの併合により、2014 年に東ヨーロッパ時間（UTC + 2）からモスクワ時間（UTC + 4）に変更されました。

2 現地時刻が必要な分析のために[5]、タイムゾーンオフセットをあわせて保存する。

4.3 Apache Beam / Cloud Dataflow

Google Cloud Platform でデータパイプラインを構築する標準的な方法は、Cloud Dataflow を使用することです。これは、Google で長く使われてきた、Flume[6] と Milwheel[7] と呼ばれる技術を外部向けに提供したものです。バッチとストリーミングを統一的に扱うプログラミングモデルを採用しているため、同一のコードベースをバッチとストリーミングの両方に適用することができます。コードは、`Apache Beam`[8] を用いて、Java、または、Python[9] で記述しますが、Apache Flink や Apache Spark[10] などの複数の実行環境で利用できるため[11]、コードの可搬性があります。GCP で利用する場合は、Beam パイプラインの実行環境をフルマネージド（サーバーレス）サービスとして提供する Cloud Dataflow を利用します。オンデマンドによるリソースの割り当てとオートスケーリングにより、リソースの利用率を最適化して、最小の処理時間を実現するように設計されています。

Beam を用いたプログラミングでは、一連のデータ変換処理を接続したパイプラインを定義します。これを実行環境となるランナーに投入すると、パイプラインに対応するグラフが構築された上で、データのストリーミングが行われます。入力データは「ソース」から取得され、出力データは「シンク」に保存されます。今回、構築する Beam パイプラインは、図 4-2 のようになります。

このパイプラインに含まれる個々のステップを先に説明した Extract-Transform-Load (ETL) のブロック図にあてはめてみてください。この後は、このパイプラインをステップごとに構築していきます。

---

5 たとえば、現地時刻の午後 5 時から 6 時の間にトラフィックのスパイクがあるか確認したい場合など。

6 `http://research.google.com/pubs/pub35650.html`

7 `http://research.google.com/pubs/pub41378.html`

8 `https://beam.apache.org/`

9 本書の執筆時点では、Python API はまだストリーミングをサポートしていません。

10 `https://github.com/apache/incubator-beam/tree/master/runners/spark`

11 `https://data-artisans.com/why-apache-beam/`
`https://github.com/apache/incubator-beam/tree/master/runners/flink`

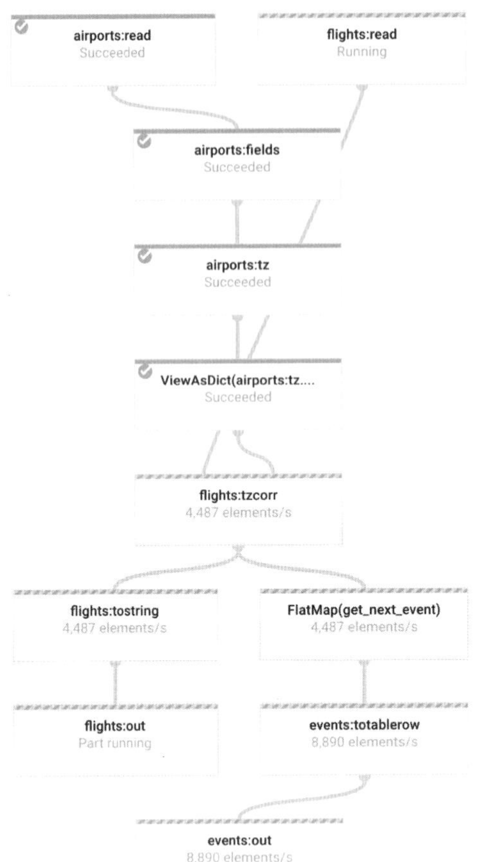

図4–2：イベントデータを作成する Beam パイプライン

4.3.1 空港データの解析

空港の位置情報は、BTS の Web サイト（`https://www.transtats.bts.gov/DL_SelectFields.asp?Table_ID=288`）からダウンロードできます。ここでは、すべてのフィールドを選択してダウンロードしたものから、CSV ファイルを抽出してアーカイブしたものを用意しました。このアーカイブファイルは、GitHub リポジトリに含まれています[12]。

Beam パイプラインの先頭にある、次の Read トランスフォームは、アーカイブファイルに

[12] `https://github.com/GoogleCloudPlatform/data-science-on-gcp/blob/master/04_streaming/simulate/airports.csv.gz` からダウンロードできます。

含まれるテキストを 1 行ずつ読み込みます[13]。

```
pipeline = beam.Pipeline('DirectRunner')
airports = (pipeline
     | beam.Read(beam.io.TextFileSource('airports.csv.gz'))
     | beam.Map(lambda line: next(csv.reader([line])))
     | beam.Map(lambda fields: (fields[0], (fields[21], fields[26])))
)
```

たとえば、アーカイブファイル内のテキストから読み込んだ 1 行が、次のようになっていたとします。

```
1000401,10004,"04A","Lik Mining Camp","Lik, AK",101,1,"United States","US","Alask
a","AK","02",3000401,30004,"Lik, AK",101,1,68,"N",5,0,68.08333333,163,"W",10,0,-1
63.16666667,"",2007-07-01,,0,1,
```

はじめの Map 処理は、これをカンマ区切りのフィールドに分解する CSV リーダーに渡し、各フィールドの文字列を要素とするリストに変換します（"Lik, AK"のように、カンマを含むフィールドも適切に処理します）。この結果は、その次の Map 処理に受け渡されます。ここでは、受け取ったリストから（太字で示された）特定のフィールドを抽出して、次の形式のタプルを出力します。

```
(1000401, (68.08333333,-163.16666667))
```

最初の数字は、ユニークな空港 ID で（一般的な 3 文字コードではなく、変更・再利用が行われない、こちらのコードを使用します）、次の 2 つの数字は、空港の緯度と経度を表します。ここまでの一連の変換を行った結果は、変数 airports に格納されます。ただし、ここで格納されるオブジェクトは、メモリ内に保存される Python の標準的なリストではありません。PCollection と呼ばれる、パイプライン内のデータを表すイミュータブルなオブジェクト（作成後は状態を変更できないオブジェクト）で、複数のノードに分散保存されます。

次のコードを用いると、PCollection の内容をテキストファイルに書き込んで、パイプラインの動作を確認することができます。

```
airports | beam.Map(lambda (airport, data):
                '{},{}'.format(airport, ','.join(data)) )
         | beam.io.textio.WriteToText('extracted_airports')
```

[13] このコードは、GitHub リポジトリの 04_streaming/simulate/df01.py にあります。

ここまでの処理を実装した、Python プログラム 04_streaming/simulate/df01.py を試してみます。GitHub リポジトリを含むディレクトリで次のコマンドを実行して、google-cloud-dataflow パッケージ（Apache Beam の実行環境）をインストールした上で、df01.py を実行します。

```
cd 04_streaming/simulate
./install_packages.sh
python ./df01.py
```

このコードは、先にインストールした Cloud Dataflow サービスを用いて、ローカルのマシン上でパイプラインを実行するように作られています。一般的な分散システムと同様に、出力は、複数のファイルに分割されることがあります。ここでは、extracted_airports という文字列で始まるファイル（たとえば、extracted_airports-00000-of-00014）が生成されて、最初の数行は次のようになります。

```
1000101,58.10944444,-1522.90666667
1000301,65.54805556,161.07166667
```

各列は、空港 ID、緯度、経度を意味します。並列処理を行うワーカーの実行順序に依存して、行の出力順序は、実行ごとに異なる可能性があります。

4.3.2 タイムゾーン情報の追加

緯度・経度の値に加えて、対応するタイムゾーンを出力するように、さきほどのパイプラインを次のように修正します[14]。

```
airports = (pipeline
    | beam.Read(beam.io.TextFileSource('airports.csv.gz'))
    | beam.Map(lambda line: next(csv.reader([line])))
    | beam.Map(lambda fields: (fields[0], addtimezone(fields[21], fields[26])))
)
```

関数 addtimezone では、timezonefinder パッケージを用いてタイムゾーンを取得します。

```
def addtimezone(lat, lon):
    try:
        import timezonefinder
        tf = timezonefinder.TimezoneFinder()
        tz = tf.timezone_at(lng=float(lon), lat=float(lat)) # throws ValueError
```

[14] このコードは、GitHub リポジトリの 04_streaming/simulate/df02.py にあります。

```
        if tz is None:
            tz = 'UTC'
        return (lat, lon, tz)
    except ValueError:
        return (lat, lon, 'TIMEZONE') # header
```

上記の import 文の場所は、少し不自然に見えるかもしれません（通常の Python コードでは、import 文は先頭にあります）が、Cloud Dataflow[15]ではこのような書き方が推奨されています。これにより、コードを複数のノードに分散配置する際に、各ノードの処理に必要なパッケージだけを配布することができます。

それでは、さきほどと同様に、このコード（df02.py）をローカルで実行してみましょう。タイムゾーンの計算には、多数のポリゴンの交差チェックが必要なため時間がかかります[16]。抽出された情報は、次のようになります。

```
1000101,58.10944444,-152.90666667,America/Anchorage
1000301,65.54805556,-161.07166667,America/Anchorage
1000401,68.08333333,-163.16666667,America/Nome
```

最後の列に、各空港の緯度と経度から決定されたタイムゾーンが追加されています。

4.3.3 時刻を UTC に変換する

各空港のタイムゾーンが取得できたので、フライト時刻を UTC に変換する準備が整いました。コードの開発中は、Cloud Storage に保存したすべてのデータを変換するのではなく、小さなサンプルファイルを用いるほうがよいでしょう。次のコマンドで、サンプルファイルを生成します。

```
gsutil cat gs://cloud-training-demos-ml/flights/raw/201501.csv \
            | head -1000 > 201501_part.csv
```

201501_part.csv は 1,000 行のデータを含んでおり、パイプラインをローカルでテストするにはこれで十分でしょう。

フライトデータの読み込みは、空港データの読み込みと同様です[17]。

---

15 https://cloud.google.com/dataflow/faq の「NameError を処理するにはどうすればよいですか？」を参照してください。

16 CloudShell で実行している場合は、右上のボタンから VM を「ブースト」できます。ブーストを適用した際は、install_packages.sh スクリプトを使用してパッケージを再インストールする必要があります。

17 このコードは、GitHub リポジトリの 04_streaming/simulate/df03.py にあります。

```
flights = (pipeline
    | 'flights:read' >> beam.Read(beam.io.TextFileSource('201501_part.csv'))
```

ここでは、データ変換のステップに名前（flights:read）を付与していますが、その他は、さきほどの airport.csv.gz を読み込む処理とほぼ同じです。

次のステップでは、各フライトに対応するタイムゾーンを見つけるために、フライトデータと空港データを結合する必要があります。そのために、直前のステップで読み込んだフライトデータに対して、空港データの PCollection を「サイドインプット」[18]するという処理を行います。Beam のサイドインプットでは、関数を呼び出す際の引数として、PCollection をリスト、もしくは、ディクショナリに変換したビューを与えることができます。次のコードでは、beam.pvalue.AsDict によって、空港データの PCollection を空港 ID をキーとするディクショナリ（に相当するビュー）に変換しています。

```
flights = (pipeline
    | 'flights:read' >> beam.Read(beam.io.TextFileSource('201501_part.csv'))
    | 'flights:tzcorr' >> beam.FlatMap(tz_correct, beam.pvalue.AsDict(airports))
)
```

FlatMap メソッドは、関数 tz_correct を呼び出します。この関数は、201501_part.csv から読み込んだ 1 行分のデータ（単一のフライト情報）と、すべての空港のタイムゾーン情報を含むディクショナリを引数として受け取ります。

```
def tz_correct(line, airport_timezones):
    fields = line.split(',')
    if fields[0] != 'FL_DATE' and len(fields) == 27:
        # convert all times to UTC
        dep_airport_id = fields[6]
        arr_airport_id = fields[10]
        dep_timezone = airport_timezones[dep_airport_id][2]
        arr_timezone = airport_timezones[arr_airport_id][2]

        for f in [13, 14, 17]: #crsdeptime, deptime, wheelsoff
            fields[f] = as_utc(fields[0], fields[f], dep_timezone)
        for f in [18, 20, 21]: #wheelson, crsarrtime, arrtime
            fields[f] = as_utc(fields[0], fields[f], arr_timezone)

        yield ','.join(fields)
```

Map ではなく FlatMap を用いるのは、1 行の入力に対する出力行数が変わる可能性があるためです（Map は、1 行の入力に対して、必ず 1 行のデータを出力します）。上記の tz_correct では、出力は、0 行、もしくは、1 行であり、yeild 文で値を返すジェネレーター関数とする

[18] https://beam.apache.org/documentation/programming-guide/#side-inputs

ことで、出力行数を可変にしています。

tz_correct は、フライトデータから空港 ID を取得し、該当するタイムゾーンを空港データから検索します。タイムゾーンを得たら、関数 as_utc を用いて、タイムスタンプを UTC に変換します。

```
def as_utc(date, hhmm, tzone):
    try:
        if len(hhmm) > 0 and tzone is not None:
            import datetime, pytz
            loc_tz = pytz.timezone(tzone)
            loc_dt = loc_tz.localize(datetime.datetime.strptime(date,'%Y-%m-%d'),
                                     is_dst=False)
            loc_dt += datetime.timedelta(hours=int(hhmm[:2]),
                                         minutes=int(hhmm[2:]))
            utc_dt = loc_dt.astimezone(pytz.utc)
            return utc_dt.strftime('%Y-%m-%d %H:%M:%S')
        else:
            return '' # empty string corresponds to canceled flights
    except ValueError as e:
        print '{} {} {}'.format(date, hhmm, tzone)
        raise e
```

ここまでの処理を実装した df03.py をローカルで実行して、結果を確認します。次は変換前のデータの例です。

```
2015-01-01,AA,19805,AA,8,12173,1217302,32134,HNL,11298,1129803,30194,DFW,1745,
1933,108.00,15.00,1948,0648,11.00,0510,0659,109.00,0.00,,0.00,3784.00
```

変換後は、次のようになります。

```
2015-01-01,AA,19805,AA,8,12173,1217302,32134,HNL,11298,1129803,30194,DFW,2015-01
-02 03:45:00,2015-01-02 05:33:00,108.00,15.00,2015-01-02 05:48:00,
2015-01-01 12:48:00,11.00,2015-01-01 11:10:00,2015-01-01 12:59:00,109.00,0.00,,0.
00,3784.00
```

すべての時間が UTC に変換されています。 たとえば、ダラスの到着時刻 0648 は、UTC に変換されて、12：48：00 になりました。

4.3.4 日付の修正

ホノルル（HNL）からダラス・フォートワース（DFW）へのフライトを含む上記のデータを注意深く見ると、奇妙な点があります。

```
2015-01-01,AA,19805,AA,8,12173,1217302,32134,HNL,11298,1129803,30194,DFW,
2015-01-02 03:45:00,2015-01-02 05:33:00,108.00,15.00,
2015-01-02 05:48:00,2015-01-01 12:48:00,11.00,2015-01-01 11:10:00, 2015-01-01 12:
59:00,109.00,0.00,,0.00,3784.00
```

このフライトは、出発の前日に到着したことになっています！　これは、フライトの日付情報（2015-01-01）が現地時刻での出発日になっており、到着日はこれと異なる場合があるためです。この問題に対応するために、必要に応じて、到着日時のタイムスタンプに 24 時間を追加します。少しばかり場当たり的な対応ですが、時刻情報は、最初から UTC で格納するべきであることが、この例からもわかるでしょう。

```
def add_24h_if_before(arrtime, deptime):
    import datetime
    if len(arrtime) > 0 and len(deptime) > 0 and arrtime < deptime:
        adt = datetime.datetime.strptime(arrtime, '%Y-%m-%d %H:%M:%S')
        adt += datetime.timedelta(hours=24)
        return adt.strftime('%Y-%m-%d %H:%M:%S')
    else:
        return arrtime
```

この修正処理は、tz_correct が yield 文で値を返す直前に呼び出されます[19]。これで、空港に関する必要な追加情報がすべて得られました。これをオリジナルのデータセットに反映するように、tz_correct を修正します。先に説明したように、現地時刻が必要となる分析のために、UTC から現地時刻へのオフセットも記録しておきます。修正後の tz_correct のコードは、次のようになります。

```
def tz_correct(line, airport_timezones):
    fields = line.split(',')
    if fields[0] != 'FL_DATE' and len(fields) == 27:
        # convert all times to UTC
        dep_airport_id = fields[6]
        arr_airport_id = fields[10]
        dep_timezone = airport_timezones[dep_airport_id][2]
        arr_timezone = airport_timezones[arr_airport_id][2]

        for f in [13, 14, 17]: #crsdeptime, deptime, wheelsoff
            fields[f], deptz = as_utc(fields[0], fields[f], dep_timezone)
        for f in [18, 20, 21]: #wheelson, crsarrtime, arrtime
            fields[f], arrtz = as_utc(fields[0], fields[f], arr_timezone)
```

[19] このコードは、GitHub リポジトリの 04_streaming/simulate/df04.py にあります。

```
        for f in [17, 18, 20, 21]:
            fields[f] = add_24h_if_before(fields[f], fields[14])

        fields.extend(airport_timezones[dep_airport_id])
        fields[-1] = str(deptz)
        fields.extend(airport_timezones[arr_airport_id])
        fields[-1] = str(arrtz)

        yield ','.join(fields)
```

4.3.5 イベントの作成

時刻情報の修正が終わったので、次は、イベントを作成する処理に取り掛かります。まずは、「出発（departed）」と「到着（arrived）」のイベントを作成します。他のイベントは、必要に応じて、後からパイプラインに追加することにします。

```
def get_next_event(fields):
    if len(fields[14]) > 0:
        event = list(fields) # copy
        event.extend(['departed', fields[14]])
        for f in [16,17,18,19,21,22,25]:
            event[f] = ''  # not knowable at departure time
        yield event
    if len(fields[21]) > 0:
        event = list(fields)
        event.extend(['arrived', fields[21]])
        yield event
```

ここでは、出発時刻を確認して、その時点で未知のフィールドを空にすることで出発イベントを作成します。同様に、到着時刻を用いて、到着イベントも作成します。この関数は、パイプラインの中では、フライト情報の時刻を UTC に変換した PCollection である、flights に対して呼び出されます。

```
flights = (pipeline
    | 'flights:read' >> beam.Read(beam.io.TextFileSource('201501_part.csv'))
    | 'flights:tzcorr' >> beam.FlatMap(tz_correct, beam.pvalue.AsDict(airports))
)
events = flights | beam.FlatMap(get_next_event)
```

このパイプラインを実行すると[20]、各フライトについて、2 つのイベントが得られます。

[20] このコードは、GitHub リポジトリの 04_streaming/simulate/df05.py にあります。

```
2015-01-01,AA,19805,AA,1,12478,1247802,31703,JFK,12892,1289203,32575,LAX,2015-01
-01T14:00:00,2015-01-01T13:55:00,-5.00,,,,,2015-01-01T20:30:00,,,0.00,,,
2475.00,40.63972222,-73.77888889,-18000.0,33.94250000,-118.40805556,
-28800.0,departed,2015-01-01T13:55:00
2015-01-01,AA,19805,AA,1,12478,1247802,31703,JFK,12892,1289203,32575,LAX,2015-01
-01T14:00:00,2015-01-01T13:55:00,-5.00,17.00,2015-01-01T14:12:00,2015-01-01
T20:30:00,7.00,2015-01-01T20:30:00,2015-01-01T20:37:00,7.00,0.00,,0.00,
2475.00,40.63972222,-73.77888889,-18000.0,33.94250000,-118.40805556,
-28800.0,arrived,2015-01-01T20:37:00
```

最初のイベントは、出発時に発行される「出発（departed）」イベントで、2 番目のイベントは、到着時に発行される「到着（arrived）」イベントです。出発イベントの内容を見ると、その時点での未知データに対応するフィールドは、空になっていることがわかります。

4.3.6 クラウドでパイプラインを実行する

最後に実装したコードは、ローカルで実行した場合、わずか 1,000 行のデータを処理するだけでも数分の時間がかかりました。すべてのデータセットを処理するには、クラウドで処理を分散する必要があります。このために、ランナーを `DirectRunner`（ローカルで実行するランナー）から、`DataflowPipelineRunner`（ジョブをクラウドに展開してスケールアウトするランナー）に変更します[21]。また、入力データのソースを Cloud Storage に変更します（第 2 章でも説明したように、事前にデータをシャーディングする必要はありません）。

```
argv = [
    '--project={0}'.format(project),
    '--job_name=ch03timecorr',
    '--save_main_session',
    '--staging_location=gs://{0}/flights/staging/'.format(bucket),
    '--temp_location=gs://{0}/flights/temp/'.format(bucket),
    '--setup_file=./setup.py',
    '--max_num_workers=10',
    '--autoscaling_algorithm=THROUGHPUT_BASED',
    '--runner=DataflowPipelineRunner'
]
airports_filename = 'gs://{}/flights/airports/airports.csv.gz'.format(bucket)
flights_raw_files = 'gs://{}/flights/raw/*.csv'.format(bucket)
flights_output = 'gs://{}/flights/tzcorr/all_flights'.format(bucket)
events_output = '{}:flights.simevents'.format(project)

pipeline = beam.Pipeline(argv=argv)
```

Cloud Dataflow は、Compute Engine のインスタンスを用いて分散処理をするので、コー

[21] このコードは、GitHub リポジトリの `04_streaming/simulate/df06.py` にあります。

ドの実行に必要な Python パッケージ（timezonefinder と pytz）をインスタンスにインストールする必要があります。この処理は、ファイル setup.py によって行われます。

最後に、時刻情報を修正したフライトデータを CSV ファイルとして Cloud Storage に保存すると同時に、イベントの情報を BigQuery に格納します。BigQuery は、Google Cloud Platform のデータウェアハウスです。SQL クエリをサポートしているので、リアルタイムイベントの発行をシミュレートする際に、特定の条件を満たすイベントを簡単に抽出することができます（BigQuery については、第 5 章で詳しく説明します）。

この処理を行うコードは、次のようになります。

```
schema = 'FL_DATE:date,UNIQUE_CARRIER:string,...'
(events
   | 'events:totablerow' >> beam.Map(lambda fields: create_row(fields))
   | 'events:out' >> beam.io.Write(beam.io.BigQuerySink(
               events_output, schema=schema,
               write_disposition=beam.io.BigQueryDisposition.WRITE_TRUNCATE,
               create_disposition=beam.io.BigQueryDisposition.CREATE_IF_NEEDED))
)
```

関数 create_row は、BigQuery に書き出すために、1 行分のイベントデータをフィールド名をキーとするディクショナリに変換します。

```
def create_row(fields):
    header = 'FL_DATE,UNIQUE_CARRIER,...'.split(',')
    featdict = {}
    for name, value in zip(header, fields):
        featdict[name] = value
    return featdict
```

この処理を実行する前に、BigQuery で「flights データセット」を作成する必要があります（BigQuery の用語については、第 5 章で詳しく説明します）。イベントデータを格納するテーブル simevents は、パイプラインによって作成されますが[22]、複数のテーブルをまとめて管理する「データセット」は、明示的に作成する必要があるためです。flights データセットは、次のコマンドで作成します[23]。

```
bq mk flights
```

[22] 日付でパーティションを分割するなどの場合は、パイプラインからではなく、直接にテーブルを作成する方がよいでしょう。

[23] データセットのロケーションはデフォルトで US になりますが、実際には、Google Cloud Storage のバケットと同じ場所を指定してください。たとえば、東京リージョンにバケットを作成した場合は、次のように指定します。

```
bq mk --location="asia-northeast1" flights
```

また、空港情報のアーカイブファイル courses.csv.gz も Cloud Storage のバケットにアップロードしておきます。

```
gsutil cp airports.csv.gz \
  gs://<BUCKET>/flights/airports/airports.csv.gz
```

この後、前述の処理を実装したコード[24]を実行すると、これまでに説明したパイプラインを実行するジョブがクラウドに投入されます。Cloud Dataflow は、スループットに基づいてパイプラインの各ステップをオートスケールし、生成したイベントデータを BigQuery に挿入していきます。実行中のジョブは、Cloud Platform Console の Cloud Dataflow メニューから確認できます。

イベントデータが書き出されている途中でも、BigQuery のコンソール[25]から、イベントデータを参照することができます（下記の SQL を実行する際は、BigQuery のコンソールで自分のプロジェクトに切り替えてください）。

```
SELECT
  ORIGIN,
  DEP_TIME,
  DEP_DELAY,
  DEST,
  ARR_TIME,
  ARR_DELAY,
  NOTIFY_TIME
FROM
  flights.simevents
WHERE
  (DEP_DELAY > 15 and ORIGIN = 'SEA') or
  (ARR_DELAY > 15 and DEST = 'SEA')
ORDER BY NOTIFY_TIME ASC
LIMIT
  10
```

このクエリを実行すると、図 4-3 のような結果が得られます。

最初の 2 行を見ると、SEA から IAD へのフライトについて、出発と到着のそれぞれに対応するイベントが確認できます。

[24] このコードは、GitHub リポジトリの 04_streaming/simulate/df06.py にあります。

[25] https://bigquery.cloud.google.com/

Row	ORIGIN	DEP_TIME	DEP_DELAY	DEST	ARR_TIME	ARR_DELAY	NOTIFY_TIME
1	SEA	2015-01-01 08:21:00 UTC	43.0	IAD	null	null	2015-01-01 08:21:00 UTC
2	SEA	2015-01-01 08:21:00 UTC	43.0	IAD	2015-01-01 12:48:00 UTC	22.0	2015-01-01 12:48:00 UTC
3	KOA	2015-01-01 10:11:00 UTC	66.0	SEA	2015-01-01 15:45:00 UTC	40.0	2015-01-01 15:45:00 UTC
4	SEA	2015-01-01 16:43:00 UTC	38.0	PSP	null	null	2015-01-01 16:43:00 UTC
5	SEA	2015-01-01 16:57:00 UTC	17.0	FLL	null	null	2015-01-01 16:57:00 UTC
6	SEA	2015-01-01 17:01:00 UTC	16.0	HNL	null	null	2015-01-01 17:01:00 UTC
7	SEA	2015-01-01 17:33:00 UTC	48.0	PHL	null	null	2015-01-01 17:33:00 UTC

図4–3：イベントデータのクエリ結果

なお、BigQuery は、列指向データベースであるため、すべてのフィールドを選択する次のようなクエリは、実行効率がよくありません。

```
SELECT
  *
FROM
  'cloud-training-demos.flights.simevents'
ORDER BY NOTIFY_TIME ASC
```

しかしながら、イベントを通知する際は、すべてのフィールドが必要となります。そこで、EVENT_DATA というフィールドを追加して、イベントに関連するデータをカンマ区切りで 1 つにまとめたデータを挿入します。これにより、ストレージに保存するデータ量は増えてしまいますが、検索の際は、このフィールドだけを取得すればよいことになります。この変更を反映した create_row は、次のようになります（BigQuery のスキーマもあわせて変更する必要があります）。

```
def create_row(fields):
    header = 'FL_DATE,UNIQUE_CARRIER,...,NOTIFY_TIME'.split(',')

    featdict = {}
    for name, value in zip(header, fields):
        featdict[name] = value
    featdict['EVENT_DATA'] = ','.join(fields)
    return featdict
```

イベントごとの通知時刻とデータは、次のクエリで取得できます。

```
SELECT
  EVENT,
  NOTIFY_TIME,
  EVENT_DATA
FROM
  'cloud-training-demos.flights.simevents'
```

```
WHERE
  NOTIFY_TIME >= TIMESTAMP('2015-05-01 00:00:00 UTC')
  AND NOTIFY_TIME < TIMESTAMP('2015-05-03 00:00:00 UTC')
ORDER BY
  NOTIFY_TIME ASC
LIMIT
  10
```

結果は、図 4–4 のようになります。

Row	EVENT	NOTIFY_TIME	
1	departed	2015-05-01 00:00:00 UTC	2015-04-30,AA,19805,AA,141
2	departed	2015-05-01 00:00:00 UTC	2015-04-30,DL,19790,DL,233
3	arrived	2015-05-01 00:00:00 UTC	2015-04-30,AA,19805,AA,136
4	arrived	2015-05-01 00:00:00 UTC	2015-04-30,EV,20366,EV,434
5	departed	2015-05-01 00:00:00 UTC	2015-04-30,WN,19393,WN,33
6	arrived	2015-05-01 00:00:00 UTC	2015-04-30,UA,19977,UA,754

図4–4：イベントデータをまとめたフィールドのクエリ結果

このテーブルは、リアルタイムイベントのソースとなります。フライトデータのストリーミングをシミュレートする際は、このようなクエリを利用します。

4.4 Cloud Pub/Sub にイベントストリームを発行する

フライトデータからイベントデータを生成することができたので、リアルタイムイベントのストリーミングをシミュレートする準備が整いました。GCP のストリーミングデータは、通常、サーバレスのリアルタイムメッセージングサービスである Cloud Pub/Sub を用いて発行します。Cloud Pub/Sub によるメッセージ配信は、信頼性が高く、100 万以上のメッセージでも数ミリ秒以内に配信することができます。複数のゾーンにメッセージのコピーを格納することで、複数の Subscriber（メッセージ受信者）に対して、「少なくとも 1 回」、メッセージを配信することを保証します。

このシミュレーターは、前節で用意した BigQuery のイベントテーブルからデータを読み込み、イベントの通知時刻（離陸、および、到着の時刻）を現在のシステム時刻にひも付けて、Cloud Pub/Sub にメッセージを発行します。基本的には、フライトイベントのレコードを通知時刻の時系列に沿って追いかけていくことになります（図 4–5）。

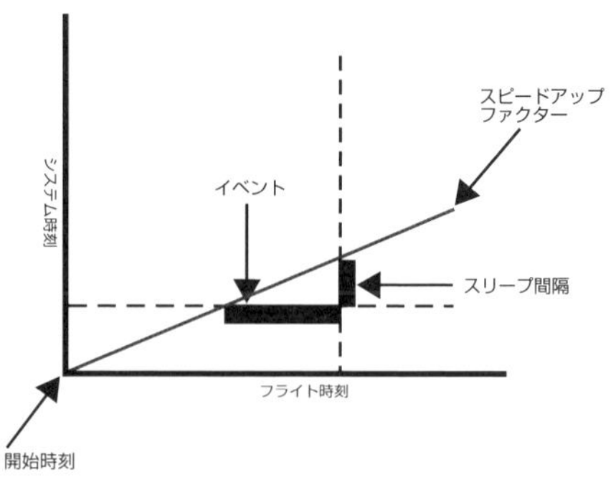

図4–5：フライト時刻とシステム時刻の関係

また、イベントの発行は、必ずしも実時間にあわせて行う必要はありません。イベントの発行速度を上げて、1 日分のイベントを 1 時間に短縮して発行したい場合もあるかも知れません。あるいは、デバッグの際は、シミュレーションの速度を遅くした方がよいかも知れません。ここでは、このような実時間とシミュレーション時間の比率をスピードアップファクターと呼びます。スピードアップファクターは、シミュレーションをリアルタイムよりも速くする場合は 1 より大きくし、リアルタイムよりも遅くしたい場合は 1 未満に設定します。

スピードアップファクターに基づいて、イベントの発行時刻を対応するシステム時刻に変換します。スピードアップファクターが 1 の場合、シミュレーションの開始から（シミュレーション時刻において）60 分後に発行するべきイベントは、システム時刻においても、同じ 60 分後に対応します。一方、スピードアップファクターが 60 の場合、（シミュレーション時刻において）60 分後に発行するべきイベントは、システム時刻としては 1 分後に対応します。つまり、このイベントは、シミュレーションの開始から 1 分後に発行する必要があります。より具体的に説明すると、次に発行するイベントの候補に対して、それを発行するべきシステム時刻を計算して、現在のシステム時刻との差分だけスリープした後に、実際に発行するという処理を繰り返します。

実際のシミュレーションは、次の 4 つのステップ[26]から構成されることになります（図 4–6）。

1 クエリを実行して、一連のフライトイベントのレコードを取得する。
2 クエリの結果をページに分割する。
3 1 ページ分のイベントを取得する。
4 取得したイベントを（スリープを入れながら）順次発行する（終わったら 3 に戻る）。

[26] GtiHub リポジトリの `04_streaming/simulate/simulate.py` を参照。

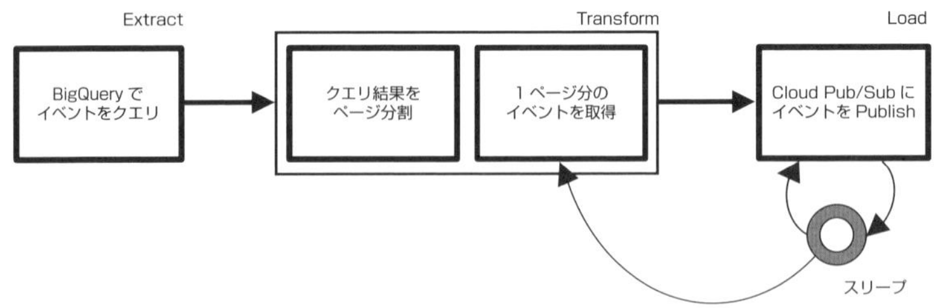

図4-6：イベント発行処理のループ

この処理の流れは、Extract-Transform-Load（ETL）パイプラインと見ることもできますが、レコードを厳密な順序で処理し、その間にスリープを入れる必要があるため、Cloud Dataflowで実装するのは困難です。そこで、ここでは、純粋なPythonプログラムとして、シミュレーターを実装します。問題があるとすれば、Cloud Dataflowのように、耐障害性を持った形で実装するのが難しいという点があげられます。真面目に実装するならば、シミュレーションの処理が障害停止した場合に、プロセスを自動再起動して、最後に正常処理されたイベントの次のイベントから確実に処理を再開するための設計が必要となります。

しかしながら、ここで作成するシミュレーターのコードは、ストリーミングデータを使った簡単な実験のためのものですので、耐障害性のために余計な労力はかけないことにします。障害停止時の自動再起動は行わず、手動で再起動した場合は、すべてのイベントをはじめから送信し直すという単純な実装にしておきます。（前述の耐障害性機能を実装するには、正常に配信されたイベントをトラッキングする仕組みが必要になります。エンタープライズレベルの信頼性が必要な際は、あらためて検討することにしましょう）。

4.4.1 発行するレコードを取得する

はじめに、イベントの発生をシミュレーションする時間範囲（開始時刻と終了時刻）をパラメータで指定して、BigQueryから発行対象のすべてのイベントを取得するクエリを実行します。これは、Google Cloud APIのPythonクライアントを使用して呼び出すことができます。

```
bqclient = bq.Client()
    dataset = bqclient.dataset('flights')
    if not dataset.exists():
        logging.error('Did not find a dataset named <flights> in your project')
        exit(-1)

    # run the query to pull simulated events
    querystr = """\
SELECT
  EVENT,
  NOTIFY_TIME,
```

```
  EVENT_DATA
FROM
  `cloud-training-demos.flights.simevents`
WHERE
  NOTIFY_TIME >= TIMESTAMP('{}')
  AND NOTIFY_TIME < TIMESTAMP('{}')
ORDER BY
  NOTIFY_TIME ASC
"""
   query = bqclient.run_sync_query(querystr.format(args.startTime, args.endTime))
   query.use_legacy_sql = False # standard SQL
   query.timeout_ms = 2000
   query.max_results = 1000  # at a time
   query.run()
```

クエリの実行に失敗した場合は、リトライを行います。

```
# wait for query to complete and fetch first page of data
    if query.complete:
        rows = query.rows
        token = query.page_token
    else:
        logging.error('Query timed out ... retrying ...')
        job = query.job
        job.reload()
        retry_count = 0
        while retry_count < 5 and job.state != u'DONE':
            time.sleep(1.5**retry_count)
            retry_count += 1
            logging.error('... retrying {}'.format(retry_count))
            job.reload()
        if job.state != u'DONE':
            logging.error('Job failed')
            logging.error(query.errors)
            exit(-1)
        rows, total_count, token = query.fetch_data()
```

さきほどのクエリでは、取得結果を1,000レコードずつにページ分割しており（query.max_results = 1000）、上記コードの最後の部分では、query.fetch_data()によって、はじめの1ページ分のイベントを取得しています。

4.4.2 ページごとのイベント発行処理

「1ページ分のイベントについてこれらをCloud Pub/Subに発行する」という処理をページごとに繰り返します。イベントには、出発（departed）と到着（arrived）があるので、それぞれに個別のトピックを作成して使用します。

```
psclient = pubsub.Client()
topics = {}
for event_type in ['departed', 'arrived']:
    topics[event_type] = psclient.topic(event_type)
    if not topics[event_type].exists():
       topics[event_type].create()
```

最後に取得したページを示す情報は、トークン（token）に保存されており、トークンがNoneになるまで、query.fetch_data()を繰り返し呼び出すことで、ページ単位の処理が行われます。ここでは、ページごとに関数notifyを呼び出して、ページに含まれるイベントの発行を行います。

```
# notify about each row in the dataset
programStartTime = datetime.datetime.utcnow()
simStartTime = datetime.datetime.strptime(args.startTime, TIME_FORMAT)
                        .replace(tzinfo=pytz.UTC)
while True:
    notify(topics, rows, simStartTime, programStartTime, args.speedFactor)
    if token is None:
        break
    rows, total_count, token = query.fetch_data(page_token=token)
```

4.4.3 イベントのバッチを構築する

関数notifyは、その時点で発行が必要なイベントをまとめて、バッチで発行した後に、次のイベントを発行するべき時刻までスリープするという処理を繰り返します。ここで、イベントをまとめたバッチを作成するのは、同じタイミングで発行するべきイベントが複数ある場合に対応するためと、処理の遅れにより、システム時刻がイベントを発行するべき時刻をすぎてしまう可能性があるためです。次のコードでは、関数publishによって、バッチにまとめたイベントの発行を行っています。

```
def notify(topics, rows, simStartTime, programStart, speedFactor):
    # sleep computation
    def compute_sleep_secs(notify_time):
        time_elapsed = (datetime.datetime.utcnow() - programStart).seconds
        sim_time_elapsed = (notify_time - simStartTime).seconds / speedFactor
        to_sleep_secs = sim_time_elapsed - time_elapsed
        return to_sleep_secs

    tonotify = {}
    for key in topics:
        tonotify[key] = list()

    for row in rows:
        event, notify_time, event_data = row
```

```
        # how much time should we sleep?
        if compute_sleep_secs(notify_time) > 1:
            # notify the accumulated tonotify
            publish(topics, tonotify)
            for key in topics:
                tonotify[key] = list()

            # recompute sleep, since notification takes a while
            to_sleep_secs = compute_sleep_secs(notify_time)
            if to_sleep_secs > 0:
                logging.info('Sleeping {} seconds'.format(to_sleep_secs))
                time.sleep(to_sleep_secs)

        tonotify[event].append(event_data)
    # left-over records; notify again
    publish(topics, tonotify)
```

この処理にはいくつかのポイントがあります。まず、イベントの発行時刻を正しく計算するため、タイムゾーンに UTC を使うことです。次に、複数のイベントをまとめて発行する際は、Cloud Pub/Sub のバッチ機能を用います。1 回の API コールで複数のイベントを発行することができるので、API コールに伴う遅延を最小限に抑えることができます。また、イベントの発行時刻を計算する際は、常に、シミュレーションの開始時刻を起点とします。つまり、シミュレーションの開始時刻から何秒後に発行するべきかを計算したのちに、現在の経過時間（秒数）との差分によってスリープ時間を決定します。直前のイベントの発行時刻との差分によってスリープ時間を計算すると、API コールなどの処理時間が誤差として蓄積する点に注意してください。なお、処理の遅れにより、システム時刻がイベントを発行するべき時刻をすぎた場合は、スリープは行われません。シミュレーターを実行した際に、スリープがまったく発生しない場合は、シミュレーションを実行しているマシンの能力が不足しているか、GCP との通信速度が遅い可能性があります。シミュレーションの速度を遅くするか、マシンスペックを上げる、GCP の環境（Compute Engine のインスタンスなど）でシミュレーターを実行するなどの対応をお勧めします。

4.4.4 イベントバッチを発行する

関数 `publish` は、関数 `notify` から受け取ったイベントをバッチで発行します。トピックごとに別々のバッチがあるので、それらを個別に処理します。

```
def publish(publisher, topics, allevents):
   for key in topics:  # 'departed', 'arrived', etc.
      topic = topics[key]
      events = allevents[key]
      logging.info('Publishing {} {} events'.format(len(events), key))
      for event_data in events:
          publisher.publish(topic, event_data.encode())
```

なお、Cloud Pub/Sub は、メッセージの配信順序を保証しない点に注意が必要です。また、「少なくとも 1 回」の配信を保証するので、一定時間内にサブスクライバー（メッセージを受信するクライアント）からの受信確認が得られなかった場合は、メッセージを再送信します。今回の場合、Cloud Pub/Sub からのメッセージは、Cloud Dataflow で受信するので、これらの問題（メッセージの順序が入れ替わる、同じメッセージを重複して受け取る）は、Cloud Dataflow のパイプラインで対処します。

シミュレーターの処理は以上です。次のコマンドで、実際にシミュレーションを試せます。

```
python simulate.py --startTime '2015-05-01 00:00:00 UTC' \
                   --endTime '2015-05-04 00:00:00 UTC' --speedFactor=60
```

この例では、リアルタイムの 60 倍速で、3 日間のフライトデータをシミュレートして（`--endTime` は、最後となる時刻の 1 秒後を指定します）、Cloud Pub/Sub の 2 つのトピックにイベントを発行していきます。シミュレーションに使用するイベントデータは、BigQuery のクエリで取得しているので、シミュレーションの対象を特定の空港、あるいは、一定の緯度・経度の範囲内の空港に限定することも簡単です。

本節では、イベントストリームを生成し、それらのイベントをリアルタイムで発行する方法を見てきました。この後は、このシミュレーターで発行したイベントを利用して、ストリーミングデータの受信とリアルタイム分析の実験を行います。

4.5 リアルタイムストリーミング処理

ここでまでの作業により、位置情報を含むストリーミングデータが生成できましたので、これを用いて、リアルタイムダッシュボードを構築する方法を見ていきます。GCP で実装する場合の標準的なアーキテクチャ[27]は、図 4–7 のようになります。

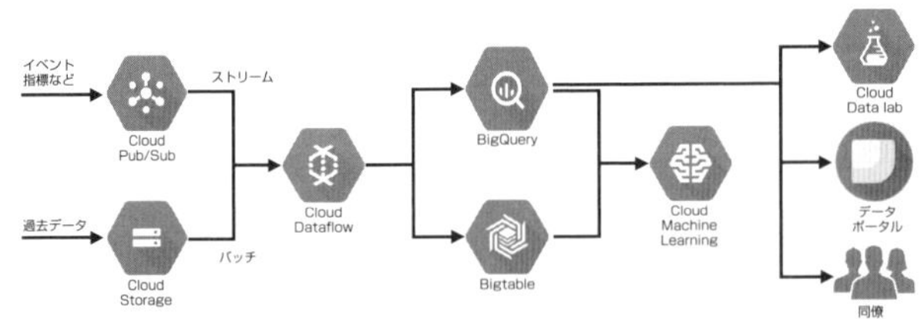

図4–7：ストレージデータの分析基盤アーキテクチャ

前節では、リアルタイムのイベントストリーミングを Cloud Pub/Sub に流し込むところまで準備したので、これを Cloud Dataflow で集計して、その結果を BigQuery に保存する処理

---

[27] たとえば、`https://cloud.google.com/solutions/mobile/mobile-gaming-analysis-telemetry` を参照。

を実装します。これにより、データポータルは、BigQuery から最新の情報を取得できるようになり、リアルタイムでインタラクティブなダッシュボードが構築できるようになります。

4.5.1 Java Dataflow でのストリーミング

前節において、Cloud Dataflow を用いてフライトの時刻情報を修正したときは、Python で Beam のコードを記述しました。そこでは、Cloud Storage に保存したファイルをバッチモードで処理しましたが、今回は、Cloud Pub/Sub から取得するストリーミングデータを処理する必要があります。本書執筆時点では、Apache Beam の Python API はストリーミング処理に正式対応していないため、ここでは、Java を使用することにします[28]。

Cloud Pub/Sub からイベントを受け取って、そのまま BigQuery に書き出す処理は、次の数行のコードで実現できます。

```
String topic = "projects/" + options.getProject() + "/topics/arrived";
pipeline //
    .apply(PubsubIO.<String>read().topic(topic)) //
    .apply(ParDo.of(new DoFn<String, TableRow>() {
        @Override
        public void processElement(ProcessContext c) throws Exception {
            String[] fields = c.element().split(",");
            TableRow row = new TableRow();
            row.set("timestamp", fields[0]);
            ...
            c.output(row);
        }} ) //
      .apply(BigQueryIO.Write.to(outputTable).withSchema(schema));
```

このコードでは、Cloud Pub/Sub のトピックにサブスクライブすることでメッセージを読み出しています。新しいメッセージを受け取ると、BigQuery の `TableRow`（テーブル内のレコードを表すインスタンス）に変換して書き出します。

パイプラインのウィンドウ処理

受け取ったイベントをそのまま BigQuery に書き込むのではなく、統計情報の計算を追加してみます。たとえば、リアルタイムダッシュボードにフライトの遅延時間を表示するのであれば、個々のフライトの遅延時間ではなく、各空港における過去 60 分間の平均遅延時間などが欲しくなります。そこで、タイムウィンドウを用いた分析処理を行い、その結果を BigQuery に書き出すようにします[29]。このような処理は、Cloud Dataflow が得意とするところです。

---

28 ストリーミング処理の考え方を説明することが目的なので、Beam Java の構文については、ここでは詳しく説明していません。構文の詳細については第 8 章で説明していますので、第 8 章を読んだ後、再度、本章に戻ってみてください。

29 集計結果とあわせて、生データを並行して BigQuery に書き出して保存するというのもよく用いる方法です。ここでは簡単のために、集計結果のみを書き出しています。

なお、Javaのコードは冗長になるため、ここでは、処理の内容が理解できるレベルで、コードの主要な部分のみを掲載しています。完全なコードについてはGitHubリポジトリを参照してください[30]。このコードは、スクリプト run_oncloud.sh から実行することができます（Javaのビルドツールである Maven[31] と Java 8 を使っているので、これらをインストールしておく必要があります）。

Javaによるパイプラインの作成は、考え方としては、Pythonの場合と同じです。プロジェクト、ランナー、ステージングディレクトリなどの情報をコマンドラインオプションで指定しておき、それをコードで受け取って処理するという方法も変わりません。これまでと異なるのは、処理対象がバッチデータではないので、ストリーミングモードをオンにすることです。

```
MyOptions options = PipelineOptionsFactory.fromArgs(args).//
                    withValidation().as(MyOptions.class);
options.setStreaming(true);
Pipeline p = Pipeline.create(options);
```

上記のコードに含まれる MyOptions クラスには、コマンドラインパラメータから受け取った、平均を取る期間（ここでは60分を想定）とスピードアップファクターの値が格納されます。この時、スピードアップファクターによって、平均値を計算するべき実時間としての間隔が変わる点に注意が必要です。たとえば、60倍の速度でシミュレーションした場合、60分間のデータは、1分間で送信されます。したがって、実時間において、過去1分間に受信したデータの平均を取れば、これが過去60分間の平均となります。実時間としてのウィンドウ（平均を取る期間）は、次のように計算されます（ここでは、単位をミリ秒に変換しています）。

```
Duration averagingInterval = Duration.millis(Math.round(
      1000 * 60 * (options.getAveragingInterval() /
                   options.getSpeedupFactor())));
```

では、過去60分間の平均値は、どのくらいの頻度で更新するべきでしょうか？　スライディングウィンドウを使用すると、1分ごとに再計算するといった処理も可能になります。ここでは、60分間に2回計算する（つまり、30分に1回更新する）という指定を行います[32]。

```
Duration averagingFrequency = averagingInterval.dividedBy(2);
```

---

30 https://github.com/GoogleCloudPlatform/data-science-on-gcp/04_streaming/realtime/chapter4/src のJavaコードを参照。

31 https://maven.apache.org

32 ウィンドウ内の値をこれらの平均値に置き換えると、当然ながら情報は失われます。しかし、ウィンドウ内で少なくとも2回、移動平均を計算すれば、ウィンドウ内での変動に関する情報を保持できることが知られています。これは、1948年にClaude Shannonによって証明され、情報理論の先駆けとなりました。

ストリーミング集計

ここで、ウィンドウの概念をあらためて説明しておきます。まず、バッチとストリーミングでは、「集計」の考え方が異なります。Cloud Storage のファイルからデータを読み込むのと異なり、Cloud Pub/Sub からメッセージを読み込む場合、データは無制限に生成されます。このような場合、たとえば、これらのデータの「最大値」とは何を意味するのでしょうか？

ストリーミングデータを集計する際は、その対象となる期間を定める必要があり、これがウィンドウにあたります。さきほどの例では、30 分ごとに移動するスライディングウィンドウを適用しており、それぞれのウィンドウ（過去 60 分間）に対して集計処理が行われます。次は、パイプラインに対して、スライディングウィンドウを定義するコードになります。

```
PCollection<Flight> flights = p //
    .apply(event + ":read", PubsubIO.<String>read().topic(topic))
    .apply(event + ":window", Window.into(SlidingWindows
         .of(averagingInterval).every(averagingFrequency)))
```

この後、実際のデータ変換を記述していきます。はじめに、それぞれのメッセージを Flight オブジェクトに変換します。

```
.apply(event + ":parse", ParDo.of(new DoFn<String, Flight>() {
    @Override
    public void processElement(ProcessContext c) throws Exception {
        try {
            String line = c.element();
            Flight f = new Flight(line.split(","), eventType);
            c.output(f);
        } catch (NumberFormatException e) {
            // ignore errors about empty delay fields ...
        }
    }
    }));
```

ここまでの結果を格納した変数 flights は、PCollection（分散保存されたコレクション型データ）であり、パイプラインの新しい部分に受け渡すことができます。ただし、集計処理はまだ適用されていないので、ウィンドウを用いた変換は行われていません。

個々の Flight オブジェクトは、イベントの種類に対応するデータを保持します[33]。たとえば、eventType が arrived（到着）の場合、ここに含まれる情報（空港情報、遅延時間など）は、到着地の空港に対応しており、eventType が departed（出発）の場合は出発地の空港に

33 Flight オブジェクトはシリアル化可能（Serializable）であり、ノード間でデータを移動する際は、Java のシリアライゼーションが適用されます。処理性能を考えると、プロトコルバッファを使用するべきところですが、このパイプラインは頻繁に使用するものではないで、このままにしておきます。この点については、後ほど、リアルタイム・シリアライゼーションを適用する際に、あらためて議論します。

対応します。

```
public class Flight implements Serializable {
    Airport airport;
    double delay;
    String timestamp;
}
```

空港情報は、空港の名称と緯度・経度で構成されています。

```
public class Airport implements Serializable {
    String name;
    double latitude;
    double longitude;
}
```

最初に計算する統計量は、それぞれの空港における、過去 1 時間の平均遅延時間です。これは次のコードで求めることができます。

```
stats.delay = flights
   .apply(event + ":airportdelay",
          ParDo.of(new DoFn<Flight, KV<Airport, Double>>() {
    @Override
    public void processElement(ProcessContext c) throws Exception {
        Flight stats = c.element();
        c.output(KV.of(stats.airport, stats.delay));
    }
   }))//
   .apply(event + ":avgdelay", Mean.perKey());
```

ここでは、(空港, 遅延時間) というキーバリュー形式のデータを用意した後に、キーごと (つまり、空港ごと) の遅延時間の平均値を計算しています。この際、Cloud Dataflow は、先に定義したウィンドウの指定に従って、過去 60 分間の平均値を 30 分ごとに再計算します。この結果を保存した `stats.delay` は、(空港, 平均遅延時間) というキーバリューで構成される `PCollection` になります。上記の処理を `movingAverageOf` と名付けた場合、次のように、出発イベントと到着イベントについて、個別に計算することになります。

```
final WindowStats arr = movingAverageOf(options, p, "arrived");
final WindowStats dep = movingAverageOf(options, p, "departed");
```

平均遅延時間の他にも、空港ごとに計算したい値があります。ウィンドウに含まれるフライト数 (遅延時間の予測因子と考えられるため) と、ウィンドウに含まれる最後のフライトのタイムスタンプです。最後のタイムスタンプは、次で取得できます (Jave の定形部分は省略)。

```
stats.timestamp = flights //
   .apply(event + ":timestamps", ...
        c.output(KV.of(stats.airport, stats.timestamp));
      )//
    .apply(event + ":lastTimeStamp", Max.perKey());
```

フライト数は、次のようになります。

```
stats.num_flights = flights //
    .apply(event + ":numflights", ...
        c.output(KV.of(stats.airport, 1));
              )//
    .apply(event + ":total", Sum.integersPerKey());
```

キーによる結合

この時点で、各空港について、平均出発遅延時間、平均到着遅延時間、最後の出発フライトのタイムスタンプ、最後の到着フライトのタイムスタンプ、出発フライト数、到着フライト数の 6 つのデータが得られました。これらは別々の PCollection にありますが、空港情報を共通のキーとして持っているので、1 つの PCollection にまとめることができます[34]。このように、複数の PCollection を共通のキーで結合する処理を「co-join」と言います。

```
KeyedPCollectionTuple //
    .of(tag0, arr_delay) // PCollection
    .and(tag1, dep_delay) //
    .and(tag2, arr_timestamp) //
    // etc.
    .apply("airport:cogroup", CoGroupByKey.<Airport> create()) //
    .apply("airport:stats", ParDo.of(...
        public void processElement(ProcessContext c) throws Exception {
            KV<Airport, CoGbkResult> e = c.element();
            Airport airport = e.getKey();
            Double arrDelay = e.getValue().getOnly(tag0, new Double(-999));

            // etc.
            c.output(new AirportStats(airport, arrDelay, depDelay,
                                   timestamp, num_flights));
    }}))//
```

この出力結果となる AirportStats クラスには、これまでに計算したすべての統計情報が含まれています。

---

34 ここに示すコードは大幅に簡略化されています。完全なコードについては、GitHub リポジトリを参照。

```
public class AirportStats implements Serializable {
    Airport airport;
    double arr_delay, dep_delay;
    String timestamp;
    int num_flights;
}
```

データポータルから参照できるように、これらの情報を BigQuery のテーブルに保存すれば、Cloud Dataflow によるストリーミング処理は完了です。

4.5.2 ストリーム処理の実行

それでは、実際にストリーミング処理を行ってみます。はじめに、前節で用意した `simulate.py` を実行して、リアルタイムイベントのシミュレーションを開始します。

```
python simulate.py --startTime '2015-05-01 00:00:00 UTC'\
                   --endTime '2015-05-04 00:00:00 UTC'\
                   --speedFactor 30
```

これは、CloudShell、または、ローカルのノート PC から実行します（ローカル環境の場合は、`install_packages.sh` を実行して必要な Python パッケージをインストールし、`gcloud auth application-default login` コマンドで、クエリを実行するのに必要な認証情報を設定してください）。これにより、シミュレーターは、2015 年 5 月 1 日から 2015 年 5 月 3 日までのイベントを実際の 30 倍の速度（2 分で 1 時間分）で、Cloud Pub/Sub に発行します。

続いて、Cloud Pub/Sub の 2 つのトピックからイベントを受け取り、集計後のデータを BigQuery にストリームする Cloud Dataflow のジョブを開始します。次のように、Apache Maven を使用してジョブを開始します。

```
mvn compile exec:java \
  -Dexec.mainClass=com.google.cloud.training.flights.AverageDelayPipeline
  -Dexec.args="--project=$PROJECT \
    --stagingLocation=gs://$BUCKET/staging/ \
    --averagingInterval=60 \
    --speedupFactor=30 \
    --runner=DataflowRunner"
```

Cloud Platform コンソールの Cloud Dataflow のメニューを開くと、新しいストリーミングジョブが開始されていることがわかります。ジョブをクリックすると、図 4-8 のようなパイプラインが表示されます。

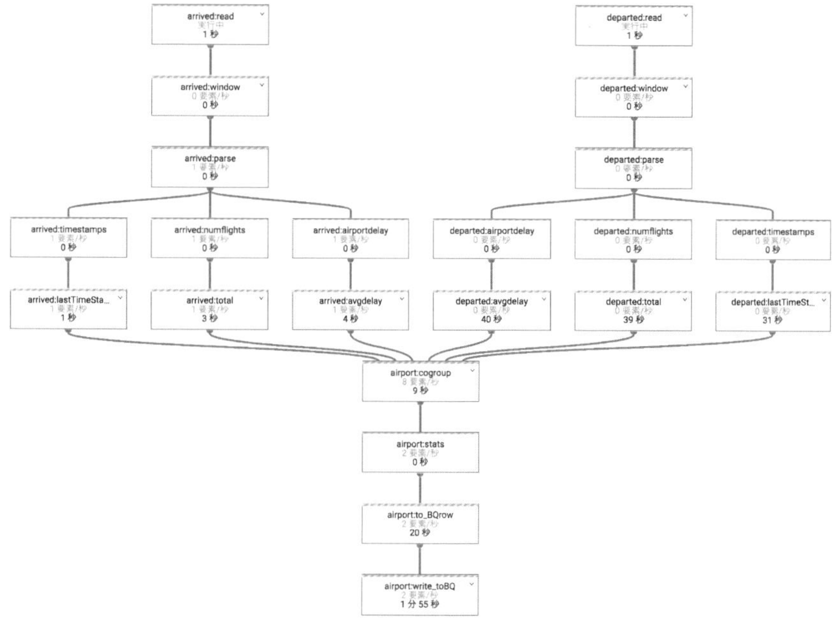

図4-8：ストリーミングデータを集計する Beam パイプライン

それぞれのトピックから 3 種類の統計量が計算された後に、`AirportStats` オブジェクトにグループ化され、その結果が BigQuery にストリームされるという流れが確認できます。

4.5.3 BigQuery でのストリーミングデータの分析

ジョブを開始してから 3 分ほどすると[35]、最初のデータが BigQuery に保存されます。BigQuery コンソールから、特定の空港の統計情報を参照してみます。

```
#standardsql
SELECT
  *
FROM
  `flights.streaming_delays`
WHERE
  airport = 'DEN'
ORDER BY
  timestamp DESC
```

35　60 分間のウィンドウを（同じ 60 分間の間に）2 回セットするという今回の設定では、最初の 90 分間が「フルウィンドウ」とみなされます。30 倍速でシミュレーションしているので、これは、実時間で 3 分となります。

これにより、図 4–9 のような結果が得られます。

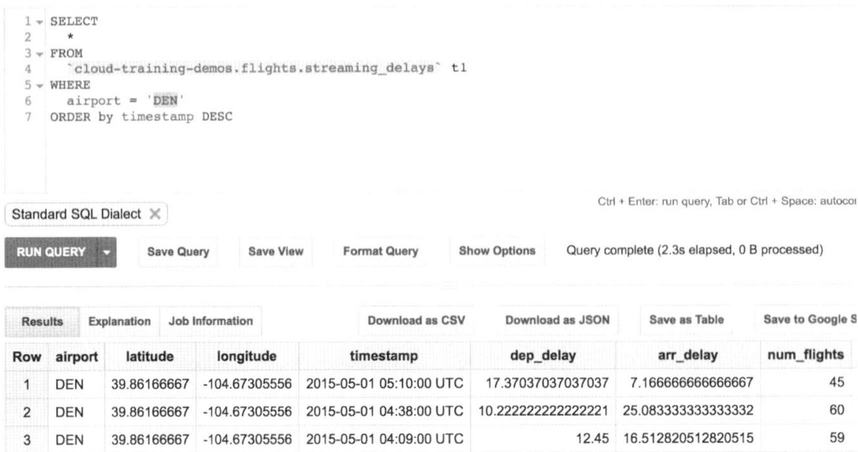

Row	airport	latitude	longitude	timestamp	dep_delay	arr_delay	num_flights
1	DEN	39.86166667	-104.67305556	2015-05-01 05:10:00 UTC	17.37037037037037	7.166666666666667	45
2	DEN	39.86166667	-104.67305556	2015-05-01 04:38:00 UTC	10.222222222222221	25.083333333333332	60
3	DEN	39.86166667	-104.67305556	2015-05-01 04:09:00 UTC	12.45	16.512820512820515	59

図4–9：デンバー空港の統計情報のクエリ結果

各行のタイムスタンプ（timestamp）を見ると、約 30 分の間隔でデータが挿入されていることがわかります。また、ここに表示された平均遅延時間は、過去 1 時間の平均値を示します。たとえば、最初の行を見ると、デンバー空港では、04:10 UTC から 05:10 UTC の間に 45 便存在し、平均出発遅延時間は 17 分だとわかります。

ストリーミングで新しいデータが追加されている途中でも、クエリを実行することができます。現時点での最新のデータを取得したい場合は、内部クエリでタイムスタンプの最大値を検索して、それを WHERE 句で使用します。次は、すべての空港について、過去 30 分以内に更新された情報を取得します。

```
#standardsql
SELECT
  airport,
  arr_delay,
  dep_delay,
  timestamp,
  latitude,
  longitude,
  num_flights
FROM
  `flights.streaming_delays`
WHERE
  ABS(TIMESTAMP_DIFF(timestamp,
      (
      SELECT
        MAX(timestamp) latest
```

```
    FROM
      `cloud-training-demos.flights.streaming_delays` ),
    MINUTE)) < 29
AND num_flights > 10
```

この結果は、図 4–10 のようになります。

Row	airport	arr_delay	dep_delay	timestamp	latitude	longitude	num_flights
1	CMH	9.0	null	2015-05-01 02:20:00 UTC	39.99694444	-82.89222222	6
2	STL	12.583333333333334	13.181818181818182	2015-05-01 02:36:00 UTC	38.74861111	-90.37	23
3	PDX	-12.222222222222221	-5.0	2015-05-01 02:37:00 UTC	45.58861111	-122.59694444	14
4	RIC	-5.5	null	2015-05-01 02:37:00 UTC	37.50527778	-77.31972222	4
5	HNL	-1.8571428571428572	7.428571428571429	2015-05-01 02:35:00 UTC	21.31777778	-157.92027778	14
6	LAX	-3.4473684210526314	12.241379310344827	2015-05-01 02:37:00 UTC	33.9425	-118.40805556	67
7	PHL	2.1875	68.0	2015-05-01 02:29:00 UTC	39.87222222	-75.24083333	17
8	ATL	16.95	4.260869565217392	2015-05-01 02:36:00 UTC	33.63666667	-84.42777778	109
9	KOA	0.0	57.666666666666664	2015-05-01 02:33:00 UTC	19.73888889	-156.04555556	4

Table JSON First < Prev Rows 1 - 9 of 66 Next > Last

図4–10：過去 30 分以内の統計情報のクエリ結果

これらのクエリは、ダッシュボードの構築に利用できます。たとえば、最初のクエリからは、特定の空港における遅延時間の時系列チャートが作成できます。2 番目のクエリでは、各空港の平均遅延時間のリアルタイムマップが作成できます。

4.5.4 リアルタイムダッシュボードの作成

リアルタイムイベントの統計情報を BigQuery に保存し、必要な情報をクエリで取り出すことができるようになりましたので、これで、リアルタイムダッシュボードを構築する準備が整いました。出発と到着、それぞれの最新の遅延時間を空港ごとに表示すれば、クロス集計表を用いた直感的なモデルがどのように機能するかをユーザーに説明することができます。

これらのグラフを作成するには、データポータルに BigQuery のデータソースを追加する必要があります。データポータルでは、ユーザーインターフェイスでクエリを指定することもできますが、BigQuery で事前にビューを作成しておき、それをデータソースとして指定することをお勧めします。こうすれば、同じビューを複数の箇所で簡単に再利用することができて、クエリに問題が発見された場合の修正も 1 か所で行うことができます。ビューを通してテーブルにアクセスすることで、Cloud IAM（Identity and Access Management）を用いたアクセス権限の設定にも対応することができます。

今回使用するビューは、次のクエリで作成します。

```
#standardSQL
SELECT
  airport,
  last[safe_OFFSET(0)].*,
  CONCAT(CAST(last[safe_OFFSET(0)].latitude AS STRING), ",", \
  CAST(last[safe_OFFSET(0)].longitude AS STRING)) AS location
FROM (
  SELECT
    airport,
    ARRAY_AGG(STRUCT(arr_delay,
        dep_delay,
        timestamp,
        latitude,
        longitude,
        num_flights)
    ORDER BY
      timestamp DESC
    LIMIT
      1) last
  FROM
    `flights.streaming_delays`
  GROUP BY
    airport )
```

これは、先に示した2番目のクエリ（最大タイムスタンプの内部クエリを用いたもの）とは少し異なります。今回のものは、各空港において、最後に更新された情報を取得するようになっており、なんらかの問題で直近のデータが存在しない空港や、過去1時間にフライトがなかった空港などにも対応することができます（ただし、実用性を考えると、古すぎる情報を表示しないための処理も必要かも知れません）。また、緯度と経度については、カンマ区切りの単一のテキストフィールドに変換しています。このフォーマットは、データポータルが地理情報として認識することができます。

最終結果は、図4-11のようになります。

Row	airport	arr_delay	dep_delay	timestamp	latitude	longitude	num_flights	location
1	TOL	10.0	null	2015-05-01 18:33:00 UTC	41.58694444	-83.80777778	1	41.58694444,41.58694444
2	LCH	-16.0	null	2015-05-01 18:26:00 UTC	30.12611111	-93.22333333	1	30.12611111,30.12611111
3	ELM	-4.0	null	2015-05-01 18:56:00 UTC	42.15972222	-76.89194444	1	42.15972222,42.15972222
4	DHN	1.0	null	2015-05-01 18:36:00 UTC	31.32111111	-85.44944444	1	31.32111111,31.32111111
5	JLN	-14.0	null	2015-05-01 18:27:00 UTC	37.15194444	-94.49833333	1	37.15194444,37.15194444

図4-11：データポータルから参照するビュー

BigQueryの［Save View］ボタン[36]で任意の名称のビューを作成したら、データポータルに

[36] 新しいUIでは「ビューを保存」になります。

データソースとして追加します。この手順は、第 3 章で Cloud SQL のデータソースを作成したときと同じですが、データソースの編集画面で、location 列のタイプを「緯度、経度」に変更しておく必要があります（図 4–12）。

図4–12：BigQuery のビューをデータソースに追加

このデータソースを用いると、データポータルの［グラフを追加 > 地図］から、地理マップを作成することができます。［エリアをズーム］から領域を［国 > アメリカ合衆国］に変更し、ディメンションに location、指標に dep_delay を指定し、［スタイル > 地図グラフ］から最大値と最小値の色を変更して、緑色から赤色のグラデーションとなるようにスタイルを変更します。dep_delay（出発遅延時間）、arr_delay（到着遅延時間）、そして num_flights（フライトの総数）についてこれを繰り返すと、図 4–13 のようなダッシュボードが表示されます。これでダッシュボードが完成しました。

本節では、まず、Cloud Dataflow でストリーミングデータを処理して、60 分間の移動平均を BigQuery に保存する仕組みを実装しました。その後、各空港の最新のデータを取得する BigQuery のビューを作成して、これをデータポータルのダッシュボードにマップとして表示しました。ダッシュボードをリフレッシュすると、ビューから新しいデータが取得されて、BigQuery の最新データが動的に反映されます。

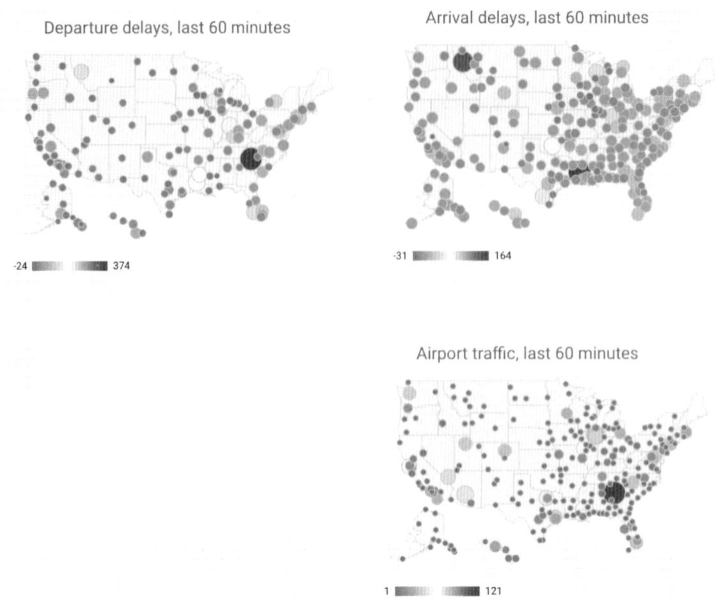

図4-13：フライトの統計情報を示す地理マップ

4.6　まとめ

本章では、リアルタイム分析のためのパイプラインを構築する方法を説明しました。最終的には、ストリーミング分析の仕組みとリアルタイムダッシュボードを接続することに成功しました。この際、有償のリアルタイムデータを使用する代わりに、リアルタイムフィードのシミュレーターを作成して、パイプラインにデータを流し込むという手法を用いましたが、これはテストツールとしても便利です。同じイベントを簡単に再現できるので、現実のイベントを待たずにテストを行うことができます。

また、シミュレーターを構築する過程では、元のデータセットのタイムスタンプがUTCに統一されていないという問題が発見されたので、これを修正した新しいデータセットを作成しました。この後の章では、UTCタイムスタンプとローカルオフセットを持った、この新しいデータセットを分析に使用していきます。

そして、GCPでストリーミングデータを処理するためのアーキテクチャについても説明しました。まず、イベントデータをCloud Pub/Subのトピックに発行することで、これを非同期で受信できるようにします。次に、Cloud DataflowでCloud Pub/Subからデータを受信して、必要な集計を行った後に、これを（必要な際は生データとあわせて）BigQueryにストリームします。ここでは、Google Cloud Platformクライアントライブラリを使用して、GCPの3つのサービス（Cloud Pub/Sub、Cloud Dataflow、BigQuery）を連携させました。この際、仮想マシンの構築作業が一切不要だった点に注意してください。これらは、オートスケール機能を持ったサーバーレスなプラットフォームであり、インフラストラクチャの管理を気にせずにコードの開発に集中することができるのです。

第5章

インタラクティブなデータ探索

どのような研究領域にも、新しい研究分野を生み出すほどの独創的な研究者がいるものです。古典物理学のニュートン、相対性理論のアインシュタイン、ゲーム理論のジョン・ナッシュなどがあげられますが、計算統計学（計算機を用いて統計処理を効率的に行う手法を研究する分野）には、ジョン・テューキー（John W. Tukey）という人物がいます。彼は、第二次世界大戦後すぐに、ベル研究所において、ジョン・フォン・ノイマンと共に初期のコンピュータの設計を行いました。「bit」という用語を作った人物としても有名です。その後、プリンストン大学で統計学部を設立して、ジェームズ・クーリーと共に高速フーリエ変換を開発しました。計算が困難な問題に対して、分割統治法を適用した最初期の研究の一例と言えるでしょう。

テューキーは、「ハードサイエンス[1]」の分野において、数多くの数学的・工学的な革新を成し遂げましたが、彼の偉業の中には、科学のよりソフトな側面に関するものもあります。統計学の世界では、「対応のある t 検定」といった仮説検定手法[2]に代表される、確証的データ分析（Confirmatory data analysis）が重視されてきましたが、これに不満をいだいたテューキーは、探索的データ分析（EDA：Exploratory data analysis）[3]という手法を考案し、多数の実用的な統計的近似手法を生み出しました。ボックスプロット、ジャックナイフ法、範囲検定、メジアン–メジアン回帰などは、彼のアイデアによるものです。このような実用的な手法に対して、汎用性の高いシンプルな概念モデルによって、厳格な数学的基礎付けを与えたのです。本章では、テューキーが考案した探索的データ分析のアプローチに従い、重要な変数とその根底にある構造を発見した後に、その本質を抽出した単純なモデルを用いて、不自然な値やデータのパターンを見つけ出す作業を行います。

1　物理学、化学、生物学、地学、天文学などの自然科学分野のこと。

2　統計的仮説検定の概要については、`https://en.wikipedia.org/wiki/Statistical_hypothesis_testing` を参照。

3　John Tukey, "Exploratory Data Analysis", Addison-Wesley, 1977

5.1　探索的データ分析

1977年にテューキーがEDAを導入して以来、さまざまなグラフを用いて生データを分析することが、一般的なデータ分析の出発点になりました。データセットに対する理解を深め、堅牢な統計モデルを構築することが目的であり、決まった手法や標準的なグラフがあるというわけではありません。具体的には、次のような作業を行います。

1　データが事前の想定（特定の値が常に存在するか、一定の範囲に収まっているかなど）を満たしていることを確認する。たとえば、第2章で見たように、特定の空港間の距離がフライトによって異なるかどうかを調べることで、固定的な距離を示すのか、フライトごとの飛行距離を示すのかが確認できる。

2　直感と論理的判断の双方を用いて重要な変数を特定し、その事実をデータから確認する。たとえば、出発遅延時間と到着遅延時間の関係をグラフ化することで、これらの関係に対する直感的な想定を検証できる。

3　重要な変数同士の関係、あるいは、データセットの中で特定の分布にあてはまる部分など、基本的なデータ構造を発見する。たとえば、季節によって遅延の分布に相違があるかも知れない。

4　データの本質を説明するための単純なモデルを作成する。これにより、データの妥当な値に対する仮説を設定することができる。たとえば、出発遅延時間と到着遅延時間に単純な関係があると仮定したモデルを作成して、モデルの予測から大きく外れる値がないかを確認する。

5　外れ値や異常値など、このモデルで説明できないデータについて、その理由を調査する。たとえば、出発遅延時間と到着遅延時間の典型的な関係にあてはまらないデータを調べることで、ルート変更されたフライトの存在がわかるかも知れない。

探索的データ分析を行うには、対話的な分析ができる形でデータを格納する必要があります。本章では、Google BigQueryにデータを保存して、Cloud Datalabでデータ分析を行います。データセットから得た知見を元にして、データの品質管理を行った上で、確率に基づいた新しいモデルを作成します。これらの作業を通して、セキュリティやコストなどの考慮点についても説明を行います。

第3章でも簡単なデータ分析に基づいてダッシュボードを作成しましたが、本章では、目的、および、対象とするユーザーが異なります。ダッシュボードを作成する目的は、ユーザー視点での知見を集めることであり、そのためには、モデルがどのように機能するかをエンドユーザーに説明する必要があります。そこでは、開発の初期段階でダッシュボードを作成することを推奨しましたが、これは、アジャイル開発[4]的な意味において、（統計学的な厳密性にはこだわらず）できるだけ早い段階でユーザーからのフィードバックを集めるためです。一方、本章におけるEDAは、データエンジニアであるあなた自身がデータに対する知見を深め、より洗練されたモデルを構築することが目的です。したがって、その対象は、エンドユーザーではなく、あなたのチームメンバーになります。データに不自然な点が見つかった場合は、データセットの作成チームに向けたレポートを作成することもあります。たとえば、フライトデータの時刻情報が現地時刻のみで、UTCに変換するオフセット情報がないとわかった場合、その事実は、交通統計局にフィードバックすることもできるでしょう[5]。いずれにしても、EDAで作成するグラフは、統計学の知識がある人々に向けたものになります。エンドユーザー向けのダッシュボードにバイオリンプロット[6]を表示することはないでしょうが、データサイエンティストを対象としたEDAのレポートに用いることを躊躇する必要はありません。

大規模データセットの探索的データ分析には、いくつかの課題があります。たとえば、特定の値が常に存在するか確認するには、表形式のデータセットについて、すべての行をチェックする必要があります。何百万行ものデータセットでは、このような処理には、数時間かかることもあるので、大規模なデータセットを対話的に素早く検索する機能が必要不可欠となります。GCPでは、ここに、BigQueryが活用できます。BigQueryでは、インデックスを持たないペタバイト規模のデータセットに対しても数秒で検索することができます。本章では、フライトデータをBigQueryに格納して利用していきます。

外れ値の検出とデータ構造の特定には、通常、1変数のグラフ、および、2変数の関係を表すグラフを利用します。グラフを描くには、Matplotlib[7]やseaborn[8]などのPythonライブラリを用いますが、ノートPCで実行した場合、クラウド上のデータをローカルに取得するオーバーヘッドが大きすぎて実用にならないことがあります。巨大なデータセットを対話的に分析する際は、データに近い場所で処理を行う必要があるのです。そこで、ノートPCの代わりに、クラウド上のマシンを用いてグラフを描画するという方法がありますが、実際には、それほど簡単ではありません。たとえば、Compute Engineのインスタンスは、キーボード、マウス、

---

4 James Shore, Shane Warden, "The Art of Agile Development", O'Reilly Media, 2007
『アート・オブ・アジャイルデベロップメント：組織を成功に導くエクストリームプログラミング』笹井崇司訳、オライリー・ジャパン、2009年

5 BTSにメールで確認したところ、フライトデータの時刻情報はたしかに現地時刻であるということでした。政府機関の無償公開データについての過度な改善要求は控えることにしましたが、契約に基づいたベンダーからのデータ提供であれば、EDAの結果に基づいて、データの改善を求めるのは一般的によくあることです。

6 バイオリンプロットは、確率密度関数を可視化する方法です。`https://seaborn.pydata.org/generated/seaborn.violinplot.html` が参考になります。

7 `https://matplotlib.org/`

8 `https://seaborn.pydata.org/`

モニターなどの入出力機器を持ちませんし、通常はグラフィックスカードもありません[9]。ネットワーク経由でのリモートアクセスしかできないのです。しかしながら、現在では、Jupyter[10]（以前の IPython）のようなノートブックサーバーを用いた仕組みがあるので、グラフの作成にデスクトップ環境を用いた作業は不要になりました。ブラウザ上でグラフの描画を行い、実行可能なレポートを作成するというのが、データサイエンティストの標準的な作業方法になりました。GCP では、Cloud Datalab[11]を用いて、Compute Engine のインスタンス上で Jupyter ノートブックを実行し、他の GCP サービスと連携することができます。

5.2 フライトデータを BigQuery に読み込む

探索的データ分析においては、インデックスの作成や特別なチューニングを行うことなく、任意の SQL によるクエリを自由に行えるのが理想です。これには、BigQuery が最適です。また、Python よりも R の方がよいという場合は、`dplyr` パッケージ[12]を使うと R でデータを操作することもできます。これは、R のコードを最適化された SQL に変換して、BigQuery で実行する機能を提供しています。

5.2.1 サーバーレス列指向データベースの利点

商用であろうと、オープンソースであろうと、ほとんどのリレーショナルデータベースは、行指向型、すなわち、行単位でデータが格納されるという特徴があります。これには、行単位でのデータの追加が簡単で、行レベルロックなどの機能が比較的容易に実装できるという優位性があります。その一方で、テーブルスキャン（すべての行を読み込む集計操作）を含むクエリの負荷が高くなるという欠点があり、通常は、インデックスを作成することで、これに対応します。インデックスというのは、特定の列の値を高速に検索するための索引のようなもので、インデックスを持った列に対する `SELECT` 文は、不要なデータをメモリに読み込むことがありません。インデックスがうまく活用できる場合は、従来型のリレーショナルデータベース管理システム（RDBMS）はうまく機能します。たとえば、特定のアプリケーションからのクエリを前提としたシステムであれば、実行すべきクエリは事前に特定できるので、適切なインデックスを作成して対応することができます。しかしながら、BI（Business Intelligence）システムのように、人間のユーザーが自由にクエリを作成するケースには対応が難しく、BigQuery のような、異なるアーキテクチャが必要となります。

---

[9] GPU（Graphics Processing Unit）インスタンスもありますが（`https://cloud.google.com/gpu/`）、本章で扱うグラフの描画には、GPU は不要です。

[10] `https://jupyter.org/`

[11] `https://cloud.google.com/datalab/`

[12] 本書では Python を中心に取り扱いますが、R のエコシステムも存在します。`https://cran.rstudio.com/web/packages/dplyr/vignettes/introduction.html` を参照。

BigQuery は列指向データベースです。データは列ごとに格納され、各列のデータは、高速な検索が可能な形で圧縮処理が行われます[13]。この高い圧縮率を持つ格納方式により、大部分の一般的なクエリにおいて、対象となるデータサイズに対して線形の処理時間を実現します[14]。データウェアハウスや BI などのアプリケーションでは、大部分の操作は、テーブル全体にまたがる読み取りを行う SELECT クエリであり、列指向データベースが適しています。たとえば、BigQuery では、数秒でテラバイトのデータをスキャンできます。その一方で、INSERT、UPDATE、DELETE 文は、SELECT 文よりも大幅に処理コストがかかります[15]。つまり、BigQuery は、分析のユースケースに最適化されたデータベースなのです。

BigQuery は、サーバーレスなサービスです。プロジェクト内で BigQuery 用のサーバーを起動する必要はなく、SQL のクエリを送信するだけで、自動的にクラウド上のリソースを用いた処理が行われます。BigQuery に送信したクエリは、スロットと呼ばれる多数の計算ノードで並列に実行されますが、これらのスロットを事前に割り当てる必要はありません。実行ごとにオンデマンドでリソースが割り当てられ、ジョブのサイズにあわせてオートスケールします。計算ノード上にデータがシャーディングされているわけではないので[16]、データセンター全体の計算能力を活用することができます。計算リソースは、クエリの実行ごとに割り当てられるので、静的なクラスタよりも強力で低コストです。静的なクラスタは、通常、平均的なユースケースにあわせて構成されますが、BigQuery の場合は、平均以上のリソースを必要とするジョブにも対応できるとともに、平均以下のサイズのジョブには、より少ないリソースで対応するといったことが可能になります。

また、BigQuery では、クエリを実行していない間は、計算リソースを予約する必要がありません。この場合もストレージに対する費用は発生しますが、非常に安価です。クエリを実行する際は、データはすでに用意されており、プロジェクト専用の計算リソースを立ち上げる必要はありません。このオンデマンド、かつ、オートスケールな計算リソースには想像以上の利便性があります。

月ごとに変動する従量課金に不安がある場合は、課金の上限を設定して、それを超えるクエリを停止することができます。あるいは、定額制の料金体系も選択可能で、この場合は、一定数のスロットが定額で利用できるようになります[17]。つまり、BigQuery には 2 つの価格モデルがあります。1 つ目はオンデマンドの価格モデルで、処理されるデータ量に応じて価格が決

---

13 https://cloud.google.com/blog/big-data/2016/04/inside-capacitor-bigquerys-next-generation-columnar-storage-format

14 https://research.google.com/pubs/pub43119.html

15 https://cloud.google.com/bigquery/docs/reference/standard-sql/data-manipulation-language

16 データのシャーディングについては、第 2 章を参照。

17 https://cloud.google.com/bigquery/pricing#flat_rate_pricing を参照。本書執筆時点では、定額制の価格設定モデルに切り替えるには、Google Cloud Platform のアカウント担当者に連絡する必要があります。

まります。２つ目は実行するクエリの数に制限はなく、月額の固定料金を支払う定額モデルです[18]。いずれの場合も、ストレージは別料金で、データサイズに依存したコストが発生します。一般には、デフォルトのオンデマンドな価格モデルが適したケースが多いようです。

以上をまとめると、BigQuery は、データ全体を処理する読み取り型のクエリに最適化された列指向型データベースです。クラスタを事前に割り当てることなく、数千ものノードにオートスケール可能な、安価で強力なサーバーレスのサービスです。

5.2.2　Cloud Storage へのステージング

第３章では、BTS のフライトデータの時刻情報を UTC に修正して、空港の位置情報を追加した CSV ファイルを作成しました。これらは、Cloud Storage に保存されていますが、ここでは、これを BTS から直接取得したファイルだと仮定することにします。そして、この Cloud Storage 上の CSV ファイルを BigQuery のテーブルに取り込みます。

Google Cloud SDK に付属の `bq` コマンドを使用して、オンプレミスのハードウェアから、直接 BigQuery にデータを取り込むこともできますが、これは、比較的小さなデータセットに適した方法です。GCP の外部から BigQuery にデータを取り込む際は、はじめに Cloud Storage にファイルをアップロードして（第２章、第３章を参照）、Cloud Storage を BigQuery のステージング環境として使用することをお勧めします。特に、大きなサイズのファイルを Cloud Storage にアップロードする場合は、マルチスレッドで動作して、レジューム機能を持つ `gsutil` コマンドが便利です（図 5-1）。

図5-1：クラウドストレージをステージング環境として利用

ちなみに、第４章では、Cloud Dataflow のパイプラインを用いて、時刻情報の修正を行うと同時に、イベントデータを作成して、BigQuery に書き出しました。同様にして、Cloud Dataflow のパイプラインから、修正済みのフライトデータを BigQuery に書き出すこともできましたが[19]、Cloud Storage をステージング環境として利用する方法をここで紹介するために、あえて、フライトデータを CSV ファイルとして出力するようにパイプラインを構成しました。

それでは、Cloud Storage と BigQuery は、どのように使い分けるべきでしょうか。これは、データに対して実施する処理の内容や分析の種類によって決まります。フラットファイルを前提としたアプリケーションやデータセット全体を読み取る処理の場合は、Cloud Storage を使

---

[18] `https://cloud.google.com/bigquery/pricing` を参照。

[19] Dataflow のパイプラインから BigQuery に書き込む方法については、第８章を参照。

用します。一方、SQL を用いた対話的なクエリが必要であれば、BigQuery を使用します。クラウドに移行する前のデータであれば、フラットファイルは Cloud Storage、データベース内のデータは BigQuery ということになります。

5.2.3 アクセス制御

BigQuery にデータを取り込む最初のステップは、「データセット」の作成です。これは、BigQuery に固有の概念で、BigQuery のすべてのテーブルはデータセット内に配置されます。ここでは、第 4 章で作成した `flights` データセットがあるので、これを使用することにします。BigQuery におけるデータセットは、アクセス制御のためにテーブルをグループ化するもので、実際のデータは個々のテーブルに保存されます。参照、または、編集の権限は、テーブル単位ではなくて、プロジェクト、または、データセットの単位で付与することになります。したがって、`flights` データセットの再利用にあたっては、これから保存するフライトデータが、すでに存在する `simevents` テーブルと同じアクセス権を必要とするかを考えておく必要があります。`simevents` テーブルは、シミュレーションに用いるイベントデータを格納したものですので、フライトデータそのものとは利用者が異なる可能性もありますが、この点については、ここでは目をつぶることにします。

Google Cloud Platform の Cloud Identity and Access Management（IAM）では、「誰が、どのリソースに対して、何ができるか」を定義して制御することができます（図 5-2）。

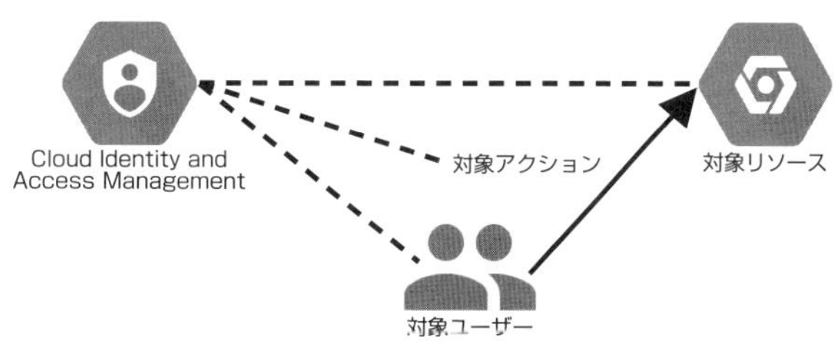

図5-2：Cloud IAM によるアクセス制御

「誰」については、Google アカウント（G Suite を利用している場合は所属企業のメールアドレス、個人利用の場合は gmail.com アドレスにひも付けられた、個々のユーザー）、もしくは、Google グループ、G Suite ドメインで指定します。Google グループと G Suite ドメインを利用すると、多数のユーザーを集約して共通のアクセス権を設定することができます。

さらに、アプリケーションの処理の塊ごとに、サービスアカウントと呼ばれる個別のメールアドレスを割り当てることができます。これにより、アプリケーションを実行した人のアクセス権に依存せず、アプリケーションコードのそれぞれの部分について、異なるアクセス権を与えることができます。たとえば、Compute Engine の新しいインスタンスをアプリケーションから起動する場合に、そのアプリケーションを実行するユーザー個人にインスタンスを起動する権限を与える必要はありません。

ただし、監査記録が必要な場合は、サービスアカウントを慎重に利用する必要があります。この場合は、Google グループ（もしくは、G Suite ドメイン）を用いてアクセス権を設定した方が、より多くの監査証跡を残すことができます。Google グループは（個人ユーザーと違い）ログイン資格情報を持たないので、グループ単位でアクセス権を設定した場合でも、個々の操作を行ったユーザーのログイン情報が記録されます。一方、サービスアカウントは、それ自体がログイン資格情報を持つため、サービスアカウントを用いた場合は、実際にアプリケーションを実行したユーザーの情報は記録されなくなります。したがって、アプリケーションそのものに、適切なユーザー情報を記録する仕組みが必要となります。この点は、サービスアカウントを利用する際は注意が必要です[20]。基本的には、監査機能を必要とするリソースは、サービスアカウントからのアクセスを避けるようにしてください。サービスアカウントを利用する際は、アプリケーションの方で、それぞれの操作を要求したユーザーの情報が記録できるようになっていることを確認してください。サービスアカウントを Google グループや G Suite ドメインに含めてアクセス権を与えた場合も、同じ問題が発生します。これらのグループに含めるユーザーは、個人ユーザー、もしくは、監査情報を提供可能なアプリケーションのサービスアカウントに限定する必要があります。

サービスアカウントを特定のユーザーにひも付けるために、単一のユーザーのみが所属するプロジェクトを作成するという方法もありますが、共有リソースの割り当てや離職者に伴う管理上の手間がかかる可能性があります。この場合は、共通の課金アカウントを用いて、個々のユーザーに個別のプロジェクトを用意する形になるでしょう。`gcloud` コマンドを使って、（所有者ではなく）編集者としてユーザーをアサインしたプロジェクトを一括作成することもできます[21]。

アクセス権の設定対象として、これまでに説明した、特定ユーザー、ユーザーグループ（Google グループと G Suite ドメイン）、サービスアカウントに加えて、ワイルドカードとして利用できるオプションが2つあります。1つは、`allAuthenticatedUsers` にアクセス権を与えるという方法で、この場合は、Google アカウントまたはサービスアカウントで認証されたすべてのユーザーにアクセス権が与えられます。サービスアカウントによるアクセスが可能になるので、明確な監査証跡が必要とされるリソースには使用すべきではありません。もう1つは、イ

---

20 プロジェクトに所属するユーザーは時間の経過とともに変化するため、ある操作の実行者としてサービスアカウントが記録された場合、実際にそれを要求した個人ユーザーを特定することは困難になります。プロジェクトに所属するユーザーを厳格に管理していない限り、現時点でプロジェクトに所属するユーザーの誰かだという保証もありません。

21 シングルユーザープロジェクトを作成する gcloud スクリプトについては、`https://medium.com/google-cloud/how-to-automate-project-creation-using-gcloud-4e71d9a70047#.t58mss3co` を参照。この場合、ユーザーはプロジェクトの編集者になりますが、プロジェクトの所有権は管理者権限を持つユーザーになります。

ンターネット上の誰もがアクセス権を持つ、`allUsers` にアクセス権を設定する方法です。たとえば、Cloud Storage に保存した HTML ファイルに `allUsers` の読み取りを許可すると、高い可用性を持つ、静的な Web ページを提供することができます。ただし、無差別に設定することのないように注意してください。Google Cloud Platform から外部に向けた通信は無料ではないため、クラウド上にホストしたデータセットのダウンロードに伴うコストが発生します。

「何ができるか」は、制御対象のリソースに依存します。まず、リソースは、図 5-3 のポリシー階層を持ちます。

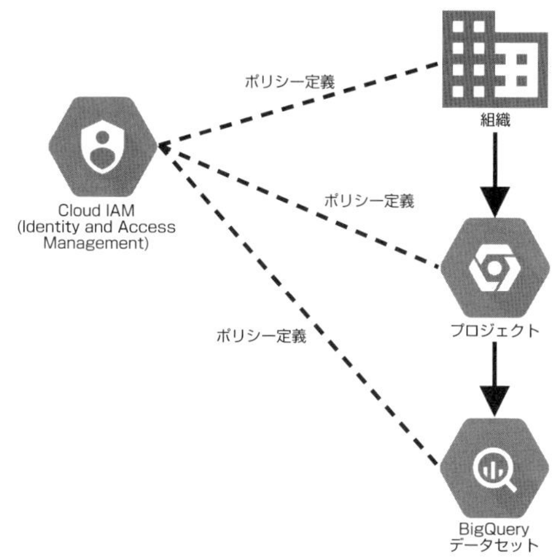

図5-3：Cloud IAM で制御するリソースのポリシー階層

具体的には、組織レベル（組織内のすべてのプロジェクト）、プロジェクトレベル（プロジェクト内のすべてのリソース）、リソースレベル（Compute Engine インスタンスや BigQuery データセットなど）でアクセスポリシーを設定することができ、上位のレベルで指定されたポリシーは、下位のレベルに継承されます。最終的に、それぞれの階層で許可されたすべてのアクセスの和集合がリソースに適用されます。つまり、プロジェクトレベルから継承されたアクセス権を持つユーザーに、データセットへのアクセスを制限する方法はありません。ある組織から別の組織にプロジェクトを移動した場合は、そのプロジェクトの Cloud IAM ポリシーが自動的に更新され、そのプロジェクト内のすべてのリソースに影響を与えます。

前述のように、設定可能なアクションのタイプは、対象のリソースに依存します。Cloud IAM が導入される以前は、所有者、編集者、閲覧者の 3 つのロールしかありませんでした。Cloud IAM によって、より細かな設定が可能になりましたが、最初の 3 つのロールは基本的なロールとして残っています。BigQuery のデータセットの場合、設定可能なロールは表 5-1 のようになります。それぞれのロールは、継承元のロールによって許可されたアクションに加えて、「権限」に示したアクションを実行することができます。

表5-1：BigQueryのデータセットに設定可能なロール

ロール	権限	継承元
Project Viewer	クエリの実行 データセットの一覧表示	
Project Editor	データセットの作成	Project Viewer
Project Owner	データセットの削除 プロジェクト内で他のユーザーが実行しているジョブの表示	Project Editor
bigquery.user	クエリの実行 データセットの一覧表示	
bigquery.dataViewer	データセット内のテーブルの読み込み、クエリ、コピー、エクスポート	
bigquery.dataEditor	データセット内のテーブルへのデータ追加	Project Editor bigquery.dataViewer
bigquery.dataOwner	データの更新 データセット内のテーブルの削除	Project Owner bigquery.dataEditor
bigquery.admin	すべて	

既存の`simevents`テーブルと、これから作成する`flights`テーブルは、いずれも個人を特定する情報や機密情報を含むものではなく、特にアクセスを制限する必要はありません。そこで、ここでは、第4章で作成した`flights`データセットを再利用して、組織内のすべてのユーザーに`bigquery.user`ロールを与えます。これにより、組織内のユーザーは、このデータセットに対するクエリが実行できるようになります。

ブラウザから`https://bigquery.cloud.google.com/`にアクセスした後に、`flights`データセットのオプションメニューを開き、Share datasetメニューからデータセットの共有を設定します（図5-4）。この例では、ドメインオプションを選択して`google.com`を入力することで、このドメインに属するすべてのユーザー（この場合はGoogle社員）がアクセスできるようにしました。

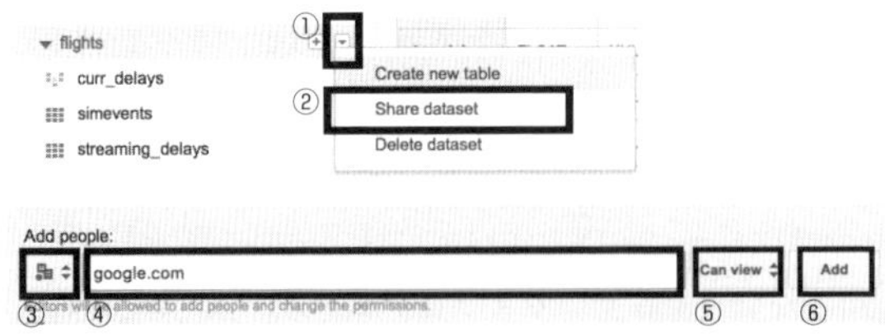

図5-4：flightsデータセットの共有設定

場合によっては、個人を特定する情報や機密情報を含む列がテーブルに含まれており、アクセスを制限する必要があるかもしれません。BigQueryのテーブルに対して、特定部分（特定の列や行）のみにアクセスを制限する際は、ビューを使用します[22]。ソースとなるテーブルは、特定の管理ユーザーのみがアクセスできるデータセットに配置し、公開したい列と行のみを取得するクエリでビューを作成して、より広範囲のユーザーがアクセスできる別のデータセットに保存します。このビューのみをユーザーに公開すれば、個人情報や機密情報が表示されることはなく、不注意による情報漏洩の可能性が低減できます。

データウェアハウスの利点の 1 つは、組織の境界を越えてデータセットを共有できることです。特別な理由がなければ、データはなるべく広く公開するのがよいでしょう。BigQuery の場合、クエリを実行した際のコストは、クエリを送信した側のプロジェクトに課金されます。データ所持部門に追加費用が発生する心配はありません。

5.2.4 フェデレーション

BigQuery のテーブルにデータを取り込まずにクエリを実行する機能として、フェデレーション機能[23]があります。これを用いると、Google スプレッドシート、あるいは、Cloud Storage 上のファイルをデータソースとして利用できます。今回の例であれば、Cloud Storage 上の CSV ファイルに対して、テーブルのスキーマを定義して、クエリを実行することができます。フラットファイルに対するデータ処理が分析の中心で、SQL によるクエリの頻度が高くなければ、このような利用方法もあります。ここでは、例として、Cloud Storage 上の（時刻情報を修正した）フライトデータを利用する手順を説明します。

はじめに、Cloud Storage からデータファイルのスキーマを取得します。ソースファイルにヘッダーが含まれていれば、BigQuery はスキーマを自動的に検出することもできますが、今回のファイルにはヘッダーがありませんので、`simevents` テーブルのスキーマを流用することにします。`simevents` テーブルのスキーマを取得するには、Google Cloud SDK に付属の `bq` コマンドを使用します。

```
bq show --format=prettyjson flights.simevents
```

この出力結果を `simevents.json` ファイルに保存するため、次のように指定します。

```
bq show --format=prettyjson flights.simevents > simevents.json
```

`simevents` テーブルには、フライトデータには存在しない列（イベントの通知情報）があるので、これを削除します。`simevents.json` をテキストエディタで開き、フィールドの配列以外のすべてのデータを削除し、さらに、残した配列内の最後の 3 つのフィールド（`EVENT`、

22 あるいは、匿名化された列の値を持つテーブルのコピーまたはビューを作成します。
23 `https://cloud.google.com/bigquery/external-data-sources`

NOTIFY_TIME、EVENT_DATA）を削除します（図5–5）。

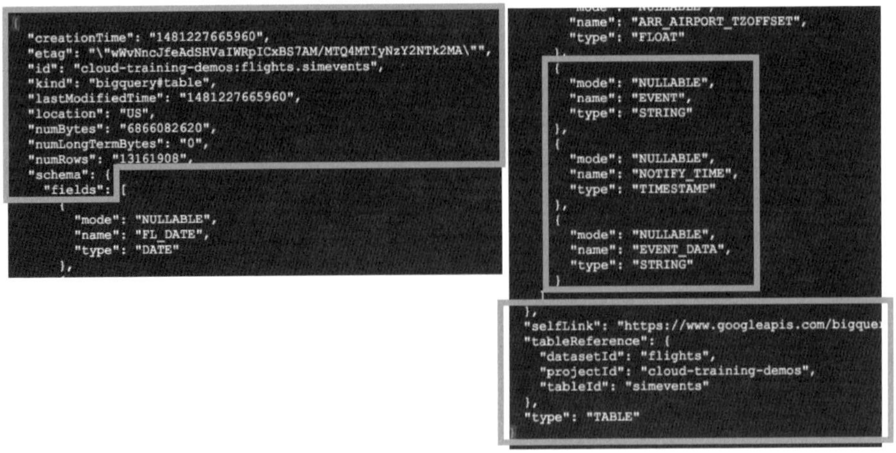

```
{
  "creationTime": "1481227665960",
  "etag": "\"wWvNncJfeAdSHVaIWRpICxBS7AM/MTQ4MTIyNzY2NTk2MA\"",
  "id": "cloud-training-demos:flights.simevents",
  "kind": "bigquery#table",
  "lastModifiedTime": "1481227665960",
  "location": "US",
  "numBytes": "6866082620",
  "numLongTermBytes": "0",
  "numRows": "13161908",
  "schema": {
    "fields": [
      {
        "mode": "NULLABLE",
        "name": "FL_DATE",
        "type": "DATE"
      },
```

```
        "name": "ARR_AIRPORT_TZOFFSET",
        "type": "FLOAT"
      },
      {
        "mode": "NULLABLE",
        "name": "EVENT",
        "type": "STRING"
      },
      {
        "mode": "NULLABLE",
        "name": "NOTIFY_TIME",
        "type": "TIMESTAMP"
      },
      {
        "mode": "NULLABLE",
        "name": "EVENT_DATA",
        "type": "STRING"
      }
    ]
  },
  "selfLink": "https://www.googleapis.com/bigque
  "tableReference": {
    "datasetId": "flights",
    "projectId": "cloud-training-demos",
    "tableId": "simevents"
  },
  "type": "TABLE"
```


図5–5：スキーマファイルの修正

これで、CSVファイルの内容に対応したスキーマが抽出できました。この結果は、GitHubリポジトリの05_bqdatalab/tzcorr.jsonにあり、次のような内容になります。

```
[
    {
      "mode": "NULLABLE",
      "name": "FL_DATE",
      "type": "DATE"
    },
    {
      "mode": "NULLABLE",
      "name": "UNIQUE_CARRIER",
      "type": "STRING"
    },
  ...
   {
      "mode": "NULLABLE",
      "name": "ARR_AIRPORT_LON",
      "type": "FLOAT"
    },
    {
      "mode": "NULLABLE",
      "name": "ARR_AIRPORT_TZOFFSET",
      "type": "FLOAT"
    }
]
```

このスキーマファイルを用いて、フェデレーションテーブルを定義することができます。ここでは、取り急ぎ、第 3 章の Cloud Dataflow ジョブで作成した 36 個のファイルから、1 つだけを使用してみます。

```
bq mk --external_table_definition=./tzcorr.json@CSV=gs://<BUCKET>/flights/tzcorr/
all_flights-00030-of-00036 flights.fedtzcorr
```

この後、BigQuery のコンソールを開くと、フライトデータセットに新しいテーブルが表示されます（必要に応じてページを再読み込みしてください）。これは、Cloud Storage 上の CSV ファイルに対応するフェデレーションデータソースですが、通常のテーブルと同様にクエリを実行することができます。

```
#standardsql
SELECT
  ORIGIN,
  AVG(DEP_DELAY) as arr_delay,
  AVG(ARR_DELAY) as dep_delay
FROM
  flights.fedtzcorr
GROUP BY
  ORIGIN
```

このように、外部データソースを簡単に利用することができますが、パフォーマンス上の制限があるため、フェデレーション機能の利用には注意が必要です。これは、BigQuery の通常のテーブルとして用意された大きなデータセットと結合する必要があり、頻繁に変更される比較的小さなデータセットに適しています。列指向データベースは、行単位のアクセスが必要なストレージと比べて、最適化とパフォーマンスの観点で大きな利点があります[24]。ここでは、BigQuery のカラムストレージの性能を活かすため、フライトデータを BigQuery の通常のテーブルに読み込んで利用します。BigQuery のストレージコストは、テーブル上のデータが変更されなければ（検索クエリは影響しません）Cloud Storage とほぼ同じで、90 日後には、長期割引が適用されます[25]。ストレージコストが気になる場合は、BigQuery にデータを取り込んだ後に、Cloud Storage 上のファイルを削除しても構いません。

---

[24] http://db.csail.mit.edu/projects/cstore/abadi-sigmod08.pdf

[25] https://cloud.google.com/bigquery/pricing#long-term-storage

5.2.5 CSVファイルの取り込み

時刻情報を修正したフライトデータのCSVファイルは、先に用意したスキーマファイルを用いて、BigQueryのテーブルに読み込むことができます。

```
bq load flights.tzcorr \
  "gs://cloud-training-demos-ml/flights/tzcorr/all_flights-*" \
  tzcorr.json
```

テーブルを日付でパーティションに分割することも可能で、直近のデータのみが検索対象になる場合は、処理対象のパーティションが限定されるので、クエリの実行が効率的になります。この場合は、最初にテーブルを作成し、日付で分割するように指定します。

```
bq mk --time_partitioning_type=DAY flights.tzcorr
```

パーティションテーブルにデータをロードする際は、各パーティションを別々にロードする必要があります（パーティション名は `flights.tzcorr$20150101` などになります）。今回作成した `tzcorr` テーブルは、すべてのデータが処理対象となる履歴データなので、テーブルの分割は行いません。

数分待つと、2,100万件のフライト情報がすべてBigQueryに取り込まれ、データを参照できるようになります。

```
SELECT
  *
FROM (
  SELECT
    ORIGIN,
    AVG(DEP_DELAY) AS dep_delay,
    AVG(ARR_DELAY) AS arr_delay,
    COUNT(ARR_DELAY) AS num_flights
  FROM
    flights.tzcorr
  GROUP BY
    ORIGIN )
WHERE
  num_flights > 3650
ORDER BY
  dep_delay DESC
```

上記のサブクエリは、フェデレーションデータを検索したときと同様に、各空港における発着遅延時間の平均値を計算しています。外部クエリでは、最低でも3,650便（1日約10便）のフライトがある空港を抽出して、出発遅延時間の順にソートしています（表5–2）。

表5-2：出発遅延時間の平均値が大きい空港

	ORIGIN	dep_delay	arr_delay	num_flights
1	ASE	16.25387373976589	13.893158898882524	14676
2	COU	13.930899908172636	11.105263157894736	4332
3	EGE	13.907984664110685	9.893413775766714	5967
4	ORD	13.530937837607377	7.78001398044807	1062913
5	TTN	13.481618343755922	9.936269380766669	10513
6	ACV	13.304634477409348	9.662264517382017	5149
7	EWR	13.094048007985045	3.5265404459042795	387258
8	LGA	12.988450786520469	4.865982237475594	371794
9	CHO	12.760937499999999	8.828187431892479	8259
10	PBI	12.405778700289266	7.6394356519040665	90228

この結果は、少しばかり予想外でした。クエリを実行する前は、ニューヨークエリアの空港（JFK、EWR、LGA）のように、離着陸の多い巨大な空港ばかりがリストの上位に並ぶものと予想していました。実際には、EWR と LGA、そして、シカゴの空港（ORD）がトップ 5 に入っている一方、ASE（コロラド州のスキーリゾートエリアにあるアスペン）、COU（ミズーリ州の地域空港）、EGE（コロラド州のまた別のスキー場にあるベイル）といった、小さな空港が含まれています。しかしながら、アスペンとベイルが上位にあるのは、合理的な結果かも知れません。スキーリゾートは冬期のみ利用されるもので、スキー客の大量の荷物の処理や天候の影響による遅延が予想されます。

ただし、すべてのフライトに対する平均遅延時間で、空港の特徴を見極めるというのは、問題があります。ほとんどのフライトが定刻通りであっても、偶発的な数時間にわたる遅延フライトが、平均値を大きく変化させる可能性があるからです。これを見極めるには、出発と到着における遅延時間の分布を確認する必要があります。BigQuery 単体では、分布のグラフを描画することができないので、この後、Cloud Datalab を用いて、BigQuery に保存されたデータを対話的に分析していきます。

クエリの Explanation の読解

`Cloud Datalab` での分析をはじめる前に、BigQuery のクエリ性能に問題がないことを確認しておきます。BigQuery のコンソールには、「Results」の横に「Details」[26]というタブがあり、「Execution Plan」の項目で図 5-6 のような表示が得られます。

[26] 新しい UI の場合は、「実行の詳細」になります。

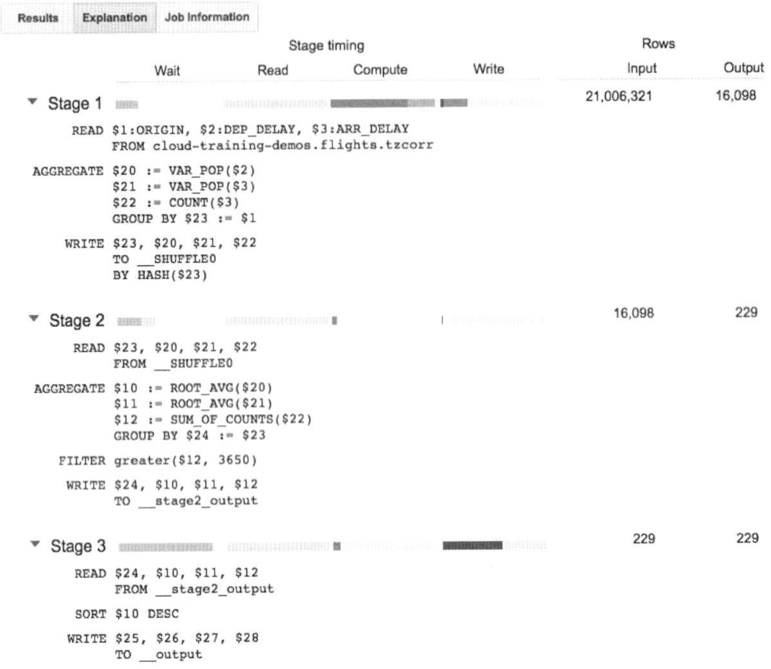

図5-6：Execution Planの確認

BigQueryがクエリを実行する際は、一連のステージに処理を分割します。上記の出力例は、次の3つのステージでクエリが実行されていることを示します。

1　最初のステージでは、各フライトの出発地の空港、出発遅延時間、到着遅延時間を取得して、それらを出発空港ごとにグループ化し、__SHUFFLE0という名前の中間データ（シャッフルデータ）に書き出す。

2　次のステージでは、シャッフルデータから空港ごとの情報を読み出して、平均遅延時間とデータ件数を求めた後に、データ件数が3,650以上の空港のみをフィルタリングする。ここで、少しだけクエリの最適化が行われる。元のSQLでは、WHERE句は外部クエリに記載されていたが、この段階で書き出されるデータ（__stage2_output）を削減するために、フィルタ処理がここに移動されている。

3　最後のステージでは、出発遅延時間で行をソートして、最終結果を出力する。

上記の第2ステージにおける最適化を参考にして、元のSQLを改善することもできます。今回のケースでは、次のようにHAVING節を使用します。

```
#standardsql
SELECT
  ORIGIN,
  AVG(DEP_DELAY) AS dep_delay,
  AVG(ARR_DELAY) AS arr_delay,
  COUNT(ARR_DELAY) AS num_flights
FROM
  flights.tzcorr
GROUP BY
  ORIGIN
HAVING
  num_flights > 3650
ORDER BY
  dep_delay DESC
```

この後、本章では、これと同じ形式のクエリを使用します。HAVING 節を用いて、サブクエリの使用を避けることで、クエリのオプティマイザに頼らずに、__stage2_output に出力されるデータ量を最小限に抑えることができます。

それぞれのステージは、その内部で、待機（Wait）、読み取り（Read）、計算（Compute）、書き込み（Write）の 4 つのステップに分かれています。それぞれのステップに要した時間は、色分けされたバーで表示されており、3 つの意味を持ったパートに分かれています（図 5–7）。

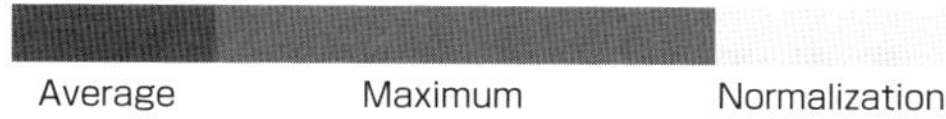

図5–7：色分けされた 3 つのパート

まず、それぞれのステージの中で、最も時間がかかったステップ（待機、読み取り、計算、書き込みのいずれか 1 つ）は、上記の「Normalization」の色で表示されます。他のステップのバーの長さは、これを基準として調整されます。図 5–6 の例では、たとえば、ステージ 1 では、読み取り（Read）にもっと時間がかかっており、「Normalization」の色で表示されています。その他のステップには、それぞれに 2 色のバーがあります。濃い色のバーは、すべてのワーカーの処理時間の平均値で、薄い色のバーは、最も時間がかかったワーカーの処理時間を示します。ここでは、平均時間と最大時間に大きな差が発生している部分があり、一部のワーカーに負荷が集中していることを表します。これは、クエリの特性に依存して発生することもありますが、パーティションを見直すことで改善する場合もあります[27]。

待機時間は、処理に必要なコンピューティングリソースが使用可能になるのを待つのに費やされた時間です。この時間が長い場合は、クラスタ上ですぐにスケジュールできなかったジョ

27　処理時間の偏りを減らすには、負荷が高いワーカーの処理時間を減らすだけではなく、負荷が低いワーカーの作業を組み合わせて、ワーカーの数を減らすようにクエリを見直すことも必要です。

ブがあることを意味します。BigQueryの定額プランを利用している場合、同じ組織の他のユーザーが契約済みのリソースを使い切っていると、このような状況が発生します。この場合は、タイミングをずらして該当ジョブを動かすか、ジョブを小さく分ける、あるいは、リソースを使用している他のユーザーと交渉する必要があります。その次の読み取りステップでは、このステージで必要なデータをテーブル、もしくは、直前のステージの出力から読み込みます。読み取り時間が長い場合は、できるだけ多くのデータを初期のステージで読み込めるように、クエリを修正する余地があるかもしれません。次に続く計算ステップでの時間が長い場合は、計算処理の一部をクエリ実行後の後処理にまわすことを検討してもよいでしょう。ユーザー定義関数の過度な使用にも注意が必要です[28]。最後の書き込みステップは、一時記憶域、もしくは、応答メッセージにデータを書き込みます。このステップの処理時間は、書き出すデータ量によって決まりますので、最適化の方法は、フィルタリング処理を最も内側のクエリ（最も早いステージ）に移動することです。さきほど見たように、BigQueryのクエリオプティマイザがこれを自動的に行う場合もあります。

さきほどの例では、クエリの3つのステージすべてにおいて、読み取りステップに最も時間がかかっており、データの読み取り処理がクエリ全体のボトルネックになっていることがわかります。しかしながら、「Input」部分の数値の遷移（2,100万 → 16,000 → 229）を見ると、データのフィルタリングに関しては、初期段階でうまく行われているようです。BigQueryでは、フィルタリング処理を初期のステージに移動する最適化を自動で行うことも確認できました。今回のケースでは、フィルタリングは、フライト数を計算した後にしか行えないため、これ以上の最適化は難しいかもしれません。仮に、フライト数によるフィルタリングが頻繁に行われるのであれば、空港ごとのフライト数を計算したテーブルを事前に作成しておき、フライト情報のテーブルとジョインするという方法が考えられます。あるいは、空港がカバーする地域の人口などの情報を追加しておき、厳密なフライト数の代わりに、このような情報で近似的にフィルタリングを行うことも可能です。今回の場合は、エンドユーザーの興味の対象となる空港を絞り込む、特別なアイデアはなかったので、データの読み込み時間が長くなる点を受け入れて、すべての空港を処理対象にしました。全データによる正確な統計値が必要ない場合は、一部のデータをサンプリングして、サンプルから得られる統計値を利用するという方法もあります。

最後に、待ち時間（Wait）の偏りを見ると、ステージ1とステージ3には偏りがなく、ステージ2には、平均値と最大値に開きがあります。ステージ1の書き込みステップに偏りがある点から、その理由がわかります。今回のクエリでは、空港ごとにフライトの集計処理を行っており、空港によってフライト数が大きく変わります。多数のフライトがある空港では、書き込み

[28] BigQueryはJavaScriptによるユーザー定義関数（UDF）をサポートしていますが、UDFの過度の使用はクエリを遅くする場合があります（`https://cloud.google.com/bigquery/pricing#high-compute`）。

処理により長い時間がかかるので、次のステージが開始するまでの待ち時間に偏りが発生するというわけです。これは、このクエリの本質的な特性で、この偏りを改善する方法はあまりなさそうです。仮に、フライト数が少ない空港を分けて考えてもよいのであれば、そのような空港のデータを別のテーブルに分離して、別々にクエリを実行するという方法が考えられます。

5.3 Cloud Datalab による探索的データ分析

数年前までの探索的データ分析におけるレポート作成手順を知ると、データサイエンティストの間で Jupyter ノートブックが急速に広まった理由がよくわかります。たとえば、私の論文にある、気象レーダーの画像から嵐を追跡するさまざまな方法を比較したグラフを見てみましょう[29]（図 5–8）。

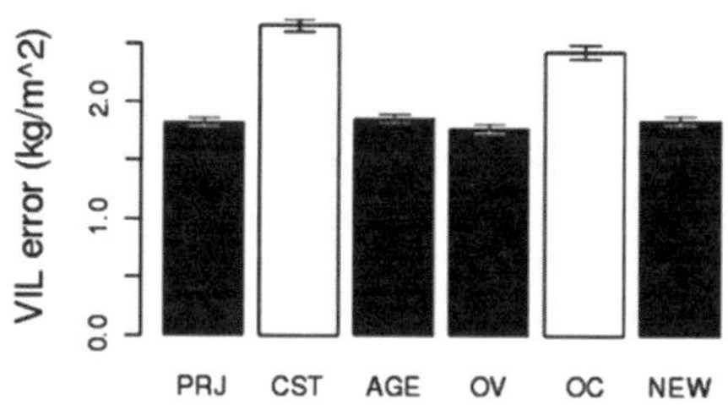

図5–8：論文に掲載したグラフの例

この図は、気象レーダーの画像データセットに、嵐を追跡するいくつかの手法（PRJ、CST など）を適用した後に、その評価結果（この例では、VL error）を計算してグラフに表したものです。嵐を追跡するという処理は、性能上の理由から C++で実装されており、手法ごとに個別のテキストファイルに結果が書き出されます。これらのテキストファイルをクラスタの各ノードから取得して、手法をキーとして集約する必要がありましたが、これは本質的には MapReduce 処理であり、この部分は Java によって実装されていました。ここで得られた結果は、R のプログラムによって読み取られた後に、各手法のランク付けが行われて、PNG 形式の画像ファイルでグラフが出力されます[30]。この PNG 画像を LaTeX のレポートに組み込んで、PDF 形式の文書にすることで、ようやく、この結果を他の研究者と共有することができます。

5.3.1 Jupyter ノートブック

オープンソース・ソフトウェアの Jupyter は、Python、R、Scala などのさまざまな言語で、対話的に科学計算処理を行う環境を提供します。主な作業単位は、Jupyter ノートブックで、

29 http://journals.ametsoc.org/doi/pdf/10.1175/2009WAF2222330.1

30 学術雑誌では色の使用に費用がかかるため、掲載時は白黒でした。

実行可能なコードと説明文書やグラフの出力結果などをまとめたドキュメントを提供する Web アプリケーションです。ノートブック上のコードの主な出力は、グラフや数値データですが、画像や JavaScript を出力することも可能です。データの操作と可視化を行うための UI を持った、ウィジェットを作成することもできます。

ノートブックの機能は、前述のようなグラフを作成して、共有する方法を大きく変えました。今、同じ作業をするのであれば、C++プログラムが出力したスコアファイルを Python のノートブックに組み込んでしまうでしょう。ファイル操作、ランク付け、グラフの作成といった一連の処理は、すべて Python で行うことができます。ノートブックは HTML の文書であり、グラフに対する説明文を追加することも可能です。ノートブックを構成する HTML ファイルをリポジトリで共有することもできますし、あるいは、ノートブックサーバーを稼働させておいて、ノートブックへの HTML リンクを共有することもできます。この場合、指定の URL にアクセスしてノートブックを閲覧するだけではなく、ノートブック内のセルを更新して、新しいグラフを追加するといった作業も行えます。

グラフ付きのワードプロセッサファイルとノートブックの違いは、印刷された紙と、共同編集可能な Google ドキュメントの違いのようなものです。Jupyter ノートブックによって、統合開発環境、実行可能なコード、そして、共有可能なレポートを 1 つにまとめたものが手に入ります。

ノートブックを利用する際の課題の 1 つは、ノートブックを提供する Web サーバーの管理です。ノートブック上のコードは、ノートブックサーバーで実行されるので、扱うデータセットが大きくなると、より強力なマシンが必要になることもよくあります。パブリッククラウドを用いれば、ノートブックサーバーの構築作業は簡単になります。

5.3.2 Cloud Datalab

Cloud Datalab は、Google Cloud Platform で利用できる、Jupyter のホスト環境です[31]。GCP の認証を利用して、Cloud Storage、BigQuery、Cloud Dataflow、Cloud ML Engine などのサービスにアクセスすることもできます。Cloud Datalab の実装はオープンソース化されており、Jupyter に対するアドオンモジュールを中心に構成されています。オンプレミスのサーバーで Jupyter を利用しているのであれば、そこに、Cloud Datalab のモジュールを追加することもできます[32]。しかしながら、標準的な Jupyter の実行環境が用意されていないのであれば、GCP 上のマネージドサービスとして、Cloud Datalab を試してみることをお勧めします。

次の手順によって、Google Compute Engine のインスタンスを用いて、Cloud Datalab を実行することができます。

---

31 **訳注**：2019 年 4 月時点では、JupyterLab インスタンスを管理できる Cloud ML Notebooks が提供されています。`https://cloud.google.com/ml-engine/docs/notebooks/`を参照。

32 `https://github.com/googledatalab/pydatalab`

1 CloudShell を開き、Cloud Datalab を実行するインスタンスを作成します。この際、使用するゾーン（例：`us-central1-a`）とインスタンスの名前（例：`mydatalabvm`）を指定します[33] 。

```
datalab create --zone $ZONE $INSTANCE_NAME
```

2 「Cloud Datalab インスタンスに localhost:8081 から接続可能」という旨のメッセージが表示されたら、CloudShell の Web プレビューボタンから、8081 番ポートに接続して作業を開始します。

作業用のノート PC がスリープ状態になった場合など、Cloud Datalab との接続が切れた際は、次のコマンドで再接続します。

```
datalab connect --zone $ZONE $INSTANCE_NAME
```

Cloud Datalab の使用が終了して、インスタンスを削除する際は、次のコマンドを使用します。

```
datalab delete --zone $ZONE $INSTANCE_NAME
```

Cloud Datalab を起動したら、新しいノートブックが作成できます。事前にホームアイコンをクリックして、新しいノートブックを保存するフォルダに移動しておきます。ノートブックには、テキスト文書を含む「マークダウン」セルと、Python コードを記述する「コード」セルが作成できます。コードセルを実行すると、その結果が表示されます。

たとえば、ノートブックに図 5-9 のように入力したとします（最初のセルはマークダウンで、2 番目のセルは Python コード）。

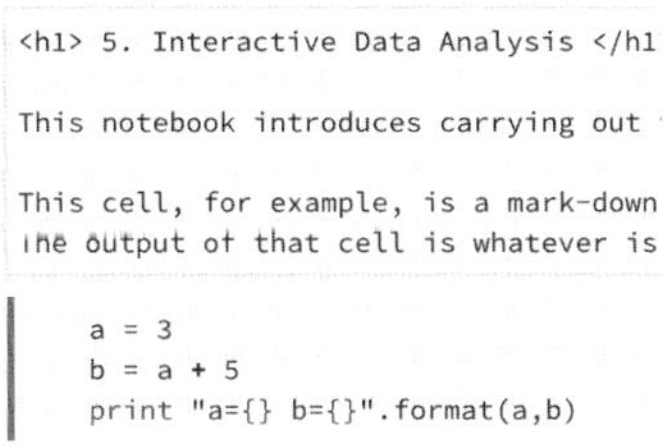

```
<h1> 5. Interactive Data Analysis </h1

This notebook introduces carrying out

This cell, for example, is a mark-down
The output of that cell is whatever is
```

```
a = 3
b = a + 5
print "a={} b={}".format(a,b)
```

図5-9：ノートブックのセルにマークダウン文書と Python コードを入力した例

33 次のように環境変数を設定しておくと、ゾーン指定を省略できます。
`gcloud config set compute/zone $ZONE`

［Run］をクリックするか、［Ctrl］＋［Shift］＋［Enter］を押すと、カーソルのあるセルが実行されます。もしくは、［Run all Cells］を用いて、すべてのセルをまとめて実行することもできます。上記の例では、それぞれのセルを実行した結果は、図 5–10 のようになります。

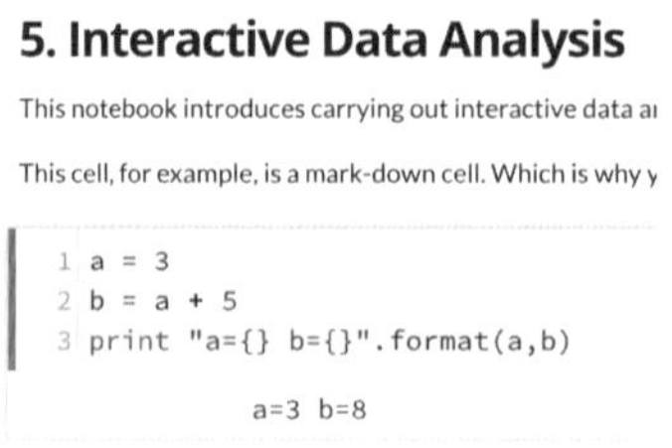

5. Interactive Data Analysis

This notebook introduces carrying out interactive data a

This cell, for example, is a mark-down cell. Which is why y

```
a = 3
b = a + 5
print "a={} b={}".format(a,b)
```

```
a=3 b=8
```

図5–10：セルを実行した結果

マークダウンのセルは、ビジュアルドキュメントに変換され、Python コードのセルは、内部にあるコードの実行結果が表示されます。

ノートブックから、ローカルディスクにアクセスする際は、ノートブックを保存したディレクトリがカレントディレクトリになります。コードのセルで次を実行して、カレントディレクトリを表示してみます。

```
!pwd
```

図 5–11 のように、`/content` からはじまるディレクトリの下にノートブックが保存されていることがわかります。

```
!pwd
```

```
/content/training-data-analyst/flights-data-analysis/05_bqdatalab
```

図5–11：カレントディレクトリを表示した結果

この例のように感嘆符（`!`）を使用すると、セルの中でシェルコマンドを実行できます。複数行のシェルコマンドを使用する場合は、次のように`%bash` で、シェルを起動します。

```
%bash
wget tensorflow ...
pip install ...
```

5.3.3 Cloud Datalab にパッケージをインストールする

Cloud Datalab にインストールされている Python パッケージを確認するには、次のコマンドを実行します。

```
!pip freeze
```

もう 1 つの方法は、パッケージをインポートして、うまくいくか確認することです。たとえば、今回の作業では、次のパッケージが必要になります。

```
import matplotlib.pyplot as plt
import seaborn as sb
import pandas as pd
import numpy as np
```

NumPy（numpy）は、数値の配列を効率的に扱う Python ライブラリです。Pandas は広く普及しているデータ解析ライブラリで、データフレームと呼ばれるメモリ内の 2 次元データ構造[34]に対して、グループ化やフィルタリングの処理が適用できます。Matplotlib は、Python でグラフを作成するための Matlab に似たモジュールです。seaborn は、Matplotlib をベースにして、さらに高度なビジュアライゼーション機能を提供します。これらはすべて、Cloud Datalab にデフォルトでインストールされているオープンソースのパッケージです。

Cloud Datalab にデフォルトでインストールされていないパッケージが必要な場合は、`pip`、もしくは、`apt-get` コマンドでインストールします。大部分の Python モジュールは、`pip` でインストールできます。たとえば、第 3 章で使用した Cloud Platform API をインストールするには、次のコマンドをコードのセル内で実行します。

```
!pip install google-cloud
```

ベースとなる C ライブラリのインストールが必要なパッケージの中には、Linux パッケージとして提供されるものがあります。たとえば、地理情報をプロットするためのパッケージ `basemap` は、`proj.4` という C ライブラリを使用しており、インストールする際は、次のコマンドをセルで実行します。

```
%bash
apt-get update
apt-get -y install python-mpltoolkits.basemap
```

Cloud Datalab のノートブックサーバーを提供する Docker コンテナは、root として実行さ

34 https://pandas.pydata.org/pandas-docs/stable/generated/pandas.DataFrame.html

れているので（rootとして実行するための）sudoを指定する必要はありません 。bashでコマンドを実行する際は、すべてrootで実行されるので、誤ったコマンドで環境を破壊しないように注意してください。

パッケージを追加でインストールした場合は、ノートブックのPythonカーネルを再起動して、新しいパッケージを反映する必要があります。これは、Cloud Datalabのノートブックの画面で、Reset Kernelメニューから行うことができます。

5.3.4 Jupyterのマジックコマンド

さきほど、bashを起動する際に、%bashというコマンドを使用しました。これは、Jupyterのマジックコマンドと呼ばれる機能で、%ではじまるコマンドにより、複数のインタプリタやエンジンをサポートしています[35]。たとえば、コードのセルに次のように入力してみます。

```
%html
This cell will print out a <b> HTML </b> string.
```

この場合は、HTMLとしてレンダリングされた結果が表示されます（図5–12）。

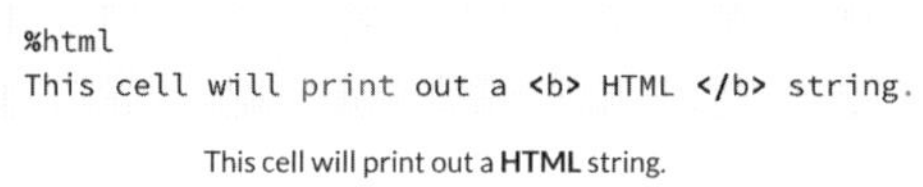

```
%html
This cell will print out a <b> HTML </b> string.
```

This cell will print out a **HTML** string.

図5–12：%html マジックコマンドの利用例

さらに、Cloud Datalabでは、GCPのサービスを利用するための独自のマジックコマンドが追加されています。これらを使用する場合は、Cloud Datalabの右上のプロフィールアイコンをクリックして、GCPにログインしていることを確認してください。

たとえば 、Cloud Datalabに付属の%bigqueryコマンドを使用すると、BigQueryのテーブルについて、そのスキーマが確認できます。

```
%bigquery schema --table flights.tzcorr
```

この結果は、図5–13のようになります。

[35] マジックコマンドは、ベース言語の構文要素として用いられない記号を使用します。Pythonの場合は、%記号になります。

```
%bigquery schema --table flights.tzcorr
```

name	type	mode	description
FL_DATE	DATE	NULLABLE	
UNIQUE_CARRIER	STRING	NULLABLE	
AIRLINE_ID	STRING	NULLABLE	
CARRIER	STRING	NULLABLE	

図5-13：%bigquery コマンドの利用例

正常に表示されない場合は、エラーメッセージを確認してください。ユーザー認証、作業対象のプロジェクトの設定、BigQuery のテーブルの権限設定などが原因となることがよくあります。

`%bigquery` などのマジックコマンドは、ノートブック環境でのみ実行できます。スケジュールスクリプトの一部など、ノートブックの外部でも実行したい処理がある場合は、マジックコマンドではなく、Python のコードとして記述する方がよいでしょう。マジックコマンドの実体は Python のラッパー関数[36]ですので、同じことは、Python のコードとしても実装できます。

BigQuery を操作するのであれば、たとえば、Cloud Datalab パッケージに含まれる、`datalab.bigquery` を使用します。これにより、ノートブック環境から独立したコードが記述できます。このパッケージは、第 3 章と第 4 章で使用した、Google Cloud Platform API ライブラリの `bigquery` パッケージとは別のものです。`datalab.bigquery` では、BigQuery の処理結果を NumPy/Pandas のオブジェクトに格納することができて、データのビジュアライゼーションが簡単になります。

到着遅延時間の調査

第 3 章で作成したモデルに該当する、(10 分以上遅れて出発したフライトの) 到着遅延時間をサンプリングするには、次のコードを使用します。

```
import google.datalab.bigquery as bq
sql = """
SELECT ARR_DELAY, DEP_DELAY
FROM `flights.tzcorr`
WHERE DEP_DELAY >= 10 AND RAND() < 0.01
"""
df = bq.Query(sql).execute().result().to_dataframe()
```

上記のコードでは、(`bq` としてインポートした) `datalab.bigquery` を用いて、変数 `sql` に格納したクエリを実行し、その結果を Pandas のデータフレームに変換しています。第 4 章では、Google Cloud Platform API を用いて、これと同等の処理を行いましたが、そこでは、ク

[36] `https://github.com/googledatalab/pydatalab/tree/master/datalab/bigquery` を参照。

エリ結果のページングやタイムアウトなどのさまざまなシナリオを処理する必要がありました。今の場合、これらはすべて、Cloud Datalab パッケージの機能で処理されます。クエリの結果を Pandas のデータフレーム（ここでは変数 `df` と表記）に変換しておけば、この後は、Python のデータサイエンス向けの機能を最大限に活用できます。また、ここでは、`RAND()` 関数を用いて、データセット全体からランダムな 1%をサンプリングしています。探索的データ分析では、必ずしもデータセット全体を参照する必要はありませんが、分析の目的に応じて、必要十分な量のサンプルを取得するようにしてください。

データフレームにデータを格納しておけば、基本的な統計情報を取得するのは簡単です。

```
df.describe()
```

これは、さきほどのクエリで取得した、出発遅延時間が 10 分を超えたフライトに対して、到着、および、出発遅延時間のそれぞれにおける、平均値、標準偏差、最小値、最大値、および、四分位数を表示します（図 5–14）。

```
df.describe()
```

	ARR_DELAY	DEP_DELAY
count	45792.000000	46057.000000
mean	45.797650	50.822068
std	62.863612	61.079590
min	-46.000000	10.000000
25%	11.000000	17.000000
50%	27.000000	30.000000
75%	59.000000	60.000000
max	1321.000000	1330.000000

図5–14：データフレームに格納したデータの統計情報

このような統計情報を確認する他にも、Pandas データフレーム、もしくは、そのベースとなる NumPy の配列に格納されたデータを seaborn のようなプロットライブラリに渡すことができます。たとえば、10 分以上遅れて出発したフライトの到着遅延時間をバイオリンプロットで表示するには、次のようにします。

```
sns.set_style("whitegrid")
ax = sns.violinplot(data=df, x='ARR_DELAY', inner='box', orient='h')
```

バイオリンプロットは、カーネル密度プロット[37]、すなわち、確率密度関数（PDF[38]）の推

[37] カーネル密度プロットは平滑化されたヒストグラムですが、平滑化の方法を選択する際は、解釈能力と情報損失のバランスを考慮する必要があります。ここでは、seaborn のデフォルト設定の平滑化を使用しています。`https://en.wikipedia.org/wiki/Kernel_density_estimation` を参照。

[38] Probability Density Function の略。第 1 章の PDF に関する議論も参照。

定値です。データが正規分布ではない場合は、単純な箱ひげ図よりも多くの情報が示せます。たとえば、この場合の図 5–15 の分布は、最頻値である約 10 分の近辺に集中し、それ以外の部分では極端に数が少ないというように、分布が偏っていることがわかります。

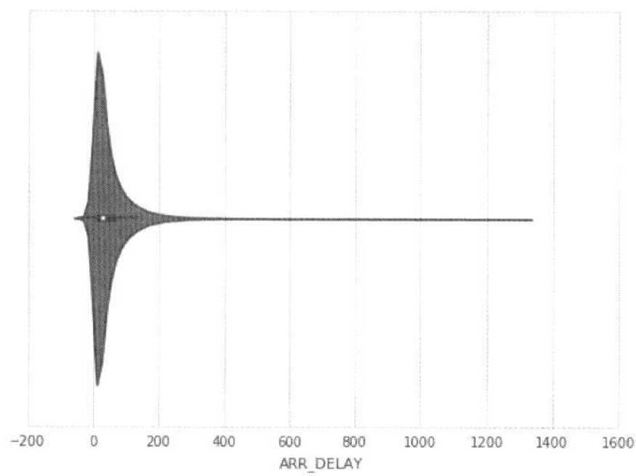

図5–15：到着遅延時間のバイオリンプロット

次に、10 分以上遅延して出発するフライトと、定刻（10 分以内の遅延）で出発するフライトについて、それぞれの到着遅延時間のバイオリンプロットを比較します。はじめに、次のコマンドで、出発遅延時間に関係なく、遅延時間の情報を取得します（`RAND() < 0.001` によって、0.1%のフライトをサンプリングしています）。

```
sql = """
SELECT ARR_DELAY, DEP_DELAY
FROM ‘flights.tzcorr‘
WHERE RAND() < 0.001
"""
df = bq.Query(sql).execute().result().to_dataframe()
```

出発遅延時間による振り分けは、Pandas のフィルタリング機能で行います。Pandas データフレームに、出発遅延時間が 10 分未満かどうかを示す真偽値の列を追加します。

```
df['ontime'] = df['DEP_DELAY'] < 10
```

この新しい Pandas データフレームは、seaborn でグラフ化できます。

```
ax = sns.violinplot(data=df, x='ARR_DELAY', y='ontime',
                    inner='box', orient='h')
ax.set_xlim(-50, 200)
```

さきほどとの違いは、`y='ontime'` の指定が含まれていることです。これにより、10 分以上の出発遅延時間の有無により、到着遅延時間の分布がどのように変わるかを示すバイオリンプ

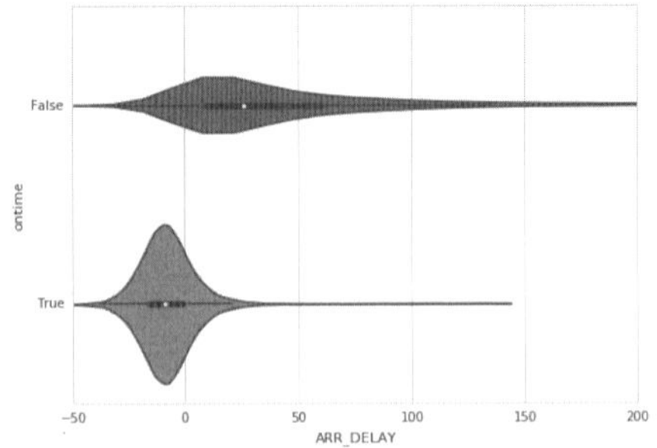

図5-16：出発遅延時間の閾値による分布の違い

上側のバイオリンプロットが押しつぶされているように見えるのは、デフォルトの平滑化が粗すぎるためです。これを解決するには、`gridsize` パラメータを使用します。

```
ax = sns.violinplot(data=df, x='ARR_DELAY', y='ontime', inner='box',
        orient='h', gridsize=1000)
```

ロットが得られます（図 5-16）。

この結果は、第 3 章の最後に議論した内容、すなわち、10 分という閾値でデータセットを分けると、統計的な特徴が大きく異なるという話に合致しています。10 分以上遅れて出発するフライトの到着遅延は、定時出発のフライトよりもはるかに大きな値に偏っています。これは、バイオリンプロットの形と、その中心にあるボックスプロットの両方からわかります。特にボックスプロット（中央の暗い線）に注目すると、出発遅延フライトにおける到着遅延時間の偏りがよくわかります（図 5-17）[39]。

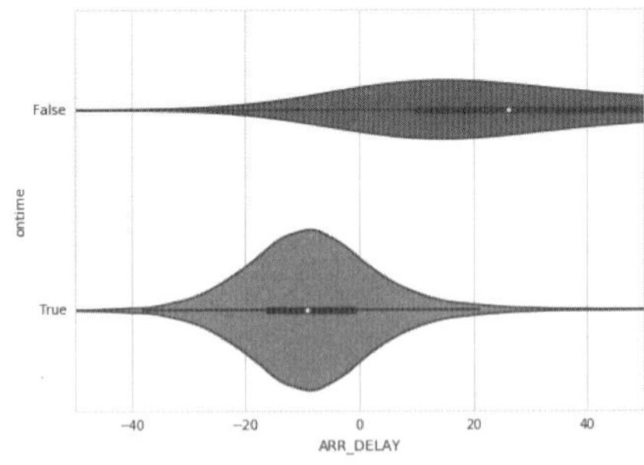

図5-17：図 5-16 を拡大したようす

[39] 2 つ目の拡大したグラフは、`ax.set_xlim(-50, 50)` を追加して描画します。

しかし、この例のような極端なロングテールは、データのモデリングを困難にする場合があり、注意が必要です。ロングテールが発生する原因を詳しく調べてみることにしましょう。

5.4 データの品質管理

Cloud Datalab で分析を続けることもできますが、ここでは、より複雑なクエリを実行するために、BigQuery のコンソール（`https://bigquery.cloud.google.com/`）を使用します。コンソールから実行することにより、構文やロジックエラーに関するフィードバックをすぐに得られます。まずは、次のクエリを実行します。

```
#standardsql
SELECT
  AVG(ARR_DELAY) AS arrival_delay
FROM
  flights.tzcorr
GROUP BY
  DEP_DELAY
ORDER BY
  DEP_DELAY
```

これにより、出発遅延時間のすべての異なる値について、対応する到着遅延時間の平均値が得られます（このデータセットでは、出発遅延時間は、分単位の整数として格納されています）。ここでは、1,000 行以上の結果が得られますが、DEP_DELAY のユニークな値は、本当に 1,000 以上もあるのでしょうか。この点を確認するために、それぞれのフライト数を追加で取得します。

```
#standardsql
SELECT
  DEP_DELAY,
  AVG(ARR_DELAY) AS arrival_delay,
  COUNT(ARR_DELAY) AS numflights
FROM
  `flights.tzcorr`
GROUP BY
  DEP_DELAY
ORDER BY
  DEP_DELAY
```

この結果を見ると、最初の数行（予定より数十分も早く出発した便）は、それぞれ数便しかありません（図 5-18）。

Row	DEP_DELAY	arrival_delay	numflights
1	null	null	0
2	-82.0	-80.0	3
3	-68.0	-87.0	3
4	-61.0	-77.0	3
5	-56.0	-35.0	6
6	-55.0	-60.0	3
7	-52.0	-57.5	6
8	-51.0	-49.0	6
9	-49.0	-50.0	3
10	-48.0	-32.87500000000001	8

図5–18：予定より数十分早く出発したフライトの数

一方、0 分前後の出発遅延時間には、数万以上のフライトが集中しています（図 5–19）。

Row	DEP_DELAY	arrival_delay	numflights
56	-2.0	-7.7558555586246385	1563984
57	-1.0	-6.6431868782882875	1389209
58	0.0	-5.251858718686436	1176886
59	1.0	-4.347512076407868	571983
60	2.0	-3.3793214020420677	433482
61	3.0	-2.340170403298544	372528
62	4.0	-1.3548879529849038	331468
63	5.0	-0.2993271528115161	300514
64	6.0	0.6396729702723887	269211

図5–19：ほぼ予定通りに出発したフライトの数

このように、わずかな割合しか存在しない外れ値は、おそらく無視しても良いでしょう。フライトが 82 分も早く出発する場合は、実際のところ、搭乗すらできないかもしれません。このような異常値で、統計モデリングを複雑にする理由はありません。

5.4.1 外れ値の除去

それでは、どのようにして外れ値を取り除けば良いでしょうか。データをフィルタリングするには、2 つの方法があります。1 つは出発遅延時間でフィルタリングする方法で、次のような条件を満たすデータのみを保持します。

```
WHERE dep_delay > -15
```

2つ目の方法は、さきほど求めたフライト数でフィルタリングする方法です。

```
WHERE numflights > 300
```

2つ目の方法は、サンプル数が不十分なデータを除去するという考え方に基づいた品質管理フィルタであり、十分に大きなデータセットでは、こちらの方が望ましい手法になります。

これは、「通常の」データセットに関する統計処理と、いわゆるビッグデータに関する統計処理の違いを示す重要なポイントになります。ビッグデータという言葉が少々誇張されていることには同意しますが、「ビッグデータも単なるデータである」と主張する人は重要なポイントを見落としています。データセットが十分に大きくなると、データの扱い方が変わります。ここで見た、異常値を検出する方法は、そのような例の1つです。

数百から数千件程度のデータセットの場合は、通常、異常値でないと想定される範囲、たとえば、$\mu \pm 3\sigma$（μは平均値、σ(シグマ)は標準偏差）の外側にあるデータを除外します。この範囲は、次のクエリで取得することができます。

```
#standardsql
SELECT
  AVG(DEP_DELAY) - 3*STDDEV(DEP_DELAY) AS filtermin,
  AVG(DEP_DELAY) + 3*STDDEV(DEP_DELAY) AS filtermax
FROM
  `flights.tzcorr`
```

今の場合は、[-102, 120] という範囲が得られるので、異常値を除外する WHERE 句は、次のようになります。

```
WHERE dep_delay > -102 AND dep_delay < 120
```

ただし、$\mu \pm 3\sigma$の範囲の値を保持するフィルタは、データの分布が正規分布であるという暗黙の前提に基づいています。このような前提が正当化できない場合は、上位5%と下位5%のデータを除外するというような方法があります。

```
#standardsql
SELECT
  APPROX_QUANTILES(DEP_DELAY, 20)
FROM
  `flights.tzcorr`
```

今の場合は、[-9,66] という範囲が得られます。いずれにしても、これらのフィルタは、異常に高い値と低い値が「外れ値」であるという前提に基づいています。

一方、数十万〜数百万件規模のデータセット（ビッグデータ）の場合、単純な値の大小による閾値でデータを除外するのは、データが持つ、貴重なニュアンスを失う可能性があります。たとえば、150 分もの遅延がある場合でも、十分な件数のデータが存在するのであれば、たとえ平均からどれだけ離れていても、これをモデル化する価値があります。ロングテールの顧客を対象にしたビジネスを考えると、平均から大きく離れた値を分析する価値が理解できるでしょう。このような観点から、次の 2 種類のデータフィルタリングには大きな違いがあります。

```
WHERE dep_delay > -15
WHERE numflights > 370
```

前者はデータの値に閾値を設定するもので、-15 分未満の出発遅延時間が明らかに不合理だと断言できる場合にのみ使用できます。後者は、特定の値がどのくらい頻繁に観測されるかに基づいています。データセットが大きくなれば、いずれの値も観測される確率はより高くなります。

このことからもわかるように、ビッグデータを取り扱う場合、「外れ値」という用語はあまり適切ではありません。外れ値というのは、一般には、大きく離れた値を意味するものですが、ビッグデータにおいては、値の出現頻度が基準となります。データの中で頻繁に出現する限り、どのような値でも許容されるのです[40]。

5.4.2 出現頻度によるフィルタリング

値の出現頻度に基づいてデータセットをフィルタリングするには、出現頻度を計算した上で、閾値を設定する必要があります。これは、次の HAVING 節で行えます。

```
#standardsql
SELECT
  DEP_DELAY,
  AVG(ARR_DELAY) AS arrival_delay,
  STDDEV(ARR_DELAY) AS stddev_arrival_delay,
  COUNT(ARR_DELAY) AS numflights
FROM
  `flights.tzcorr`
GROUP BY
  DEP_DELAY
HAVING
  numflights > 370
ORDER BY
  DEP_DELAY
```

ここでは、フライト数が 370 便以下のデータを除外しています。この値は、3 シグマルー

[40] このデータセットでは、遅延時間が分単位に離散化されているので、頻度が計算しやすくなっています。そうでない場合は、発生頻度を計算する前に、連続データを離散化する必要があります。

ル[41]と呼ばれる、「ほぼすべてのデータは平均の3標準偏差以内にある」というガイドライン[42]に基づきます。それぞれの出発遅延時間に対して、対応する到着遅延時間が正規分布に従っており、母集団のサイズが十分に大きければ、「この結果は、ほぼすべてのフライトにあてはまる」と言った統計学的な議論が可能になります。それぞれの出発遅延時間について、370個以上のデータがあれば、このような前提が満たせるというのが大雑把な見積もりのルールになります[43]。

この閾値を変化させると、結果はどのように変わるでしょうか。さきほどのクエリで、SELECT *を SELECT 20604235 - SUM(numflights) に置き換えることで、閾値ごとに除外されるフライト数が参照できます[44]。ここでは、除外されたフライト数とあわせて、到着遅延時間から出発遅延時間を予測する線形モデルの傾きを計算してみます。

```
#standardsql
SELECT
  20604235 - SUM(numflights) AS num_removed,
  AVG(arrival_delay * numflights)/AVG(DEP_DELAY * numflights) AS lm
FROM (
  SELECT
    DEP_DELAY,
    AVG(ARR_DELAY) AS arrival_delay,
    STDDEV(ARR_DELAY) AS stddev_arrival_delay,
    COUNT(ARR_DELAY) AS numflights
  FROM
    `flights.tzcorr`
  GROUP BY
    DEP_DELAY )
WHERE
  numflights > 1000
```

numflights のさまざまな閾値に対して上記のクエリを実行すると、表5–3の結果が得られます。

[41] 正規分布に従うデータの場合、68.27%のデータが $\mu \pm \sigma$ 範囲にあり、95.45%が $\mu \pm 2\sigma$ の範囲、そして、99.73%が $\mu \pm 3\sigma$ の範囲にあります。この最後の範囲が3シグマルールと呼ばれます。https://www.encyclopediaofmath.org/index.php/Three-sigma_rule

[42] ビジネス統計ではこの3シグマルールはかなり一般的ですが、社会科学や医学では、2シグマが典型的な有意性の閾値です。

[43] $1/(1-0.9973)=370$ という計算から、サンプルが370個以上あれば、3シグマの外側に少なくとも1つのサンプルがあると想定できます。言い換えると、370個のサンプルは、3シグマの範囲を越えるだけの情報を持つと考えられます。

[44] 20,604,235は、データセット内のフライトの合計数です。

表5-3：閾値の違いがモデルに与える影響

numflights の閾値	除外されたフライト数	線形モデルの傾き（lm）
1000	86787	0.35
500	49761	0.38
370（3 シグマルール）	38139	0.39
300	32095	0.40
200	23892	0.41
100	13506	0.42
22（2 シグマルール）	4990	0.43
10	2243	0.44
5	688	0.44

閾値を下げて除外するフライト数を減らしていくと、線形モデルの傾きは緩やかに変化していきます。3シグマルールの前後となる、300、370、500といった値によるモデルの違いはあまりなさそうですが、閾値が5、または、10の場合のモデルとは明らかな違いがあります。つまり、この閾値は、桁が変わるほどの変化には影響されるものの、それ以下の細かな値は気にしなくてもよいということです。

5.5 出発遅延時間に対応した到着遅延時間

これで、データセットから出発遅延時間の「外れ値」を除外する方法がわかったので、Cloud Datalabのノートブックに戻って分析を続けます。Cloud Datalabに以下のSQLを入力して、クエリに名前を付けます。

```
depdelayquery = """
SELECT
  DEP_DELAY,
  arrival_delay,
  stddev_arrival_delay,
  numflights
FROM (
  SELECT
    DEP_DELAY,
    AVG(ARR_DELAY) AS arrival_delay,
    STDDEV(ARR_DELAY) AS stddev_arrival_delay,
    COUNT(ARR_DELAY) AS numflights
  FROM
    `flights.tzcorr`
  GROUP BY
    DEP_DELAY )
WHERE
  numflights > 370
ORDER BY
```

```
  DEP_DELAY
"""
```

このクエリを Query コンストラクタに渡して、BigQuery で実行した後、その結果を Pandas データフレームに格納します。

```
depdelay = bq.Query(depdelayquery).execute().result().to_dataframe()
depdelay[:5]
```

ここでは、[:5] を付けて、最初の 5 行のみを表示しています。結果は、図 5–20 のようになります。

	DEP_DELAY	arrival_delay	stddev_arrival_delay	numflights
0	-27.0	-26.793548	10.785545	465
1	-26.0	-24.438375	11.403709	714
2	-25.0	-25.185224	10.598301	961
3	-24.0	-24.090560	12.087346	1303
4	-23.0	-24.016630	11.008934	1804

図5–20：出発遅延時間ごとの到着時間の統計量

これは、出発遅延時間ごとに、対応する到着遅延時間の平均と標準偏差、そして、該当するフライト数を計算しています。フライト数が 370 便以下のデータは除外してあります。

このデータをプロットして、どのような知見が得られるかを見てみましょう。これまでは、seaborn を使用してきましたが、Pandas 自体にもプロット関数が組み込まれています。

```
ax = depdelay.plot(kind='line', x='DEP_DELAY',
             y='arrival_delay', yerr='stddev_arrival_delay')
```

この結果を見ると、出発の遅延時間と到着の遅延時間には、直線的な関係があることがわかります（図 5–21）。グラフの上下の広がりは、標準偏差の幅に対応します。到着遅延時間の標

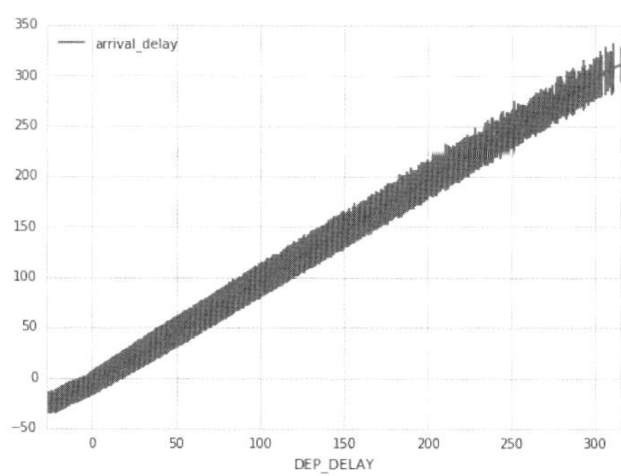

図5–21：出発遅延時間と到着遅延時間の関係

準偏差の幅も10分程度で、ほぼ一定です。

Cloud Datalabでは、マジックコマンドを用いてBigQueryを広範囲に操作することができますが、特に有用なのは、一時データセットを作成して、クエリの実行結果をその中のテーブルに格納する機能です。次は、一時データセットtemp_datasetを作成して、その中のdelaysテーブルに、さきほどのクエリ（depdelayquery）の実行結果を格納します。

```
%bigquery create dataset -n temp_dataset
%bigquery execute -q depdelayquery -t my_temp_dataset.delays
```

このテーブルは、ノートブックの後続のクエリから使用できます。必要な作業が終わったら、次のコードで一時データセットを削除できます。

```
for table in bq.Dataset("temp_dataset").tables():
  table.delete()
bq.Dataset("temp_dataset").delete()
```

5.5.1　確率的な閾値の決定

第1章では、会議をキャンセルする意志決定の基準として15分、そして、30%という数字を設定したことを思い出してください。飛行機の到着が15分以上遅延する可能性が30%を超える場合に、会議を延期するメッセージを送信する必要がありました。これは、出発の遅延時間で見た場合に、どのような範囲で起きる事象なのでしょうか？

さきほどのクエリの結果を収めたデータフレームdepdelayを参照すると、出発遅延時間を固定した際に、対応する到着遅延時間は、平均値depdelay['arrival_delay']、標準偏差depdelay['stddev_arrival_delay']の分布を持ちます。これまでと同様に、この分布が正規分布だと仮定すると、「到着遅延時間がX分以上である確率は30%」という条件を満たすXは、「平均値 +0.52× 標準偏差」で計算できます[45]。このXがちょうど15分になる出発遅延時間を求めれば、これが、出発遅延時間に対する閾値となります。

Cloud Datalabに戻り、出発遅延時間ごとに上記のXを計算して、結果をプロットします。

```
Z_30 = 0.52
depdelay['arr_delay_30'] = (Z_30 * depdelay['stddev_arrival_delay']) \
             + depdelay['arrival_delay']
plt.axhline(y=15, color='r')
ax = plt.axes()
depdelay.plot(kind='line', x='DEP_DELAY', y='arr_delay_30',
             ax=ax, ylim=(0,30), xlim=(0,30), legend=False)
ax.set_xlabel('Departure Delay (minutes)')
ax.set_ylabel('> 30% likelihood of this Arrival Delay (minutes)')
```

[45] 0.52という値は、累積分布表（https://en.wikipedia.org/wiki/Standard_normal_table#Complementary_cumulative）を用いて決定することができます。

結果は、図 5-22 のようになります。

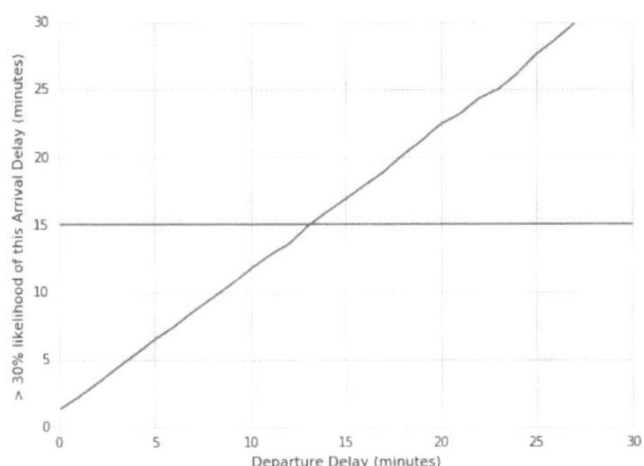

図5-22：「到着遅延時間が X 分以上の確率が 30%」に当てはまる X の値

図 5-22 の水平線と斜線が交わる部分から、出発遅延時間に対する閾値は、13 分と決まります。つまり、出発遅延時間が 13 分以上であれば、到着遅延時間が 15 分以上になる確率は 30%以上になります。

5.5.2 経験的確率分布関数

それぞれの出発遅延時間に対する、到着遅延時間が正規分布であるという前提をなくすとどうなるでしょうか。この場合は、対応する到着遅延時間のデータ全体を見て、30%に対応する値 X を経験的に発見する必要があります。今回のデータセットは、それぞれの出発遅延時間に対して 370 便以上のデータがあるので、この中から、到着遅延時間の 30 パーセンタイル、すなわち、上位 30%の境界に位置するデータを発見すれば、それが求める X ということになります。ここで、サンプル数が少ないデータを除外した恩恵が得られることがわかります。

BigQuery で上位の 30 パーセンタイルを計算するには、それぞれの出発遅延時間に対応する到着遅延時間を（0 パーセンタイルから 100 パーセンタイルに対応する）100 個の値に離散化して、下位から見た 70 パーセンタイルに対応する値を取得します。

```
#standardsql
SELECT
  DEP_DELAY,
  APPROX_QUANTILES(ARR_DELAY, 101)[OFFSET(70)] AS arrival_delay,
  COUNT(ARR_DELAY) AS numflights
FROM
  `flights.tzcorr`
GROUP BY
  DEP_DELAY
HAVING
  numflights > 370
```

```
ORDER BY
  DEP_DELAY
```

APPROX_QUANTILES 関数は ARR_DELAY を $N+1$ 個の値に分割します[46]。最初と最後の値は、最小値と最大値の近似値を表しており、残りの $N-1$ 個の値がパーセンタイルごとに離散化された代表値を表します。ここでは、$N=101$ を指定しているので、（最小値と最大値を除いて）100 個の代表値があり、（最小値を含めて）先頭から 71 番目の要素が 70 パーセンタイルに対応します。OFFSET(70) は、ゼロから始まる OFFSET の 71 番目の要素を与えます[47]。

このクエリを実行すると、出発遅延時間ごとに経験的な 30 パーセンタイルの閾値が得られます（図 5-23）。

Results | Explanation | Job Information

Row	DEP_DELAY	arrival_delay	numflights
1	-27.0	-24.0	465
2	-26.0	-21.0	714
3	-25.0	-22.0	961
4	-24.0	-21.0	1303
5	-23.0	-20.0	1804

図5-23：出発遅延時間ごとの 30 パーセンタイルにあたる到着遅延時間

このクエリを Cloud Datalab で実行して、先と同様のグラフをプロットします。

```
depdelay = bq.Query(depdelayquery2).execute().result().to_dataframe()
plt.axhline(y=15, color='r')
ax = plt.axes()
depdelay.plot(kind='line', x='DEP_DELAY', y='arrival_delay',
              ax=ax, ylim=(0,30), xlim=(0,30), legend=False)
ax.set_xlabel('Departure Delay (minutes)')
ax.set_ylabel('> 30% likelihood of this Arrival Delay (minutes)')
```

結果は、図 5-24 のようになります。

46　パラメータの詳細は https://cloud.google.com/bigquery/docs/reference/standard-sql/functions-and-operators#approx_quantiles を参照。非常に大きなデータセット、特に浮動小数点値の正確な分位数を求めるのは計算量が大きくなるため、一般に、近似分位数を計算します。大部分の「ビッグデータ」対応データベースでは、近似分位数を計算するために、https://dl.acm.org/citation.cfm?doid=375663.375670 に記載されている Greenwald と Khanna のアルゴリズムの変種を使用します。

47　OFFSET の代わりに、ORDINAL を使用する場合は、1 から始まります。

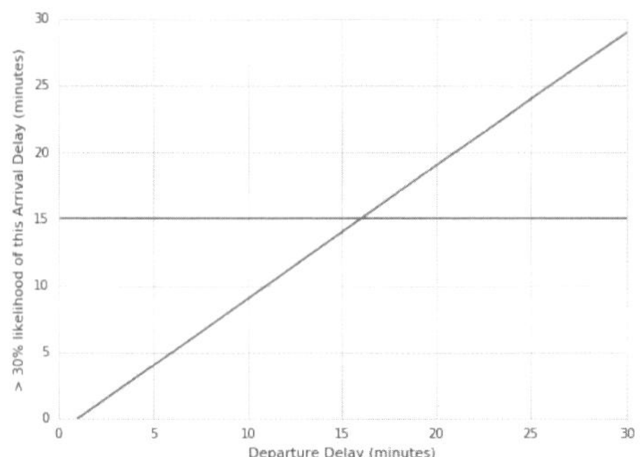

図5-24：経験的確率分布に基づく結果

5.5.3 結局のところ……

上記のグラフから、正規分布を仮定しない場合の閾値は 16 分と決まります。出発が 16 分以上遅延している場合は、15 分以上遅れて到着する可能性が 30%以上あるということです。

ただし、上記の閾値は、かなり控えめな仮定に基づいていることを思い出してください。15 分以上遅延する確率が 30%以上という条件で会議をキャンセルするという前提ですが、より高いリスクを受け入れるというユーザーもいるかも知れませんし、顧客が少々待たされても迷惑にならないという状況もあり得ます。このような場合は、どうすれば良いでしょうか。たとえば、15 分以上遅れる可能性が 70%以上の場合に、会議をキャンセルしてはどうでしょうか。この条件の下に、対応する閾値を計算することは同じ方法で簡単にできるでしょう。今回用意した確率的なフレームワークには、ユーザーやシナリオに応じて、異なる条件での閾値を設定できるという利点があります。

5.6 モデルの評価

それでは、このアドバイスは、現実的にどのぐらい有効なのでしょうか？　キャンセルを決定した場合、それが正しい判断となる（到着遅延時間が実際に 15 分を超える）のはどの程度あり、キャンセルしないと決定した場合、それが正しい判断となる（到着遅延時間が 15 分未満に留まる）のはどの程度あるのでしょうか？　この質問に答えるには、独立したサンプルを用意して、実際にテストする必要があります。モデルをより洗練していくには、このようなテストはより重要になりますので、ここで、この課題を解決しておくことにします。

独立したサンプルを用意するには、大きくは 2 つのアプローチがあります。

1 新しいデータを収集する。たとえば、BTS で 2016 年以降のデータをダウンロードして、そのデータセットでモデルを評価する。

2　2015 年のデータを 2 つに分割する。最初の部分（トレーニングセット）でモデルを作成して、2 つ目の部分（テストセット）でモデルを評価する。

新しいデータを取得するのは困難なことが多いので、一般には、2 番目のアプローチを選択します。ここでは実用性を考慮して、この方法を試してみます[48]。

データを分割するときは、いくつかの注意が必要です。それぞれのセットが完全なデータセットの特徴（予測対象との関係性）を反映しており、さらに、テストセットがトレーニングセットから独立していることを確認する必要があります。この意味を理解するために、いくつかの分割方法を試して、なぜそれが機能しないのかを説明していきます。

5.6.1　ランダムシャッフル

データセット内のすべての行をランダムにシャッフルし、最初の 70%をトレーニングセットとして選択し、残りの 30%をテストセットとして選択します。たとえば、BigQuery の RAND() 関数を用いると、次のようなクエリが構成できます。

```
#standardsql
SELECT
  ORIGIN, DEST,
  DEP_DELAY,
  ARR_DELAY
FROM
  flights.tzcorr
WHERE
  RAND() < 0.7
```

RAND() 関数は、0〜1 の間の値を返すため、これにより、全体の約 70%のレコードがランダムに選択されます。しかしながら、このサンプリング手法には、次のような問題があります。

1　トレーニングセットとテストセットを別々にサンプリングした場合、同一のレコードが両方のデータセットに含まれる可能性がある。

2　RAND() 関数は、実行するたびに異なる結果を返す。複数のモデルを構築する場合、それぞれのモデルが異なるテストセットで評価されていると、モデル間の比較が困難になる（BigQuery では、複数のワーカーが並列処理を行うため、クエリの結果に含まれる行の順序が保証されない。したがって、乱数のシードを設定して同一の乱数を発生しても、結果が同一になるとは限らない）。

さらに、今回使用するフライトデータの場合、それぞれのレコードは独立しているわけでは

[48] この後の章では、データ分割による評価に基づいてさまざまな判断を行いますが、最後の第 10 章では、2016 年のデータを真に独立したテストセットとして、モデルの最終評価を行います。

ありません。同じ日のフライトは、天候やトラフィックなどから同一の影響を受けるので、なんらかの相関を持ちます。トレーニングセットとテストセットをランダムに選択した場合、これらのデータセットに相関が生まれてしまい、独立なデータセットにはなりません。レコードをランダムにシャッフルするという手法は、レコード間に依存関係がないデータセットに対して有効な手法となります。

2015 年 1 月〜9 月はトレーニングデータ、10 月〜12 月はテストデータとして分割するという方法もありますが、フライト遅延が季節の影響を受ける場合、この分割は「代表性テスト」に失敗します。トレーニングセットとテストセットは、いずれも、年間を通した全データセットを代表するデータにはなりません。

5.6.2 日付ごとに分割

この問題を解決するには、データセット内のユニークな日付を取り出して、ランダムに選択した 70%の日付のデータをトレーニングセットにして、残りをテストセットにするという方法があります。さらに、同じデータ分割を再現できるように、日付の分割結果を BigQuery のテーブルに保存しておきます。

はじめに、データセット内のすべての日付を取得します。

```
#standardsql
SELECT
  DISTINCT(FL_DATE) AS FL_DATE
FROM
  flights.tzcorr
ORDER BY
  FL_DATE
```

次に、これらのランダムな 70%をトレーニング用に選びます。

```
#standardsql
SELECT
  FL_DATE,
  IF(MOD(ABS(FARM_FINGERPRINT(CAST(FL_DATE AS STRING))), 100) < 70,
    'True', 'False') AS is_train_day
FROM (
  SELECT
    DISTINCT(FL_DATE) AS FL_DATE
  FROM
    `flights.tzcorr`)
ORDER BY
  FL_DATE
```

上記のクエリでは、サブクエリで得られたユニークな日付について、そのハッシュ値を

FarmHash ライブラリ[49]で計算しています。is_train_day フィールドは、ハッシュ値の最後の 2 桁が 70 未満の場合に True に設定されます。このクエリの結果は、図 5–25 のようになります。

Row	FL_DATE	is_train_day
1	2015-01-01	True
2	2015-01-02	False
3	2015-01-03	False
4	2015-01-04	True
5	2015-01-05	True
6	2015-01-06	False
7	2015-01-07	True
8	2015-01-08	True
9	2015-01-09	True
10	2015-01-10	True

図5–25：日付によるデータの分割

最後のステップは、この結果を BigQuery のテーブルとして保存することです。これは、BigQuery のコンソールで、[Save as Table] ボタン[50]を用いて行います。ここでは、trainday という名前のテーブルに保存しておきます。

一部の章では BigQuery を使用しないので、その時のために、同じ内容を CSV ファイルに保存しておきます。テーブル名の横にある図 5–26 に示したメニューから、テーブルの内容をエクスポートすることができます。

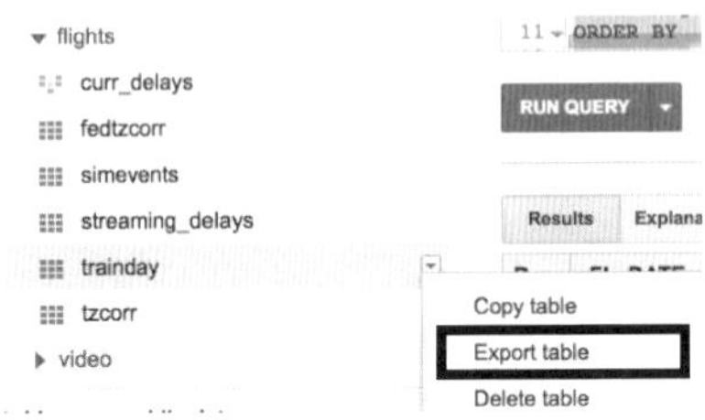

図5–26：BigQuery のテーブルのエクスポート

エクスポートのオプションでは、Cloud Storage に gs://cloud-training-demos-ml/flights/trainday.csv として保存するように指定します（バケット名は、実際に使用するものに変更してください）。

[49] https://opensource.googleblog.com/2014/03/introducing-farmhash.html、および https://github.com/google/farmhash を参照。

[50] 新しい UI では「結果を保存する > BigQuery テーブル」の順で選択します。

5.6.3 トレーニングとテスト

トレーニング用データの日付が決まったので、もう一度、トレーニングデータのみを使用して、30 パーセンタイルによる閾値の決定を行います。これには、元のクエリにおける、

```
FROM
  'flights.tzcorr'
```

の部分を次のように変更します。

```
FROM
  'flights.tzcorr' f
JOIN
  'flights.trainday' t
ON
  f.FL_DATE = t.FL_DATE
WHERE
  t.is_train_day = 'True'
```

これにより、is_train_day が True の日付のレコードのみを用いた処理が行われます。Cloud Datalab における、新しいクエリは次のようになります。

```
%sql --dialect standard --module depdelayquery3
#standardsql
SELECT
  *
FROM (
  SELECT
    DEP_DELAY,
    APPROX_QUANTILES(ARR_DELAY,
      101)[OFFSET(70)] AS arrival_delay,
    COUNT(ARR_DELAY) AS numflights
  FROM
    'cloud-training-demos.flights.tzcorr' f
  JOIN
    'flights.trainday' t
  ON
    f.FL_DATE = t.FL_DATE
  WHERE
    t.is_train_day = 'True'
  GROUP BY
    DEP_DELAY )
WHERE
  numflights > 370
ORDER BY
  DEP_DELAY
```

結果をプロットするコードは、最初の行のクエリ名を除いて、さきほどと同じです。

```
depdelay = bq.Query(depdelayquery3).to_dataframe()
plt.axhline(y=15, color='r')
ax = plt.axes()
depdelay.plot(kind='line', x='DEP_DELAY', y='arr_delay_30',
              ax=ax, ylim=(0,30), xlim=(0,30), legend=False)
ax.set_xlabel('Departure Delay (minutes)')
ax.set_ylabel('> 30% likelihood of this Arrival Delay (minutes)')
```

この結果は図5-27の通りです。グラフの交点はさきほどと変わらないことが確認できます。

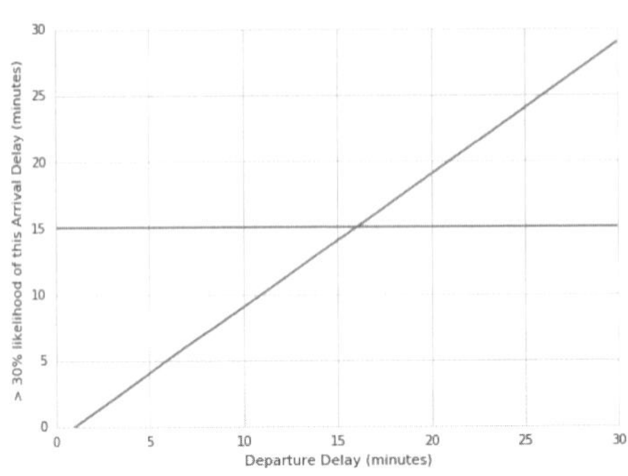

図5-27：トレーニングデータのみによる結果

つまり、データの70%を用いて経験的確率モデルを作成した場合も、出発遅延時間の閾値は16分ということになります。

次に出発遅延時間における16分という判断基準について、15分以上の到着遅延を予測するという観点から評価を行います。そのためには、会議を間違ってキャンセルしたり、キャンセルせずに遅刻した回数を求める必要があります。テストデータを参照する次のクエリを使用して、これらの回数を計算することができます。

```
#standardsql
SELECT
  SUM(IF(DEP_DELAY < 16
      AND arr_delay < 15, 1, 0)) AS correct_nocancel,
  SUM(IF(DEP_DELAY < 16
      AND arr_delay >= 15, 1, 0)) AS wrong_nocancel,
  SUM(IF(DEP_DELAY >= 16
      AND arr_delay < 15, 1, 0)) AS wrong_cancel,
  SUM(IF(DEP_DELAY >= 16
      AND arr_delay >= 15, 1, 0)) AS correct_cancel
FROM (
  SELECT
    DEP_DELAY,
    ARR_DELAY
```

```
FROM
  'flights.tzcorr' f
JOIN
  'flights.trainday' t
ON
  f.FL_DATE = t.FL_DATE
WHERE
  t.is_train_day = 'False' )
```

トレーニングセットで閾値を計算していた時とは異なり、ここでは、外れ値（特定の出発遅延時間に対するフライト数が370便以下のデータ）を除去していない点に注意してください。外れ値の除去はトレーニング処理の一部であり、テストの際は行いません。このクエリは、テストセット、すなわち、トレーニングデータではない日付のデータに対して実行される点も大切なポイントです。BigQueryで実行すると、図5–28の結果が得られます。

	correct_nocancel	wrong_nocancel	wrong_cancel	correct_cancel
0	4493692	238360	188140	773612

図5–28：テストデータに対するクロス集計結果

たとえば、キャンセルした場合に注目すると、全部で $188,140+773,612=961,752$ 便について会議をキャンセルすることになります。ここで、キャンセルしなかった場合とキャンセルした場合のそれぞれにおいて、その判断が正しかった割合をCloud Datalabで計算してみます。

```
eval = bq.Query(evalquery).to_dataframe(dialect='standard')
print eval['correct_nocancel'] / (eval['correct_nocancel'] + \
eval['wrong_nocancel'])
print eval['correct_cancel'] / (eval['correct_cancel'] + \
eval['wrong_cancel'])
```

この結果は、図5–29のようになります。

```
eval = bq.Query(evalquery).to_dataframe(dialect='standard')
print eval['correct_nocancel'] / (eval['correct_nocancel'] + \
eval['wrong_nocancel'])
print eval['correct_cancel'] / (eval['correct_cancel'] + \
eval['wrong_cancel'])

0    0.949629
dtype: float64
0    0.804378
dtype: float64
```

図5–29：キャンセルする場合としない場合の正解率

これより、会議の続行を推奨する場合は、95%が正しく、キャンセルを推奨する場合は、80%が正しかったことがわかります。

到着が15分以上遅延する確率が30%以上の時にキャンセルを推奨するわけですから、キャンセルの推奨が正しい確率は30%程度と考えるかも知れませんが、そういうわけではありません。16分という閾値を決定した方法を思い出すと、これは、「出発遅延時間が16分の場合は、到着が15分以上遅延する確率が30%」という事実に基づいていました。つまり、出発遅延時間が16分のデータに限定すれば、キャンセルという判断が正しい確率は30%程度になりますが、出発遅延時間がより大きいデータの場合は、キャンセルという判断はより高い確率で正解になります。「確率が30%の時にキャンセルを推奨する」と「確率が30%以上の時にキャンセルを推奨する」の違いに注意してください。統計学の用語で言うならば、出発遅延時間を特定した周辺分布の確率で閾値を決定しているのに対して、正解率の評価は、すべてのデータを集めた完全分布に対する確率で行っているということです。

出発遅延時間が15分（キャンセルしない境界値）と16分（キャンセルする境界値）のデータに限定して、判断が正しかった割合を評価すると、次のようになります。

```
%sql --dialect standard --module evalquery2
#standardsql
SELECT
  SUM(IF(DEP_DELAY = 15
      AND arr_delay < 15, 1, 0)) AS correct_nocancel,
  SUM(IF(DEP_DELAY = 15
      AND arr_delay >= 15, 1, 0)) AS wrong_nocancel,
  SUM(IF(DEP_DELAY = 16
      AND arr_delay < 15, 1, 0)) AS wrong_cancel,
  SUM(IF(DEP_DELAY = 16
      AND arr_delay >= 15, 1, 0)) AS correct_cancel
...
```

このクエリを実際に実行すると、キャンセルした場合の正解率は30.2%であり、ほぼ予想通りの結果となりました。同様の理由により、キャンセルしない場合の正解率は、およそ70%になっています。

5.7 まとめ

本章では、探索的データ分析を実施しました。大規模なデータセットを対話的に分析するため、BigQueryにフライトデータをロードして、数百万行のデータセットに対するクエリを数秒で実行できる環境を用意しました。また、統計的プロットを作成する洗練された環境を用意するために、Cloud Datalabを用いて、Jupyterノートブックを利用しました。

また、本章のモデルでは、出発遅延時間の閾値を決定するために、到着遅延時間の上位30パーセンタイルに対する推定を行いました。ここでは、確率分布の形を限定しないノンパラメトリック推定を用いています。最後に、全データセットを日付別にランダムに分割することでトレーニングセットとテストセットを用意し、モデルから得られた閾値の精度を評価しました。

第6章

Cloud Dataprocによるベイズ分類器

第5章では、BigQueryを用いたデータ分析について説明しました。BigQueryには、クラスタの管理が不要という大きな特徴がありましたが、パブリッククラウドを使えば、あらゆる種類のクラスタ管理がなくなるというわけではありません。残念ながら（?）本章では、Hadoopクラスタの管理を説明する必要があります。クラウドを用いたデータサイエンスの全体像を説明することが本書の目的であり、今現在、多くの企業でHadoopは重要な役割を果たしていますので、この話題を避けるわけにはいきません。幸いなことに、Google Cloud Dataproc[1]を利用すると、MapReduce、Pig、Hive、Sparkを実行するためのHadoopクラスタを簡単に構築することができます。クラスタの管理をなくすことはできませんが[2]、Apache SparkやApache Pigを利用すれば、低レベルのMapReduceジョブをコーディングする作業からは開放されるでしょう。

モデルの作成に関しては、本章では、データサイエンスの次の段階へと進み、フライトの到着遅延時間を予測するためのベイズモデルを作成します。ここでは、BigQuery、Spark SQL、Apache Pigを用いた統合的なワークフローを構築するとともに、Cloud Dataprocを用いて、ジョブの種類に応じたHadoopクラスタを構成する方法を説明します。

6.1 MapReduceとHadoopエコシステム

Jeff DeanとSanjay Ghemawatは、大規模データセットを複数のノードからなるクラスタで分散処理する方法として、MapReduceのアーキテクチャを論文で公開しました[3]。この中

---

1 https://cloud.google.com/dataproc

2 たとえば、1,000ノードのクラスタを構築してSparkジョブを実行すれば、BigQueryと同様にクラスタサイズを気にせずに利用することもできますが、大部分の時間、クラスタのリソースはアイドル状態になってしまいます。開発中は3ノードのクラスタを稼働させておき、フルデータセットを処理する際に20ノードに拡張すると言った運用が、現実には必要になるでしょう。

3 https://research.google.com/archive/mapreduce.html

で、現実世界の多くのデータ処理は、2 種類の機能に分解できることが説明されています。1 つは、データからキー・バリューペアを生成する map 処理で、もう 1 つは、同じキーを持つバリューを統合する reduce 処理です。この MapReduce モデルに従って記述されたコードは、汎用的な MapReduce フレームワークによって、クラスタ上で実行されます。入力データを分割して、クラスタを構成するノードにジョブを割り当てる処理、あるいは、ノード障害に伴うジョブの再実行などは、すべてフレームワークによって自動化されます。

6.1.1 MapReduce の仕組み

MapReduce の仕組みを理解するために、大量の文書ファイルから、すべての単語の出現回数を計算するという問題について考えます。MapReduce が登場する以前は、これは非常に難しい問題でした。1 つの解決策は、処理を実行するマシンのスペックをスケールアップするという方法です[4]。単語の出現回数を表すテーブルをメモリ上に保持しておき、文書内に単語が出現するたびにこれを更新します。これは、次の擬似コードで表すことができます。

```
wordcount(Document[] docs):
    wordfrequency = {}
    for each document d in docs:
        for each word w in d:
            wordfrequency[w] += 1
    return wordfrequency
```

このコードは、マルチスレッド化することもできます。それぞれのスレッドが異なる文書を処理しながら、メモリ上で共有した単語の出現回数のテーブルをスレッドセーフな形で更新していきます。しかしながら、単一サーバーの処理能力を超えた文書量になると、複数のサーバーに文書を割り当てて、スケールアウトする必要が生まれます。MapReduce モデルに従うのであれば、map と reduce の 2 つのメソッドは次のようになります。

```
map(String docname, String content):
    for each word w in content:
        emitIntermediate(w, 1)

reduce(String word, Iterator<int> intermediate_values):
    int result = 0;
    for each v in intermediate_values:
        result += v;
    emit(result);
```

map と reduce のオーケストレーション、および、reduce の前に必要となる group-by-key

[4] 第 2 章で、データセンター技術の観点から、スケールアップ、スケールアウトなどの関連トピックを説明しています。

の実行は、MapReduce フレームワークによって実施されます。フレームワークが実施する処理は、擬似コードで表現すると次のようになります。

```
wordcount(Document[] docs):
    for each doc in docs:
        map(doc.name, doc.content)
    group-by-key(key-value-pairs)
    for each key in key-values:
        reduce(key, intermediate_values)
```

また、ネットワーク帯域がボトルネックにならないように、文書データは、計算ノードのローカルディスクに事前に保存しておきます[5]。データはクラスタ上にシャーディングされているものとして、それぞれのノード上のデータに対応した map 処理が、フレームワークによって割り当てられます。これは、図 6–1 のように表すことができます。

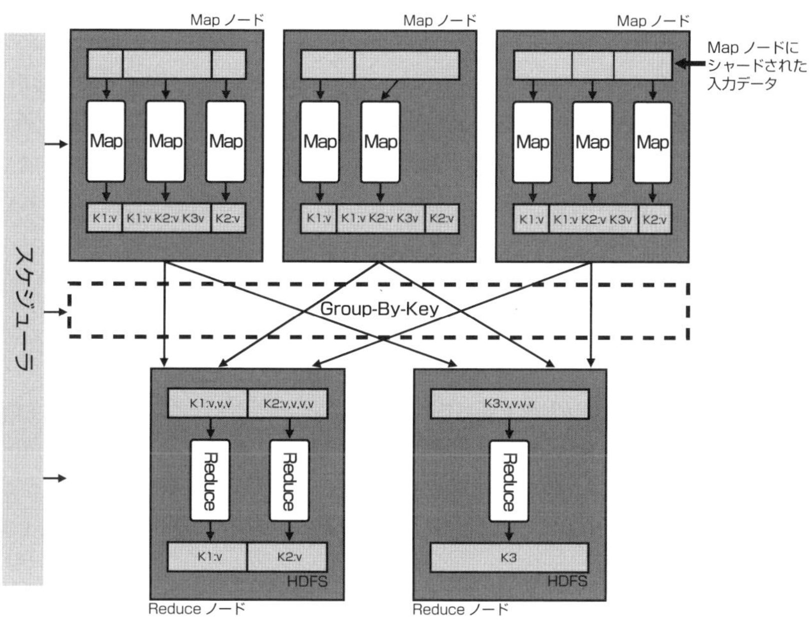

図6–1：MapReduce のアーキテクチャ

この図からもわかるように、1 つのマシンに複数の map ジョブ、もしくは、reduce ジョブ

[5] Jeff Dean と Sanjay Ghemawat によるスライド（https://research.google.com/archive/mapreduce-osdi04-slides/index-auto-0006.html）の 6 ページ目を参照。彼らが提案した MapReduce アーキテクチャでは、クラスタには、限られたネットワーク帯域とかなり遅いローカルディスクがあると仮定しています。

が割り当てられます。また、map 処理と reduce 処理の中間部分で、大規模な group-by-key の処理が行われます。

6.1.2 Apache Hadoop

Dean と Ghemawat が MapReduce の論文を発表したとき、MapReduce の実装そのものはオープンソース化されませんでした[6]。その後、Doug Cutting は、Google のいくつかの論文に基づき、オープンソースの Web クローラーである Apache Nutch[7]の一部として、Hadoop[8]を開発しました[9]。Cutting は Google ファイルシステム[10]（Google Cloud Platform 内で使用されている Colossus ファイルシステム[11]の前身）に基づいて分散ファイルシステムを設計し、さらに、MapReduce の論文に基づいてデータ処理フレームワークを設計しました。これら 2 つのコンポーネントは、2006 年に Hadoop として独立し、それぞれ、Hadoop Distributed File System（HDFS）、および、MapReduce エンジンになりました。

現在、Hadoop の開発は、Apache Software Foundation の支援の下で行われています。Hadoop は、MapReduce のアルゴリズムによるアプリケーションを実行するフレームワークで、クラスタ上での並列データ処理を実現します。フレームワーク上で実行する MapReduce アプリケーション（すなわち、map 処理と reduce 処理）を記述するための Java ライブラリに加えて、スケジューラ（YARN）と分散ファイルシステム（HDFS）を提供します。入出力ファイルの場所（通常は、HDFS 上のファイル）を指定して、map 処理と reduce 処理を実装した Java クラスをアップロードすると、Hadoop によってジョブが実行されます。

6.1.3 Google Cloud Dataproc

Hadoop のジョブを実装する事前準備として、Hadoop の実行環境を用意する必要があります。これには、クラスタのセットアップ、Hadoop のインストール、クラスタ内のマシンを登録して安全な通信経路を確保するといった手順が含まれます。その後、YARN と MapReduce のプロセスを起動して、ようやく、MapReduce のコードを書く準備が整います。しかしながら、Google Cloud Platform では、これらの準備が整った Hadoop クラスタを gcloud コマンド 1 つで用意できます[12]。

6　最近の Google の研究論文では、Kubernetes、Apache Beam、TensorFlow など、オープンソースによる実装が同時に提供されています。

7　https://nutch.apache.org/

8　https://hadoop.apache.org/

9　https://emergingtechblog.emc.com/an-interview-with-doug-cutting-the-founder-of-hadoop/

10　https://research.google.com/archive/gfs.html

11　https://cloud.google.com/blog/products/gcp/bigquery-under-the-hood

12　第 3 章で説明したように、gcloud コマンドは REST API を呼び出しているだけなので、同じことをプログラムからも実行できます。GCP の Web コンソールを使用することも可能です。

```
gcloud dataproc clusters create \
  --num-workers=2 \
  --scopes=cloud-platform \
  --worker-machine-type=n1-standard-2 \
  --master-machine-type=n1-standard-4 \
  --zone=us-central1-a \
  ch6cluster
```

上記のコマンドを実行すると、約 90 秒で Cloud Dataproc のクラスタが作成されて、すべての準備が整います。コマンドのパラメータは、ほとんどが自明だと思いますが、scopes パラメータについては説明が必要でしょう。これは、このクラスタのサービスアカウントに割り当てる、Cloud IAM の役割を示します。たとえば、このクラスタで実行するジョブから Cloud Bigtable を操作し、さらに、BigQuery クエリを呼び出す必要がある場合は、次のように指定します。

```
--scopes=https://www.googleapis.com/auth/bigtable.admin,bigquery
```

さきほどの例では、クラスタ上のジョブから、すべての GCP サービスを利用できるように設定しています。また、このクラスタで処理するデータが、Google Cloud Storage のシングルリージョンバケットにある場合は、--zone に同じゾーンを指定します。これにより、Google のデータセンター内の高速なネットワークを活用することができます。

また、上記のクラスタ作成コマンドでは、--bucket オプションによって、設定ファイルや制御ファイルを保存するステージングバケットを指定することもできますが、これについては、デフォルトのままにすることをお勧めします。Cloud Dataproc は、それぞれのリージョンに独自のステージングバケットを作成して、クラスタのゾーンに応じて、適切なバケットを選択するようになっており、ステージング情報とジョブ用のデータを分けて管理することができます。デフォルトのステージングバケットは、複数のクラスタを作成した時は（可能な場合は）再利用が行われます[13]。

Hadoop クラスタのノードに SSH でログインして、稼働状況を確認することもできます。GCP の Web コンソールで Dataproc のセクションを開き、新しく作成したクラスタのマスターノードの横にある、SSH ボタンをクリックすると、コンソールウィンドウが開きます。稼働中のすべてのノードの情報を取得するには、コンソールウィンドウで次のコマンドを実行します。

```
hdfs dfsadmin -report
```

---

13 Cloud Dataproc が作成したステージングバケットの名前は、次のコマンドで確認できます。
gcloud dataproc clusters describe

6.1.4 より高度なツール群

map 処理に、ローカルでの集約処理を加えることで、MapReduce アルゴリズムの実行効率が改善できることがあります。たとえば、map 処理を行うノード上で、reduce 処理の一部を事前に実行する（単語の出現回数を計算する例であれば、ノードごとに単語数の合計を求めておく）と、reduce 処理に受け渡すデータ量とそれに伴うネットワーク通信量が削減できます。これは combine 処理と呼ばれるもので、特に、reduce 処理の負荷にノード間の偏りがある場合に有効です。単語の出現回数を計算する場合、極端に出現頻度が高い単語（たとえば「the」）の reduce 処理を割り当てられたノードに負荷が偏ることは容易に想像できます。この場合、前述の combine 処理を行えば、すべての単語について、reduce 処理の計算量は、map 処理のジョブ数でおさえられることになります。ただし、combine 処理の内容は、必ずしも reduce 処理と一致するわけではありません。たとえば、平均値を計算する場合、combine 処理では、部分的な平均値を計算するのではなく、その時点での合計値とデータ数を記録する必要があります[14]。つまり、combine 処理の適用は機械的に行えるものではなく、MapReduce の処理内容に応じて、適切な処理を個別に考える必要があります。

単語数のカウントは、容易に並列化ができる典型例であり、単一の MapReduce 処理で簡単に実装することができます。しかしながら、より複雑なデータ処理を一連の MapReduce 処理に落とし込むのは、簡単なことではありません。たとえば、文書ファイルにおいて、単語の共起を計算する場合[15]、一般的には、ペア、または、ストライプという手法が用いられます。ペアの場合は、共起する単語のペアをキーとして、各ペアの頻度を集計します。一方、ストライプでは、それぞれの単語をキーとして、共起する単語をバリューとします。ペアを用いた場合、キーの種類が膨大になる一方、ストライプを用いた場合は、バリューに含まれる単語を個別に集計するという処理が必要になります。バリューについてのソートは、MapReduce のフレームワークでは行われませんが、バリューの一部をキーに含めるといったテクニックが用いられることもあります。現実の問題に MapReduce を適用する場合は、こういった点を考慮しながら、適切なデザインパターンを注意深く選択する必要があります。本章で開発するベイズ分類器では、部分的なソートと集計処理を用いた、分位数の計算が必要となりますが、低レベルの MapReduce 操作でこれを実装するのは、相当に面倒なことが想像できます。

このように、一般的なタスクを複数の MapReduce 処理に分解するのは、容易ではありません。ここで、典型的な処理に簡単に対応できるハイレベルなライブラリが求められるわけですが、実際に、さまざまな団体が Hadoop に対するアドオンとしてこれらを実装し、オープンソース化するようになりました。これが、現在の Hadoop エコシステムとして発展しました。

---

14 部分的な平均値を集めてそれらの平均を計算しても、（分割データがすべて同じサイズの場合を除いて）全体の平均値にはなりません。

15 単語の共起（Co-occurrence）とは、文中に 2 つの単語が同時に出現することを意味します。「item1 を購入する人は item2 も購入する」と言った、同時分布の問題にもあてはまる考え方です。

たとえば、Apache Pig[16]は、Hadoop で MapReduce 処理を簡単に実行する方法の 1 つです。Pig Latin という言語でコードを記述すると、一連の MapReduce 処理に変換されて、Apache Hadoop 上で実行されます。Pig Latin にはコマンドラインインタプリタが付属しているため、大規模なデータセットに対する処理を対話的に構成していくことができます。完成した処理をスクリプト化して、後から実行することも簡単にできます。これにより、複数のデータ変換を組み合わせた処理を容易に実装することができます。Pig は、複数の MapReduce 処理を最適化して組み合わせるため、コーディングの際は、実行効率を気にせずに自然な形で処理を記述することができます。

また、Apache Hive[17]は、分散ストレージ上のデータにテーブル型のスキーマを適用して、SQL によるクエリを実行できるようにします。Hive とのやりとりには、コマンドラインツールや JDBC ドライバを使用します。

Pig と Hive は、どちらも、分散ストレージシステムに中間結果を格納します。一方、Apache Spark[18]はインメモリ処理を採用しており、そのためのさまざまな最適化が実装されています。データパイプラインの多くは、初期の集計処理でデータ量を削減することにより、メモリ上での処理が可能になります。このような特性を活かすことで、Spark SQL は、Hive に比べて、圧倒的に高速な SQL クエリを実現しています。また、Spark のフレームワークは、（Pig や BigQuery と同様に）処理の流れを記述した有向非循環グラフ（DAG）を最適化するので、手作業で複数の MapReduce 処理を組み上げるよりも効率的な処理が実現できます。こういった点から、Spark の人気が高まり、機械学習、データマイニング、そして、ストリーミング処理のさまざまなパッケージが Spark 向けに提供されるようになりました。この後、本章では、Spark と Pig を用いたソリューションを構築していきます。ただし、Cloud Dataproc の環境そのものは、Hadoop、Pig、Hive、Spark など、上位のライブラリの種類に関係なく、任意の Hadoop ジョブを実行できる点に注意してください。

また、これらのソフトウェアパッケージは、すべて、Cloud Dataproc にデフォルトでインストールされています。たとえば、マスターノードに SSH でログインして、次のコマンドを実行すると、Spark がインストールされていることが確認できます。

```
pyspark
```

16 https://pig.apache.org/

17 https://hive.apache.org/

18 https://spark.apache.org/

6.1.5 Cloud Dataprocのベストプラクティス

この後、Cloud Dataprocのクラスタでジョブを実行する方法を説明していきますが、すべての作業が完了したら、次のコマンドでクラスタを削除することを忘れないでください。

```
gcloud dataproc clusters delete ch6cluster
```

これは、Hadoopを利用する際の一般的な手順とは異なります。オンプレミスのHadoopクラスタであれば、数か月前に構築したクラスタがそのまま残っているのは普通の状況です。しかしながら、Google Cloud Platformを利用する場合は、必要な作業が完了したら、クラスタを削除することをお勧めします。これには、2つの理由があります。まず、クラスタの構築は高速（通常2分以下で起動）で、自動化されています。クラスタ上で起動しているマシンにはコストが発生するので、使用していないクラスタを維持するのではなく、必要な時に再構築する方がコスト面で効率的です。また、オンプレミスのHadoopクラスタを維持する必要があるのは、HDFSに大切なデータが保存されていることも理由の1つです。一方、Cloud Dataprocを使用する場合は、さきほど`hdfs`コマンドを用いたことからもわかるように、HDFSを使用することもできますが、これはお勧めしません。Cloud Storageにデータを保存しておき、MapReduceのジョブが、Cloud Storage上のデータに直接アクセスするようにします。データを事前配置したノードに`map`処理を割り当てるというのは、ネットワーク速度が制限された環境でのベストプラクティスであり、高速なデータセンターネットワークを備えたGoogle Cloud Platformの環境にはあてはまりません。図6-2に示すように、Cloud Storageに永続データを保存して、一時的に構築したクラスタからアクセスするという利用方法をお勧めします。

Googleのデータセンターの高速なネットワークを用いた場合、Hadoopの典型的なワークロードである大容量ファイルのシーケンシャルリードについては、HDFSに匹敵する速度が得られます。小さなファイルを頻繁に読み取る場合は、Cloud Storageからの読み取りはHDFSより遅くなる可能性がありますが、その場合でも、ノード数を増やすことで処理全体を高速に保つことができます。データの保存場所がノードから分離しているので、ノード数は自由に増やせる点に注意してください。HDFSを用いたオンプレミスのHadoopクラスタは、一般的に、稼働率があまり高くない（無駄なリソースが多い）ことを考えると、一時的にその数倍のサイズのクラスタを用いたとしても、コスト的には優位性があると言えるでしょう。稼働率の低いクラスタを永続的に保持するよりは、大量のマシンで素早くジョブを完了させて、即座にクラスタを削除した方がよいわけです。もちろん、実際のコストは、ジョブの種類によって変わるので、目的に応じてコストを見積もることは必要です[19]。この際、プリエンプティブインスタンスの利用もコストの削減に効果的です[20]。この後で見るように、一定数の標準インスタンス

---

19 コストの見積もりは、`https://cloud.google.com/products/calculator/`を参照してください。

20 `https://cloud.google.com/preemptible-vms/`を参照。

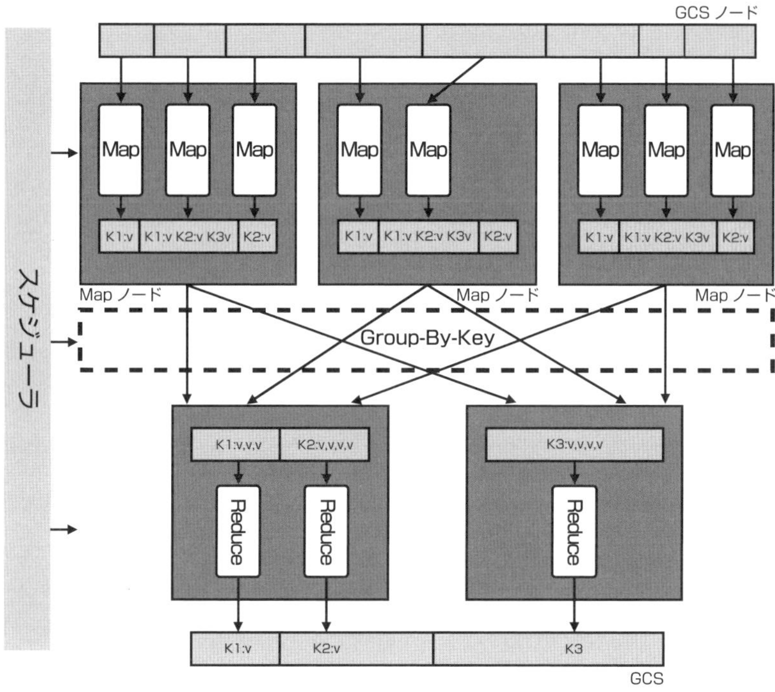

図6-2：Google Cloud Strage（GCS）を用いた MapReduce アーキテクチャ

に、多数のプリエンプティブインスタンスを組み合わせてクラスタを構成することができます。

6.1.6 初期化アクション

Cloud Dataproc では、デフォルトの Hadoop クラスタだけではなく、個々のノードに特定のソフトウェアをインストールすることもできます[21]。Cloud Dataproc でクラスタを構築する際に、マスターとスレーブのそれぞれのノードに特定の初期化処理を行うには、「初期化アクション」を使用します。これは、Cloud Storage に保存しておいた初期化用スクリプトをそれぞれのノードで実行する機能です。たとえば、GitHub リポジトリをクラスタのマスターノードにクローンしたい場合は、次の手順に従います。

1 初期化処理を行うスクリプト `install_on_cluster.sh` を作成します[22]。

21 たとえば、ジョブの実行に必要なサードパーティ製のライブラリを事前にインストールしておくと、ジョブと一緒にこれらのライブラリを配布する必要がなくなります。

22 このスクリプトは、GitHub リポジトリの `06_dataproc/install_on_cluster.sh` にあります。

```
#!/bin/bash

# install Google Python client on all nodes
apt-get update
apt-get install -y python-pip
pip install --upgrade google-api-python-client

# git clone on Master
USER=CHANGE_TO_USER_NAME
ROLE=$(/usr/share/google/get_metadata_value attributes/dataproc-role)
if [[ "${ROLE}" == 'Master' ]]; then
  cd home/$USER
  git clone https://github.com/GoogleCloudPlatform/data-science-on-gcp
fi
```

2 作成したスクリプトを Cloud Storage に保存します。

```
BUCKET=cloud-training-demos-ml
INSTALL=gs://$BUCKET/flights/dataproc/install_on_cluster.sh
gsutil cp install_on_cluster.sh $INSTALL
```

3 上記のスクリプトを指定してクラスタを作成します[23]。

```
ZONE=us-central1-a
gcloud dataproc clusters create \
  --num-workers=2 \
  --scopes=cloud-platform \
  --worker-machine-type=n1-standard-2 \
  --master-machine-type=n1-standard-4 \
  --zone=$ZONE \
  --initialization-actions=$INSTALL \
  ch6cluster
```

クラスタの構築が完了すると、マスターノードに GitHub のリポジトリがクローンされていることがわかります。

6.2 Spark SQL を使用した変数の離散化

これまでは、フライトの到着遅延時間を予測するために、出発遅延時間という 1 つの変数のみを使用してきました。しかしながら、フライトが長くなればなるほど、パイロットが出発時の遅延を取り戻せる可能性が高くなることは自然に予想できます。つまり、フライト距離は、到着遅延時間に影響する変数の 1 つと言えます。そこで、出発遅延時間とフライト距離の 2 つ

[23] このスクリプトは、GitHub リポジトリの 06_dataproc/create_cluster.sh にあります。実際にスクリプトを実行する場合は、README.md に従い create_cluster.sh を実行して下さい。

の変数を用いた統計モデルを作ってみることにします。

このようなモデルの一例として、表 6-1 のように、それぞれの変数値の範囲でフライトをグループ分けするという手法があります。

表6-1：変数値の範囲でデータをグループ分けする

		出発遅延時間（単位：分）			
		<10	**10〜12**	**12〜15**	**>15**
フライト距離（単位：マイル）	**<100**	例： 到着遅延時間 ≥15 分：150 便 到着遅延時間 <15 分：850 便 ⇒ 15 分未満の 到着遅延時間の割合は $850/(150+850) = 85\%$			
	100〜500				
	>500				

それぞれのセルにおいて、到着遅延時間が 15 分以上のフライトと 15 分未満のフライトの数を求めた後に、セル内における 15 分未満のフライトの割合を計算します。意思決定の閾値は 70%（到着遅延が 15 分以内に収まる確率が 70%未満の場合に、会議をキャンセルするという前提でした）なので、到着遅延時間が 15 分未満のフライトの割合が 70%未満であれば、会議をキャンセルするという判断になります。これはベイズ分類と呼ばれる手法で、統計モデルは数行のコードで構築できるほど簡単なものです。

ここで、少しだけ数学的な説明を追加しておきます。確率の用語で言うと、それぞれのセルでは、条件付き確率 $P(C_{ontime}|x_0, x_1)$ と $P(C_{late}|x_0, x_1)$ を推定しています。ここで、(x_0, x_1) は予測のための変数（フライト距離と出発遅延時間）、C_k は到着遅延時間の値による 2 クラスのうちいずれかを示します。条件付き確率 $P(C_k|x_i)$ というのは、たとえば、$(x_0, x_1) = (120$ マイル、8 分) とわかっている時にフライトが遅延する確率を示します。(x_0, x_1) が入っているセルを見つけて $P(C_{ontime}|x_0, x_1)$ を推定し、これが 70%未満の場合は、会議をキャンセルするということになります。

この例のように、変数の値によってデータセットを分割するというのは、条件付き確率を推定する上では最も簡単な方法ですが、それぞれのセルに十分な数のデータが存在する必要があります。今の場合、2 変数では問題なさそうですが、20 変数になった場合はどうでしょうか？

出発空港が TUL、約 350 マイルのフライト距離、約 10 分の出発遅延時間、約 4 分のタクシーアウト時間、および、フライトが出発する時間が午前 7 時ごろ、これだけの条件をつけた場合、十分なフライト数は確保できるでしょうか？

変数の数が増加するにつれて、条件付き確率を推定するには、より洗練された手法が必要となります。予測に用いるそれぞれの変数が独立していると仮定できる場合は、よりスケーラブルな手法として、ナイーブ・ベイズと呼ばれる方法があります。この場合は、それぞれの変数

に対する条件付き確率、すなわち、$P(C_{ontime}|x_0)$、$P(C_{ontime}|x_1)$ など別々に計算して、それらの積として $P(C_k|x_i)$ を求めます。一方、今回のように、2 変数だけの場合や十分に大きなデータセットの場合は、変数の独立性を仮定せず、直接に条件付き確率を推定することができます。

6.2.1 Google Cloud Datalab と Cloud Dataproc

ここからは、対話的な開発環境を用いて、ベイズ分類器を作成していきます。Cloud Dataproc で Hadoop クラスタを構築した後に、マスターノードに SSH 接続して、Spark REPL（Apache Spark の CLI 環境）で開発するという方法もありますが、ここでは、マスターノードに Cloud Datalab をインストールして、ノートブック環境で開発を行います。

さきほど説明した初期化アクションで、マスターノードに Cloud Datalab をインストールするスクリプトが GitHub のリポジトリ[24]で公開されており、スクリプトのコピーが Cloud Storage の公開バケット `gs://dataproc-initialization-actions/`にも用意されています。そこで、下記の初期化アクションを指定すれば、Cloud Datalab がインストールされたクラスタが起動します。

```
--initialization-actions=gs://dataproc-initialization-actions/datalab/datalab.sh
```

ただし、マスターノードの IP アドレスを知っている第三者が勝手に Cloud Datalab に接続しないよう、接続用ポート（8080 ポート）は外部に公開されていません。ローカルの端末からは、SSH トンネルを介してアクセスする必要があります。これには、次の手順に従います。

1. ローカルマシンのコマンド端末（CloudShell ではありません）で、次のコマンドを実行して、SSH トンネルを開始します。

```
ZONE=us-central1-a
gcloud compute ssh --zone=$ZONE \
  --ssh-flag="-D 1080" --ssh-flag="-N" --ssh-flag="-n" \
  ch6cluster-m
```

2. SSH トンネルを Proxy に設定した Chrome セッションを開始します。（他の Chrome ウィンドウは開いたままで構いません。）

```
rm -rf /tmp/junk
/usr/bin/chrome \
  --proxy-server="socks5://localhost:1080" \
  --host-resolver-rules="MAP * 0.0.0.0 , EXCLUDE localhost" \
  --user-data-dir=/tmp/junk
```

---

[24] `https://github.com/GoogleCloudPlatform/dataproc-initialization-actions/`

Chrome の実行ファイルへのパスは、環境に応じて変更してください[25]。`/tmp/junk` は、削除されても構わない任意の作業用ディレクトリを指定します。

3 起動した Chrome のウィンドウから、`http://ch6cluster-m:8080/`にアクセスします。既存のプロキシ設定がある場合は、Chrome の設定で無効にする必要があるかも知れません。

Cloud Datalab に接続したら、「ungit」アイコンを用いて GitHub リポジトリをクローンして[26]、本章のコードを含むノートブックを開きます[27]。

6.2.2 BigQuery によるデータ分布の確認

各セルにおける遅延フライトの割合を計算する前に、出発遅延時間とフライト距離をどのように離散化するのか、つまり、セルの境界値をどのように設定するのかを考える必要があります。この時、十分なフライト数がないセルがあると、その部分は適切な推定ができなくなります。それぞれのセルのフライト数が、均等になるよう離散化できれば理想的です。

そこで、まずは、フライト数の分布を可視化して全体のようすを確認することにします。Cloud Dataproc は Google Cloud Platform の各サービスと統合されており、Hadoop クラスタ上のノートブックからでも BigQuery を呼び出せます。次のコードでは、第 5 章と同様に、BigQuery から取得したデータを Pandas と seaborn で可視化しています。

```
sql = """
SELECT DISTANCE, DEP_DELAY
FROM `flights.tzcorr`
WHERE RAND() < 0.001 AND dep_delay > -20 AND dep_delay < 30 AND distance < 2000
"""
df = bq.Query(sql).to_dataframe(dialect='standard')
sns.set_style("whitegrid")
g = sns.jointplot(df['DISTANCE'], df['DEP_DELAY'], kind="hex",
                  size=10, joint_kws={'gridsize':20})
```

このクエリでは、全レコードの 1/1000 について、（常識的な範囲の値を持つ）出発遅延時間とフライト距離をサンプリングして、Pandas データフレームに格納しています。その後、seaborn を用いて、次の hexbin プロットを作成します（図 6–3）。

[25] 本文は、Linux の場合の例になります。macOS の場合は、次になります。
`/Applications/Google Chrome.app/Contents/MacOS/Google Chrome`

[26] リポジトリの URL は `http://github.com/GoogleCloudPlatform/data-science-on-gcp` です。新しいノートブックを開いて、セル内で次のコマンドを実行してリポジトリをクローンすることもできます。
`!git clone http://github.com/GoogleCloudPlatform/data-science-on-gcp`

[27] `06_dataproc/quantization.ipynb` を開いてください。

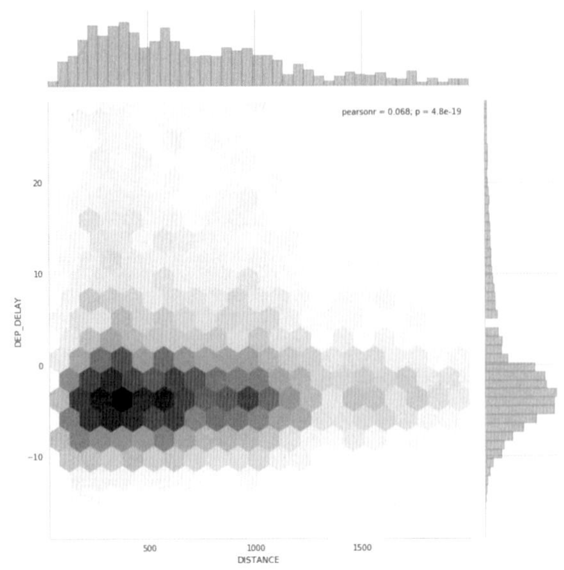

図6–3：フライト数の変化を表す hexbin プロット

この図では、横軸がフライト距離、縦軸が出発遅延時間を表しており、それぞれの六角形はフライト数に基づいて色分けされています。色が濃い部分は、より多くのフライトがあることを意味しており、出発遅延時間によるフライト数の変化は、フライト距離にほぼ依存せず、同様に、フライト距離によるフライト数の変化は、出発遅延時間にほとんど依存していません。これは、出発遅延時間とフライト数は独立な変数であることを意味しており、各セルのフライト数を均等にするには、それぞれの変数について、境界値を個別に設定してかまわないことがわかります。

グラフの上と右にあるヒストグラムは、フライト距離と出発遅延時間に対する、フライト数の変化を示します。フライト距離について見ると、約 1,000 マイルまではほぼ均等に分布しており、それを超えると徐々に減少することがわかります。一方、出発遅延時間については、-5 分近辺にフライトが集中しており、その両側に裾野が伸びています。したがって、フライト距離については、(少なくとも 0〜1,000 マイルの範囲については) 等間隔に分けることができます。出発遅延時間については、-5 分近辺は狭い幅で、その両側はフライト数に応じて幅を広げるといった工夫が必要になります。

ただし、上記のプロットはすべてのデータを参照しており、モデルの作成手順としては不適切です。モデルの開発は、トレーニングデータのみを用いて行う必要があるからです。そのためには、`traindays` テーブルを用いて、`is_train_day=True` の日のデータだけを抽出する必要があります。これは、BigQuery に対するクエリで実施することもできますが、今回は、Cloud

Dataproc の環境を用意しているので、練習のために、Spark SQL を用いて行うことにします。ここでは、BigQuery のテーブルの代わりに、Cloud Storage に保存した CSV ファイルをデータソースとして利用します。

6.2.3 Cloud Datalab における Spark SQL

Spark を操作するためのセッションは、Cloud Datalab に事前に用意されています。コード用のセルで次のコマンド実行すると、変数 `spark` にセッションが格納されていることがわかります。

```
print spark
```

スタンドアロン環境の場合は、次のコマンドで Spark セッションを作成することができます。

```
from pyspark.sql import SparkSession
spark = SparkSession \
    .builder \
    .appName("Bayes classification using Spark") \
    .getOrCreate()
```

このセッションを利用すると、次のようにして、Google Cloud Storage 内の CSV ファイルを読み込むことができます。

```
inputs = 'gs://cloud-training-demos-ml/flights/tzcorr/all_flights-*'
flights = spark.read \
    .schema(schema) \
    .csv(inputs)
```

変数 schema には、CSV ファイルの内容に対応したスキーマを指定します。これは、次のコードで事前に用意しており、今回扱う 3 つの列（`arr_delay`、`dep_delay`、`distance`）の型を適切に設定しています。他の列については、デフォルトで文字列とみなされます。

```
from pyspark.sql.types import *

header = 'FL_DATE,UNIQUE_CARRIER,AIRLINE_ID,CARRIER,FL_NUM,ORIGIN_AIRPORT_ID,ORIGI
N_AIRPORT_SEQ_ID,ORIGIN_CITY_MARKET_ID,ORIGIN,DEST_AIRPORT_ID,DEST_AIRPORT_SEQ_ID,D
EST_CITY_MARKET_ID,DEST,CRS_DEP_TIME,DEP_TIME,DEP_DELAY,TAXI_OUT,WHEELS_OFF,WHEELS_
ON,TAXI_IN,CRS_ARR_TIME,ARR_TIME,ARR_DELAY,CANCELLED,CANCELLATION_CODE,DIVERTED,DI
STANCE,DEP_AIRPORT_LAT,DEP_AIRPORT_LON,DEP_AIRPORT_TZOFFSET,ARR_AIRPORT_LAT,ARR_AIR
PORT_LON,ARR_AIRPORT_TZOFFSET,EVENT,NOTIFY_TIME'

def get_structfield(colname):
   if colname in ['ARR_DELAY', 'DEP_DELAY', 'DISTANCE']:
      return StructField(colname, FloatType(), True)
```

```
    else:
        return StructField(colname, StringType(), True)

schema = StructType([get_structfield(colname) \
                     for colname in header.split(',')])
```

最終的には、すべてのトレーニングデータを読み込んでモデルを作成したいところですが、開発の速度をあげるために、ここでは、入力ファイルを all_flights-*から、all_flights-00000-*に変更します。

```
inputs = 'gs://cloud-training-demos-ml/flights/tzcorr/all_flights-00000-*'
```

今回のケースでは、全部で 31 個の CSV ファイルがありますが、ここでは、最初の 1 ファイルのみを対象にします。これにより、開発中のデータ処理の速度が 30 倍にスピードアップします。もちろん、このように小さなサンプルは、コードの動作確認に用いるだけで、ここから最終的な結論を出すことはできません[28]。全体の 30 分の 1、つまり約 3%のデータでコードを開発した後に、クラスタサイズを大きくして、すべてのデータを処理します。開発中は小さなクラスタを用いるので、オンプレミスのように、巨大なクラスタのリソースを無駄にすることはありません。

以上の手順で作成した flights データフレームは、次のコマンドで（Spark のセッション内でのみ有効な）一時ビューを作成すると、SQL によるクエリが実行できます。

```
flights.createOrReplaceTempView('flights')
```

次は、データの件数を確認するクエリの例です。

```
results = spark.sql('SELECT COUNT(*) FROM flights WHERE dep_delay > -20' +
                    'AND distance < 2000')
results.show()
```

結果は、次のようになります。

```
+--------+
|count(1)|
+--------+
|  384687|
+--------+
```

具体的な件数は環境によって異なりますが、この例の場合、インメモリで高速に処理できる

28 たとえば、Cloud Dataflow のジョブで CSV ファイルを作成した際に、日付順にソートして出力した場合を考えてください。この場合、対象ファイルには最初の 12 日間のデータしか含まれておらず、明らかに偏ったサンプルになります。

サイズを超えているようです[29]。しかしながら、開発中とはいえ、参照するデータ量を 3%以下にはしたくないので、このまま作業を進めることにします。

トレーニングデータの日付を指定するための traindays データフレームも、同じ手順で作成することができます。trainday.csv にはヘッダーがあるので、このヘッダーに基づいて列に名前を付けるよう Spark に指示します。また、trainday.csv は、365 行の小さなファイルなので、Spark に列の型を推測させることもできます。スキーマの推測は、データセットのフルスキャンが 2 回必要になるので、大きなデータセットでは実行しないようにしてください。

```
traindays = spark.read \
    .option("header", "true") \
    .option("inferSchema", "true") \
    .csv('gs://cloud-training-demos-ml/flights/trainday.csv')
traindays.createOrReplaceTempView('traindays')
```

はじめの数件のデータを表示して、列名と型が正しいことを確認します。

```
results = spark.sql('SELECT * FROM traindays')
results.head(5)
```

結果は、次のようになります。

```
[Row(FL_DATE=datetime.datetime(2015, 1, 1, 0, 0), is_train_day=True),
 Row(FL_DATE=datetime.datetime(2015, 1, 2, 0, 0), is_train_day=False),
 Row(FL_DATE=datetime.datetime(2015, 1, 3, 0, 0), is_train_day=False),
 Row(FL_DATE=datetime.datetime(2015, 1, 4, 0, 0), is_train_day=True),
 Row(FL_DATE=datetime.datetime(2015, 1, 5, 0, 0), is_train_day=True)]
```

続いて、flights データフレームをトレーニング用の日付だけに制限するため、SQL で traindays データフレームと結合します。

```
statement = """
SELECT
  f.FL_DATE AS date,
  distance,
  dep_delay
FROM flights f
JOIN traindays t
ON f.FL_DATE == t.FL_DATE
WHERE
  t.is_train_day AND
  f.dep_delay IS NOT NULL
```

29 インメモリで処理できるのは、5 万件程度と思われます。

```
ORDER BY
  f.dep_delay DESC
"""
flights = spark.sql(statement)
```

hexbin プロットを作成するために、データフレームの値を適切な範囲に制限します。

```
df = flights[(flights['distance'] < 2000) & (flights['dep_delay'] > -20)
                                          & (flights['dep_delay'] < 30)]
df.describe().show()
```

結果は、次のようになります。

```
+-------+-----------------+-----------------+
|summary|         distance|        dep_delay|
+-------+-----------------+-----------------+
|  count|           207245|           207245|
|   mean|703.3590581196169|0.853024198412507|
| stddev| 438.365126616063|8.859942819934993|
|    min|             31.0|            -19.0|
|    max|           1999.0|             29.0|
+-------+-----------------+-----------------+
```

さきほど、すべてのデータを用いて hexbin プロットを作成した際は、Pandas データフレームのサイズがメモリに収まるよう、1/1000 のデータをサンプリングしました。Spark のデータフレームは、メモリサイズを超えるデータを扱うこともできますが、本書執筆時点では、Spark のデータフレームを直接プロットする方法がなく、一度、Pandas データフレームに変換する必要があります。そこで、さきほどと同様に、データをサンプリングして、Pandas データフレームに格納します。なお、1/30 のデータ内に約 20 万件のフライトがあったので、すべてのデータセットには約 600 万件のフライトがあると予想されます。今回は、さらにその内の約 2%をサンプリングしてみます。

```
pdf = df.sample(False, 0.02, 20).toPandas()
g = sns.jointplot(pdf['distance'], pdf['dep_delay'], kind="hex",
                  size=10, joint_kws={'gridsize':20})
```

これにより、先と同様の hexbin プロットが得られます。この後は、最終的な結論を得るために、すべてのトレーニングデータを対象として同じ作業を繰り返す必要があります。ここではその作業は省略しますが、結論はこれまでと変わりません。出発遅延時間とフライト距離は独立した変数になっており、それぞれについて、フライト数の分布を考慮した境界値を個別に設定することができます。

6.2.4 ヒストグラムイコライゼーション

ここでは、出発遅延時間とフライト距離の適切な境界値（ロングテールに対する広い幅の部分と、フライトが集中している領域に対する狭い幅）を選択するわけですが、まず、データの分布に関する理解を深めるために、ヒストグラムイコライゼーションと呼ばれる画像処理技術を紹介しておきます[30]。一般に、コントラストの低いデジタル画像の画素値をヒストグラムにすると、大半が狭い範囲に分布していることがわかります。図 6–4 を見てください。

図6–4：コントラストの低い画像の例（著者撮影）

画素値のヒストグラムは、暗い部分と明るい部分の 2 箇所に集中しています（図 6–5）。

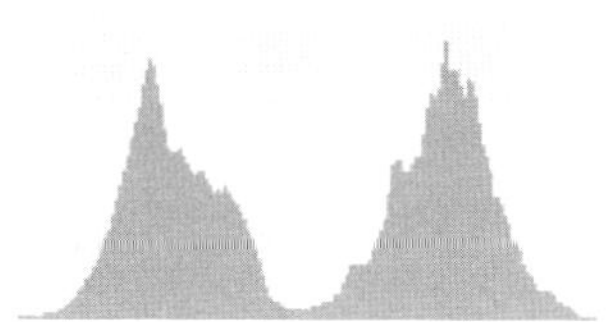

図6–5：画像地のヒストグラム

[30] 画像のコントラストを改善するヒストグラムイコライゼーションの例については、https://docs.opencv.org/3.1.0/d5/daf/tutorial_py_histogram_equalization.html を参照。

より広い値の範囲に分布するように、画素値を変換してみます（図 6–6）。

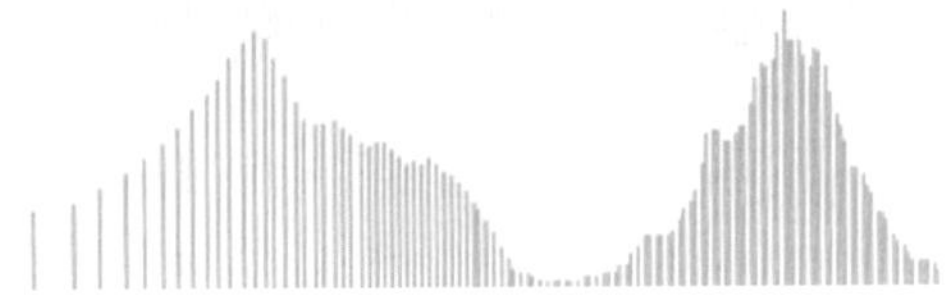

図6–6：ヒストグラムイコライゼーション適用後の状態

この変換は画素値に対するものであり、それぞれの画素の位置は考慮していません。たとえば、元の画像の 125 というすべての画素値が、新しい画像では 5 に変換されるという具合です。変換後のイメージは、図 6–7 のようになります。

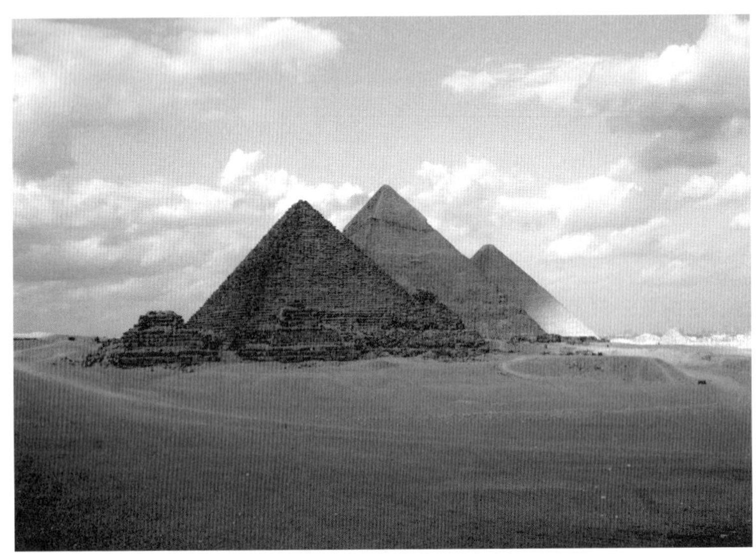

図6–7：コントラストを改善した結果

ヒストグラムイコライゼーションにより、画像のコントラストを改善し、被写体のディテールを引き出すことができました。ピラミッド前方の砂のレンダリングの違いや、カフラーのピラミッド（中央の一番高いピラミッド[31]）のディテールなどに注目してください。

ヒストグラムイコライゼーションの処理は、次のように理解することができます。まず、画素値に対する境界値を複数用意して、画素値をいくつかのグループに分けます。この時、それ

31　クフ王のピラミッド（最前部）も巨大ですが、他のものより低い地面に位置しているためやや小さく見えています。

ぞれのグループにおける画素数がなるべく均等になるように境界値を設定します。その後、それぞれの境界値が均等になるように（つまり、各グループの幅が均等になるように）画素値を変換すれば、画素値の分布はより均等になると期待できます。この前半部分の処理、すなわち、それぞれのグループにおけるデータ数が均等になる境界値を見つけ出すというのが、今回必要な処理というわけです。

たとえば、フライト距離について、これを 10 個のグループに分割するとします。最初のグループは $[0, d_0)$ の値を含み、2 番目は $[d_0, d_1]$、最後は $[d_9, \infty)$ の値を含むという形になります。この時、それぞれのグループのデータ数がなるべく等しくなるような d_0、d_1、……を求める必要があります。

また、それぞれのグループにおけるデータ数は、次のように見積もることができます。それぞれの変数について、10 個のグループに分けた場合、全体としては、100 個のグループが得られます。全部で 600 万便あるフライトを 100 個のグループに分けることになるので、それぞれのグループには、約 6 万便のフライトが含まれます。これは、統計的有意性を示すのに十分な大きさです。

そして、データを均一に分ける境界値を見つけるには 、第 5 章で説明した近似分位法を用いることができます。Spark データフレームの場合は、`approxQuantile` というメソッドがこれに対応します。

```
distthresh = flights.approxQuantile('distance',
                  list(np.arange(0, 1.0, 0.1)), 0.02)
delaythresh = flights.approxQuantile('dep_delay',
                  list(np.arange(0, 1.0, 0.1)), 0.02)
```

開発用のデータセットでは、フライト距離の境界値として次の結果が得られます。

```
[31.0, 228.0, 333.0, 447.0, 557.0, 666.0, 812.0, 994.0, 1184.0, 1744.0]
```

出発遅延時間の境界値は次のようになります。

```
[-61.0, -7.0, -5.0, -4.0, -2.0, -1.0,3.0,8.0,26.0,42.0]
```

それぞれの最初の値（0 パーセンタイル）は、データの最小値に対応するものなので、境界値としては無視することができます。したがって、出発遅延時間の例であれば、-7 分未満のデータ、および、42 分以上のデータが、それぞれ 1 つのグループにまとめられています。そして、これらの間に 8 個のグループがあります。この結果を見ると、たとえば、3 分から 8 分で 1 つのグループになっているので、すべてのフライトのおよそ 1/10 は、3 分から 8 分の出発遅延時間を持つと言えます。あるいは、フライト距離が 447 マイルから 557 マイルの間で、かつ、出発遅延時間が 3 分から 8 分の間にあるデータは、全体の 1/100 になるはずです。これは、次のクエリで確認することができます。

```
results = spark.sql('SELECT COUNT(*) FROM flights WHERE dep_delay >= 3 AND'
                + ' dep_delay < 8 AND distance >= 447 AND distance < 557')
results.show()
```

20 万強のデータを持つ開発データセットでは、次の結果が得られます。

```
+--------+
|count(1)|
+--------+
|    2750|
+--------+
```

区間の幅は、分布の端の方で広く、ピーク付近ではかなり狭いことに注意してください。また、これらの区間は、分布を均等にするという条件によって、データから自動的に決定されたものですので、データの特性が変わった場合は、対応する区間を再計算することも容易です[32]。

6.2.5 クラスタの動的なサイズ変更

さきほどの境界値は、入力ファイルに `all_flights-00000-*`を指定したデータフレームから計算したものですので、データ全体の約 1/30 しか用いていません。ここでは、すべてのトレーニングデータを用いて、より正確な値を見つけることにします。データ量に応じてクラスタのサイズを拡張する必要がありますが、Cloud Dataproc では、クラスタを停止せずに拡張することができます。

ここでは、クラスタのサイズを 20 ノードに拡張します。コストを節約するために、15 ノードはプリエンプティブインスタンスを用います。

```
gcloud dataproc clusters update ch6cluster \
  --num-preemptible-workers=15 --num-workers=5
```

プリエンプティブインスタンスは、大幅な固定割引が適用された Google Compute Engine のインスタンスです。インスタンスの構成そのものは標準インスタンスと変わりませんが、任意のタイミングで強制的に停止・削除される可能性があります[33]。これは、ノード障害に自動対応する仕組みを持つ Hadoop クラスタには最適な選択肢となります。Hadoop クラスタでは、ノードが停止した場合、該当ノード上のジョブは、自動的に他のノードに割り当てられますので、プリエンプティブインスタンスが強制終了しても大きな問題にはなりません。今回のケースでは、5 ノードの通常のインスタンスでも、常識的な時間でタスクを完了することがで

[32] パイロットがフライトの遅れを取り戻すための新しい航空機技術が開発される、あるいは、もう少し現実的には、新しい規制により、飛行時間のスケジューリングの方針が変わるなどの例が考えられます。

[33] 事前通知はありますが、本書執筆時点では、通知後 1 分未満で強制停止が行われます。

きますが、プリエンプティブインスタンスを 15 ノード追加することで、タスクの処理速度は 4 倍になります。クラスタの稼働時間を短縮できる点を考えると、トータルのコストは、プリエンプティブインスタンスを追加した方が下がるものと考えられます[34]。

Web ブラウザで GCP コンソールを開くと、図 6–8 のように、クラスタには 20 ノード分のワーカーがあることが確認できます。

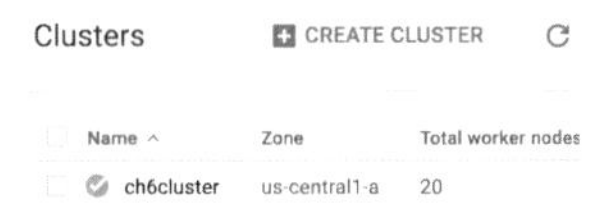

図6–8：ワーカーノード数の確認

Cloud Datalab のノートブックに戻り、パラメータを図 6–9 のように変更して、全データセットを処理するようにします。

```
#inputs = 'gs://cloud-training-demos-ml/flights/tzcorr/all_flights-00000-*' # 1/30th
inputs = 'gs://cloud-training-demos-ml/flights/tzcorr/all_flights-*'  # FULL
flights = spark.read\
            .schema(schema)\
            .csv(inputs)

# this view can now be queried ...
flights.createOrReplaceTempView('flights')
```

図6–9：全データセットを用いた処理の実行

ここで、以前の出力結果を誤って参照しないように、ノートブックのすべてのセルをクリアします（図 6–10）。さらに、「Reset Session」を実行して、コードの実行をすべて初期化します。

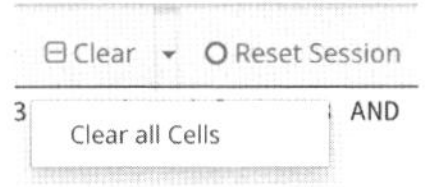

図6–10：セルの出力結果をクリア

[34] プリエンプティブインスタンスのコストは（本書執筆時点で）標準インスタンスの 20%ですので、追加分の 15 ノードは、標準インスタンス 3 ノード分に相当します。

最後に「Run all Cells」で、すべてのセルを再実行します（図 6–11）。

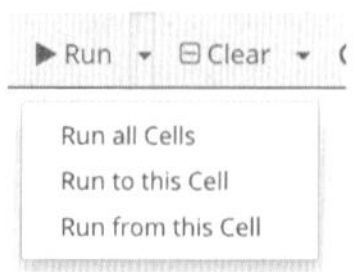

図6–11：すべてのセルを再実行

これで、新しいデータでチャートが更新されます。ただし、ここで重要なのは、条件付確率表を計算するための境界値です。

```
[30.0,251.0,368.0,448.0,575.0,669.0,838.0,1012.0,1218.0,1849.0]
[-82.0, -6.0, -5.0, -4.0, -3.0, 0.0, 3.0, 5.0, 11.0, 39.0]
```

前回と同じく、最初の値は、最小値を表すだけなので境界値としては無視します。上記の例では、実際の境界値は 251 マイル、および、-6 分から始まります。

次は、この結果を用いて、条件付き確率を計算するコードを開発していきます。その前に、リソースを無駄にしないよう、クラスタのサイズを小さくしておきましょう。

```
gcloud dataproc clusters update ch6cluster\
   --num-preemptible-workers=0 --num-workers=2
```

本書では、Cloud Dataproc で構築した一時的なクラスタでジョブを実行して、ジョブの完了後はクラスタを削除するという使い方を推奨しています。一方、オンプレミスの Hadoop クラスタでは、通常、クラスタのリソースが不足しないか注意しながら、固定的なクラスタを使い続けることになります。このようなケースでは、オンプレミスのリソースが不足した際に、パブリッククラウドを追加リソースとして使用するという方法もあります。このために、YARN のジョブを監視して、既存のリソースから溢れたジョブを Cloud Dataproc に送信するためのプラグインが、Apache Airflow で提供されています。ただし、このようなハイブリッドシステムを利用する方法は、本書では扱いません。

6.3 Pigを用いたベイズ分類

境界値が得られたので、次は、各セルにおいて、時間通りに到着する（到着遅延時間が15分未満の）フライトが70%以上かどうかを計算します。これによって、それぞれのセルにおいて、会議をキャンセルするべきかどうかが決まります。

この計算は、Spark SQLで行うこともできますが、ここではPigを使ってみます。まず、マスターノードにSSHでログインし、コマンドラインインタプリタを用いて、対話的にPigのジョブを作成していきます。ジョブのコードが完成したら、クラスタのサイズを大きくした後に、これをスクリプト化したものを実行します。Pigのスクリプトをジョブとして投入する処理は、CloudShellなど、gcloud SDKがインストールされた任意のマシンから実行することができます（これは、Sparkのジョブについても同様です）。

それでは、クラスタのマスターノードにログインして、次のコマンドで、Pigのコマンドラインインタプリタ（インタラクティブセッション）を起動します。

```
pig
```

インタラクティブセッションが開始したら、CSVファイルを読み込んで作業を開始します。ここでは、最初のCSVファイルだけを用いて開発を行います。

```
REGISTER /usr/lib/pig/piggybank.jar;

FLIGHTS =
   LOAD 'gs://cloud-training-demos-ml/flights/tzcorr/all_flights-00000-*'
   using org.apache.pig.piggybank.storage.CSVExcelStorage(
      ',', 'NO_MULTILINE', 'NOCHANGE')
   AS
(FL_DATE:chararray,UNIQUE_CARRIER:chararray,AIRLINE_ID:chararray,
CARRIER:chararray,FL_NUM:chararray,ORIGIN_AIRPORT_ID:chararray,
ORIGIN_AIRPORT_SEQ_ID:int,ORIGIN_CITY_MARKET_ID:chararray,
ORIGIN:chararray,DEST_AIRPORT_ID:chararray,DEST_AIRPORT_SEQ_ID:int,
DEST_CITY_MARKET_ID:chararray,DEST:chararray,CRS_DEP_TIME:datetime,
DEP_TIME:datetime,DEP_DELAY:float,TAXI_OUT:float,WHEELS_OFF:datetime,
WHEELS_ON:datetime,TAXI_IN:float,CRS_ARR_TIME:datetime,ARR_TIME:datetime,
ARR_DELAY:float,CANCELLED:chararray,CANCELLATION_CODE:chararray,
DIVERTED:chararray,DISTANCE:float,DEP_AIRPORT_LAT:float,DEP_AIRPORT_LON:float,
DEP_AIRPORT_TZOFFSET:float,ARR_AIRPORT_LAT:float,ARR_AIRPORT_LON:float,
ARR_AIRPORT_TZOFFSET:float,EVENT:chararray,NOTIFY_TIME:datetime);
```

このスキーマは、BigQueryにデータをインポートした際のものとほぼ同じです。Pigでは、文字列は`charrarray`、整数は`int`で指定され、BigQueryの`timestamp`はPigの`datetime`になる点が異なります。

変数`FLIGHTS`にデータが格納できたので、さきほど計算した境界値を用いて、それぞれの区間に対応するフライトを割り当てます[35]。それぞれの区間には、0 からの通し番号をつけてあります。

```
FLIGHTS2 = FOREACH FLIGHTS GENERATE
     (DISTANCE < 251? 0:
     (DISTANCE < 368? 1:
     (DISTANCE < 448? 2:
     (DISTANCE < 575? 3:
     (DISTANCE < 669? 4:
     (DISTANCE < 838? 5:
     (DISTANCE < 1012? 6:
     (DISTANCE < 1218? 7:
     (DISTANCE < 1849? 8:
          9))))))))) AS distbin:int,
     (DEP_DELAY < -6? 0:
     (DEP_DELAY < -5? 1:
     (DEP_DELAY < -4? 2:
     (DEP_DELAY < -3? 3:
     (DEP_DELAY < 0? 4:
     (DEP_DELAY < 3? 5:
     (DEP_DELAY < 5? 6:
     (DEP_DELAY < 11? 7:
     (DEP_DELAY < 39? 8:
          9))))))))) AS depdelaybin:int,
     (ARR_DELAY < 15? 1:0) AS ontime:int;
```

セルごとにフライトをグループ化して、時間通りに到着するフライトの割合を計算します。

```
grouped = GROUP FLIGHTS2 BY (distbin, depdelaybin);
result = FOREACH grouped GENERATE
         FLATTEN(group) AS (dist, delay),
         ((double)SUM(FLIGHTS2.ontime))/COUNT(FLIGHTS2.ontime) AS ontime:double;
```

これにより、フライト距離、出発遅延時間、および（対応するセルにおける）時間通りに到着するフライトの割合の 3 列からなるデータが得られます。STORE を用いて、この結果を Cloud Storage に書き出します。

```
STORE result into 'gs://cloud-training-demos-ml/flights/pigoutput/'
         using PigStorage(',','-schema');
```

これで、すべての処理が完了しました。ここまでに実行した Pig のコマンドをスクリプトファイル bayes.pig にまとめておきます。このファイルは、Pig のジョブを投入する端末（たとえば CloudShell）のローカルディスクに保存します。

35　Python の NumPy ライブラリであれば、この処理は、よりエレガントに記述できるでしょう。

6.3.1 Cloud Dataproc で Pig を実行

クラスタサイズを増やした後に、CloudShell から、gcloud コマンドを使用して、Pig のジョブを Cloud Dataproc に投入します。

```
gcloud dataproc jobs submit pig \
  --cluster ch6cluster --file bayes.pig
```

ここでは、Dataproc のクラスタ名は ch6cluster で、Pig スクリプトは先に保存した bayes.pig を指定しています。

ジョブの投入メッセージが表示された後、ジョブの実行が完了したら、Google Cloud Storage の出力ディレクトリを確認します。

```
gsutil ls gs://cloud-training-demos-ml/flights/pigoutput/
```

出力ファイルの名前は part-r-00000 で、次のコマンドで内容が表示されます。

```
gsutil cat gs://cloud-training-demos-ml/flights/pigoutput/part-*
```

フライト距離について 5 番目のセルを取り出すと、次のようになっています。

```
5,0,0.9726378794356563
5,1,0.9572953736654805
5,2,0.9693486590038314
5,3,0.9595657057281917
5,4,0.9486424180327869
5,5,0.9228643216080402
5,6,0.9067321178120618
5,7,0.8531653960888299
5,8,0.47339027595269384
5,9,0.0053655264922870555
```

これは、もっともらしい結果に見えます。時間通りに到着する割合は、出発遅延時間のセルで見て、0 から 7 番目までは 70%を超えますが、8 番目と 9 番目は 70%未満になっており、ここでは、会議をキャンセルすることになります。

ただし、このスクリプトには、まだ修正するべき点が 3 つあります。

1. 使用するデータをトレーニングデータだけに制限する必要があります。
2. 出力結果はかなり冗長です。モデルの目的を考えると、会議をキャンセルするべきセルがわかれば十分です。
3. 最初の CSV ファイルだけではなく、すべての CSV ファイルを用いる必要があります。

これらの修正を順番に行っていきましょう。

6.3.2 トレーニングデータに制限する

トレーニングデータの日付は、Cloud Storage に CSV ファイルとして保存されており、Pig のスクリプトから読み込むことができます。ヘッダー行を無視するオプションを指定して、is_train_day が True の行だけを取り出します。

```
alldays = LOAD 'gs://cloud-training-demos-ml/flights/trainday.csv'
   using org.apache.pig.piggybank.storage.CSVExcelStorage(',', 'NO_MULTILINE',
      'NOCHANGE', 'SKIP_INPUT_HEADER')
   AS (FL_DATE:chararray, is_train_day:boolean);
traindays = FILTER alldays BY is_train_day == True;
```

全データを含むデータセットの名前を ALLFLIGHTS に変更した後に、トレーニング用の日付のデータだけを JOIN で取り出します。

```
FLIGHTS = JOIN ALLFLIGHTS BY FL_DATE, traindays BY FL_DATE;
```

この後の処理は、これまでと同じになります[36]。Pig は出力ディレクトリを上書きできないので、Cloud Storage の出力ディレクトリを削除した後に、修正したスクリプトを実行します。

```
gsutil -m rm -r gs://cloud-training-demos-ml/flights/pigoutput
gcloud dataproc jobs submit pig \
  --cluster ch6cluster --file bayes2.pig
```

最後の出力結果は、先の結果とほぼ同じになります。これで、データセットをトレーニングデータだけに変更できました。次は、2 番目の問題を修正しましょう。

6.3.3 決定基準

すべての結果をそのまま書き出すのではなく、結果をフィルタリングして、会議をキャンセルすべきセルの識別子（フライト距離と出発遅延時間の区間番号）のみを出力します。これにより、後続のプログラマが、自動アラートなどのアプリケーションを作成するのが容易になります。

これを行うには、さきほどの Pig スクリプトにおいて、最後の STORE 処理の前にいくつかの行を追加します。まず、元の結果を probs という名前に変更して、セル内のフライト数と時間通りに到着するフライトの割合でフィルタリングします[37]。

---

[36] GitHub リポジトリの 06_dataproc/bayes2.pig を参照。

[37] GitHub リポジトリの 06_dataproc/bayes3.pig を参照。

```
grouped = GROUP FLIGHTS2 BY (distbin, depdelaybin);

probs = FOREACH grouped GENERATE
        FLATTEN(group) AS (dist, delay),
        ((double)SUM(FLIGHTS2.ontime))/COUNT(FLIGHTS2.ontime) AS ontime:double,
           COUNT(FLIGHTS2.ontime) AS numflights;

result = FILTER probs BY (numflights > 10) AND (ontime < 0.7);
```

このスクリプトの実行結果は、次のようになります。

```
0,8,0.3416842105263158,4750
0,9,7.351139426611125E-4,4081
1,8,0.3881127160786171,4223
1,9,3.0003000300030005E-4,3333
2,8,0.4296875,3328
2,9,8.087343307723412E-4、 2473
3,8,0.4080819578827547,3514
3,9,0.001340033500837521,2985
4,8,0.43937644341801385,3464
4,9,0.002002402883460152,2497
5,8,0.47252208047105004,4076
5,9,0.004490057729313663,3118
6,8,0.48624950179354326,5018
6,9,0.0072019205121365 7,3749
7,8,0.4862716763005780 5,4152
7,9,0.010150722854506305,3251
8,8,0.533605720122574,4895
8,9,0.021889055472263868,3335
9,8,0.6035689293212037,2858
9,9,0.03819444444444445,2016
```

この結果を見ると、フライト距離にかかわらず、出発遅延時間が 8 番目と 9 番目の区間の場合はキャンセルが必要ということになります。これは、あまり有用な情報とは思えません。これは、出発遅延時間の区切り幅が荒すぎた可能性があります。つまり、キャンセルが必要なフライトは、出発遅延時間が 8 番目と 9 番目の区間（つまり、11 分以上）にすべて集まっており、この内部をさらに細かく見る必要があるというわけです。そこで、一例として、11 分〜19 分の区間を 1 分単位に分割し直してみます[38]。

```
        (DEP_DELAY < 11? 0:
        (DEP_DELAY < 12? 1:
        (DEP_DELAY < 13? 2:
        (DEP_DELAY < 14? 3:
```

[38] GitHub リポジトリの 06_dataproc/bayes4.pig を参照。

```
    (DEP_DELAY < 15? 4:
    (DEP_DELAY < 16? 5:
    (DEP_DELAY < 17? 6:
    (DEP_DELAY < 18? 7:
    (DEP_DELAY < 19? 8:
        9))))))))) AS depdelaybin:int,
```

この結果から、フライト距離で 3 番目と 4 番目の区間を見ると次のようになっています。

```
3,2,0.6893203883495146,206
3,3,0.6847290640394089,203
3,5,0.6294416243654822,197
3,6,0.5863874345549738,191
3,7,0.5521472392638037,163
3,8,0.6012658227848101,158
3,9,0.0858412441930923,4951
4,4,0.6785714285714286,196
4,5,0.68125,160
4,6,0.6162162162162163,185
4,7,0.5605095541401274,157
4,8,0.5571428571428572,140
4,9,0.11853832442067737,4488
```

3 番目の区間と 4 番目の区間について、キャンセル対象となる出発遅延時間の範囲が異なることがわかります。なお、出発遅延時間が長くなると、時間通りに到着するフライトの割合は単調に減少するものと期待されますが、上記の結果では、これに反する部分も見られます。これは、今はまだ、全データセットの 1/30 しか処理していないことが原因かもしれません。あるいは、フライト距離の区間をもう少し荒くして、それぞれのセルのデータ数を増やして改善する方法もあるでしょう。

いずれにしても、最終的には、フライト距離の区分ごとに、会議をキャンセルする出発遅延時間の閾値が得られるものと期待できます。これは、表 6-2 のようにまとめられるでしょう（表内の値は適当な例です）。

表6-2：フライト距離によって出発遅延時間の閾値が決まる

フライト距離	出発遅延時間（分）
<300 マイル	13
300〜500 マイル	14
500〜800 マイル	15
800〜1200 マイル	14
>1200 マイル	17

この結果は、Pig を用いて、次のコードで出力することができます。

```
cancel = FILTER probs BY (numflights > 10) AND (ontime < 0.7);
bydist = GROUP cancel BY dist;
result = FOREACH bydist GENERATE group AS dist, MIN(cancel.delay) AS depdelay;
```

また、ここでは、フライト距離の区間数を半分に間引いて、さらに、それぞれの区間の名前を対応する境界値を表すように変更しておきます。

```
FLIGHTS2 = FOREACH FLIGHTS GENERATE
     (DISTANCE < 368? 368:
     (DISTANCE < 575? 575:
     (DISTANCE < 838? 838:
     (DISTANCE < 1218? 1218:
          9999)))) AS distbin:int,
     (DEP_DELAY < 11? 11:
     (DEP_DELAY < 12? 12:
     (DEP_DELAY < 13? 13:
     (DEP_DELAY < 14? 14:
     (DEP_DELAY < 15? 15:
     (DEP_DELAY < 16? 16:
     (DEP_DELAY < 17? 17:
     (DEP_DELAY < 18? 18:
     (DEP_DELAY < 19? 19:
          9999))))))))) AS depdelaybin:int,
     (ARR_DELAY < 15? 1:0) AS ontime:int;
```

入力ファイルをすべてのフライトデータ（all_flights-*）に変更して、すべてのトレーニングデータを用いた結果を確認してみましょう[39]。このジョブの実行には数分かかりますが、最後に次の結果が得られます。

```
368,15
575,17
838,18
1218,18
9999,19
```

フライト距離が増加するにつれて、出発遅延時間の閾値も増加するという、わかりやすい結果が得られました。この形であれば、本番環境で利用するのも簡単です。アプリケーションは、Cloud Storage 上の Pig の出力バケットからこのファイルを読み込み、該当する閾値を参照するだけです。

たとえば、1,000 マイルのフライトにおいて、出発が 15 分遅延したとします。この場合、会議はキャンセルするべきでしょうか？　1,000 マイルのフライトは、838～1,218 マイルの区間に該当するので、出発遅延時間の閾値は 18 分になります。つまり、出発が 18 分以上遅延し

[39] GitHub リポジトリの 06_dataproc/bayes_final.pig を参照。

た場合に会議をキャンセルする必要があります。15 分の出発遅延であれば、フライト中に遅れを取り戻すことができるので、会議はキャンセルしなくても大丈夫ということになります。

6.3.4 ベイジアンモデルの評価

この新しい 2 変数モデルはどれくらいうまく機能するでしょうか。第 5 章でモデルの評価に用いたクエリを変更して確認してみます。

```
#standardsql
SELECT
  SUM(IF(DEP_DELAY = 15
      AND arr_delay < 15,
      1,
      0)) AS wrong_cancel,
  SUM(IF(DEP_DELAY = 15
      AND arr_delay >= 15,
      1,
      0)) AS correct_cancel
  FROM (
    SELECT
      DEP_DELAY,
      ARR_DELAY
    FROM
      flights.tzcorr f
    JOIN
      flights.trainday t
    ON
      f.FL_DATE = t.FL_DATE
    WHERE
      t.is_train_day = 'False'
      AND f.DISTANCE < 368)
```

ここでは、WHERE 句で 368 マイル未満のフライトに限定して、出発遅延時間がさきほど得られた 15 分という閾値に一致するフライトについて、キャンセルするという判断が正しかった、もしくは、正しくなかった数を計算しています（図 6–12）。

Row	wrong_cancel	correct_cancel
1	5049	2593

図6–12：クエリの実行結果

この結果を見ると、2593/(2593 + 5049)、すなわち、34%の確率で正しい判断が行われています。このモデルの前提は、会議に遅れる確率が 30%あればキャンセルするということだったので、これは妥当な結果です。フライト距離の他の区分についても、同様の結果を確認することができます。すべてのフライトを対象とした場合、全体としては 920,355 件のキャンセルがあり、キャンセル時の正解率は83%になります。

第5章までの出発遅延時間のみを考慮した単変数モデルと比較した場合、今回の2変数モデルでは、より細かな粒度での決定が可能になりました。単変数モデルでは、16分以上の出発遅延で一律に会議をキャンセルすることになりますが、今回のモデルの場合は、フライト距離に応じて閾値が変わります。その結果、長距離のフライトになるほど、会議のキャンセル数が減少することになります。

さらに洗練されたモデルを使用すれば、より多くの変数を判断に用いることも可能になります。次章では、より複雑なモデルを試してみることにしましょう。

6.4 まとめ

本章では、会議をキャンセルするかどうか判断するために、2変数のベイズモデルによってフライトの到着遅延の可能性を予測しました。具体的には、2つの変数（フライト距離および出発遅延時間）を離散化して、時間通りに到着するフライトの割合をセルごとに計算した表を作成しました。この際、セルの境界値を求める処理はSpark、セルごとの割合の計算はPigを利用しました。

また、出発遅延時間を離散化する際、すべての値の範囲について均等に分布する境界値を見つけようとすると、離散化の粒度が荒くなりすぎることがわかりました。そこで、離散化する領域を判断の閾値となりそうな部分にしぼり、その一方で、フライト距離の区間を広くすることで、統計的有意性が保たれるようにセル内のデータ数を確保しました。これにより、それぞれのフライト距離の区間において、時間内に到着するフライトの割合は、出発遅延時間に対して単調に減少するという結果が得られました。つまり、フライト距離の区間ごとに、会議をキャンセルするべき単一の閾値が決まり、IF-THENルールで書き直せるほどのシンプルな判断ルールを得ることができました。

ツールの観点では、Cloud Dataprocのクラスタを用いましたが、はじめは3ノードのクラスタを開発用に用意しておき、完全なデータセットでコードを実行する準備ができた段階で、20ノードにサイズを変更しました。Hadoopクラスタを管理する必要がなくなるわけではありませんが、Cloud Dataprocによって、その作業量は大きく削減されます。HDFSではなく、外部のGoogle Cloud Storageにデータを保存することから、クラスタのサイズを変更したり、あるいは、ジョブを実行した後のクラスタを削除することも簡単です。コードの開発は、Cloud Datalabと、Pigのコマンドラインインタプリタで行いましたが、この際、Hadoopクラスタを中心として、BigQuery、Spark SQL、Apache Pigを用いたワークフローを統合することができました。

第7章 Sparkによるロジスティック回帰分析

第6章では、フライト距離と出発遅延時間の2つの変数を用いて、到着が遅れない（到着遅延時間が15分未満である）確率を予測するモデルを作成しました。そこでは、フライト距離という新しい変数を加えることで、より細かな粒度での予測ができるようになりました。

それでは、変数をさらに増やして、より洗練されたモデルを作ることはできるでしょうか？

たとえば、TAXI_OUT（タクシーアウト時間）という変数があります。これは、航空機が滑走路を動き出してから、離陸するまでの時間です。この値が通常より大きい場合、管制塔からの離陸許可を待つ他の航空機が滑走路に滞留している状況が考えられるので、フライトが遅延する確率はより高くなりそうです。

しかしながら、第6章の方法では、単純に変数を追加していくことはできません。変数が増えることにより、データのグループはより細かく分割されていき、それぞれに含まれるデータ数は少なくなります。その結果、各グループの推定値の統計的有意性が失われると共に、会議をキャンセルするかどうかの境界が不必要に複雑化する恐れがあります。第6章の結果を思い出すと、最終的には、フライト距離ごとに出発遅延時間の閾値が決まるという、シンプルで使いやすいモデルが得られましたが、このような結果は期待できなくなるでしょう[1]。変数を増やせば増やすほど、各グループのデータ数は減少して、状況はより悪くなります。このように、変数の個数（変数の次元）を増やすとモデルが正常に機能しなくなる現象を「次元の呪い」といいます。これは、第6章のベイズ分類器だけではなく、非常に多くの統計モデル、あるいは、機械学習モデルにあてはまる現象です。

[1] 第6章では、最終的にフライト距離をかなり粗く離散化した点にも注目してください。これによって、各セルに十分なデータ数が確保されて、シンプルで合理的な結果を得ることができました。

7.1 ロジスティック回帰

この問題に対処する 1 つの方法は、トレーニングデータの割合で確率を推定するという、直接的なアプローチから方針を転換することです。結局の所は、多次元の入力データ（複数の変数の値）を元にして、該当の変数値を持つフライトが遅延しない確率を計算することが目的ですので、これを実現する何らかの関数 f があるものと最初に仮定します。

$$P(Y) \approx f(x_0, x_1, \cdots, x_{n-1})$$

今回のケースでは、x_0 は各フライトの出発遅延時間、x_1 はタクシーアウト時間、x_2 はフライト距離などを表します。これらの値を入力すると、該当のフライト Y が遅延しない確率 $P(Y)$ の近似値が得られる関数を見つけ出せばよいことになります。多次元のデータから 1 つの値を計算する最も単純な変換は、それぞれの変数の加重和を計算することです。

$$L = w_0x_0 + w_1x_1 + \cdots + w_{n-1}x_{n-1} + b$$

各変数の係数 w をウェイト、最後の定数 b を切片と呼びます。これらの値を適切に選んでおけば、上式で計算される L がフライトが遅延しない確率（の近似値）になると想定してみましょう。つまり、L が 0.8 であれば、フライトの約 80%が遅延せず、残りの約 20%が遅延するというわけです。

しかしながら、これは、あまり期待できそうにありません。上記の L は、0〜1 の範囲外の値をとる可能性があり、これでは確率値になりません。この問題を解決する一般的な方法に、加重和 L をロジスティック関数で変換するという方法があります。

$$P(Y) = \frac{1}{1 + e^{-L}}$$

この後のグラフからわかるように、上記の計算結果は 0〜1 の範囲に収まるので、確率として解釈することができます。これが実際のフライトデータから得られる確率 $P(Y)$ に近くなるような w と b（ウェイトと切片）の値を見つける手法がロジスティック回帰です。

ここで、ロジスティック関数で変換した値が 0〜1 の範囲になることを確認しておきます。まず、機械学習では、最初の線形結合 L はロジットと呼ばれ、$-\infty$ から $+\infty$ の値を取ります。ロジットが $+\infty$ の場合 e^{-L} は 0 になるので、$P(Y)$ は 1 になります。一方、ロジットが $-\infty$ になると e^{-L} は $+\infty$ になり、$P(Y)$ は 0 になります。直感的に言うと、ロジットは、そのフライトが遅延しない傾向を $-\infty$ から $+\infty$ の値で表しており、これをロジスティック関数で変換することで、0〜1 の確率値に読み替えているということになります。

ロジットを変換したものが確率だと言いましたが、逆に確率からロジットを得ることもできます。$P(Y)$ が確率である場合、ロジット L は、対数関数を用いて、次の式で与えられます。

$$\log_e \frac{P(Y)}{1 - P(Y)}$$

対数関数の中にある $P(Y)/(1 - P(Y))$ はオッズと呼ばれ、イベントが起こる確率 $P(Y)$（今の場合は遅延しない確率）と起こらない確率 $1 - P(Y)$ の比になっています。つまり、ロジットはオッズの対数になっており、対数オッズと呼ばれることもあります。

確率、ロジット、オッズの関係を図示すると図 7–1 のようになります。

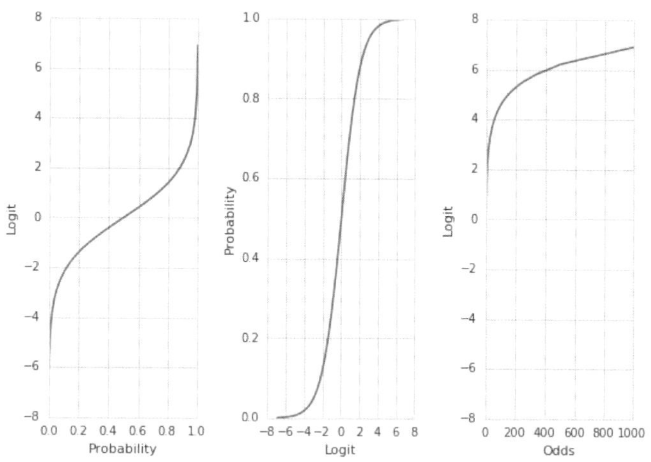

図7–1：確率、ロジット、オッズの関係

これらの関係を直感的に理解するには、次のような質問について考えてみるとよいでしょう。

1 オッズが等しい（遅延する確率と遅延しない確率が同じ）場合、ロジットの値はいくらでしょう？
2 確率のどのあたりで、ロジットが最も急激に変化しますか？
3 確率のどのあたりで、ロジットは最も緩やかに変化しますか？
4 ロジットが 2 から 3、または、2 から 1 に変化するとき、どちらの方が確率はより大きく変化しますか？
5 切片 b がゼロであると仮定します。すべての入力値が 2 倍になると、ロジットはどのように変化しますか？
6 ロジットが 2 倍になると、確率はどうなりますか？　これは、ロジットの元の値にどのように依存しますか？
7 0.95 の確率を得るには、どのようなロジットの値が必要ですか？　0.995 ではどうでしょうか？

解答は、次の通りです。

1 オッズが等しい場合、確率は 1/2 なので、ロジットは 0 になります。
2 0 と 1 に近い確率で、最も急激に変化します。
3 確率 1/2 の近くで、最も緩やかに変化します。
4 2 から 1 に変化する時です。ロジットが 0 に近いほうが、確率の変化は大きくなります。
5 2 倍になります。
6 ロジットの値が正であれば確率は増加し、負であれば確率は減少します。この際、ロジットの元の値が 0 に近いほど確率の変化は大きくなります。特にロジットが 0 の付近にある場合、確率はロジットにほぼ比例します。
7 約 3 と約 5。一般に確率の値が 0 か 1 に近くなると、そこからさらに変化させるには、入力値には非常に大きな変化が必要になります。

機械学習の分類問題におけるさまざまな注意点は、ロジットと確率の間にある、このような関係から生まれます。グラフの変化のようすをよく理解するようにしてください。また、「ロジスティック回帰」という名前は、誤解を招くこともあります。回帰というのは、通常は、連続的な実数値にモデルをあてはめる手法です。一方、分類は、離散的なカテゴリ値にモデルをあてはめます。

さきほどのグラフを見ると、入力値からロジット、あるいは、確率という実数値を得るので、文字通り、回帰処理を行っているようにも思えます。しかしながら、このモデルは、フライトが遅延するのかしないのか（つまり、会議をキャンセルするのかしないのか）という 2 値の判断、すなわち、分類処理が目的です。さらにまた、トレーニングに使用する生データには、確率を示す値は存在しません。あくまで、個々のフライトが遅延したのかしないのかという情報を使って、モデルのフィッティングを行います。ロジスティック回帰というのは、機械学習としては、あくまで分類モデルを作成する手法になります。

7.1.1 Spark ML ライブラリ

ロジスティック回帰は、Spark のモジュールとして用意されています。トレーニング用のデータセットを与えると、Spark は、ロジスティック回帰を実施して、各変数のウェイト w と切片 b を決定します。トレーニングデータとしては、個々のフライトに関する入力変数 x の値と、そのフライトが実際に遅延したかどうかというラベルを与えます。このロジスティック回帰用のモジュールは、Apache Spark の機械学習ライブラリ MLlib の一部で、Java、Scala、Python、R のいずれかの言語でコードを記述します。Spark MLlib は、Spark ML として知られており、決定木、ランダムフォレスト、ALS（alternating least squares）、K 平均法、共起分析、SVM など、標準的な機械学習アルゴリズムが実装されています。Spark は、Hadoop クラスタで実行できるので、大規模なデータセットにも対応が可能です。

既知の結果に基づいてモデルを最適化し、適切なウェイト値を見つける方法は、機械学習の中でも「教師あり学習」と呼ばれる手法です。トレーニング用のデータセットには、正解となるラベルが含まれていることが前提となります。このようなデータセットを使って、機械（今の場合は、Spark）に、適切なウェイトと切片の値を学習させます。この処理が、トレーニングにあたります（図 7–2）。

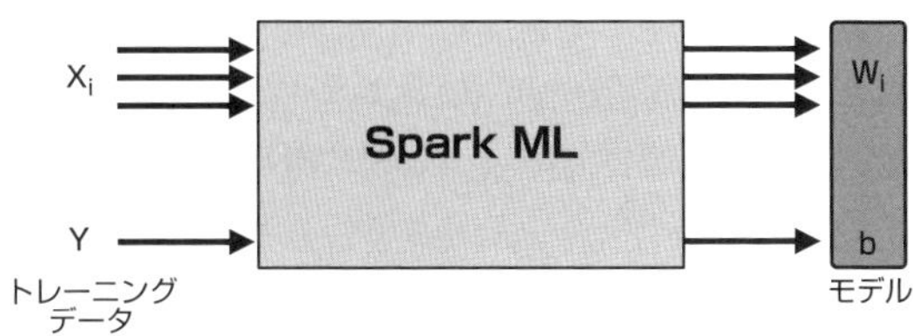

図7–2：Spark ML によるトレーニング処理

学習されたウェイトの集合は、元の方程式（x から確率 $P(Y)$ を計算するロジスティック関数）と共にモデルと呼ばれます。トレーニングデータからモデルを学習したら、その結果はファイルに保存することができます。そして、新しいフライトについて予測したい時は、ファイルからモデルを呼び出して、入力値 x から確率の推定値 $P(Y)$ を得ることができます。これが機械学習による予測です。新しいトレーニングデータが得られるなどしない限り、トレーニングは何度も繰り返す必要はありませんが、予測については、アプリケーションからのリクエストによってリアルタイムで何度も実行するということもあります（図 7–3）。

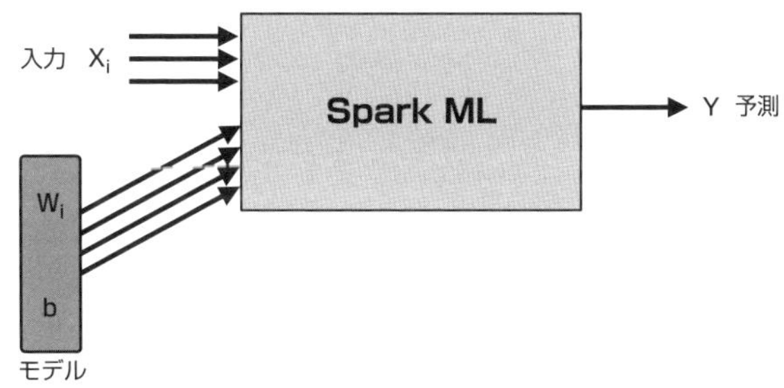

図7–3：Spark ML による予測処理

学習が終わってウェイトと切片の値が決定されれば、予測処理については、Spark を使わずに実施することもできます。入力値とウェイト、切片の値からロジットを計算して、それをロジスティック関数で変換するだけですので、簡単なコードで実装することができます。しかしながら、予測処理を個別に実装すると、第 2 章で説明した「トレーニングとサービングの歪み」の問題が生まれる可能性があります。一般論としては、トレーニングに使用したものと同じライブラリで、予測も行うことをお勧めします。

7.1.2 Spark Machine Learning の使い方

第 6 章と同様に、Cloud Dataproc のクラスタ上で Cloud Datalab を立ち上げて、ノートブック環境で Spark による開発を行います。クラスタの作成やサイズ変更の手順は、第 6 章の内容を参照してください。

ノートブックの他には、マスターノードに SSH でログインして、Spark の対話型シェルを使用することもできます。この場合は、Python（PySpark）で記述した Spark のコードを 1 行ずつ実行していき、必要な結果が得られたら、それまでに実行したコードをコピーして、スクリプトファイルにまとめます。ノートブックを利用する場合も、基本的な考え方は同じです。複数のセルでコードを実行した場合でも、最終的にはこれらのコードを 1 つのスクリプトファイルにまとめておきます。これにより、新しいデータセットが得られるごとに、必要な学習処理をスクリプトからまとめて実行できるようになります。

スクリプトにまとめる際の注意点として、SparkContext クラスの変数 sc と、SparkSession クラスの変数 spark があります。これらは、ノートブックや対話型シェルでは、自動的に用意されますが、スタンドアロンのプログラム（スクリプト）では、次のコードで明示的に作成する必要があります[2]。

```
from pyspark.sql import SparkSession
from pyspark import SparkContext
sc = SparkContext('local', 'logistic')
spark = SparkSession \
    .builder \
    .appName("Logistic regression w/ Spark ML") \
    .getOrCreate()
```

これを冒頭に加えることで、Cloud Datalab のノートブック logistic.ipynb に含まれるすべてのコードが、スクリプト logistic.py から実行できます。SparkContext に設定するアプリケーション名 (logistic) は、スクリプトを実行した際のログに表示されます。

スクリプトを作成する際の注意点は以上です。それでは、ノートブックを開いて、必要なクラスのインポートから始めましょう。

```
from pyspark.mllib.classification import LogisticRegressionWithLBFGS
from pyspark.mllib.regression import LabeledPoint
```

---

[2] GitHub リポジトリの flights_data_analysis/07_sparkml にある、logistic.py と logistic_regression.ipynb を参照してください。

7.1.3 Spark ロジスティック回帰

Spark のロジスティック回帰には、pyspark.mllib と pyspark.ml の 2 種類の実装があります。今回使用するのは、より新しい実装の pyspark.mllib です。最適なウェイトの値を決定するアルゴリズムにも複数の実装がありますが、このライブラリでは、L-BFGS というアルゴリズムが用いられます。これは、4 名の発明者（Broyden、Fletcher、Goldfarb、Shanno）の頭文字を取ったもので[3]、高速に収束する有名なアルゴリズムです。L-BFGS では、次のロジスティック損失関数を最小化するという条件で、ウェイトの値を決定します。

$$\sum \log(1 + e^{-yL})$$

L は 入力変数、ウェイト、切片から計算されたロジットで、y はトレーニングデータのラベル値（-1 または 1）を表します。対数関数 log が単調増加であることを思い出すと、y が-1 の場合、L はなるべく小さくなり、y が 1 の場合、L はなるべく大きくなるように学習が行われます。

上記の損失関数が、どのように得られたのか不思議に思うかも知れませんが、これを理解するのは、他の機械学習ライブラリとの関係を理解する上で重要なポイントとなります。機械学習のライブラリによって、さまざまな損失関数が用いられますが、実は、最適化処理としては同等になっていることがよくあります。たとえば、次の交差エントロピーを最小化するのも、一般的によく用いられる手法です。

$$\sum \{-y \log P(Y) - (1 - y) \log(1 - p(Y))\}$$

先と同様に y はラベル値で、$P(Y)$ はモデルが出力する確率値ですが、この場合、ラベルの値は、0 または 1 を取ります。数学的な詳細は省きますが、これら 2 つの損失関数は、見かけは異なりますが、ロジスティック損失関数を最小にすることと、交差エントロピーを最小にすることは同値になります。つまり、アルゴリズムの実行効率は異なる可能性があるものの、最終的に得られるウェイトは、どちらを使っても同じになります。

ただし、MLlib のドキュメントに目を通すことも忘れないでください[4]。それによると、ロジステック損失関数のラベル y は+1（陽性）、および、-1（陰性）であるにもかかわらず、他の分類処理との整合性のために、ライブラリへの入力としては、1 ではなく 0 を用いることが書かれています。つまり、Spark ML は、ロジスティック損失関数を使用しますが、トレーニングデータのラベルは 0 または 1 で設定する必要があります。

いずれにしろ、入力データに行う前処理は、使用するライブラリにあわせる必要があります。今回は、次のように整理することができます。

---

[3] 頭の L は、省メモリ（Low memory）の略です。

[4] https://spark.apache.org/docs/latest/mllib-linear-methods.html のロジスティク損失関数に関するセクションを参照してください。

$y = 0$：到着遅延時間 ≥15 分の場合

$y = 1$：到着遅延時間 <15 分の場合

到着遅延時間が 15 分未満、すなわち、オンタイムのフライトを 1 にマッピングしたので、このモデルは、フライトがオンタイムである可能性を予測することになります。

7.1.4 トレーニング用データセットの作成

第 6 章と同様に、Cloud Datalab 用の初期化アクションを用いて、Cloud Dataproc クラスタを立ち上げます[5]。その後、SSH トンネルによるネットワークプロキシを設定した Chrome のセッションから、マスターノードの 8080 ポートにアクセスして、Cloud Datalab に接続します。GitHub リポジトリを ungit[6]でクローンしたら、ノートブックを開いてください[7]。これら一連の手順は、すべて第 6 章と同じです。

はじめに、トレーニングデータの日付を Cloud Storage の `trainday.csv` から取得します。この CSV ファイルはヘッダーがあるので、ヘッダーからスキーマを推測することができます。

```
traindays = spark.read \
  .option("header", "true") \
  .csv('gs://{}/flights/trainday.csv'.format(BUCKET))
```

これを Spark SQL のビューに変換して、SQL でクエリできるようにします。

```
traindays.createOrReplaceTempView('traindays')
```

最初の数行を表示すると、次のようになっています。

```
spark.sql("SELECT * from traindays LIMIT 5").show()
```

```
+----------+------------+
|   FL_DATE| is_train_day|
+----------+------------+
|2015-01-01|        True|
|2015-01-02|       False|
|2015-01-03|       False|
|2015-01-04|        True|
|2015-01-05|        True|
+----------+------------+
```

[5] 第 6 章で使用した 06_dataproc の `start_cluster.sh`、`start_tunnel.sh`、`start_chrome.sh` を参照。

[6] `https://github.com/FredrikNoren/ungit`

[7] GitHub リポジトリの `07_sparkml/logistic_regression.ipynb` を開きます。本文の説明は、ノートブックに記載の順序と異なります。実際にコードを実行する際は、ノートブックの手順に従ってください。

次に、フライトデータセットを読み込む準備として、データのスキーマを定義します。ここでは、学習に使用する ARR_DELAY、DEP_DELAY、DISTANCE、TAXI_OUT の 4 つの列を数値型に設定します。他の列は使用しないので、簡単のためにすべて文字列型としています。

```
from pyspark.sql.types \
  import StringType, FloatType, StructType, StructField
header = 'FL_DATE,UNIQUE_CARRIER,AIRLINE_ID,CARRIER,FL_NUM,ORIGIN_AIRPORT_ID,ORIG
IN_AIRPORT_SEQ_ID,ORIGIN_CITY_MARKET_ID,ORIGIN,DEST_AIRPORT_ID,DEST_AIRPORT_SEQ_ID,
DEST_CITY_MARKET_ID,DEST,CRS_DEP_TIME,DEP_TIME,DEP_DELAY,TAXI_OUT,WHEELS_OFF,WHEEL
S_ON,TAXI_IN,CRS_ARR_TIME,ARR_TIME,ARR_DELAY,CANCELLED,CANCELLATION_CODE,DIVERTED,
DISTANCE,DEP_AIRPORT_LAT,DEP_AIRPORT_LON,DEP_AIRPORT_TZOFFSET,ARR_AIRPORT_LAT,ARR_
AIRPORT_LON,ARR_AIRPORT_TZOFFSET,EVENT,NOTIFY_TIME'

def get_structfield(colname):
   if colname in ['ARR_DELAY', 'DEP_DELAY', 'DISTANCE', 'TAXI_OUT']:
      return StructField(colname, FloatType(), True)
   else:
      return StructField(colname, StringType(), True)

schema = StructType([get_structfield(colname) for colname in header.split(',')])
```

現在は開発用の最小構成のクラスタを使用しているので、最初のファイルだけを指定して、データセットの一部を読み込みます。

```
inputs = 'gs://{}/flights/tzcorr/all_flights-00000-*'.format(BUCKET)
```

コードの開発が終わり、すべてのデータを読み込む際は、次の行に変更します。

```
#inputs = 'gs://{}/flights/tzcorr/all_flights-*'.format(BUCKET)  # FULL
```

ここでは、後者の行は、コメントアウトしたままにしておきます。

定義したスキーマを用いてデータセットを読み込み、flights ビューを作成します。

```
flights = spark.read \
             .schema(schema) \
             .csv(inputs)
flights.createOrReplaceTempView('flights')
```

先に用意した traindays ビューと結合して、トレーニング対象の日付のデータだけを抽出したデータフレーム traindata を作成します。

```
trainquery = """
SELECT
  f.*
```

```
FROM flights f
JOIN traindays t
ON f.FL_DATE == t.FL_DATE
WHERE
  t.is_train_day == 'True'
"""
traindata = spark.sql(trainquery)
```

7.1.5 コーナーケースに対処する

traindata に必要なデータが含まれていることを確認しましょう。データフレームの最初の数行（この例では 2 行）を表示してみます。

```
traindata.head(2)
```

次のような結果が得られます。

```
[Row(FL_DATE=u'2015-02-02', UNIQUE_CARRIER=u'EV', AIRLINE_ID=u'20366',
CARRIER=u'EV', FL_NUM=u'4410', ORIGIN_AIRPORT_ID=u'12266',
ORIGIN_AIRPORT_SEQ_ID=u'1226603', ...
```

学習に使用する 4 つの変数が、すべて浮動小数点になっていることを確認してください。Spark でこれらの統計情報を確認します。

```
traindata.describe().show()
```

describe() メソッドは列ごとの統計情報を計算して、show() はその結果を表示します[8]。

```
+-------+----------+---------+----------+---------+
|summary| DEP_DELAY| TAXI_OUT| ARR_DELAY| DISTANCE|
+-------+----------+---------+----------+---------+
|  count|    259692|   259434|    258706|   275062|
|   mean|    13.178|  16.9658|    9.7319| 802.3747|
| stddev|   41.8886|  10.9363|   45.0384|  592.254|
|    min|     -61.0|      1.0|     -77.0|     31.0|
|    max|    1587.0|    225.0|    1627.0|   4983.0|
+-------+----------+---------+----------+---------+
```

この結果には、不自然な点があることに気がついたでしょうか？　レコード数を示す count の値に注目すると、DISTANCE は 275,062 件ありますが、DEP_DELAY は 259,692 件で、TAXI_OUT はさらに少なくなります。こういった不自然な点は、その根本原因を追及する必要があります。今回の場合は、スケジュールされたもののゲートを出なかったり、あるいは、離陸しなかった

8　Cloud Datalab が出力するデータの順序は実行ごとに異なるので、最初のファイル all_flights-00000-*に含まれる実際のデータは、これとは異なる可能性があります。

フライトが原因と考えられます。さらに、離陸はした（TAXI_OUT の値はある）ものの、何らかの原因で迂回が発生して、ARR_DELAY が存在しないフライトもあります。データの中では、存在しない値は NULL で示されますが、Spark の describe() メソッドは、NULL を count に加えないため、このような食い違いが生じていると想像されます。

キャンセルや迂回が発生したデータはトレーニングに使用したくないので、何らかの方法で除外する必要があります。1 つは、単純に NULL を含む行を除外することです。

```
trainquery = """
SELECT
  DEP_DELAY, TAXI_OUT, ARR_DELAY, DISTANCE
FROM flights f
JOIN traindays t
ON f.FL_DATE == t.FL_DATE
WHERE
  t.is_train_day == 'True' AND
  f.dep_delay IS NOT NULL AND
  f.arr_delay IS NOT NULL
"""
traindata = spark.sql(trainquery)
traindata.describe().show()
```

これを実行すると、すべての列の count が同じ値になります。具体的な値は、実行ごとに変わる可能性があります。

```
+-------+----------+----------+-----------+----------+
|summary| DEP_DELAY|  TAXI_OUT|  ARR_DELAY|  DISTANCE|
+-------+----------+----------+-----------+----------+
|  count|    258706|    258706|     258706|    258706|
+-------+----------+----------+-----------+----------+
```

ただし、これはお勧めできる方法ではありません。表面的に問題を取り除くことはできますが、これでは、真の根本原因に対処できたかどうかがわかりません。今行うべきことは、キャンセル、もしくは、迂回が発生したフライトを取り除くことで、その結果として、count の不整合が解消することを確認する必要があります。幸い、キャンセル、および、迂回の情報がデータセットに含まれているので、次のようにクエリを変更できます。

```
trainquery = """
SELECT
  DEP_DELAY, TAXI_OUT, ARR_DELAY, DISTANCE
FROM flights f
JOIN traindays t
ON f.FL_DATE == t.FL_DATE
WHERE
  t.is_train_day == 'True' AND
  f.CANCELLED == '0.00' AND
  f.DIVERTED == '0.00'
```

```
"""
traindata = spark.sql(trainquery)
traindata.describe().show()
```

これにより、キャンセル、もしくは、迂回したフライトのデータが除外できます。統計情報をもう一度確認すると、NULL を除外したときと同じ結果が得られます。これで、当初の仮説は正しかったことがわかります。

機械学習モデルのトレーニングを行う際は、こういった入力データセットの問題を発見して、事前に対処する必要があります。今回は、このような問題が発生することを見越して、データセットに CANCELLED と DIVERTED の列をあらかじめ含めておきました（第 2 章の作業を見直してください）が、現実のデータサイエンスでは、これほど簡単にはいきません。単純な問題の原因を発見するために、ときには、データ入力処理にデバッグ用のログ出力を追加することもあります。いずれにせよ、問題の原因を理解しないまま、単純に不整合を持ったデータを除外するということは、やるべきではありません。

7.1.6 トレーニングデータの準備

これでトレーニング用のデータが揃いましたが、実は、このままでは、Spark ML のライブラリに入力することはできません。LogisticRegressionModel のドキュメントによると[9]、トレーニングデータの各レコードは、LabeledPoint クラスに変換する必要があります。このクラスでは、ラベル、および、入力変数のリストを浮動小数点で与える必要があります[10]。

このように、トレーニング用にラベルと入力変数だけを取り出したデータを機械学習では「Example」と呼びます。まずは、データフレームの 1 つのレコードをトレーニング用の Example に変換するメソッドを用意します。

```
def to_example(raw_data_point):
    return LabeledPoint(\
               float(raw_data_point['ARR_DELAY'] < 15), # on-time? \
               [ \
                   raw_data_point['DEP_DELAY'], \
                   raw_data_point['TAXI_OUT'], \
                   raw_data_point['DISTANCE'], \
               ])
```

今回に限らず、一般に、生データから Example を生成するメソッドを個別に用意することをお勧めします。これにより、さまざまなフォーマットの生データに対応することができて、

9 https://spark.apache.org/docs/latest/api/python/pyspark.mllib.html#pyspark.mllib.classification.LogisticRegressionModel

10 https://spark.apache.org/docs/latest/api/python/pyspark.mllib.html#pyspark.mllib.regression.LabeledPoint

後続の処理をフォーマットごとに変更する必要がなくなります。

このメソッドをトレーニングデータ全体にマップすることで、全データをまとめて変換することができます。

```
examples = traindata.rdd.map(to_example)
```

7.1.7 トレーニングの実施

トレーニングに必要なExampleが用意できたので、Sparkでトレーニング処理を実行します。

```
lrmodel = LogisticRegressionWithLBFGS.train(examples, intercept=True)
```

切片 b が必ずゼロになる（入力データがすべて0の時に、対応する確率は必ず0.5になる）とわかっている場合は、`intercept=False` を指定します。今回は、そのような理由はないので、`intercept=True` としています。

トレーニングが終了して `train()` メソッドが完了すると、出力されたモデル `lrmodel` から、ウェイトと切片の値が確認できます。

```
print lrmodel.weights,lrmodel.intercept
```

結果は、次のようになります[11]。

```
[-0.164,-0.132,0.000294] 5.1579
```

配列内の3つの値は、それぞれ、出発遅延時間、タクシーアウト時間、フライト距離に対応するウェイトで、最後の値は切片を示します。これらの数値をロジスティック回帰の公式にあてはめれば、モデルを独自にコーディングして予測を行うことができます。今回用意したExampleでは、遅延した時に0、遅延しなかった時に1というラベルを使用しているので、出発遅延時間、タクシーアウト時間、フライト距離を入力すると遅延しない確率を出力するというモデルが得られます。

ここで、トレーニングで得られた数値を詳しく見てみましょう。出発遅延時間とタクシーアウト時間のウェイトは負の値になっています。これは、出発遅延時間、あるいは、タクシーアウト時間が大きいほど、時間内に到着する確率が低いことを示しています。一方、フライト距離のウェイトは正の値で、距離が長いほど、時間内に到着する確率が高くなります。これらは、直感的にも納得できる結果です。ただし、それぞれの変数が独立しておらず、相関の強い変数だった場合は、ウェイトの値（符号、および、大きさ）について、このような自然な解釈ができないこともあります。

ここでは、トレーニングで得られたモデル `lrmodel` を使って、予測を試してみましょう。

---

11 最適化処理で使用される乱数のシードと、CSVファイルで選択したトレーニングデータの違いにより、結果が異なる場合もあります。

```
lrmodel.predict([6.0,12.0,594.0])
```

この結果は、1 になります。つまり、出発遅延時間が 6 分、タクシーアウト時間が 12 分、フライト距離が 594 マイルの場合は、時間内に到着すると予想されます。出発遅延時間を 6 分から、36 分に変更するとどうでしょう。

```
lrmodel.predict([36.0,12.0,594.0])
```

結果は 0 になります。すなわち、フライトは時間通りに到着しないと予想されます。なお、ここで出力される値は確率ではなく、0.5 を閾値としたラベルの予測になります。つまり、確率が 0.5 より大きいかどうかで、出力は 1 か 0 に決まります。暗黙の閾値を削除すると、確率そのものを出力することもできます。

```
lrmodel.clearThreshold()
```

この場合は、出発遅延時間が増えるにつれて、時間内に到着する確率が低くなるようすがわかります。

変数のうちの 2 つを固定して、1 変数の関数として、確率がどのように変化するかを調べることもできます。たとえば、出発遅延時間が 20 分、タクシーアウト時間が 10 分とした場合、フライト距離による確率の変化は、次のコードで確認できます。

```
dist = np.arange(10, 2000, 10)
prob = [lrmodel.predict([20, 10, d]) for d in dist]
plt.plot(dist, prob)
```

このコードを実行した結果は図 7–4 のようになります。

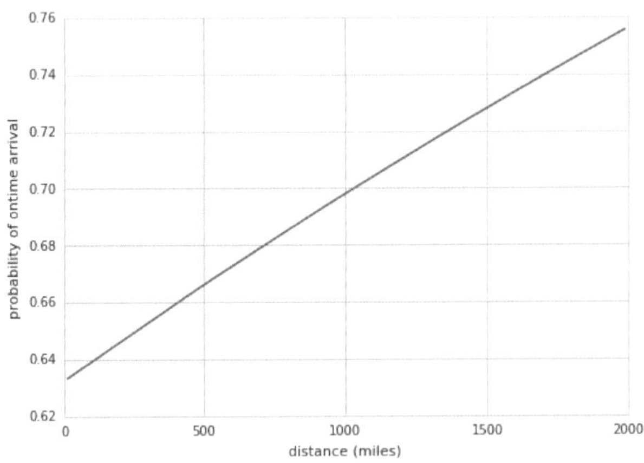

図7–4：フライト距離と到着遅延確率の関係

この結果を見ると、フライト距離の影響はそれほど大きくないことがわかります。短距離のフライトから、大陸間の長距離フライトへと変わったとしても、確率は約 0.63 から約 0.76 に増加するだけです。一方、タクシーアウト時間とフライト距離を一定に保ち、出発遅延時間による影響を調べると、かなり顕著な結果が得られます（図 7–5）。

```
delay = np.arange(-20, 60, 1)
prob = [lrmodel.predict([d, 10, 500]) for d in delay]
plt.plot(delay, prob)
```

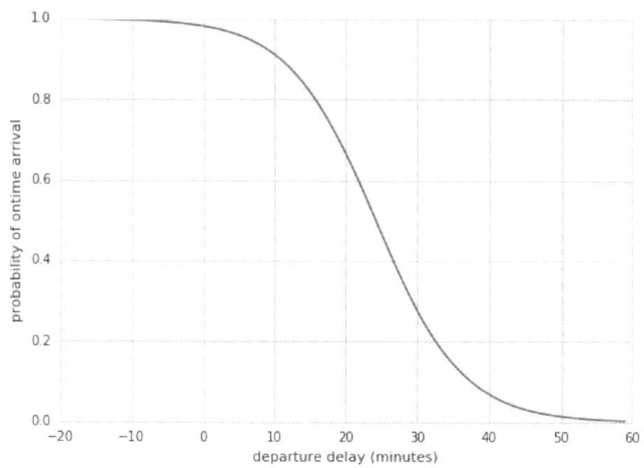

図7–5：出発遅延時間と到着遅延確率の関係

このように、確率を見ることで、さまざまなシナリオにおけるモデルの振る舞いが理解できます。ただし、本来の目的は、時間通りに到着する確率が 70%未満であれば会議をキャンセルするという判断を行うことでした。このためには、決定の閾値を 0.7 に設定します。

```
lrmodel.setThreshold(0.7)
```

これにより、予測の出力は、会議をキャンセルするかしないかを 0 と 1 で示すようになります。

7.1.8 モデルで予測する

学習済みのモデルを Cloud Storage に保存しておくと、必要な際にモデルを取得して予測ができるようになります。次のように、Cloud Storage 上の保存場所を指定します。

```
MODEL_FILE='gs://' + BUCKET + '/flights/sparkmloutput/model'
lrmodel.save(sc, MODEL_FILE)
```

保存したモデルを取得する際は、次のコードを使用します。

```
from pyspark.mllib.classification import LogisticRegressionModel
lrmodel = LogisticRegressionModel.load(sc, MODEL_FILE)
lrmodel.setThreshold(0.7)
```

この後、変数 lrmodel に格納されたモデルを使って、予測を行うことができます。

```
print lrmodel.predict([36.0,12.0,594.0])
```

このコードを Python の Web アプリケーションに組み込めば、予測の Web サービス、あるいは、API を作成することも簡単です。

ここで、Spark によるトレーニングでは、クラスタでの分散処理が必要でしたが、トレーニング後のモデルによる予測は、簡単な数学の計算にすぎない点に注意してください。予測のために分散処理を行う必要はありません。ただし、アプリケーションの要件によっては、単一プロセッサによる高速な計算が必要になります。ロジスティック回帰のようにシンプルなモデルでは、トレーニングのために特別なハードウェア（GPU など）を用意する必要はありません。しかしながら、たとえシンプルなモデルであったとしても、膨大なクエリに低レイテンシで応答する必要がある場合など、予測のために GPU が必要なこともあります。もちろん、何百ものレイヤーを持つ、画像分類のディープラーニングモデルの場合は、トレーニングと予測の両方で、GPU が必要になるでしょう[12]。

7.1.9 モデルの評価

トレーニング済みのモデルが準備できたので、第 5 章で用意したテストデータを用いて、モデルの性能を評価することができます。はじめに、テスト用データの日付を抽出するクエリを用意しますが、ここでは、トレーニング用の日付を取得した際のクエリを修正して利用します。

```
testquery = trainquery.replace( \
    "t.is_train_day == 'True'","t.is_train_day == 'False'")
print testquery
```

これにより、次のようなクエリが得られます。

```
SELECT
  DEP_DELAY, TAXI_OUT, ARR_DELAY, DISTANCE
FROM flights f
JOIN traindays t
```

12 今回のモデルは、3 つのウェイトで構成されています。一方、画像分類に用いる巨大なディープニューラルネットワークには、数百のウェイトを持つ、数百ものレイヤーがあります。

```
ON f.FL_DATE == t.FL_DATE
WHERE
  t.is_train_day == 'False' AND
  f.CANCELLED == '0.00' AND
  f.DIVERTED == '0.00'
```

この後は、トレーニングデータを用意した時と同じ手順になります。生データを Example に変換するメソッドを用意しておいたので、テストデータ用の特別な処理は必要ありません。

```
testdata = spark.sql(testquery)
examples = testdata.rdd.map(to_example)
```

これで、すべてのテストデータを Example に変換することができました。次のコードは、Example から予測に必要な変数を取り出した後に、それを使ってモデルが予測したラベルと、真のラベルを含むデータフレームを作成します。

```
labelpred = examples.map(lambda p: \
            (p.label, lrmodel.predict(p.features)))
```

モデルの性能を評価するために、キャンセルした場合とキャンセルしなかった場合について、それぞれの回数と、その判断が正しかった割合を計算します。

```
def eval(labelpred):
    cancel = labelpred.filter(lambda (label, pred): pred == 1)
    nocancel = labelpred.filter(lambda (label, pred): pred == 0)
    corr_cancel = cancel.filter(lambda (label, pred): \
                                    label == pred).count()
    corr_nocancel = nocancel.filter(lambda (label, pred): \
                                    label == pred).count()

    cancel_denom = cancel.count()
    nocancel_denom = nocancel.count()
    if cancel_denom == 0:
        cancel_denom = 1
    if nocancel_denom == 0:
        nocancel_denom = 1
    return {'total_cancel': cancel.count(), \
            'correct_cancel': float(corr_cancel)/cancel_denom, \
            'total_noncancel': nocancel.count(), \
            'correct_noncancel': float(corr_nocancel)/nocancel_denom \
           }
```

結果は、次のようになります。

```
{'correct_cancel': 0.7917474551623849, 'total_noncancel': 115949,
'correct_noncancel': 0.9571363271783284, 'total_cancel': 33008}
```

第 5 章の最後に説明したように、「遅延しない確率が 70%以上」という条件を用いても、キャンセルしない判断の正解率は 70%にはなりません。閾値が適切に機能していることを確認するには、遅延しない確率が 70%付近のデータだけを用いた場合の正解率を見る必要があります。

モデルが確率を返すように閾値をクリアしてから、すべてのデータセットに対する確率の予測（および、正解率の評価）を行い、さらに、予測結果が 0.7 付近のデータのみを取り出して、これらに対する正解率の評価を行います。

```
lrmodel.clearThreshold() # so it returns probabilities
labelpred = examples.map(lambda p: \
                        (p.label, lrmodel.predict(p.features)))
print eval(labelpred)
# keep only those examples near the decision threshold
labelpred = labelpred.filter(lambda (label, pred): \
                            pred > 0.65 and pred < 0.75)
print eval(labelpred)
```

予測結果が確率に変わっているので、正解率を計算するコードは、次のように修正が必要です。

```
cancel = labelpred.filter(lambda (label, pred): pred < 0.7)
nocancel = labelpred.filter(lambda (label, pred): pred >= 0.7)
corr_cancel = cancel.filter(lambda (label, pred): \
                           label == int(pred >= 0.7)).count()
corr_nocancel = nocancel.filter(lambda (label, pred): \
                               label == int(pred >= 0.7)).count()
```

すべてのデータに対する評価はさきほどと同じで、一方、予測結果が 0.7 付近のデータのみに対する評価は次のようになります（具体的な数値は、実行ごとに異なる場合があります）。

```
{'correct_cancel': 0.30886504799548276, 'total_noncancel': 2224,
'correct_noncancel': 0.7383093525179856, 'total_cancel': 1771}
```

この例の場合、キャンセルしなかった場合の正解率は約 74%で、想定通りの結果が得られました。ただし、ここまでの処理では、データの一部のみを用いているので、この結果をそのまま信用するわけにはいきません。最後のステップとして、これまでの処理をスクリプト化して、全データセットを用いたトレーニングと評価を行いましょう。ノートブックのコードから、`show()` や `plot()` などの関数を削除した、実行可能なスクリプトを用意してください[13]。

Cloud Dataproc のクラスタでスクリプトを実行する際は、Cloud SDK がインストールされたノート PC、もしくは、CloudShell からジョブを投入します。GCP の Web コンソール（ht

13 GitHub リポジトリの `07_sparkml/logistic.py` を参照。

tps://console.cloud.google.com/）で、Cloud Dataproc のセクションからも実行できます。ただし、スクリプトを実行する前にクラスタサイズを大きくする必要があります。また、スクリプトの処理が完了したら、再度クラスタを小さくすることも忘れないでください[14]。

クラスタを大きくした後に logistic.py を実行すると、すべてのトレーニングデータを用いたモデルが作成された後に、テストデータによる評価が行われます。まず、テストデータ全体についての評価結果は、次のようになります。

```
{'correct_cancel': 0.8141780686099543, 'total_noncancel': 1574550,
'correct_noncancel': 0.9635584770251818, 'total_cancel': 353010}
```

この結果を見ると、約 35 万回の会議をキャンセルすることになり、そのうち 81.4%が正解です。また、会議をキャンセルしない場合の正解率は、96.3%です。第 6 章の最後を振り返ると、ベイズ分類器の場合は、920,355 回の会議をキャンセルすることになりました。会議のキャンセルはできれば避けたいことですので、全体的な正解率を保ったまま、キャンセル数を減らすことができたという点で、このモデルには優位性がありそうです。

次に周辺分布、すなわち、確率が 0.7 に近いフライトに限定した結果は、次のようになります。キャンセルしない場合の正解率は 72%で、期待通りの結果が得られました。

```
{'correct_cancel': 0.33481603514552444, 'total_noncancel': 22242,
'correct_noncancel': 0.7212930491862243, 'total_cancel': 18210}
```

機械学習によるモデルは、データの変化に強いという特徴もあります。新しいデータを用いてトレーニングを再実行するだけで、自動的に新しいモデルが得られます。パイロットの判断ルールや航空会社の方針は、常に変化する可能性があります。このような変化に追従するために、新しい年のデータが得られるごとに、モデルを継続的に再トレーニングするという方法も考えられます。

7.2 特徴量エンジニアリング

本章では、3 つの変数を用いたロジスティック回帰のモデルを作成して、良好な評価結果が得られましたが、これら 3 つの変数は、本当にすべて必要なのでしょうか？　仮に、より少ない変数で同等の結果が得られるならば、そちらのモデルを採用した方がよいとは言えないでしょうか？　一般に、モデルに含まれる変数が増えると、過学習（オーバーフィッティング）

[14] 06_dataproc のスクリプト increase_cluster.sh と reduce_cluster.sh、および 07_sparkml のスクリプト submit_spark.sh を参照。また、Spark のジョブを実行する前に、利用中のノートブックをすべてシャットダウンする必要があります。

が発生する可能性が高まります。思考節約の原理、あるいは、オッカムの剃刀[15]と呼ばれる考え方があり、同程度の精度が得られるならば、より単純なモデルを採用する方が望ましいと言えます。

この考え方には、実用的な意義もあります。まず、ルールベースのシステムの場合は、ある変数を判断ルールに追加したり、削除したりするのは容易です。特に、該当の変数値を持つデータの量に依存せずにルールの変更が可能です。一方、機械学習の場合は、該当の変数値を持つデータが十分になければ、適切なトレーニングを行うことができません。既存のモデルを他の環境で再利用しようとした際に、ある変数の値を持つデータが不足していると、このモデルは利用できなくなります。あるいは、変数の数が多いと、データの前処理の手間も増加します。変数の数は、不必要に増やさないことが原則です。

7.2.1 検証のフレームワーク

変数の数を減らす話をしましたが、逆に、今回の 3 つの変数だけが重要かどうかもまだわかりません。当然ながら、これ以外の変数を使うこともできるはずです。機械学習の用語で、一般に、モデルに入力する値を「特徴量」といいます。また、変数の値をそのままモデルに入力するのではなく、何らかの変換を行う場合もあるので、特徴量は、生の入力変数とは異なる場合もあります。生の入力変数から、実際にモデルに入力する特徴量を設計するプロセスを「特徴量エンジニアリング」といいます。

このプロセスにおいては、ある特徴量が有効かどうかをテストするためのフレームワークが必要になります。たとえば、1 つの特徴量（出発遅延時間など）のモデルを用意した後に、新しい変数（フライト距離など）を追加することで、モデルの性能が改善するかをテストする必要があります。新しい特徴量が有効であればそのまま残し、有効でなければ破棄するという手順を繰り返します。逆に、すべての特徴量を利用したモデルを作成して、そこから特徴量を減らしていくという方法もあります。ある特徴量を取り除いてもモデルの性能が変わらなければ、その特徴量はモデルから削除してしまいます。これにより、最後は、重要な特徴量だけを用いたモデルが残ります。前者の方法では、複数の特徴量を同時に追加することによる効果が見えないので、一般には、後者の方法が推奨されます。このようにして、重要な特徴量を選んでいくプロセスを特徴量選択といいます。

特徴量選択を実施する際は、個々の特徴量が重要かどうかを判断するためのテスト方法を決めておく必要があります。特に、複数のモデルを比較するためのテストデータが必要になります。モデルの性能をトレーニング後に評価するために用意したテストデータがありましたが、これをモデル間の比較に使用することは望ましくありません。同じテストデータを複数の目的に流用すると、テストの独立性が失われるためです。特に、モデルの作成中は、同じテストデー

---

15 `https://books.google.com/books/id=wTEZCgAAQBAJ` などを参照。中世イギリスのビショップであったオッカムの著書に「必要をこえて実体の数を増やしてはいけない」という意味の言葉があります。

タを繰り返し利用するので、テストデータに対する過学習（オーバーフィッティング）が発生する可能性もあります。そこで、全データセットをトレーニングデータとテストデータに分割する際、これらとはさらに別の「ホールドアウトデータ」を用意して、これを最終的なモデル間の性能比較に利用します。

このフレームワークは、図 7-6 のようにまとめられます。

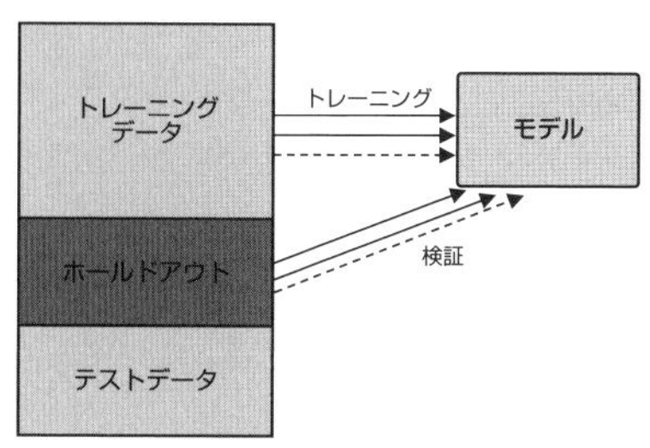

図7-6：ホールドアウトデータでモデル間の性能を比較

はじめに、全データセットを 2 つに分割して、一方をテストデータとして保持します。これは、第 5 章で traindays データセットを作成した時と同様です。これまでの各章では、モデルを作成した後に、このテストデータを用いてモデルの評価を行いました。次に、もう一方のデータから、複数のモデルを比較するためのホールドアウトデータを取り除き、残った部分をトレーニングデータとします。たとえば、3 番目の変数を追加するべきかを判断する際は、図 7-6 のように、ホールドアウトデータで検証した結果を変数を追加する前後で比較します。

それでは、ホールドアウトデータを用いて、具体的にどのような指標を評価するべきでしょうか？　これまで、個々のモデルを評価する際は、キャンセルした場合としなかった場合の正解率などを見てきました。これは、モデルの特性を理解するには有用ですが、同じモデルであっても、判断の閾値によって簡単に結果が変わってしまいます。複数のモデルを比較するには、モデルに固有の単一の指標が必要になります。

モデルに固有の指標としては、モデルが出力する確率値の分布によって決まる、ロジスティック損失や交差エントロピーなどが考えられます。しかしながら、その値の意味を直感的に把握することができません。ここでは、より直感的に理解できる指標として、RMSE（Root Mean Squared Error）を計算します。

```
totsqe = labelpred.map(lambda (label, pred): \
                    (label-pred)*(label-pred)).sum()
'rmse': np.sqrt(totsqe/float(cancel.count() + nocancel.count()))
```

これは、予測された 0〜1 の確率値と、実際の正解ラベル（0 または 1）が平均的にどの程度ずれているかを表します。そして、ここでは、RMSE が 0.5%増えるかどうかを判断基準とします。つまり、ある変数を削除した際に、RMSE の増加が 0.5%以下であれば、モデルとしての性能は下がるものの、変数を減らすメリットの方が大きいと判断して、この変数を取り除きます。ただし、この0.5%という基準は絶対的なものではありません。性能を重視するのか、変数が少ないことを重視するのかによって、適切な基準は変化するでしょう。

7.2.2 ホールドアウトデータセットの作成

第5章でテストデータを作成したときは、複数の環境から参照できるように、テストデータの日付を表すテーブルを別に作成して、保存しておきました[16]。一方、ホールドアウトデータは、特徴量選択の作業を行うために、Sparkの環境からアクセスできれば十分なので、もう少し簡易的に取り扱うことにします。ただし、データの再現性は必要です。いずれのモデルを検証する際も、必ず、同一のホールドアウトデータを使用する必要があります。

ここでは、トレーニングデータの日付を表す traindays を読み込んだ後に、holdout という列を一時的に追加して、ランダムに選択した20%の日付をホールドアウトデータに指定します[17]。

```
from pyspark.sql.functions import rand
SEED = 13
# 80% of data is for training
traindays = traindays.withColumn("holdout", rand(SEED) > 0.8)
traindays.createOrReplaceTempView('traindays')
```

乱数のシードを設定しているので、このコードを実行するたびに、同じ日付がホールドアウトデータに設定されます。

最初の数行を確認すると、次のようになります。

```
Row(FL_DATE=u'2015-01-01', is_train_day=u'True', holdout=False),
Row(FL_DATE=u'2015-01-02', is_train_day=u'False', holdout=True),
Row(FL_DATE=u'2015-01-03', is_train_day=u'False', holdout=False),
Row(FL_DATE=u'2015-01-04', is_train_day=u'True', holdout=False),
Row(FL_DATE=u'2015-01-05', is_train_day=u'True', holdout=True),
```

ここで、is_train_day と holdout の両方の列があることに注意してください。トレーニングデータの一部をホールドアウトデータにするという約束なので、is_train_day と holdout の両方が True の日付をホールドアウトデータとみなします。したがって、ホールドアウトデータを除いたトレーニングデータは、次のクエリで取得することができます。

---

16 トレーニングデータとテストデータの日付情報を BigQuery と Cloud Storage に保存したことを思い出してください。これらを参照することで、Spark、Pig、TensorFlow など、異なる環境で同じテストデータを再現することができます。

17 GitHub リポジトリの 07_sparkml/experimentation.ipynb と experiment.py を参照。

```
SELECT
  *
FROM flights f
JOIN traindays t
ON f.FL_DATE == t.FL_DATE
WHERE
  t.is_train_day == 'True' AND
  t.holdout == False AND
  f.CANCELLED == '0.00' AND
  f.DIVERTED == '0.00'
```

一方、ホールドアウトデータを取得するクエリは、上記を次のように変換して得られます。

```
evalquery = trainquery.replace("t.holdout == False", \
                               "t.holdout == True")
```

これらのコードは、いつでも再実行できるように、ノートブックからコピーして、独立したスクリプトにしておきます。

7.2.3 特徴量選択

ここでは、本章で作成した 3 変数のモデルにおいて、すべての変数が必要かどうかをこれまでに説明したプロセスで確認します。これには、3 変数のモデル、および、どれか 1 つの変数を削除した 3 種類のモデルについて、ホールドアウトデータに対する RMSE を計算する必要があります。この時、変数を減らしたモデルを作成するのは簡単です。Example を用意する to_example() メソッドを変更して、モデルに受け渡す変数を変えると、自動的に対応する変数を用いたモデルが作成されます。次は、3 変数のモデルの場合です。

```
def to_example(fields):
    return LabeledPoint(\
                float(fields['ARR_DELAY'] < 15), #ontime \
                [ \
                    fields['DEP_DELAY'], \
                    fields['DEP_DISTANCE'], \
                    fields['TAXI_OUT'], \
                ])
```

次のように変更すると、TAXI_OUT を除いたモデルになります。

```
def to_example(fields):
    return LabeledPoint(\
                float(fields['ARR_DELAY'] < 15), #ontime \
                [ \
                    fields['DEP_DELAY'], \
                    fields['DISTANCE'], \
                ])
```

それぞれのモデルの評価結果をすばやく得るために、クラスタを拡張しておきます。20 ノードの n1-standard-2 インスタンスのクラスタでは、モデルのトレーニングに約 20 分かかりましたが、さらに時間を短縮するために、50 ノードに拡張します[18]。

```
#!/bin/bash
ZONE=us-central1-a
# create cluster
gcloud dataproc clusters create \
  --num-workers=35 \
  --num-preemptible-workers=15 \
  --scopes=cloud-platform \
  --worker-machine-type=n1-standard-4 \
  --master-machine-type=n1-standard-8 \
  --worker-boot-disk-size=10 \
  --preemptible-worker-boot-disk-size=10 \
  --zone=$ZONE \
  ch6cluster
```

大規模なクラスタを使用する際は、Hadoop ノードを監視して、すべてのノードが正常稼働しており、ジョブのワークロードがクラスタ全体に分散されていることを確認してください。Cloud Datalab にアクセスするときに使用したのと同じ、start_tunnel.sh と start_chrome.sh を使用して、監視用の Web インターフェイスにアクセスすることができます。ここでは、YARN (8088 ポート) と HDFS (50070 ポート) の状況を確認してみます (図 7-7)。

今の場合、ノード数を 50 に増やしても、実際にはすべてのノードに処理が分散されていないことがわかります。これは、Spark が入力データのサイズ (今の場合は、わずか数 GB) に基づいて、データの分割数を決定し、それによってジョブを実行するノード数が決まるからです。ここでは、データの分割数を明示的に指定するように、トレーニングデータを読み込むコードを修正します。

```
traindata = spark.sql(trainquery).repartition(1000)
```

評価用のホールドアウトデータについても、同様に変更します。

```
evaldata = spark.sql(evalquery).repartition(1000)
```

スクリプトを実行すると、次のような出力から、分割数が 1000 になっていることが確認で

18 ノード数を極端に増やすと、CPU、ディスク容量、あるいは、IP アドレス数の利用上限 (クォータ) に達する場合があります。このような際は、GCP コンソールで、Compute Engine のクォータ設定 (https://console.cloud.google.com/compute/quotas) から、クォータの増加をリクエストしてください。Cloud Dataproc クラスタは単一のリージョンに作成されるので、リージョナルクォータを引き上げる必要があります。詳細については、https://cloud.google.com/compute/quotas を参照。

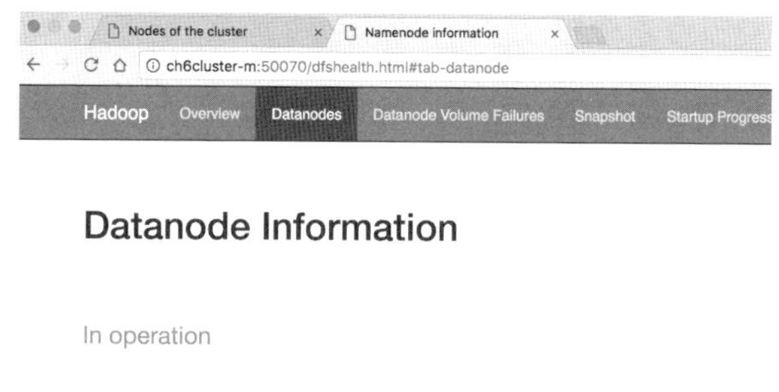

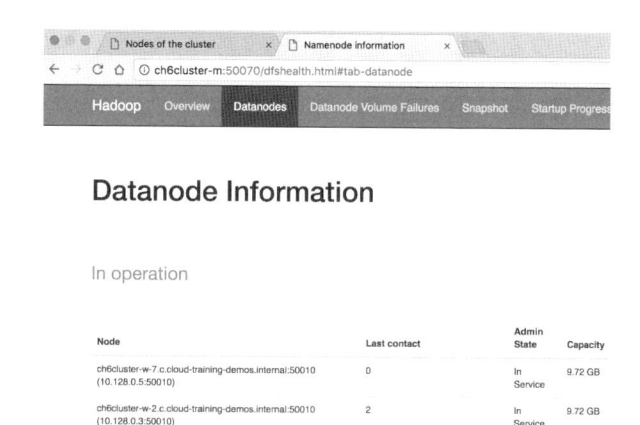

図7-7：Spark クラスタの監視用インターフェイス

きます。

```
[Stage 9:=========... ==============>        (859 + 1) / 1000]
```

これで、処理速度を上げることができたので、変数を変えながら、それぞれのモデルを評価していきます。全体の結果は、表 7-1 のようになりました。

表7-1：特徴量を減らしたモデルの評価結果

検証#	変数	RMSE	RMSE の増加率
1	DEP_DELAY DISTANCE TAXI_OUT	0.252	N/A
2	DEP_DELAY を削除	0.431	71%
3	DISTANCE を削除	0.254	1%
4	TAXI_OUT を削除	0.278	10%

いくつかの変数は、他の変数よりも劇的に重要であることが読み取れますが、いずれの変数を減らした場合も、RMSE は 0.5%以上増加しました。つまり、今回の基準では、いずれの変数も重要であり、破棄すべきではないということになります。ここで、興味深い事実として、第 6 章での想定に反して、フライト距離（DISTANCE）はかなり重要度が低いことがわかります。もしもこの事実が先にわかっていれば、第 6 章では、フライト距離の代わりに、タクシーアウト時間を用いてベイズモデルを作成していたことでしょう。

7.2.4 スケーリングとクリッピング機能

特徴量選択の結果、フライト距離は、モデルに含まれる変数の中で、最も重要度が低いことがわかりました。しかしながら、フライト距離がRMSEに大きく影響しない背景には、何か別の原因があるかも知れません。たとえば、フライト距離の値は、数千マイルのフライトなど、非常に大きな範囲に広がります。一方、その他の時間を表す変数の値は、比較的小さな範囲に収まります。そのため、極端に大きな値の影響でモデルの出力が不安定にならないよう、フライト距離のウェイトが0に近い値に学習されたという可能性が考えられます。ロジスティック回帰は線形モデルなので、このような不安定さが発生することは、すこし考えにくいですが、より複雑なモデルの場合は、すべての変数の値が同じ程度の範囲に収まるように、事前に変換（スケーリング）することが大切になります。

すべての入力値を同程度で、かつ、小さな値にスケーリングするもう1つの理由は、トレーニングの際に、ウェイトを-1〜1の範囲でランダムに初期化することが多いためです。機械学習のアルゴリズムは、この乱数で初期化されたウェイトをトレーニングデータを用いて段階的に修正していきます。トレーニングデータの数値がこれと同じ程度の大きさだと、ウェイトはより速く、効率的に最適値に近づくことができます。

スケーリングに用いる関数の一般的な選択肢は、次の通りです。

1. 変数がとる値の範囲を調べて、最小値が-1、最大値が1になるように変換します。Sparkには、これを行う`AbsScaler`というクラスがありますが、最大値・最小値を発見するために全データのスキャンが必要となります。ただし、スケーリングの目的を考えると、サンプリングで近似的に求めた最大値・最小値を用いても問題ありません。トレーニング時と予測時で同一のスケーリング（30マイルが-1.0で、6000マイルが1.0になるように線形変換するなど）を適用するように注意してください。
2. 変数がとる値全体の平均が0、標準偏差が1になるように変換します。この場合、ロングテールのデータは、大きな値のままになることがありますが、逆に言うと、標準的な値を線形に変換しながら、外れ値の存在を強調することができます。

今回は、1つ目のオプションを採用します。近似的な最小値と最大値を用いて、変数の値を線形に変換します。ここでは、出発遅延時間が（-30, 30）、フライト距離が（0, 2000）、タクシーアウト時間が（0, 20）の範囲にあるものとして、これらを近似的な最小値、最大値とみなします。この範囲外の外れ値もあると考えられますが、このように常識的な値の範囲を仮定することで、外れ値によって極端なスケーリングが発生することを防止できます。`to_example()`関数で生データをトレーニング用のExampleに変換する際に、これらの範囲が（-1, 1）に対応するように線形変換を行います。

```
def to_example(fields):
    return LabeledPoint(\
              float(fields['ARR_DELAY'] < 15), #ontime \
              [ \
                  fields['DEP_DELAY'] / 30, \
                  (fields['DISTANCE'] / 1000) - 1, \
                  (fields['TAXI_OUT'] / 10) - 1, \
              ])
```

この変更を適用した後に、再度、モデルの評価を行うと、結果は表 7-2 のようになります。今の場合、スケーリングで RMSE の値が変化することはありませんでした。

表7-2：スケーリングによるモデルの変化

検証#	変数	RMSE	改善率
1 （スケーリング前の実行結果）	DEP_DELAY DISTANCE TAXI_OUT	0.252	N/A
5	上記 3 変数にスケーリングを適用	0.252	0

もう 1 つ別の前処理として、クリッピングと呼ばれる方法があります。これは、合理的な値の範囲を超える外れ値について、範囲内の値に強制的に変換するというものです。たとえば、2,000 マイル以上のフライト距離は 2,000 マイル、30 分以上の出発遅延時間は 30 分に修正します。これにより、トレーニングのアルゴリズムは、外れ値の影響を一切受けず、範囲内の値だけを用いて最適化の処理を進めることができます。最後の検証に用いる指標も、外れ値からの悪影響を受けることがあるので、ここでもまた、外れ値の影響を回避することができます。ここでは、スケーリングに加えて、クリッピングを適用した場合に、RMSE がどう変化するかを見てみましょう。

スケーリングされた変数の合理的な範囲は（-1, 1）とわかっているので、クリッピングを追加するのは簡単です。

```
def to_example(fields):
    def clip(x):
        if (x < -1):
            return -1
        if (x > 1):
            return 1
        return x
    return LabeledPoint(\
              float(fields['ARR_DELAY'] < 15), #ontime \
              [ \
                  clip(fields['DEP_DELAY'] / 30), \
```

```
            clip((fields['DISTANCE'] / 1000) - 1), \
            clip((fields['TAXI_OUT'] / 10) - 1), \
        ])
```

RMSEの評価結果は、表7–3のようになります。

表7–3：クリッピングによるモデルの変化

検証#	変数	RMSE	改善率
1	DEP_DELAY DISTANCE TAXI_OUT	0.252	N/A
5	スケーリングされた値	0.252	なし
6	クリッピングされた値	0.283	負

今回のフレームワーク（Spark ML）におけるロジスティック回帰のアルゴリズムでは、スケーリングは重要ではなく、クリッピングはむしろ悪影響を及ぼすことがわかりました[19]。ただし、一般論としては、さまざまな前処理を試すことは、モデル開発のプロセスに含めるべきです。これは、時として劇的な改善をもたらすことがあります。

7.2.5 特徴の変換

これまで、データセットに含まれる3つの数値変数を用いてモデルを作成してきましたが、数値型の変数だけを選んだのはなぜでしょうか？　ロジスティック回帰は、本質的には、入力変数を異なるウェイトで足し合わせるという処理にほかなりません。したがって、連続的に変化する数値型のデータを利用するというのは、自然なことです[20]。それでは、2015-03-13-11:00:00といったタイムスタンプの値は、ロジスティック回帰には使えないのでしょうか？　たとえば、日付情報を年初からの経過日数に変換して、数値データとして扱うという方法が考えられますが、これはうまくいきません。ある変数をモデルの入力値として用いる場合、大雑把に見積もって、トレーニングデータ内に同じ値を持つデータが5〜10個は含まれている必要があります。少数のデータだけに固有の数値があると、過学習（オーバーフィッティング）が発生して、トレーニングデータに対する性能だけが高く、新しいデータには機能しないということが起こりえます。オーバーフィッティングというのは、特定の値に対する情報をモデルが「丸暗記」するような状態です。「2015年5月11日に中西部で遅延が発生した」という情報をモデルが丸暗記している場合、同じ日付のデータに対する予測には役立ちますが、現実には、この日付のデータが新規に現れることはありません。

[19] これは十分に予想できる結果です。Spark Javaのドキュメント（https://spark.apache.org/docs/2.1.0/api/java/org/apache/spark/mllib/classification/LogisticRegressionWithLBFGS.html）を見ると、デフォルトでスケーリングとL2正則化が適用されることが記載されています。

[20] 従業員IDのような値は数値であっても、足したり掛けたりすることはできません。

したがって、タイムスタンプなどの属性を扱う際は、もう少し工夫する必要があります。今の場合、たとえば、1時、2時、3時といった1時間単位の時刻情報だけを使う方法があります。これは、フライト遅延を予測するのに有用な情報となるはずです。ほとんどの空港において、航空機のフライトスケジュールは、ビジネス目的の出張にあわせて組まれているので、早朝と夕方に混雑する傾向があります。あるいは、午前のフライトの遅れが影響して、午後のフライトはさらに遅延するといった傾向もあるかも知れません。

それでは、実際に、タイムスタンプから時刻の数値を抽出してみましょう。2015-03-13-11:00:00 というタイムスタンプが与えられた場合、対応する時刻の数値は何でしょうか？　「11」と言いたくなりますが、これはUTCでの時刻であり、実際の空港の状況に対応する数値ではありません。時刻情報を利用する目的を考えると、空港のタイムゾーンのオフセットで補正して、現地時刻に変換する必要があります。つまり、モデルに入力するべき特徴量は、出発時刻とタイムゾーンのオフセットという、2つの入力値から計算する必要があります。

ここで、少し立ち止まりましょう。上記の最後の一文では、「特徴量」と「入力値」という言葉を使い分けている点に注意してください。タイムスタンプ（およびオフセット）は入力値で、そこから計算される現地時刻は、特徴量です。予測が必要な際にクライアントアプリケーションが提供するのは、一般に入力値であり、これは、モデルに入力するべき特徴量とは異なります。一方、特徴量というのは、前節で説明したスケーリングなどを含め、必要な変換がすべて行われた後に得られる値です。これまで、モデルに入力するExampleを作成する、to_exampleメソッドを用いてきましたが、ここでは、このメソッドに与えるものが「入力値」で、このメソッドからは、「特徴量のリストとラベル」を組み合わせたExampleが出力されるということになります。機械学習のAPIは、その種類によって、入力値、特徴量、Exampleのいずれを入力するべきかが異なる場合があります。この3つの違いを明確に理解するようにしてください。

タイムスタンプとタイムゾーンのオフセット[21]から現地時刻を計算するコードは、第4章で作成していました。これをto_exampleメソッドに追加すると、次のようになります。

```
def to_example(fields):
    def get_local_hour(timestamp, correction):
        import datetime
        TIME_FORMAT = '%Y-%m-%dT%H:%M:%S'
        t = datetime.datetime.strptime(timestamp, TIME_FORMAT)
        d = datetime.timedelta(seconds=correction)
        t = t + d
        return t.hour
    return LabeledPoint(\
              float(fields['ARR_DELAY'] < 15), #ontime \
              [ \
                  fields['DEP_DELAY'], \
                  fields['TAXI_OUT'], \
```

[21] タイムゾーンのオフセットは浮動小数点なので、適切な型をスキーマに追加する必要があります。

```
                    get_local_hour(fields['DEP_TIME'], \
                                    fields['DEP_AIRPORT_TZOFFSET'])
                ])
```

ここで、時刻には周期性がある点に注意が必要です。22 時と 2 時は、数字の上では 20 時間の差がありますが、翌日の 2 時だと考えると、実際の差は 4 時間です。この問題には、数学的にエレガントな解法が用意されています。アナログの 24 時間時計を想像して、ある時刻における時計の針の角度を θ として、$\sin\theta$ と $\cos\theta$ の 2 つの値を特徴量としてモデルに入力します[22]。

```
def to_example(fields):
    def get_local_hour(timestamp, correction):
        import datetime
        TIME_FORMAT = '%Y-%m-%dT%H:%M:%S'
        t = datetime.datetime.strptime(timestamp, TIME_FORMAT)
        d = datetime.timedelta(seconds=correction)
        t = t + d
        theta = np.radians(360 * t.hour / 24.0)
        return [np.sin(theta), np.cos(theta)]

    features = [ \
                fields['DEP_DELAY'], \
                fields['TAXI_OUT'], \
            ]

    features.extend(get_local_hour(fields['DEP_TIME'],
                                    fields['DEP_AIRPORT_TZOFFSET']))
    return LabeledPoint( \
              float(fields['ARR_DELAY'] < 15), #ontime \
              features)
```

もう 1 つのアプローチは、時刻をバケット化することです。たとえば、20〜23 時と 0〜5 時を「夜」、6〜9 時を「朝」などにグループ化するのです。この処理は、これらの時間帯によって遅延の頻度が異なるという仮説に基づいており、データサイエンティストの事前知識を活用する例と言えます。実際、混雑が予想される時間帯では、長いタクシーアウト時間は到着予定時刻に事前に組み込まれていて、到着遅延に与える影響が他の時間帯と異なる可能性があります。次は、時刻のバケット化を行うコードの例になります。

```
def get_category(hour):
    if hour < 6 or hour > 20:
        return [1, 0, 0]  # night
    if hour < 10:
        return [0, 1, 0] # morning
    if hour < 17:
        return [0, 0, 1] # mid-day
```

22 直感的に言うと、針の先端の座標を特徴量として利用します。

```
    else:
        return [0, 0, 0] # evening

def get_local_hour(timestamp, correction):
    ...
    return get_category(t.hour)
```

ここでは、時刻情報を3つの特徴量に変換している点に注意してください。それぞれ、夜かどうか、朝かどうか、昼かどうかというフラグ値で、いずれのフラグも持たない場合は、夕方を表すものと解釈されます。夕方を含めた4つのフラグ値にしないことが不思議に思われるかも知れませんが、ここには、少しばかり数学的な事情があります。一般に、数値データをバケット化する際は、N 個のカテゴリに対して、特徴量は $N-1$ 個に設計する方が好ましいことを覚えておいてください。

表7–4：タイムスタンプの情報を加えた結果

検証#	変換	RMSE
1	なし	0.252
7	ローカル時刻	0.252
8	$\sin\theta$, $\cos\theta$	0.252
9	バケット化した時間帯	0.252

ここまで、タイムスタンプをロジスティック回帰に利用するさまざまな方法を考えてきましたが、これを実際に適用した結果は、表7–4のようになります。ここでは、出発遅延時間、フライト距離、タクシーアウトタイムの3変数のモデルに対して、タイムスタンプを変数として追加した場合の結果を示しています。

この結果を見ると、タイムスタンプは、3変数のモデルに対して、特に新しい情報を提供するわけではなさそうです。時間帯による空港の状況の違いは、出発遅延時間などの値に、暗黙のうちに反映されていると考えられます。その他には、タイムスタンプから、曜日や季節といった他の特徴量を作成することも、もちろん可能です。

Spark MLは、入力変数をさまざまに変換して、新しい特徴量を生成する機能を提供しています[23]。必要に応じて適切な機能が選べるよう、それぞれの機能（どのような変数に適用できるのか）を事前に把握しておくことが大切です。本章で、はじめて機械学習を体験した読者は、さまざまな試行錯誤が必要なことに驚いたかも知れません。しかしながら、こういった（あまり魅力的ではなさそうな）試行錯誤は、機械学習モデルを作成する上での大前提となります。本章の手続きを見ると、実験結果を丁寧に記録しながら作業を進める必要があることに気がつくでしょう。機械学習のフレームワークには、こういった作業を支援する機能もあり、これらを活用することも可能です。たとえば、Spark MLは、CrossValidatorという機能を提供して

[23] https://spark.apache.org/docs/latest/ml-features.html#feature-transformers

います[24]。ただそれでも、さまざま準備作業が必要な点に変わりはありません。

7.2.6　カテゴリ変数

続いて、空港コードを予測の変数として使用することを考えてみます。つまり、空港ごとの個別の特性をモデルに学習させるのです。たとえば、ニューヨークの La Guardia 空港では、滑走路で約 45 分間待機した後に、ダラスに定刻で到着することがあります。ニューヨークでは、45 分というタクシーアウト時間は一般的で、心配する必要はないのです。

タイムスタンプの場合は、時刻を表す数字部分を抽出してから、sin、cos を用いた周期変数に変換したり、バケット化してカテゴリ変数に変換するなどを行いました。しかながら、空港を表す、DFW や LGA の文字には数字の要素は一切ありません。これらをモデルに入力するには、どのように変換すればよいのでしょうか？

さきほど行った時間帯のバケット化は、カテゴリ変数に変換する一例になっており、これを参考にすることができます。数値情報を持たない、一般的なカテゴリ情報を取り扱う（やや力技的な）手法に、ワンホットエンコーディングがあります。空港コードに適用する場合、空港の数だけ特徴量を用意して、「DFW は最初の特徴量が 1.0 で、残りは全部 0」、「LGA は 2 番目の特徴量が 1.0 で、残りは全部 0」というように変換します。変数の間に大きさやランキングといった概念がないものをカテゴリ変数と呼びますが[25]、ワンホットエンコーディングは、カテゴリ変数を取り扱う、最も一般的な方法となります。

空港コードにワンホットエンコードを適用する場合、空港コードの種類がどれだけあるのかを確認して、それぞれに個別の特徴量を割り当てているという面倒な作業が発生しますが、これは、Spark の機能で自動化することができます。次は、traindata データフレームに、ワンホットエンコーディングを適用した空港コードを追加する例です。

```
def add_categorical(df):
    from pyspark.ml.feature import OneHotEncoder, StringIndexer
    indexer = StringIndexer(inputCol='ORIGIN',
                            outputCol='origin_index')
    index_model = indexer.fit(df)  # Step 1
    indexed = index_model.transform(df)  # Step 2
    encoder = OneHotEncoder(inputCol='origin_index',
                            outputCol='origin_onehot')
    return encoder.transform(indexed) # Step 3

traindata = add_categorical(traindata)
```

ここでは、次の 3 つの処理を実施しています。

24　https://spark.apache.org/docs/latest/ml-tuning.html

25　従業員番号などは、数値であってもカテゴリ変数と言えます。一方、学生の成績（A+、A、A-、B+、B など）は、見かけは文字列ですが、順番に意味があるので、連続変数に変換することもできます。

1 空港コードをユニークに数値化した情報を生成する。
2 生成した情報を origin_index に格納する。
3 origin_index をワンホットエンコーディングに変換する。

ここで、空港コードを数値化した情報は、変数 index_model に格納されており、どの空港がワンホットエンコーディングにおける何番目の特徴量に対応するかが、この情報で決まります。空港コードにワンホットエンコーディングを適用する操作は、予測時にも必要となりますが、この時、空港コードの数値化をトレーニング時と一致する形で行う必要があります。そのためには、トレーニング時に作成した index_model を予測時に再利用するようにします[26]。

```
index_model = 0
def add_categorical(df, train=False):
    from pyspark.ml.feature import OneHotEncoder, StringIndexer
    if train:
        indexer = StringIndexer(inputCol='ORIGIN',
                                outputCol='origin_index')
        index_model = indexer.fit(df)
    indexed = index_model.transform(df)
    encoder = OneHotEncoder(inputCol='origin_index',
                            outputCol='origin_onehot')
    return encoder.transform(indexed)

traindata = add_categorical(traindata, train=True)
...
evaldata = add_categorical(evaldata)
```

トレーニング時と予測時でワンホットエンコーディングの内容が異なると、これまでにも説明した「トレーニングとサービングの歪み」が発生します。ワンホットエンコーディングに限らず、入力値の変換をどこでどのように適用するべきかは、注意深く管理しなければなりません。Spark には、データセットに適用した変換を記録して、予測時に同じ変換を適用するための Pipeline という仕組みも用意されていますが、ここでは、そこまでの話題には踏み込みません。今の段階では、さらなる抽象化を導入して、理解を困難にすることは避けたいと思います。

このような入力値の変換を導入した場合、予測時の処理は、lrmodel.predict() を呼び出すだけというわけにはいきません。生の入力データからデータフレームを構築して、トレーニング時と同じ変換を適用した後に、ようやく実際のモデルを呼び出すことができるようになります。

26 GitHub リポジトリの 07_sparkml/experiment.py を参照。

7.2.7 スケーラブル、リピータブル、リアルタイム

ワンホットエンコーディングの問題は、それにより発生する大量の特徴量です。私たちのデータセットには約 300 の空港があるので[27]、空港コードに対応する変数は、約 300 個の特徴量になります。前項の最後に、空港コードを追加した際の RMSE が記載されていないのは、実は、リソース不足でトレーニングが実行できなかったからです。フライトデータセットには、約 2,100 万行のレコードがあり、トレーニングデータの約 65%（約 1,400 万行）について、約 300 個のユニークな値を持つカテゴリー変数を計算しようとしましたが、もはやマシンは動きませんでした。実世界のビジネスデータは、さらに大きくなります。たとえば、Kaggle のコンペティションにある、「small clicks」という広告データ[28]を用いた Cloud ML Engine のデモでは、4,500 万行のレコードを使用しました（オリジナルの広告データは、40 億行あります）。ほぼすべての列がカテゴリ変数で、その中には何千ものユニークな値があります。

ワンホットエンコーディングによる特徴量の爆発的な増加に対処する 1 つの方法は、次元削減です。ワンホットエンコードの特徴量を機械学習のアルゴリズムに渡して、これらを少数の特徴量に集約する関数を学習するという手法で、Embedding（埋め込み）とも呼ばれます。Embedding の処理自体がモデルの一部になるので、モデルを学習する際に、Embedding に含まれるウェイトも同時に最適化することができます。第 9 章では、TensorFlow を用いて、Embedding を行う方法を説明しています。

また、入力値を変換して特徴量を計算する複雑なコードを作成した場合、これは、予測時のコードに対する依存関係を生み出します。たとえば、ワンホットエンコーディングを実施するには、Spark のコードを実行する必要があります。予測を行うコードがユーザーデバイスや外部のサーバーで実行されるなど、Spark が利用できない環境だった場合、どうすればよいのでしょうか？　本章で見てきた Spark による機械学習のパイプラインを現実に適用する場合、それなりのツールとフレームワークを用意する必要があり、本番環境での利用には、さまざまなチャレンジが待っています。1 つの解決策は、予測処理の環境を個別に実装するのではなく、標準的なマネージドサービスを利用するという方法です。第 9 章と第 10 章で使用する Cloud ML Engine では、予測処理のコードは、クラウド上の API サービスとしてデプロイされるようになっています。低レイテンシでオートスケールに対応したマネージドサービスを利用することで、予測処理のコードを開発する必要がなくなります。

最後に、タクシーアウト時間をより有効に予測に役立てるアイデアを紹介しておきます。航空会社がフライトのスケジュールを設定する際は、出発空港での出発時刻における平均的なタクシーアウト時間を事前に考慮にいれます。たとえば、ニューヨークの JFK 空港のピーク時に

27　BigQuery コンソールで `flights.tzcorr` に対して、`SELECT DISTINCT(ORIGIN)` を実行することで確認できます。

28　`https://github.com/GoogleCloudPlatform/cloudml-samples/tree/master/tensorflow/standard/legacy/criteo_tft`

は、1 時間程度のタクシーアウトはめずらしくなく、到着予定時刻は、この待ち時間を考慮して設定されています。したがって、タクシーアウト時間がこのような平均値を超えた場合にのみ、到着の遅延が発生する可能性が高くなります。航空会社がスケジュール設定に用いる平均値の正確な情報はありませんが、空港、および、時間帯ごとに過去データすべてについての平均値を計算して、これをモデルに入力することができます。この情報を参照することで、モデルは、より精度の高い予測ができるかも知れません。その他には、次章で説明するように、ストリーミングデータからリアルタイムに得られる情報を特徴量として補完するというアイデアもあります。リアルタイムに得られる情報を機械学習に活用する際は、バッチデータとストリーミングデータを統合して処理する仕組みが必要になります。第 8 章と第 10 章では、Apache Beam を用いてこれを実現します。

7.3　まとめ

本章では、Apache Spark を用いて、はじめての機械学習に取り組みました。Spark ML は、直感的で使いやすいパッケージで、Cloud Dataproc 上の Spark 環境を利用すれば、中規模サイズのデータセットに対する機械学習モデルをすばやく構築することができます。

はじめに、Spark SQL を使用してデータセットを作成しましたが、ここでは、いくつかの列に欠損値があるという問題を発見しました。キャンセル、もしくは、迂回が発生したフライトが根本原因であり、これらの条件に基づいて欠損値を伴うフライトを除外しました。機械学習のモデルとしては、ロジスティック回帰を使用しました。これは、確率値を出力するモデルであり、ここでは、フライトが遅延しない確率を予測しました。この確率について、0.70 という閾値を設定することで、会議をキャンセルするかどうかの決定を下すことができました。

さらに、特徴量選択と特徴量エンジニアリングを実施して、カテゴリー変数の利用を試みました。特徴量をシステマティックに選択するために、トレーニングデータセットを 2 つに分割して、2 番目の部分（ホールドアウトデータ）を用いて、特徴量を維持すべきかを検証するフレームワークを用意しました。また、Spark を使った場合に発生し得る、大規模なデータセットで本番環境の機械学習システムを構築する際の課題も発見しました。より複雑なモデルをスケーラブルに処理すること、開発用のクラスターとは別の環境で低レイテンシの予測処理を提供すること、そして、リアルタイムデータを用いて特徴量を計算する仕組み —— 次章からは、これらの課題に取り組んでいきます。

第 8 章

スライディングウィンドウによる集計処理

第 7 章では、Apache Spark による機械学習モデルを作成しましたが、その中で、大規模なデータセットを本番環境で利用する上でのいくつかの課題を発見しました。

1. ワンホットエンコーディングによって追加される特徴量が、データセットのサイズを爆発的に増加させる。
2. Embedding を簡単に適用できる機械学習ライブラリが必要となる。
3. モデルを本番環境に展開する際に、開発とは異なる環境にライブラリの導入が必要となる。
4. ストリーミングデータを予測に活用するには、バッチとストリーミングを統合的に処理する仕組みが必要となる。

本章を含む残りの 3 章では、Cloud Dataflow と Cloud ML Engine（TensorFlow を利用するためのマネージドサービス）を用いて、機械学習のためのリアルタイム・ストリーミングパイプラインを構築することで、これらの課題を解決していきます。

8.1 時間平均の必要性

本章では、スライディングウィンドウで時間平均を計算して、データセットを補完する方法を説明します。特にここでは、Apache Beam を用いて、過去のフライトデータについての時間平均を計算します。第 10 章では、同じコードをストリーミングデータに適用することで、予測時に必要となる時間平均がリアルタイムに計算できるようになります。

それではここで、時間平均を計算するべき特徴量とは何でしょうか？　第 7 章の最後に触れたように、フライトの到着予定時刻は、それぞれの空港における、それぞれの時刻の平均的なタクシーアウト時間を考慮して設定されます。たとえば、ニューヨークの JFK 空港では、ピーク時には、タクシーアウトに1時間程度かかるのはよくあることです。航空会社は、このような状況を見込んだ上で、到着予定時刻を発表します。あなたが離陸待ちのフライトに搭乗しており、会議をキャンセルするべきかを悩んでいるとすれば、タクシーアウト時間が想定された平均値を超えた時点で、フライトが遅延する心配をし始めればよいということです。したがって、タクシーアウト時間について、時刻ごとの平均値をトレーニングデータ全体から計算しておき（これを航空会社が想定する平均値だと仮定します）、その値を機械学習モデルに入力するというアイデアが考えられます。ただし、本書では、タクシーアウト時間そのものではなく、「出発遅延時間＋タクシーアウト時間」の平均値を特徴量として用います。タクシーアウト時間というのは、航空機が出発、すなわち、滑走路上を動き出してから滑走路を離れるまでの時間でした。出発そのものが平均的にどの程度遅れるかも経験的にわかることですので、航空会社は、「出発遅延時間」と「タクシーアウト時間」の合計を見込んで、到着予定時刻を設定しているものと仮定します。

一方、到着空港における、その時点での平均的な到着遅延時間も予測に有用と考えられます。たとえば、到着遅延の理由が天候によるものであれば、同じ影響が後続のフライトにも発生する可能性は十分に考えられます。予測時は、ストリーミングデータから過去1時間における到着遅延時間の平均値をリアルタイムに計算し、トレーニング時は、過去のデータを用いて同様の平均値をバッチで計算することができます。この時、予測時のストリーミングデータからの計算と、トレーニング時のバッチデータからの計算では、同じコードを利用して計算することが大切です。これらのコードを別々に実装すると、「トレーニングとサービングの歪み」が発生する危険性があるからです。Apache Beam は、同一のコードをバッチデータとストリーミングデータの両方に適用する機能があるので、この目的には最適なツールです。

「出発遅延時間 + タクシーアウト時間」については、（出発空港、および、時間ごとの）トレーニングデータ全体における平均値をバッチで計算します。これは、トレーニング時と予測時の両方で同じ値をモデルに入力します。一方、到着遅延時間については、スライディングウィンドウを用いて、過去1時間の平均値を計算します。トレーニング時は、過去データに対してバッチで計算して、予測時は、ストリーミングデータに対してリアルタイムで計算します。

Apache Beam の詳細については、第4章も参照してください。第4章では、まず、Beam Python を用いて、Cloud Storage 上のデータを変換して、その結果を Cloud Storage、および、BigQuery に保存しました。また、Beam Java を用いて、Pub/Sub より受け取ったイベントから、到着遅延時間の平均値をリアルタイムに計算して、ダッシュボードに表示できるようにしました。そこでは、データの可視化に焦点を当てるため、Java の構文については詳しく説明しませんでした。本章では、Beam Java を用いた開発について、より詳しく説明していきます。

なお、本章で計算する到着遅延時間の平均値は、その時々における、過去1時間の平均値であり、基本的には、第4章で計算したものと同じです。一方、「出発遅延時間 + タクシーアウト時間」については、過去データ全体にわたる平均値を計算します。この2つの違いをあらためて整理しておきます。

第4章で作成したダッシュボードは、エンドユーザーにリアルタイムな情報を提供することが目的であり、その時点での平均的な到着遅延時間は、まさにユーザーの興味の対象となるものです。これはまた、機械学習モデルで予測するべき対象でもあるので、リアルタイムな情報を参照して予測に利用するのは自然な発想です。過去データ全体についての平均値を計算することもできますが、大部分のフライトは、大幅な遅延はしない、もしくは、予定より速く到着することを考えると、全体での平均は0に近い値になるはずで、予測に有用な情報にはなりません。一方、「出発遅延時間＋タクシーアウト時間」の平均値は、航空会社がフライトスケジュールを作成する時に参照する情報であり、彼らはリアルタイムな情報を見ているわけでありません。各空港・時間における一般的な遅延時間を参照しているはずで、そのために、過去データ全てについての平均値を計算します。本書の予測モデルのユースケースでは、会議をキャンセルするべきか悩んでいるユーザーは、離陸前のフライトにすでに搭乗している想定で、この後、「出発遅延時間＋タクシーアウト時間」がどこまで伸びたタイミングでキャンセルを決断するべきかを知りたいわけです。この時、航空会社が想定する平均値と、ユーザーがいま実際に経験している値の差が予測に影響を与える因子になるというわけです。

8.2 JavaでのDataflow

Cloud Dataflowは、Apache Beamで記述されたデータ処理パイプラインを実行するためのマネージドサービスです。Cloud Dataflowの特徴を理解するために、Cloud SQLとBigQueryの違いについて考えてみましょう。どちらもテーブルデータに対するSQLクエリが実行できますが、Cloud SQLにはオートスケーリングの機能はありません。サーバーの管理が不要という点を除けば、一般的なMySQLのデータベース環境と同じです。一方、BigQueryは、完全にサーバーレスなサービスであり、大規模なデータセットに対しても驚くほどのスピードでクエリを処理することができます[1]。Cloud Dataflowもまた、データパイプラインを実行するためのオートスケーリングに対応したサーバーレスなサービスです。

Cloud Dataflowは、Cloud Dataprocとは異なり、事前にクラスタを立ち上げる必要はありません。実行したいコードを送信すると、自動的に複数のマシンにジョブが分散されます。オートスケーリングにより、タスクを効率的[2]に完了するために必要なリソースが自動で割り当てられ、使用したリソースについてのみコストが発生します[3]。

Cloud Dataflowで実行するジョブは、本章では、オープンソースのApache Beam APIを

1　2つのサービスには、想定されるユースケースに違いがあります。たとえば、Cloud SQLはトランザクション処理に向いていますが、BigQueryは必ずしもそうではありません。

2　バッチモードとストリームモードでは「効率的」の意味が異なります。バッチランナーは全体の実行時間を最適化しようとしますが、ストリームランナーはレイテンシを最小限に抑えようとします。

3　Compute Engineのクォータの範囲内で拡張されます。

使用して、Javaで記述します[4]。Javaに詳しくない読者もいるかもしれませんが、本番環境におけるデータエンジニアリングのコードは、Pythonではなく、Java（もしくは、Scala）で記述されることもよくあります。リアルタイムな処理が必要な場合、JVMで実行されるコードの性能的な優位性は無視できませんので、JavaによるApache Beamのコーディングも学ぶことをお勧めします。なお、ここまでのコードの大部分はPythonで書いてきましたが、使用してきたライブラリ（NumPy、Spark、TensorFlowなど）は、C/Java/C++でバックエンドが実装されており、性能上の問題はありませんでした。Beam Python APIにもストリーミングをサポートする予定がありますので、将来的には、Pythonも使用できるようになるでしょう[5]。

8.2.1 開発環境の設定

JavaでApache Beamのコードを開発する際は、ノートPCにインストールした統合開発環境（IDE）を使用すると便利です。CloudShellのエディタでコードを編集することもできますが、専用のグラフィカルユーザーインターフェイスを備えたJava IDEを使用することをお勧めします。

はじめに、ローカルマシンにJava 8 SDK（Software Development Kit）を`https://www.java.com/`からインストールします。ランタイムだけではなく、SDKをインストールするように注意してください。Beamパイプラインを開発する際は、Enterprise版は不要です。Standard版で問題ありません。次に、JavaのビルドツールであるApache Mavenを`https://maven.apache.org/`からインストールします。統合開発環境としては、ここでは、`https://www.eclipse.org/`からEclipseをインストールします。Eclipseにはいくつかのバージョンがありますが、Java開発用の標準的なパッケージで十分です。

続いて、Mavenを用いて、Cloud Dataflowプロジェクトを作成します。開発するコードはApache Beamですが、実行環境にはCloud Dataflowを使用する点に注意してください。ローカルのコマンド端末から、次のコマンドを実行します。

```
mvn archetype:generate \
  -DarchetypeArtifactId=google-cloud-dataflow-java-archetypes-starter \
  -DarchetypeGroupId=com.google.cloud.dataflow \
  -DgroupId=com.google.cloud.datascienceongcp.flights \
  -DartifactId=chapter8 \
  -Dversion="[1.0.0,2.0.0]" \
  -DinteractiveMode=false
```

[4] 本書の執筆時点では、Cloud DataflowのPython APIはリアルタイムストリーミングをサポートしていないため、ここではJava APIを選択しています。また、パフォーマンス上の理由から、本番環境でのストリーミングパイプラインは、PythonよりもJavaやScalaを推奨しています。

[5] Beam SDK 2.5.0ではPythonもストリーミングに対応していますが、いくつかの制約があります。`https://beam.apache.org/documentation/sdks/python-streaming/`を参考にしてください。

これにより、ローカルマシンに chapter8 という名前のフォルダが作成されて、com.google.cloud.datascienceongcp.flights という Java パッケージと、StarterPipeline.java というクラスが作成されます。コマンドラインの太字部分以外は、記載の通りに入力してください。

その他には、pom.xml という Maven のアーティファクトが作成されます。pom.xml に記述されたプロジェクトオブジェクトモデル（POM）は、Maven の基本的な作業単位を表します。Maven にゴール（コンパイル、ビルド、プログラムの実行など）の実行を指示すると、Maven は、カレントディレクトリの POM ファイルを参照して、プロジェクトに関する情報（ソースコードの場所、ビルドしたコードの出力先など）、プロジェクトのビルドに必要な Maven の設定情報、実行するべきゴールに関連する情報（main メソッドを含む Java クラスの名前など）を取得します。POM にはさまざまな設定を記述することができますが、通常はプラットフォームのデフォルト設定を継承して、プロジェクトに固有の情報だけを上書きします。

また、POM には、使用する Java のバージョンが記載されています。Maven がデフォルトで指定する Java 1.7 を使うこともできますが、Apache Beam では、ラムダ関数やジェネリクスに対応した Java 1.8 の使用をお勧めします。そこで、さきほど生成した pom.xml を開いて、Maven プラグインのセクションで、Java のバージョンを 1.7 から 1.8 に変更しておきます。

```
<plugin>
  <groupId>org.apache.maven.plugins</groupId>
  <artifactId>maven-compiler-plugin</artifactId>
  <version>3.5.1</version>
  <configuration>
    <source>1.8</source>
    <target>1.8</target>
  </configuration>
</plugin>
```

8.2.2 Beam によるフィルタリング

データパイプラインでは、ストリームデータから必要な部分を抽出した後に、さまざまな変換を行います。処理対象のデータを選択する処理をフィルタリングといいますが、まずは、Cloud Dataflow と Apache Beam で、フライト情報をフィルタリングする方法を説明します。

pom.xml を変更したら Eclipse を起動して、［File > Import > Maven > Existing Maven Projects］からフォルダ chapter8 を参照して、［Finish］をクリックします 。

次に、StarterPipeline.java を右クリックして［Refactor > Rename］を選択し、ファイル名を CreateTrainingDataset.java に変更します。次に示すデータを抽出、生成するパイプラインのコードをこのファイルに記述していきます。

1 出発遅延時間、タクシーアウト時間、フライト距離（第 7 章までと同様）
2 各空港のそれぞれの時刻（1 時間単位）における「出発遅延時間＋タクシーアウト時

間」の（データセット全体での）平均値

3　各空港の過去 1 時間における到着遅延時間の平均値

今回追加した 2 つの特徴量は、複数のデータの平均値として計算する必要があります。特に、到着遅延時間は、スライディングウィンドウを用いて計算する必要があります。過去データをソースにする場合は、バッチで計算することもできますが[6]、予測時はストリーミングデータを処理する必要があるので、はじめからスライディングウィンドウで設計しておいた方が便利です。これにより、トレーニング時と予測時で同じコードを使用することができます。そのため、過去データの入力ソースとしては、フライト情報を集めた CSV ファイルではなく、ストリーミング用に用意した、BigQuery 上のイベントデータを利用します。

そして、クラウドで完全なデータセットを処理する前に、小さなデータセットでローカルのデータパイプラインをテストすることをお勧めします。このために、BigQuery の simevents テーブルから、データのサブセットを取得します。

```
#standardsql
SELECT
  EVENT_DATA
FROM
  flights.simevents
WHERE
  FL_DATE = '2015-09-20'AND (EVENT = 'wheelsoff'
    OR EVENT = 'arrived') AND UNIQUE_CARRIER = 'AA'
ORDER BY NOTIFY_TIME ASC
```

上記のクエリでは、Pub/Sub からリアルタイムに取得するメッセージと同じ形式で、2015-09-20、かつ、アメリカン航空（AA）のメッセージ（EVENT_DATA）を取得しています。ORDER BY 句により、リアルタイムで取得する場合と同じ順序でデータが出力されます。Pub/Sub を経由した場合は、メッセージの順序は必ずしも保証されませんが、この後のパイプライン処理には影響はありません。ここでは、離陸時のイベント（wheelsoff）と着陸時のイベント（arrived）を取得しています。

BigQuery コンソールから結果セットを CSV ファイルとしてダウンロードします。ここでは $HOME/data/flights/small.csv に保存するものとします。

簡単なテストとして、最初の 3 行のデータをコード内にハードコピーして、メモリ内で処理してみましょう。 最初に、Eclipse で文字列の配列を定義します[7]。

6　たとえば、（空港, 日付, 時）というタプルをキーにしてデータを集めておき、キーごとに平均値を計算します。

7　08_dataflow/chapter8/src/CreateTrainingDataset1.java を参照。

```
String[] events = {
    "2015-09-20,AA,...,wheelsoff,2015-09-20T04:22:00",
    "2015-09-20,AA,...,wheelsoff,2015-09-20T06:19:00",
    "2015-09-20,AA,...,wheelsoff,2015-09-20T06:47:00"
};
```

これをイベントの配列に変更します。

```
p.apply(Create.of(events))
```

そして、これらの行を ParDo（Parallel Do）で、並列にフィルタリングします。

```
.apply(ParDo.of(new DoFn<String, String>() {
    @ProcessElement
    public void processElement(ProcessContext c) throws Exception {
        String input = c.element();
        if (input.contains("MIA")) {
            c.output(input);
        }
      }
})
```

フィルタは、DoFn インターフェイスを実装する必要があり[8]、2 つの型パラメータには、入力タイプ（String）と出力タイプ（String）を指定します。ここでは、DoFn を匿名の内部クラスとして作成しています。このフィルタは、MIA という文字列を含む行を取得します。

最後にフィルタリングの結果を取り出して、ログに出力します。

```
.apply(ParDo.of(new DoFn<String, Void>() {
    @ProcessElement
    public void processElement(ProcessContext c) {
        LOG.info(c.element());
    }
}));
```

Eclipse で［Run > Run > Java Application］を選択して、コードを実行します。パイプラインは DirectRunner（ローカルの実行環境）によって実行され、次のような出力が得られます。

[8] 厳密には、DoFn はインターフェイスではありませんので、実装するメソッドの名前に厳密な規則はありません。任意の名前のメソッドを記述して、@ProcessElement でアノテーションするというのが必要な作業です。しかしながら、メソッド名を processElement() に固定して、DoFn をインターフェイスだと考える方が混乱しなくてよいでしょう。抽象メソッドではなく、アノテーションを用いるのは、メソッドのパラメータを自由に追加できるようにするためです。たとえば、本章の最後では、適切なウィンドウパラメータを取り込めるように、IntervalWindow パラメータを追加しています。

```
INFO: 2015-09-20,AA,19805,AA,2342,11292,1129202,30325,DEN,13303,1330303,32467,
MIA,2015-09-21T05:59:00,2015-09-20T06:33:00,34.00,14.00,2015-09-20T06:47:00,,,
2015-09-20T09:47:00,,,0.00,,,1709.00,39.86166667,-104.67305556,
-21600.0,25.79527778,-80.29000000,-14400.0,wheelsoff,2015-09-20T06:47:00
INFO: 2015-09-20,AA,19805,AA,1572,13303,1330303,32467,MIA,12889,1288903,32211,
LAS,2015-09-20T22:50:00,2015-09-20T04:03:00,313.00,19.00,2015-09-20T04:22:00,,,
2015-09-21T04:08:00,,,0.00,,,2174.00,25.79527778,-80.29000000,
-14400.0,36.08000000,-115.15222222,-25200.0,wheelsoff,2015-09-20T04:22:00
```

このコード（GitHub リポジトリの CreateTrainingDataset1.java）は、Cloud Dataflow のパイプラインの最も単純な例と言えるでしょう。Unix の grep コマンドのように、入力データから、特定の文字列を含む行だけを出力しています。

ハードコードした文字列を読み込み、結果をログに出力しているだけですが、特定の入力に対する、特定の変換処理を実装して試してみるにはちょうどよい手軽さで、単体テストのプロトタイプにもなるでしょう[9]。実際に動くコードが完成したので、これを拡張していきましょう。

8.2.3 パイプラインオプションとテキストIO

まずは、ハードコードされた文字列とログへの出力をやめて、ファイルを読み書きするようにに変更します。入出力ファイルをオプション指定できるように、getter と setter を持った MyOptions インターフェイスを定義します 。

```
public static interface MyOptions extends PipelineOptions {
        @Description("Path of the file to read from")
        @Default.String("/Users/vlakshmanan/data/flights/small.csv")
        String getInput();
        void setInput(String s);

        @Description("Path of the output directory")
        @Default.String("/tmp/output/")
        String getOutput();
        void setOutput(String s);
}
```

デフォルト値は筆者の環境用に設定されており、コマンドラインオプションなしでプログラムを実行すると、small.csv を読み込み、/tmp/output に結果を出力します。コマンドラインオプションに指定された値を参照するには、PipelineOptionsFactory に MyOptions を受け渡します。これにより、先に用意した getter と setter から、オプション値にアクセスできるようになります。

9 本書のコードでは、単体テストは実装していません。本番環境ではもちろん実装するべきですが、ここでは、本書の目的を考えて単体テストを省略しています。

```
MyOptions options =
  PipelineOptionsFactory.fromArgs(args).withValidation()
    .as(MyOptions.class);
```

メモリ内の文字列配列ではなく、指定された入力テキストファイルからデータを読み込むように変更します。

```
.apply(TextIO.Read.from(options.getInput()))
```

そして、(シャーディングせずに) 単一ファイルに結果を出力します[10]。

```
.apply(TextIO.Write.to(options.getOutput() + "flights2") //
            .withSuffix(".txt").withoutSharding());
```

ここまでの各ステップに、名前を付けておきます。これはジョブの監視に便利なだけではなく、Cloud Dataflow のストリーミングパイプラインを動的に更新するために必要となります[11]。完成したパイプラインは、次のようになります。

```
p //
     .apply("ReadLines", TextIO.Read.from(options.getInput())) //
     .apply("FilterMIA", ParDo.of(new DoFn<String, String>() {
         @ProcessElement
         public void processElement(ProcessContext c) {
String input = c.element();
if (input.contains("MIA")) {
         c.output(input);
     }
}})) //
.apply("WriteFlights", //
         TextIO.Write.to(options.getOutput() + "flights2") //
              .withSuffix(".txt").withoutSharding());
;
```

Eclipse からコードを実行すると[12]、指定のファイルが読み込まれて、マイアミ (MIA) 発着

---

10 シャーディングしない出力を指定すると、データの書き出し処理が 1 つのワーカーに制限されます。出力データ数が非常に少ない場合を除いて、基本的には、シャーディングを指定して複数ファイルに並列に書き出しを行ってください。本章の最終的なパイプラインでは、1 時間ごとの平均フライト遅延は (数千件のデータしかないため) 1 つのファイルに書き出しますが、トレーニング用のフライト情報は (何百万ものフライトがあるため) 複数ファイルに分割します。

11 https://cloud.google.com/dataflow/pipelines/updating-a-pipeline を参照。中間出力をそのまま維持しながらパイプラインのコードを置き換えるなど、実行中の Cloud Dataflow のパイプラインを動的に更新するにはステップ名が必要になります。

12 GitHub リポジトリの CreateTrainingDataset2.java 参照。

のフライトが書き出されます。

これで、ローカルマシン上で Apache Beam のパイプラインを実行し、ファイルへの入出力ができるようになりました。入力ファイルからフライト情報を読み取り、フィルタ（この場合は MIA 発着のフライト）を適用し、ファイルにデータを書き込めることが確認できました。

8.2.4 クラウドで実行

Cloud Dataflow のメリットは、クラウド上でデータパイプラインをスケールアウトできることです。クラウドで実行するために、入力テキストファイルを Cloud Storage のバケットにコピーしておきます。

```
gsutil cp ~/data/flights/small.csv \
  gs://cloud-training-demos-ml/flights/chapter8/small.csv
```

クラウドでパイプラインを実行する際は、`pom.xml` を含むディレクトリから、Maven コマンドで Cloud Dataflow のジョブを実行します。

```
mvn compile exec:java \
  -Dexec.mainClass=com.google.cloud.training.flights.CreateTrainingDataset2 \
  -Dexec.args="--project=cloud-training-demos \
  --stagingLocation=gs://cloud-training-demos-ml/staging/ \
  --input=gs://cloud-training-demos-ml/flights/chapter8/small.csv \
  --output=gs://cloud-training-demos-ml/flights/chapter8/output/ \
  --runner=DataflowRunner"
```

上記のオプションに含まれるプロジェクトとバケット名は、自分のものに置き換えてください。

この時点で、GCP コンソールの Cloud Dataflow の画面から[13]、実行中のジョブがあることが確認できます。ジョブ名をクリックすると、パイプラインに反映された個々のステップが参照できます（図 8–1）。

図8–1：パイプラインを構成するステップ

[13] `https://console.cloud.google.com/dataflow`

数分後にパイプラインの実行が完了して、クラウドストレージのバケット内に flights2.txt が生成されます。これには、入力ファイルに含まれるデータの中で、マイアミ（MIA）から発着するすべてのフライトが含まれています。これで、Cloud Dataflow のパイプラインを作成、実行する基本的な流れがわかりました。

Cloud Dataflow では、Cloud Dataproc と異なり、クラスタを作成する必要はなく、Beam パイプラインのジョブを投入するだけですべての処理が自動で行われました。Cloud Dataproc でのクラスタ作成やサイズ変更はそれほど難しいものではありませんが、それよりも、さらに管理が楽になったことがわかります。

次は、いよいよデータの平均値を計算する処理を実装して、追加の 2 つの特徴量を生成します。

8.2.5 オブジェクトの解析

たとえば、「出発遅延時間 + タクシーアウト時間」について考えると、それぞれの空港について、各時刻（1 時間単位）の全データセットにわたる平均値を計算する必要があります。したがって、「airport:hour」というキーでフライト（正確には離陸イベント）をグループ化し、同じキーを持つデータすべての平均値を計算すればよいことになります。

これを計算するには、入力データの各行を解析して、必要な列を取り出す必要があります。まずは、単一のイベントデータを受け取り、各列の情報を格納する Java クラスを作成します。

```
public class Flight {
    private enum INPUTCOLS {
        FL_DATE, UNIQUE_CARRIER, ... NOTIFY_TIME;
    }

    private String[] fields;
    private float    avgDepartureDelay, avgArrivalDelay;

    public static Flight fromCsv(String line) {
        Flight f = new Flight();
        f.fields = line.split(",");
        f.avgArrivalDelay = f.avgDepartureDelay = Float.NaN;
        if (f.fields.length == INPUTCOLS.values().length) {
            return f;
        }
        return null; // malformed
    }
```

このクラスのメソッドは、CSV ファイルの 1 行を受け取り、必要な情報を保存した Flight オブジェクトに変換します。ここで、2 種類の平均遅延時間（avgDepartureDelay：「出発遅延時間 + タクシーアウト時間」の平均値、および、avgArrivalDelay：到着遅延時間の平均値）の情報を追加している点に注意してください。これらは、別途計算する必要があるので、この段階では、値を NaN にしてあります。

平均値の計算は後回しにして、次のステップでは、表 8-1 に示した処理をパイプラインに追加します[14]。これにより、（今の段階では平均値を除く）特徴量と正解ラベルからなる、トレーニング用の Example を集めた CSV ファイルが作成できます。Flight オブジェクトに最初から平均値のデータが存在するかのように取り扱うのは、奇妙に思うかも知れませんが、これは、データの集計処理を分離してコードの保守性を高めることが目的です。

表8-1：パイプラインに追加する処理

変換	説明	コード
ReadLines	ファイルから行単位でデータを読み込む	TextIO.Read.from(options.getInput())

ParseFlights	fromCsv() メソッドを呼び出して、各行から Flight オブジェクトを作成する	String line = c.element();
		Flight f = Flight.fromCsv(line);
		if (f != null){
		    c.output(f);
		}

GoodFlights	キャンセルされたフライトと迂回したフライトを除外する（第 7 章を参照）	Flight f = c.element();
		if (f.isNotCancelled() && f.isNotDiverted()) {
		    c.output(f);
		}

ToCsv	トレーニングに使用する Example（正解ラベルと特徴量の組）を作成する	Flight f = c.element();
		if (f.getField(INPUTCOLS.EVENT).
		            equals("arrived")) {
		    c.output(f.toTrainingCsv());
		}

WriteFlights	Example を CSV ファイルに書き出す	TextIO.Write
		    .to(options.getOutput() + "flights3")
		    .withSuffix(".csv").withoutSharding()

上記のコードでは、Flight クラスで実装すべきいくつかのメソッドを使用しています。たとえば、isNotDiverted() メソッドは次の通りです。

```
public boolean isNotDiverted() {
    String col = getField(INPUTCOLS.DIVERTED);
    return col.length() == 0 || col.equals("0.00");
}
```

同様に、Flight クラスのインスタンスから特徴量のリストを取得するメソッド getFloatFeatures() は、次のようになります。

---

14 GitHub リポジトリの CreateTrainingDataset3.java を参照。

```
public float[] getFloatFeatures() {
    float[] result = new float[5];
    int col = 0;
    result[col++] = Float
        .parseFloat(fields[INPUTCOLS.DEP_DELAY.ordinal()]);
    result[col++] = Float
        .parseFloat(fields[INPUTCOLS.TAXI_OUT.ordinal()]);
    result[col++] = Float
        .parseFloat(fields[INPUTCOLS.DISTANCE.ordinal()]);
    result[col++] = avgDepartureDelay;
    result[col++] = avgArrivalDelay;
    return result;
}
```

次もまた、Flight クラスに実装するメソッドです。getFloatFeatures() を用いて特徴量を取得した後、さらに、到着遅延時間から正解ラベル（到着遅延時間が 15 分未満であったかどうか）を決定して、トレーニング用の Example を完成させます。

```
public String toTrainingCsv() {
    float[] features = this.getFloatFeatures();
    float arrivalDelay = Float
        .parseFloat(fields[INPUTCOLS.ARR_DELAY.ordinal()]);
    boolean ontime = arrivalDelay < 15;
    StringBuilder sb = new StringBuilder();
    sb.append(ontime ? 1.0 : 0.0);
    sb.append(",");
    for (int i = 0; i < features.length; ++i) {
        sb.append(features[i]);
        sb.append(",");
    }
    sb.deleteCharAt(sb.length() - 1); // last comma
    return sb.toString();
}
```

なお、入力データには、離陸イベントと到着イベントがありましたが、トレーニングに使用するのは、到着遅延時間が確定した、到着イベントのデータです。パイプラインの中では、上記のメソッドは、到着イベントに対してのみ呼び出すようになっています。この時点で、一度パイプラインを試してみるために、［Run > Run > Java Application］を選択するか、Eclipse の緑の矢印アイコンをクリックしてみましょう。

実は、この時点では、Flight クラスのシリアライゼーション方法が指定されておらず、パイプラインの実行に失敗します。エラーメッセージを見ると、具体的な修正方法が示されているので、ここでは、デフォルトのコーダーとして Avro[15] を指定します。Java ネイティブのシリアライゼーションより効率的で、次のように、Flight クラスの定義部分で指定ができます。

---

[15] https://avro.apache.org/を参照。

```
@DefaultCoder(AvroCoder.class)
public class Flight {
```

ここまでを実装したコード[16]によりパイプラインは問題なく実行されて、次のような出力が得られます。

```
1.0,-3.0,7.0,255.0,NaN,NaN
1.0,-6.0,9.0,405.0,NaN,NaN
0.0,30.0,18.0,2615.0,NaN,NaN
```

一部のフライトはオンタイム（最初のフィールドが 1.0）で、一部は遅れています（0.0）。2 つの平均遅延時間が NaN のままなので、次は、これらの計算を実装します。

8.3　時間平均の計算

Beam パイプラインの骨組みが完成したので、2 つの平均遅延時間を計算するコードを実装します。「出発遅延時間 + タクシーアウト時間」は、特定の空港、時間についてデータセット全体で計算しますが、到着遅延時間は、ウィンドウ処理で移動平均を計算する必要があります。まずは、ウィンドウ処理が不要な「出発遅延時間 + タクシーアウト時間」の平均値計算です。

8.3.1　グループ化と結合

Cloud Dataflow のパイプラインモデルの利点の 1 つは、apply() メソッドが返す PCollection を再利用して、複数の処理を実施できることです。次のように、apply() メソッドの返り値を変数として保存しておき、複数のパイプラインを個別に追加していきます。

```
PCollection<Flight> flights = p //
        .apply("ReadLines", TextIO.Read.from(options.getInput()));
flights.apply("operation1", …
flights.apply("operation2", …
```

まずはじめに、それぞれのフライト情報（Flight クラスのインスタンス）から、空港と時刻の組み合わせ（airport:hour）、および、対応する「出発遅延時間 + タクシーアウト時間」を抽出します。ここでは、airport:hour をキーとする、キーバリューペアとして情報を出力します。時刻情報については、現地時刻に修正して、夏時間の補正を加えます（第 4 章と第 7 章を参照）。また、離陸時と着陸時のイベントを二重カウントしないように、離陸イベントに対してのみ計算します。

次の DoFn の型を見ると、入力は Flight で、出力はキーとバリューのペア（KV）です。ParDo

16　GitHub リポジトリの CreateTrainingDataset3.java を参照。

で、PCollection に含まれるすべてのフライト情報に処理を適用します。

```
PCollection<KV<String, Double>> delays =
  flights.apply("airport:hour",
      ParDo.of(new DoFn<Flight, KV<String, Double>>() {
      @ProcessElement
          public void processElement(ProcessContext c)
              throws Exception {
            Flight f = c.element();
            if (f.getField(Flight.INPUTCOLS.EVENT)
                .equals("wheelsoff")) {
              String key = f.getField(ORIGIN) + ":" +
                      f.getDepartureHour();
              double value = f.getFieldAsFloat(DEP_DELAY) +
                      f.getFieldAsFloat(TAXI_OUT);
              c.output(KV.of(key, value));
            }
          }
  }));
```

結果をファイルに書き出して、内容を確認します。

```
delays.apply("DelayToCsv",
   ParDo.of(new DoFn<KV<String, Double>, String>() {
    @Override
    public void processElement(ProcessContext c) throws Exception {
        KV<String, Double> kv = c.element();
        c.output(kv.getKey() + "," + kv.getValue());
    }
})) //
.apply("WriteDelays",
       TextIO.Write.to(options.getOutput() +
              "delays4").withSuffix(".csv").withoutSharding()
);
```

期待通り、空港とフライト時刻（airport:hour）をキーとして、「出発遅延時間 + タクシーアウト時間」の値が得られました。 各行は個々のフライトに対応しています。

```
ATL:15,57.0
STL:7,12.0
HNL:21,25.0
SFO:8,9.0
ATL:16,9.0
JFK:19,28.0
```

次に、個々のフライトではなく、空港とフライト時刻、すなわち、キーごとの平均値を計算する処理を追加します。

```
PCollection<KV<String, Double>> delays =
  flights.apply("airport:hour", ... ) // as before
         .apply(Mean.perKey());
```

このコード[17]を実行すると、キーごとに 1 つの値が得られます。

```
SFO:9,22.0
PDX:10,7.0
MIA:18,14.6
```

これで、「出発遅延時間 + タクシーアウト時間」の全データセットに対する平均値が計算できました。ただし、この平均値は、本来はトレーニングデータのみを使って計算する必要があります。今はテストデータも含まれているので、これを除外するように処理を追加します。

8.3.2 サイドインプットの利用

トレーニング対象日のデータだけを抽出するには、`trainday.csv` を読み込んで、`is_train_day = True` の日付だけをイベントデータからフィルタリングする必要があります。

Cloud Dataflow では、`PCollection` のビューを作成して、`ParDo` のサイドインプットとして使用できます。ビューは、イミュータブルなオブジェクトで、メモリ上にキャッシュされます。ビューの形式には、`List` と `Map` の 2 種類の形式がありますが、今回は、`trainday.csv` からトレーニング対象の日付を抽出して、それらをキーとする（バリューは持たない）`Map` 形式のビューに変換します。これにより、トレーニング対象の日付を高速に検索することができます。

```
PCollectionView<Map<String, String>> traindays =
      getTrainDays(p, "gs://.../trainday.csv"); // FIXME
```

CSV ファイルへのパスをハードコーディングしていますが、コマンドラインオプションから取得できるようにした方がよいので、`FIXME` というコメントをつけてあります。

まずは、上記のビューを作成する、`getTrainDays()` を実装していきましょう。はじめに、CSV ファイルを 1 行ずつ読み込みます。

```
p.apply("Read trainday.csv", TextIO.Read.from(path))
```

次に、各行をパースして、2 番目のフィールドが `True` である行について、日付をキーとするキーバリューペアを出力します。

[17] GitHub リポジトリの `CreateTrainingDataset4.java` を参照。

```
  .apply("Parse trainday.csv", ParDo.of(new DoFn<String, KV<String, String>>() {
    @ProcessElement
    public void processElement(ProcessContext c) throws Exception {
      String line = c.element();
      String[] fields = line.split(",");
      if (fields.length > 1 && "True".equals(fields[1])) {
          c.output(KV.of(fields[0], "")); // ignore value
      }
    }
  }))
```

最後に、キーバリューペアからなる PCollection を Map 形式のビューに変換します。

```
.apply("toView", View.asMap());
```

ここで trainday.csv のパスをコマンドラインから取得するように、さきほどの FIXME の部分を修正しておきます。まず、MyOptions にプロパティを追加します。

```
@Description("Path of trainday.csv")
@Default.String("gs://cloud-training-demos/flights/trainday.csv")
String getTraindayCsvPath();
void setTraindayCsvPath(String s);
```

そして、このプロパティを getTrainDays() に受け渡して、TextIO.Read で使用します。

```
getTrainDays(p, options.getTraindayCsvPath());
```

これで、トレーニング対象の日付を格納したビューが用意できました。「サイドインプット」という名前からも想像できるように、PCollection のビューは、パイプラインで処理中のメインの入力（今の場合は、flights を格納した PCollection）を処理する際に、追加の入力情報として利用できます。ここでは、トレーニング対象日のデータをフィルタリングする変換を追加して、そこに、traindays ビューをサイドインプットとして入力します[18]。

```
.apply("TrainOnly", ParDo.of(new DoFn<Flight, Flight>() {
  @ProcessElement
  public void processElement(ProcessContext c) throws Exception {
    Flight f = c.element();
    String date = f.getField(Flight.INPUTCOLS.FL_DATE);
    boolean isTrainDay = c.sideInput(traindays).containsKey(date);
    if (isTrainDay) {
      c.output(f);
    }
  }
})
```

[18] GitHub リポジトリの CreateTrainingDataset5.java を参照。

一般には、複数のサイドインプットを同時に入力できるので、c.sideInput() 関数では、使用するサイドインプットのオブジェクト traindays を明示している点に注意してください。

8.3.3 デバッグ

これで、テストデータを除外して、トレーニングデータのみで平均値が計算できるようになりましたが、このコードを実行すると、すべての出力ファイルは空になります。なぜでしょうか？

Cloud Dataflow のパイプラインをデバッグする際は、CSV ファイルを読み込む部分をハードコードした特定の入力値に置き換えると、試行錯誤が容易になります。離陸イベントと到着イベントの両方を含むように注意しながら、入力ファイルから 3 行を抜き出します。

```
String[] events = {
        "2015-09-20,AA,19805,...,wheelsoff,2015-09-20T04:22:00",
        "2015-09-20,AA,19805,...,wheelsoff,2015-09-20T06:19:00",
        "2015-09-20,AA,19805,...,arrived,2015-09-20T09:15:00" };
```

ハードコードしたイベントデータを使用するように、パイプラインへの入力を変更します。

```
.apply("ReadLines",
          // TextIO.Read.from(options.getInput())) //
          Create.of(events)) //
```

Eclipse デバッガを用いて、何が起きているのかを調べてみましょう（図 8-2）。

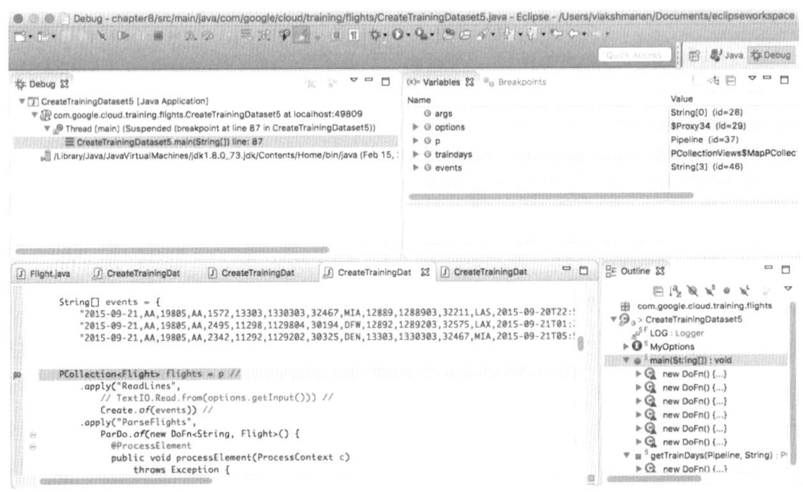

図8-2：Eclipse のデバッガによる確認

パイプラインの動作をステップ実行で見ていくと、開発用データとしてクエリで選択した日付（2015-09-20）がトレーニングの対象日ではないため、最後の出力が空になることがわかりました。そこで、トレーニング対象日のデータを含むように、ハードコードした入力データを修正してみます。

```
String[] events = {
        "2015-09-21,AA,19805,...,wheelsoff,2015-09-20T04:22:00",
        "2015-09-21,AA,19805,...,wheelsoff,2015-09-20T06:19:00",
        "2015-09-21,AA,19805,...,arrived,2015-09-20T09:15:00" };
```

これは正常に機能して、フライト情報と平均遅延時間をそれぞれ CSV ファイルとして出力します。当初のクエリに問題があり、トレーニング日とテスト日の両方を含むサンプルを取得するよう修正が必要だとわかりました。

8.3.4 BigQueryIO

開発用データの CSV ファイルを新しく作り直す代わりに、Cloud Dataflow から直接にクエリを実行してサンプルデータを取得するようにしましょう。これは、次のデータ入力部分を修正するだけです。

```
.apply("ReadLines", TextIO.Read.from(options.getInput())
```

この行を次のように変更します。

```
String query = "SELECT EVENT_DATA FROM flights.simevents "
     + " WHERE STRING(FL_DATE) < '2015-01-04' AND (EVENT = 'wheelsoff' "
     + " OR EVENT = 'arrived') AND UNIQUE_CARRIER = 'AA' "
     + " ORDER BY NOTIFY_TIME ASC";

...
     .apply("ReadLines", BigQueryIO.Read.fromQuery(query)) //
```

Cloud Dataflow の BigQueryIO で大規模なクエリやテーブルを扱う際は、中間ファイルを保存する場所を指定する必要があります。ここでは、Cloud Storage のバケットをハードコードで指定しておきます。

```
options.setTempLocation("gs://cloud-training-demos-ml/flights/staging");
```

結果は期待通りです。たとえば、いくつかの遅延情報は、次のようになります。

```
PDX:15,7.0
PHX:2,24.0
PHX:1,11.0
MIA:14,35.2
SJU:1,318.0
PHX:7,30.0
```

なお、さきほどのクエリには、ORDER BY 句が含まれていますが、ソート対象のデータ量が極端に多い場合、BigQuery のリソース超過エラーが発生することがあります。ORDER BY は、本質的には並列処理ではなく、単一の BigQuery ワーカーノード上で実行されるので、ノード上のリソースが不足するためです。一般論としては、クエリには ORDER BY 句をむやみに含めてはいけません[19]。

仮に、ORDER BY 句を用いずにスライディングウィンドウを適用した場合は、どうなるでしょうか？　実は、Cloud Dataflow のタイムウィンドウは、タイムスタンプが渡されてもすぐに操作を実行するわけではありません。一般に、ストリーミングイベントでは、それぞれのイベントは必ずしも発生順に到着するとは限らないので、Cloud Dataflow は、遅れて到着するイベントを予測して、ウィンドウに含めるイベントの範囲を調整できるようになっています。

順調に開発が進んできましたが、ここで、次に取り組むべき課題を整理しておきます。

1. このプログラム[20]の実行には、非常に時間がかかります。BigQuery のコンソールで確認するとクエリ自体は高速ですが、DirectRunner で Beam パイプラインを実行しているので、クエリの結果をローカルに転送する必要があり、さらにそれをノート PC で処理していることが原因です。これは、パイプラインを GCP に移動して、Cloud Dataflow で実行することで解決されます。
2. フライト情報の出力を参照すると、2 つの遅延時間の平均値がまだ NaN のままです。
   ```
   0.0,211.0,12.0,1045.0,NaN,NaN
   0.0,199.0,10.0,334.0,NaN,NaN
   ```
   出発遅延（出発遅延時間＋タクシーアウト時間）の平均値はすでに計算できているので、各フライトについて、対応する平均値の情報を追加してみましょう。

CreateTrainingDataset6.java の実行時に、Java のエラーで、「Required parameter projectId must be specified.」というメッセージが出た場合は、main 関数の 1 行目を下記のコードに置き換えて、<PROJECT ID>にプロジェクト ID を指定してください。

```
ArrayList<String> argsList = new ArrayList<String>(Arrays.asList(args));
argsList.add("--project=<PROJECT ID>");
MyOptions options = //
 PipelineOptionsFactory.fromArgs(argsList).withValidation().as(MyOptions.class);
```

19　ORDER BY 句でリソース超過エラーに遭遇した場合の解決策は、ORDER BY 句の処理量を減らすことです。たとえば、上位 10 件の結果のみが必要な場合は、LIMIT 10 を追加すると、結果セット全体をソートする必要はありません。あるいは、GROUP BY 句でグループ化した後に、それぞれのグループ内でデータをソートします。そして、3 つ目の解決策は、パーティションテーブルを用いてデータを分割することです。

20　GitHub リポジトリの CreateTrainingDataset6.java を参照。

8.3.5 Flight オブジェクトの修正

迅速に開発するために、BigQuery のクエリから、ハードコードした文字列入力に戻り、処理中の Flight オブジェクトに出発遅延の平均値を追加します。

先に計算した、出発遅延（出発遅延時間 + タクシーアウト時間）の平均値を含む PCollection は、delays 変数に収められていました。これを Map 型のビューに変換して、フライト情報のパイプラインにサイドインプットとして入力すれば、対応する空港と時刻（airport:hour）の平均値を追加することができます。

```
PCollectionView<Map<String, Double>> avgDelay = delays.apply(View.asMap());
flights = flights.apply("AddDelayInfo",
  ParDo.withSideInputs(avgDelay).of(new DoFn<Flight, Flight>() {
  @ProcessElement
  public void processElement(ProcessContext c) throws Exception {
    Flight f = c.element();
    String key = f.fromAirport + ":" + f.depHour;
    double delay = c.sideInput(avgDelay).get(key);
    f.avgDepartureDelay = delay;
    c.output(f);
  }
}));
```

しかし、これを実行すると、IllegalMutationException が発生します。上記のコードでは、ParDo が PCollection から受け取った Flight オブジェクトを上書きで変更しているためです。Beam では、分散処理と再実行性を実現するために、ParDo に渡されるオブジェクトは変更が禁止されています。そこで、Flight オブジェクトをコピーしてから変更するようにします。次は、Flight オブジェクトのコピーを用意するメソッドです。

```
public Flight newCopy() {
    Flight f = new Flight();
    f.fields = Arrays.copyOf(this.fields, this.fields.length);
    f.avgArrivalDelay = this.avgArrivalDelay;
    f.avgDepartureDelay = this.avgDepartureDelay;
    return f;
}
```

これを用いて、processElement() の最初の行を次のように変更します。

```
Flight f = c.element().newCopy();
```

ただし、このような処理は計算コストが高いので、できるだけ避けるようにしてください。

このパイプライン[21]を実行すると、出力結果に、出発遅延の平均値が含まれていることが確

21 GitHub リポジトリの CreateTrainingDataset7.java を参照。

認できます。

```
0.0,279.0,15.0,1235.0,294.0,NaN
```

8.3.6 バッチモードでのスライディングウィンドウ計算

次は、いよいよ、出発遅延に加えて到着遅延時間の平均値を計算します。こちらは、データセット全体ではなく、該当空港における、直前の 1 時間の平均値を計算する必要があります。

そのためには、イベントのタイムスタンプに基づいた、スライディングウィンドウの処理が必要です。Cloud Pub/Sub のトピックからリアルタイムストリーミングとしてイベントを受け取る場合は、イベントがトピックに登録された時のタイムスタンプがデフォルトで割り当てられます。一方、今は、CSV ファイルから過去データを読み込むので、各イベントの時刻情報をタイムスタンプとして明示的に割り当てる必要があります。

そこで、`Flight` オブジェクトに、`getEventTimestamp()` メソッドで取得したタイムスタンプを割り当てる変換を適用します。

```
Flight f = Flight.fromCsv(line);
if (f != null) {
      c.outputWithTimestamp(f, f.getEventTimestamp());
}
```

`getEventTimestamp()` は、`Flight` クラスのメソッドとして実装します。

```
public Instant getEventTimestamp() {
    String timestamp = getField(INPUTCOLS.NOTIFY_TIME).replace('T', ' ');
    DateTime dt = fmt.parseDateTime(timestamp);
    return dt.toInstant();
}
```

このようにして、`Flight` オブジェクトのパイプラインを作成したら、スライディングウィンドウを適用することができます。ここでは、1 時間のウィンドウを 5 分ごとに作成します。

```
PCollection<Flight> lastHourFlights = //
        flights.apply(Window.into(SlidingWindows//
                .of(Duration.standardHours(1))//
                .every(Duration.standardMinutes(5))));
```

この段階で、2 つの `PCollection` が存在することに注意してください。`flights` は、ウィンドウを指定しないグローバルコレクションで、出発遅延の平均値を計算するためのものです。今回追加した `lastHourFlights` は、ウィンドウ付きのコレクションで、到着遅延時間の平均値を計算するためのものです。出発遅延の計算はこれまでと同じで、ここでは、到着遅延時間の平均値を計算する処理を追加します。

```
PCollection<KV<String, Double>> arrDelays = lastHourFlights
        .apply("airport->arrdelay",
        ParDo.of(new DoFn<Flight, KV<String, Double>>() {
            @ProcessElement
            public void processElement(ProcessContext c) throws Exception {
              Flight f = c.element();
              if (f.getField(Flight.INPUTCOLS.EVENT).equals("arrived")) {
                  String key = f.getField(Flight.INPUTCOLS.DEST);
                  double value = f.getFieldAsFloat(Flight.INPUTCOLS.ARR_DELAY);
                  c.output(KV.of(key, value));
              }
            }

        })) //
        .apply("avgArrDelay", Mean.perKey());
```

上記のコードでは、それぞれの到着イベントについて、目的地の空港をキー、到着遅延時間をバリューとするキーバリューペアを作成して、最後にキーごとの平均値を計算しています。このパイプラインには、スライディングウィンドウが適用されているので、対応するウィンドウ内のイベントについての平均値が計算されます。

これで、到着遅延時間の平均値を含む PCollection が用意できたので、Map 型のビューに変換して、サイドインプットとして使用できるようにします。

```
PCollectionView<Map<String, Double>> avgArrDelay =
    arrDelays.apply("arrdelay->map", View.asMap());
```

これを用いて、Flight オブジェクトに平均値の情報を追加するわけですが、先にも触れたように、Flight オブジェクトを格納した PCollection には、ウィンドウを持たない flights パイプラインと、ウィンドウを持つ lastHourFlights パイプラインの 2 つがあります。到着遅延時間の平均値は、ウィンドウごとに計算されているので、ここでは、lastHourFlights パイプラインの方に、平均値の情報を追加します。

```
lastHourFlights.apply("AddDelayInfo", ...)
```

次のように、目的地の空港を見て、(同じウィンドウ内で計算された) 対応する平均値をサイドインプットから取得します。

```
String arrKey = f.getField(Flight.INPUTCOLS.DEST);
Double arrDelay = c.sideInput(avgArrDelay).get(arrKey);
f.avgArrivalDelay = (float) ((arrDelay == null) ? 0 : arrDelay);
```

サイドインプット avgDepDelay を用いて、出発遅延の平均値もあわせて追加します。

```
Double depDelay = c.sideInput(avgDepDelay).get(depKey);
f.avgDepartureDelay = (float) ((depDelay == null) ? 0 : depDelay);
```

そして、（これまでの flights パイプラインではなく）lastHourFlights パイプラインの出力を最終的なフライト情報の Example として CSV ファイルに出力します。これにより、すべての特徴量がそろった Example が出力されます。

```
0.0,279.0,15.0,1235.0,294.0,260.0
0.0,279.0,15.0,1235.0,294.0,260.0
0.0,279.0,15.0,1235.0,294.0,260.0
```

完全なパイプラインは、GitHub リポジトリの CreateTrainingDataset8.java を参照してください。なお、lastHourFlights パイプラインでは、5 分ごとのスライディングウィンドウを用いているので、出力される Example には重複があります（同一のフライトが複数のウィンドウに含まれているため）。この点については、後ほど、重複排除の処理を行います。

CreateTrainingDataset8.java の実行時に、Java のエラーで、「Required parameter projectId must be specified.」というメッセージが出た場合は、main 関数の 1 行目を下記のコードに置き換えて、<PROJECT ID>にプロジェクト ID を指定してください。

```
ArrayList<String> argsList = new ArrayList<String>(Arrays.asList(args));
argsList.add("--project=<PROJECT ID>");
MyOptions options = //
 PipelineOptionsFactory.fromArgs(argsList).withValidation().as(MyOptions.class);
```

8.3.7 クラウドで実行

すべての特徴量を出力するコードが完成したので、これをクラウドで実行して、すべてのイベントファイルを処理すれば、機械学習用のトレーニングデータセットが作成できます。そのためには、DirectRunner から DataflowRunner に変更して、データの入力ソースを BigQuery に戻します。この時、全データセットを対象とするかをコマンドラインオプションで指定できるようにして、さらに、デフォルトの出力ディレクトリをクラウドストレージに変更します。

新しいコマンドラインオプションは、次の通りです。

```
@Description("Should we process the full dataset?")
@Default.Boolean(false)
boolean getFullDataset();
void setFullDataset(boolean b);
```

DataflowRunner のオプションは次の通りです。

```
options.setRunner(DataflowRunner.class);
options.setTempLocation("gs://cloud-training-demos-ml/flights/staging");
```

イベントデータを取得するクエリは、次のようになります。

```
String query = "SELECT EVENT_DATA FROM flights.simevents WHERE ";
if (!options.getFullDataset()) {
    query += " STRING(FL_DATE) < '2015-01-04' AND ";
}
query += " (EVENT = 'wheelsoff' OR EVENT = 'arrived') ";
LOG.info(query);
```

ここでは、さらに、トレーニング用のデータだけではなく、テスト用のデータについても同様の処理を適用して、同じパイプラインから、トレーニングセットとテストセットのCSVファイルをそれぞれ出力するように変更しておきます[22]。

また、DataflowRunnerは、ジョブの実行をクラウド上で開始すると、コード自体はすぐに終了します。小さなデータセットを使用する場合は、ジョブの実行が完了するまでブロックするように修正を加えてきます。

```
PipelineResult result = p.run();
  if (!options.getFullDataset()) {
      // for small datasets, block
      result.waitUntilFinish();
}
```

このクラスをEclipseからJavaアプリケーションとして実行すると、小さなデータセットを対象として、GCP上でパイプラインの実行が開始されます。ジョブの起動には数分かかりますが、10分ほどすると、次の3つの出力が得られます。

1. delays.csv：空港・時刻（airport:hour）の組み合わせごとの出発遅延の平均値
2. train.csv：traindaysのフライトデータ（Example）を含むデータ
3. test.csv：testdaysのフライトデータ（Example）を含むデータ

完全なデータセットで実行する場合は、ジョブが完了するまでに長い時間がかかります。そこで、ジョブを開始する前に、少し先を見越して、CSVファイルに出力する特徴量をいくつか追加しておきます。これらはすべて、機械学習のモデルを拡張する際に有用と思われる特徴量です。ExampleをCSVファイルに書き出す、Flight.javaのtoTrainingCsv()メソッドを次のように変更します。

[22] GitHubリポジトリのCreateTrainingDataset9.javaを参照。

```
INPUTCOLS[] stringFeatures = {INPUTCOLS.UNIQUE_CARRIER,
          INPUTCOLS.DEP_AIRPORT_LAT, INPUTCOLS.DEP_AIRPORT_LON,
          INPUTCOLS.ARR_AIRPORT_LAT, INPUTCOLS.ARR_AIRPORT_LON,
          INPUTCOLS.ORIGIN, INPUTCOLS.DEST};
for (INPUTCOLS col : stringFeatures) {
      sb.append(fields[col.ordinal()]);
      sb.append(",");
}
```

この後は、Maven を使用して、完全なデータセットを処理するパイプランをクラウドで起動します[23]。

```
mvn compile exec:java \
  -Dexec.mainClass=com.google.cloud.training.flights.CreateTrainingDataset9 \
  -Dexec.args=\
  "--fullDataset --maxNumWorkers=50 --autoscalingAlgorithm=THROUGHPUT_BASED"
```

`CreateTraining.Dataset9.java` の実行時に、Java のエラーで、「Required parameter projectId must be specified.」というメッセージが出た場合は、`main` 関数の 1 行目を下記のコードに置き換えて、`<PROJECT ID>`にプロジェクト ID を指定してください。

```
ArrayList<String> argsList = new ArrayList<String>(Arrays.asList(args));
argsList.add("--project=<PROJECT ID>");
MyOptions options = //
 PipelineOptionsFactory.fromArgs(argsList).withValidation().as(MyOptions.class);
```

8.4 監視、トラブルシューティング、パフォーマンスチューニング

Web コンソール（`https://console.cloud.google.com/dataflow`）を用いて、ジョブの進捗状況をパイプラインのステップごとに確認することができます（図 8-3）。

このダイアグラムからもわかるように、かなり複雑なパイプラインが構成されています。ここには、出発遅延の平均値を計算するためのグローバルなパイプラインと、到着遅延の平均値を計算するためのスライディングウィンドウが適用されたパイプラインが混在しています。フライト情報を出力するには、事前に、出発遅延についてすべてのデータを用いた平均値を計算する必要があるので、一時ストレージに計算結果がキャッシュされるようになっています。

23 Compute Engine のクォータにあわせて、ワーカーの数を変更してください。設定されているクォータは GCP の Web コンソールから確認できますが、上限を増やすようにリクエストすることもできます。

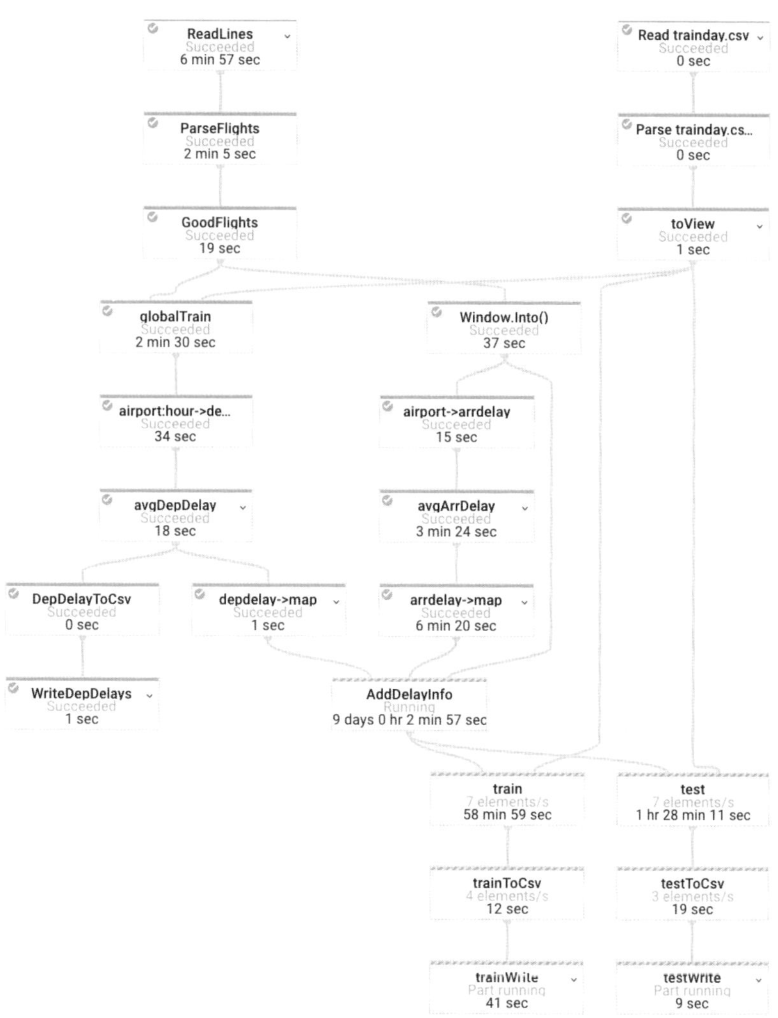

図8-3：ここまでに完成したパイプライン

8.4.1 パイプラインのトラブルシューティング

Cloud Dataflowは、このような複雑なパイプラインであっても透過的に処理を進めます。ただし、このパイプラインの処理はかなり遅く、最後のファイルに書き出すステップの情報を確認すると、1秒あたり3〜4個の要素しか書き出されていません。このペースでは約7,000万回のフライトを処理するのには、1か月以上の時間がかかります。これは、何かが間違っています。

ダイアグラムの任意のボックスをクリックすると、各ステップの情報が表示されます。たとえば、図 8–4 は、DepDelayToCsv の情報です。

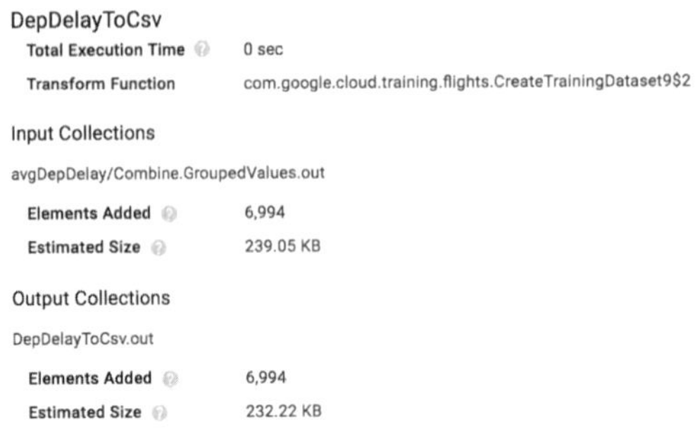

DepDelayToCsv
Total Execution Time
0 sec
Transform Function
com.google.cloud.training.flights.CreateTrainingDataset9$2
Input Collections
avgDepDelay/Combine.GroupedValues.out
Elements Added
6,994
Estimated Size
239.05 KB
Output Collections
DepDelayToCsv.out
Elements Added
6,994
Estimated Size
232.22 KB

図8–4：各ステップの情報

この図から、データ内に空港・時刻のユニークなペアが 6,994 種類あることがわかります。

それぞれのボックスを個別に確認すると、AddDelayInfo にボトルネックがあることがわかります。それより上のステップは、すべて数分で完了しているからです（この時間は、CPU 時間なので、複数のワーカーが要した時間の合計値になります）。

右側のサマリーには、パイプラインのオプション、全体の実行時間、オートスケーリングの履歴などが表示されます（図 8–5）。

Autoscaling
Workers
8
Current State
Autoscaling: Raised the number of workers to 8 based on the rate of progress in the currently running step(s).
Worker History
Mar 20, 10:35 PM
8
6
4
2
Mar 20, 10:30 PM
Mar 20, 10:35 PM
Mar 20, 10:40 PM
Current Workers: 8
Target Workers: 8
See More History

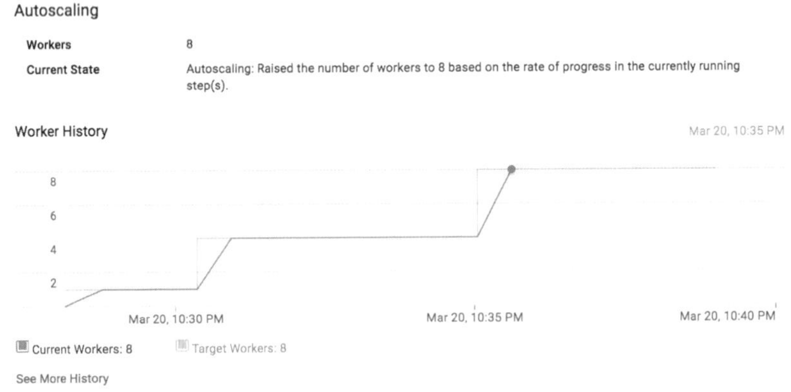

図8–5：パイプラインのサマリー情報

オートスケーリングは機能しているようですが、 Cloud Dataflow は、ジョブで許可されている最大のワーカー数を使用していません。パイプラインのどこかに並列性を制限している部分がありそうです。

8.4.2 サイドインプットの制限

AddDelayInfo の実装は次の通りです。

```
hourlyFlights = hourlyFlights.apply("AddDelayInfo",
ParDo.withSideInputs(avgDepDelay, avgArrDelay).of(new DoFn<Flight, Flight>() {

  @ProcessElement
  public void processElement(ProcessContext c) throws Exception {
    Flight f = c.element().newCopy();
    String depKey = f.getField(Flight.INPUTCOLS.ORIGIN) + ":"
                 + f.getDepartureHour();
    Double depDelay = c.sideInput(avgDepDelay).get(depKey);
    String arrKey = f.getField(Flight.INPUTCOLS.DEST);
    Double arrDelay = c.sideInput(avgArrDelay).get(arrKey);
    f.avgDepartureDelay = (float) ((depDelay == null) ? 0 : depDelay);
    f.avgArrivalDelay = (float) ((arrDelay == null) ? 0 : arrDelay);
    c.output(f);
}
```

上記の変換には、パフォーマンスに影響しそうな点が 2 つあります。1 つは、2 つのサイドインプット（出発遅延と到着遅延、それぞれの平均値）を使用していることです。サイドインプットはすべてのワーカーにブロードキャストする必要があるため、パフォーマンスを低下させる恐れがあります。特にサイドインプットが大きすぎると、メモリに効果的にキャッシュすることができません。もう 1 つは、Flight オブジェクトをコピーして作成している点です。とはいえ、非常に小さいサイズなので、この程度であれば、問題なく扱えるはずです。

それでは、2 つのサイドインプットはどれくらいの大きさでしょうか。AddDelayInfo のボックスを開き、2 つのサイドインプットのボックスをクリックすると、出力要素の数を見つけることができます（図 8-6）。

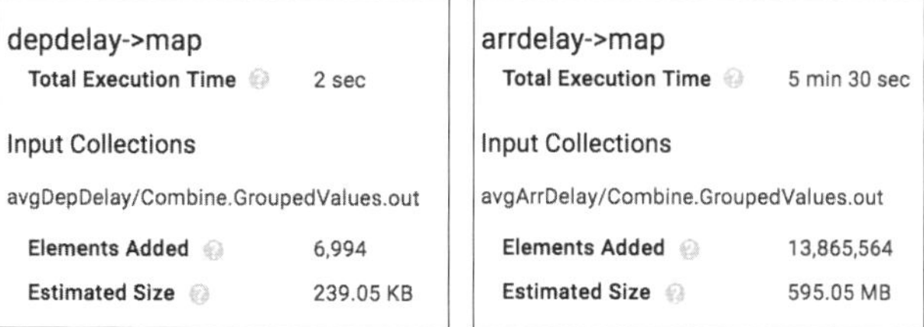

図8-6：サイドインプットの出力要素数を見る

出発遅延の入力要素は 6,994 個で、1 つの空港あたり 24 個の要素からなります。これは非常に小さく、サイドインプットとしては問題ありません。一方、到着遅延は、ウィンドウごとに平均値が計算されるため、なんと約 1,400 万個の要素があります。データの容量は、500MB 以上です。これは、ブロードキャストとメモリへのキャッシュを効率的に実施できる限界を超えています。

このパイプラインを効率的に実行するには、どのように改善すればよいのでしょうか？ 1つ考えられる方法は、ワーカーのマシンタイプを変更することです。Cloud Dataflow は、デフォルトでは、Google Compute Engine の `n1-standard-1` インスタンスを使用します[24]。これを `n1-highmem-8` に変更すると、インスタンスあたり 52GB のメモリと 8 つの CPU コアがあり、全体のインスタンス数を減らすことができます。これは、ジョブを実行する際のオプションに、`--workerMachineType=n1-highmem-8` を追加するだけで試せます。

このようなハイエンドマシンで起動したパイプラインは、はるかに高速です。パイプラインの最初の部分は、毎秒数十万個の要素を処理します（図 8–7）。

図8–7：パイプライン前半の処理時間

しかしながら、パイプライン前半のスループットは改善するものの、`AddDelayInfo` のステップでは、再度、同じ問題が発生してしまいます（図 8–8）。

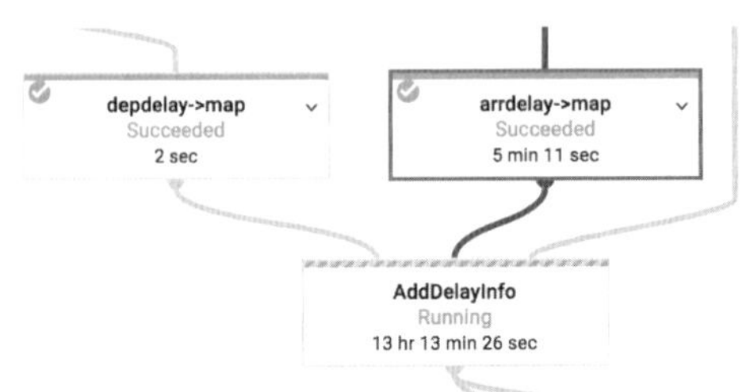

図8–8：AddDelayInfo の処理時間

単純にハードウェアをスケールアップするだけでは、対応できないようです。パイプラインの実装を再考する必要がありそうです。

24 それぞれのインスタンスの詳細については `https://cloud.google.com/compute/docs/machine-types` を参照してください。

8.4.3 パイプラインの再設計

サイドインプットは簡単に利用できますが、効率的にすべてのワーカーノードにブロードキャストする必要があり、比較的小さなコレクションに限定して使用する必要があります。今の場合、出発遅延はサイドインプットで問題ありませんが、500MB のサイズを持つ到着遅延については、他の方法で、フライト情報の PCollection と結合する必要があります。

このように、2 つの大きな入力を結合する手段として CoGroupByKey があります。これを用いて、到着遅延の平均値を処理する部分を変更してみましょう。元の ParDo については、出発遅延のみをサイドインプットから追加するようにしておきます[25]。

```
hourlyFlights.apply("AddDepDelay",
ParDo.withSideInputs(avgDepDelay).of(new DoFn<Flight, Flight>() {
  @ProcessElement
  public void processElement(ProcessContext c) throws Exception {
    Flight f = c.element().newCopy();
    String depKey = f.getField(Flight.INPUTCOLS.ORIGIN) + ":"
                  + f.getDepartureHour();
    Double depDelay = c.sideInput(avgDepDelay).get(depKey);
    f.avgDepartureDelay = (float) ((depDelay == null) ? 0 : depDelay);
    c.output(f);
  }
```

次に、CoGroupByKey を使用して、到着遅延時間の平均値を追加します。これは、キーバリューペアを要素とする 2 つの PCollection について、同一のキーを持つ要素を 1 つにまとめる機能を提供します。そのため、最初のステップは、それぞれの PCollection の要素をキーバリューペアに変換することですが、到着遅延については、すでに、目的地の空港をキーとするキーバリューペアになっています。したがって、フライト情報についても、目的地の空港をキーとするキーバリューペアに変換します。バリューについては、元の Flight オブジェクトそのものを格納します。

```
.apply("airport->Flight", ParDo.of(new DoFn<Flight, KV<String, Flight>>() {
  @ProcessElement
    public void processElement(ProcessContext c) throws Exception {
      Flight f = c.element();
      String arrKey = f.getField(Flight.INPUTCOLS.DEST);
      c.output(KV.of(arrKey, f));
    }
}));
```

これで、CoGroupByKey を使用して、2 つの大きな入力を結合する準備が整いました。それぞれの入力について、結合後に区別するためのタグを付けて、KeyedPCollectionTuple にま

[25] GitHub リポジトリの CreateTrainingDataset.java を参照。

とめます。

```
final TupleTag<Flight> t1 = new TupleTag<>();
final TupleTag<Double> t2 = new TupleTag<>();
PCollection<Flight> result = KeyedPCollectionTuple //
    .of(t1, airportFlights) //
    .and(t2, avgArrDelay) //
```

KeyedPCollectionTuple に CoGroupByKey を適用すると、同じキーを持つ要素は、すべてまとめて、CoGbkResult オブジェクトに格納されます。この中から、さきほどのタグを指定すると、それぞれの PCollection の要素を個別に取り出すことができます。ここでは、それぞれのキーについて、Flight オブジェクトを取り出しながら、同じキーの到着遅延を追加していきます。CoGroupByKey の処理はウィンドウごとに行われるので、ここでは、1 時間のウィンドウに含まれる Flight オブジェクトが処理対象となります。

```
.apply(CoGroupByKey.create()) //
.apply("AddArrDelay", ParDo.of(new DoFn<KV<String, CoGbkResult>, Flight>() {
  @ProcessElement
  public void processElement(ProcessContext c) throws Exception {
    Iterable<Flight> flights = c.element().getValue().getAll(t1);
    double avgArrivalDelay = c.element().getValue().getOnly(t2,
                                                     Double.valueOf(0));
    for (Flight uf : flights) {
        Flight f = uf.newCopy();
        f.avgArrivalDelay = (float) avgArrivalDelay;
        c.output(f);
    }
  }
}));
```

この変更により、パイプラインの実行効率が大幅に改善されて、約 8 分で 3 日間のデータを処理することができるようになります（図 8–9)。

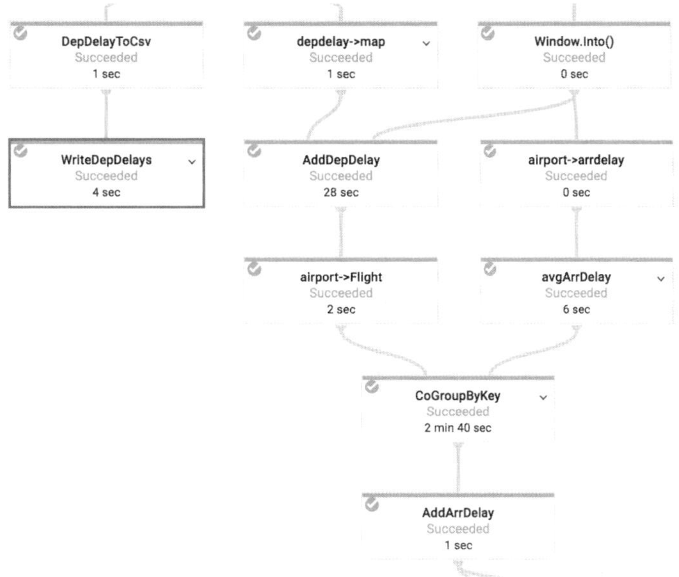

図8-9：CoGroupByKey の実行時間

8.4.4 重複を削除する

この段階で、クラウドストレージに出力された結果を見ると、フライト情報に重複があることに気が付きます。

```
1.0,5.0,13.0,1448.0,29.75,-9.0,AS,...,SEA,ANC
1.0,5.0,13.0,1448.0,29.75,-9.0,AS,...,SEA,ANC
1.0,5.0,13.0,1448.0,29.75,-9.0,AS,...,SEA,ANC
1.0,5.0,13.0,1448.0,29.75,-9.0,AS,...,SEA,ANC
1.0,5.0,13.0,1448.0,29.75,-9.0,AS,...,SEA,ANC
1.0,5.0,13.0,1448.0,29.75,-9.0,AS,...,SEA,ANC
1.0,5.0,13.0,1448.0,29.75,-9.0,AS,...,SEA,ANC
1.0,5.0,13.0,1448.0,29.75,-9.0,AS,...,SEA,ANC
1.0,5.0,13.0,1448.0,29.75,-9.0,AS,...,SEA,ANC
1.0,5.0,13.0,1448.0,29.75,-9.0,AS,...,SEA,ANC
1.0,5.0,13.0,1448.0,29.75,-9.0,AS,...,SEA,ANC
1.0,5.0,13.0,1448.0,29.75,-9.0,AS,...,SEA,ANC
```

この原因は、以前にも触れたように、スライディングウィンドウの重複によるものです。ウィンドウは 5 分ごとに計算されるため、図 8-10 のように、同じフライトが複数のウィンドウに含まれています。

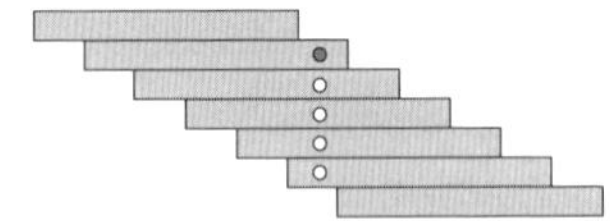

図8-10：ウィンドウが重複するようす

Window.into() のボックスに入出力される要素数を見ると、この重複が確認できます（図8-11）。

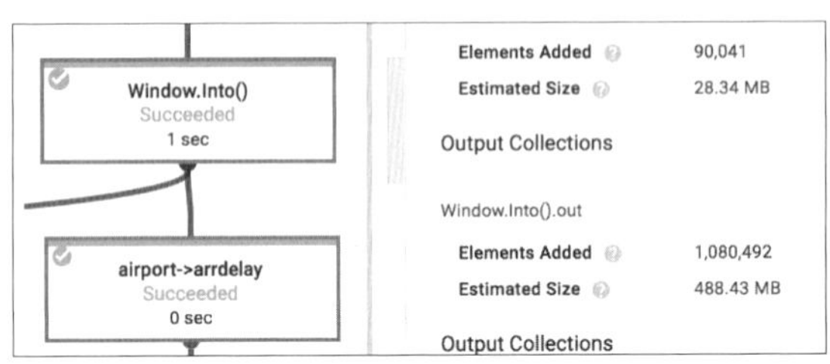

図8-11：要素数による重複の確認

出力数（1,080,492）は、入力数（90,041）のちょうど12倍になっています。これは、1つの要素が60分/5分=12のウィンドウに含まれるためです。

到着遅延時間の平均値は、それぞれのウィンドウで個別に計算する必要がありますが、フライト情報は、どれか1つのウィンドウからだけ出力すれば十分です。そこで、スライディングウィンドウを適用したパイプライン hourlyFlights について、遅延時間の平均値を結合する処理の前に、最新のスライスに含まれる要素（ウィンドウ終了時刻の直前の5分間に含まれる要素）だけをフィルタリングする処理を追加します。

```
.apply("InLatestSlice", ParDo.of(new DoFn<Flight, Flight>() {
  @ProcessElement
  public void processElement(ProcessContext c,
                             IntervalWindow window) throws Exception {
    Instant endOfWindow = window.maxTimestamp();
    Instant flightTimestamp = c.element().getEventTimestamp();
    long msecs = endOfWindow.getMillis() - flightTimestamp.getMillis();
    if (msecs < AVERAGING_FREQUENCY.getMillis()) {
        c.output(c.element());
    }
  }
}))//
```

ここまでの変更により、重複のない結果が高速に生成されます。50ワーカーを指定して、完全なデータセットでこれを試してみましょう[26]。20 分ほどで、すべての処理が完了するはずです。

このパイプラインは、次の 3 種類の CSV ファイルを生成します。

1. delays.csv：トレーニングデータセットから計算された、空港・時刻の組み合わせによる出発遅延（出発遅延時間＋タクシーアウト時間）の平均値が含まれています。たとえば、ニューヨークの JFK 空港における午後 5:15 発のフライトの場合、JFK:17 をキーとする行から、対応する出発遅延の平均値が 37.47 分だとわかります。
2. train*.csv：機械学習のトレーニングに使用するデータセットです。最初の列が正解ラベルで、その後ろに、出発遅延時間、タクシーアウト時間、フライト距離、出発／到着遅延の平均値などの特徴量が続きます。
3. eval*.csv：train*.csv と同じ形式で、トレーニング後のモデル評価に使用します。

次章では、これらのデータセットを用いて、TensorFlow による機械学習モデルのトレーニングと評価、そして、予測 API サービスのデプロイを行います。

8.5 まとめ

本章では、機械学習のトレーニングデータセットに、平均値の情報を特徴量として加えるという作業を行いました。1 つは出発遅延の平均値です。各空港について、時刻ごとに、すべてのデータセットに対する平均値を計算しましたが、これは、本質的にはバッチ処理です。トレーニングセット全体を用いて事前に計算しておけば、予測時は、その結果を再利用することができます。もう 1 つは、到着遅延の平均値です。こちらは、各空港について、直近の 1 時間の平均値をリアルタイムに計算する必要があります。

Apache Beam を使用すると、履歴データとリアルタイムのストリーミングデータの双方について、同じコードでスライディングウィンドウを適用することができます。本章では、既存のデータセットについて、到着遅延の移動平均を計算しましたが、ストリーミングデータにも同じ計算を適用することができます。Cloud Dataflow を使用すると、Beam で書かれたデータパイプラインを GCP 上でサーバーレスに実行できます。

パイプラインの開発手順を振り返ると、まずはじめに、CSV ファイルからフライトデータを読み込み、トレーニングに使用できないフライト情報を除外した後に、トレーニングに使用する特徴量を抽出して CSV ファイルに書き出すというパイプラインを作成しました。その後、出発遅延の平均値を計算する処理を追加しましたが、ここでは、フライトごとに、空港・時刻（airport:hour）をキー、出発遅延をバリューとするキーバリューペアを出力した後に、同一

26 GitHub リポジトリの CreateTrainingDataset.java を参照。

のキーでグループ化して、グループごとの平均値を計算しました。そして、この結果をサイドインプットとして、それぞれのフライト情報に平均値の情報を追加しました。

スライディングウィンドウを用いて到着遅延の平均値を計算する際は、タイムスタンプ付きのレコードが必要です。Pub/Sub から得られるリアルタイムストリーミングでは、自動的にタイムスタンプが付与されますが、バッチデータに対して適用する際は、フライトの日付情報をタイムスタンプとして付与する必要がありました。ウィンドウごとに計算した平均値をフライトデータに付与する方法として、はじめは、出発遅延と同様にサイドインプットを使用しましたが、サイドインプットのデータサイズが大きすぎて、処理時間が長すぎるという問題が発生しました。Cloud Dataflow のモニタリング機能を用いてボトルネックを発見して、大きなサイズの `PCollection` を結合するのに適した `CoGroupByKey` でサイドインプットを置き換えて、この問題を解決しました。最後に、スライディングウィンドウの重複による、重複データ出力の問題を発見して、最新のスライスのフライトデータのみを出力するように修正を行いました。これらの作業でパイプラインを完成させて、完全なトレーニングデータセットとテストデータセットを作成することができました。

第9章

TensorFlowを用いた分類モデル

第7章では、Sparkで機械学習モデルを構築しましたが、スケールアウトや本番運用に関連した追加の課題も見つかりました。1つは、リアルタイムな平均値を予測に活用する方法ですが、この点については、第8章で取り組みました。そこでは、スライディングウィンドウを用いて、過去データとリアルタイムなストリーミングデータの両方について、同一のコードで移動平均を計算する仕組みを構築しました。Cloud Dataflowのパイプラインにより、トレーニング用データセット trainFlights*.csv と、テスト用データセット testFlights*.csv を作成して、それぞれに平均値の情報を特徴量として追加しました。これらのデータセットに含まれる特徴量（出発遅延時間、タクシーアウト時間、出発・到着遅延の平均値、その他のフィールド）を用いて、正解ラベル（時間内に到着したかどうか）を予測するモデルを作ることが本章の目標の1つです。

リアルタイムデータを活用する方法については、これで解決の目処がつきましたので、ここからは、その他の課題に取り組みます。第8章の冒頭の繰り返しとなりますが、具体的には、次のような課題です。

1. ワンホットエンコーディングによって追加される特徴量が、データセットのサイズを爆発的に増加させる。
2. Embeddingを簡単に適用できる機械学習ライブラリが必要となる。
3. モデルを本番環境に展開する際に、開発とは異なる環境にライブラリの導入が必要となる。

これら3つの課題は、次のような特性を持った機械学習ライブラリで解決することができます。

1. 分散トレーニング環境に対応しており、非常に大規模なデータセットにも対応

2 Embedding や Wide & Deep モデル[1]など、最新の機械学習の研究成果をサポート

3 カスタム ASIC を用いた大規模な分散トレーニング環境から、モバイル端末上での予測処理まで対応するポータビリティ

幸い、Google が開発したオープンソースの機械学習ライブラリ TensorFlow[2]は、これらの特性を満たしています。そこで、本章では、TensorFlow を用いて機械学習モデルを実装していきます。

なお、第 7 章では、Spark を用いてロジスティック回帰を実施する中で、本章で必要となる機械学習の基本概念を説明してあります。第 7 章より先に本章へ進んでしまった方は、まずは、第 7 章に目を通しておいてください。第 7 章で発見した課題を知っておくことで、本章で開発する機械学習モデルの意義がよりよく理解できるはずです。

9.1 より複雑なモデルへ

通常、コンピュータに何らかの処理をさせたい場合、明示的なルールをプログラミングする必要があります。たとえば、製造ラインにおいて、ネジの画像から不良品を検出するには、ネジが曲がっているか、ネジ頭が壊れているか、変色しているかといった、一連の規則をコーディングする必要があります。一方、機械学習では、ネジが不良品であるためのあらゆる論理的な理由を考え出すのではなく、コンピュータにとにかく大量のデータを与えます。たとえば、製造ラインで作業員が発見した不良品のネジと、そうではない正常なネジ、それぞれについて 5,000 枚の写真を用意します。そして、コンピュータ自身に不良品を識別する方法を発見させるのです。ここで言うコンピュータが「機械」であり、データに基づいて決定を下すことが「学習」です。この例の場合、「機械」は、不良品を識別するための判別関数を手動でラベル付けされたトレーニングデータから「学習」しているわけです。

これまでの章では、Spark を用いたロジスティック回帰や Pig を用いたベイズ分類器などのモデルを作ってきましたが、これらはすべて機械学習にあたります。データを用意した後に、ロジスティック回帰やベイズ分類器といったモデルを用意して、これらのモデルに含まれるパラメータ（ロジスティック回帰であればウェイト、ベイズ分類器であれば各セルの確率値）をコンピュータを用いてデータから決定しました。このようにして学習（トレーニング）されたモデルを用いて、新しいデータに対する予測ができるようになるわけです。

このような意味においては、昔ながらの線形回帰モデルであっても、モデルがデータの特徴を捉えるのに有効であれば、機械学習だと考えることができます。しかしながら、現実世界の問題の多くは、線形回帰のような単純なモデルでは十分に表現できない複雑さを持っており、

---

[1] https://arxiv.org/abs/1606.07792

[2] https://www.tensorflow.org

通常は、機械学習と言うと、より多くのパラメータを持つ、より複雑なモデルを意味します。

一方、多数のパラメータを持つ複雑なモデルについて統計学者に聞いてみると、過学習（オーバーフィッティング）の危険性についてレクチャーを受けることになるかも知れません。これは、与えられたデータから、問題解決に必要な特性ではなく、単なる観測ノイズを拾ってしまうという問題です[3]。つまり、極度に複雑なモデルを利用する際は、問題の特性をはっきりと示すデータを大量に与えることで、過学習を避ける必要があるのです。さらに、複雑なモデルは、より高い精度が得られる半面、トレーニング後のモデルから論理的な判断ルールや予測結果の理由付けを見出すことが困難になります。

このような文脈では、一般に機械学習と言うと、ランダムフォレスト、SVM（サポートベクトルマシン）、ニューラルネットワークなどのモデルを指すことになります。今回の問題であれば、これらのモデルはすべて適用可能ですが、最後の結果は似たようなものになると予想されます。これは、現実の問題の多くにあてはまる現象です。モデルの精度を高めるには、より多くのデータを集めてモデルのパラメータを増やすか、特徴量エンジニアリングで、手持ちのデータからより重要な情報を引き出すかのどちらかしかありません。機械学習モデルの種類を変えたからといって、劇的に精度が変化することはあまりありません。ただし、ある特定の問題、音声や画像データなど、高い相関を持った高密度なデータ[4]については、ニューラルネットワークが特に高い性能を発揮します。一般論としては、可能であれば、まずは線形モデルを試してみるべきで、確証のある特定の問題について、（ディープニューラルネットワーク、畳み込みネットワーク、リカレントニューラルネットワークなどの）より複雑なモデルを適用するべきです。本書のユースケースであるフライト遅延の問題については、本章では、Wide & Deep モデルを採用します。これは、「疎な特徴量」に対する線形モデル（Wide パート）と、「密な特徴量」に対するディープニューラルネットワーク（Deep パート）から構成されるハイブリッド型のモデルです。

モデルのトレーニングには、Google が開発したオープンソースライブラリの TensorFlow（機械学習に特化した数値計算ライブラリ）を使用します。ライブラリの中核部分は C++で記述されていて、デスクトップ、もしくは、クラウド上の計算リソース（CPU、GPU）での利用が想定されています。あるいは、Google が開発した、機械学習専用のカスタム ASIC である TPU（Tensor Processing Unit）を利用することもできます[5]。予測処理については、モバイル

---

[3] 統計学の視点では、機械学習モデルをトレーニングすることは、統計モデル、すなわち、数学の関数をデータにあてはめることと同じです。

[4] ここでは、連続的な値を取り、わずかな値の違いが意味を持つデータを指します。

[5] TPU については、次のようなブログ記事が参考になります。`https://cloudplatform.googleblog.com/2016/05/Google-supercharges-machine-learning-tasks-with-custom-chip.html`
`https://cloudplatform.googleblog.com/2017/04/quantifying-the-performance-of-the-TPU-our-first-machine-learning-chip.html`
`https://blog.google/topics/google-cloud/google-cloud-offer-tpus-machine-learning/`

端末での利用も可能です。ただし、TensorFlowを利用するために、C++でモデルを記述する必要はありません。TensorFlowのプログラミングモデルは、データフローグラフを定義して、そこにデータを流し込むという考え方に基づいており、Pythonのコードでグラフを定義すれば、C++の性能でGPUやカスタムASICを用いた処理が実現できます。グラフのノードは、四則演算やロジスティック回帰で用いたシグモイド関数（ロジスティック関数の別名）などの数学的な演算を表しており、ノードを接続するエッジは、ノード間でやりとりされる多次元データ配列（テンソル）を表します。

たとえば、TensorFlowを用いると、ロジスティック回帰は、図9-1のような単一のノードからなるニューラルネットワークとして表現することができます。

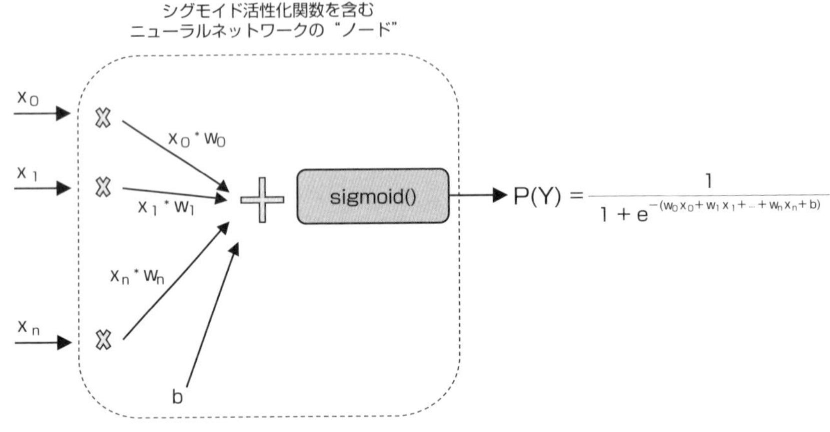

図9-1：ロジスティック回帰に対応するノード

比較のため、本章で最初に構築するニューラルネットワークは、上記のロジスティック回帰を採用します。第7章と同じロジスティック回帰のモデルに対して、新しく追加した特徴量の影響を評価してみます。

また、この比較の後は、より多数のノードや隠れ層を持つニューラルネットワークを構築します。最後の出力値が0〜1の範囲に制限されるよう、出力ノードはシグモイド関数のままにしますが、その前段には、その他の活性化関数を持つ隠れ層を加えます。最適なノードや隠れ層の数は試行錯誤で見つける必要があり、これらを増やしていくと、ある時点で過学習が発生し始めます。どのタイミングで過学習が起きるかは、データセットのサイズ（Exampleの数と特徴量の数の両方）や予測値の範囲、複数の予測値がある場合はそれらの相関関係といった要因で決まります。この問題は非常に難しく、ニューラルネットワークの最適なサイズを事前に知る現実的な方法はありません。ニューラルネットワークが小さすぎると、データの特性にうまく適合できず、トレーニングエラーは大きくなります。とはいえ、さらに大きなニューラルネットワークを試してみない限り、それが小さすぎるかどうかはわかりません。さらに、ウェイトとバイアスの値を決定する最適化アルゴリズムの動作は、乱数のシードによっても影響されます。そのため、機械学習では、多数の試行錯誤が必要になります。最善のアドバイスは、さまざまな数のノード、隠れ層、そして、さまざまな種類の活性化関数（問題によって最適なものは変わります）を試してみることです。そのためには、全データセットを用いた試行錯誤を迅速に行うためのクラウドプラットフォームが、とても重要になります。本章では、全データセットを用いた実験には、Cloud ML Engine を使用します[6]。

隠れ層では、活性化関数として、Rectified Linear Units（ReLU）を使用します（図 9-2）。ReLU は出力値を正の値に限定した、線形の活性化関数です。ノードからの出力は、0 を閾値としてフィルタリングされるようになっており、たとえば、入力値に対するウェイトを用いた加重和が 3 の場合、出力値は同じ 3 ですが、加重和が-3 の場合、出力値は 0 になります。

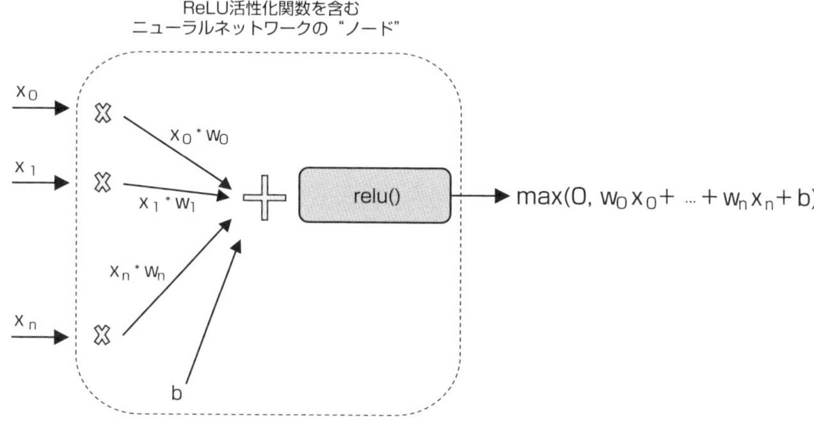

図9-2：活性関数を ReLU に変更したノード

どの活性化関数を使用するかは、トレードオフで検討する必要があります。たとえば、シグモイド関数は、出力が 0 から 1 の間に限定されるので、出力が発散することはありません。しかしながら、0 と 1 付近の勾配は非常に緩やかなため、トレーニングに時間がかかります。また、ノードの出力値が厳密にゼロになることがないため、ニューラルネットワーク内のすべてのノードは、常になんらかの影響を及ぼします。言い換えると、過学習を避けるために、ノードと隠れ層の数を適切に選択することが重要になります。

一方、ReLU の勾配は一定であるため、ReLU を使ったニューラルネットワークは、トレーニングが速く進みます。また、負の入力に対しては常に 0 を返すので、大多数のノードの出力が 0 になる、スパースなモデルを実現することもできます。つまり、最適なノード数を厳密に追求する必要がありません。しかしながら、ReLU は、正の出力値は無限に大きくなります。そ

6 https://cloud.google.com/ml-engine/

のため、ウェイトに適切な初期値を設定して、ReLU の出力が発散しないようにトレーニングを進める手法が重要で、近年の機械学習では、この点についての理論的な研究が大きな役割を果たしてきました。

9.2 データを TensorFlow に読み込む

それでは、実際にデータを読み込んでトレーニングを実施する TensorFlow のコードを書いてみましょう。ここでは、Cloud Dataflow で作成したデータセットでニューラルネットワークのトレーニングを行います。第 8 章では、フライトデータの生データを読み込んで、機械学習モデルへの入力として用いる新たな特徴量を生成したことを思い出してください。出発空港での出発遅延（出発遅延時間 + タクシーアウト時間）の平均値、および、目的地の空港における、到着遅延時間の過去 1 時間の平均値です。予測対象のラベルもデータセットに含まれています。これは、フライトが定刻（到着遅延時間が 15 分未満）の場合は 1、それ以外の場合は 0 という値をとります。

コードの開発中は小さなデータセットを使用するので、次のコマンドで、ノート PC でも開発できる規模のファイルを作成します（端末上にシェル環境がない場合、CloudShell、もしくは、Compute Engine のインスタンスを使って実行してください）。

```
mkdir -p ~/data/flights
BUCKET=cloud-training-demos-ml
gsutil cp \
  gs://${BUCKET}/flights/chapter8/output/trainFlights-00001*.csv \
  full.csv
head -10003 full.csv > ~/data/flights/train.csv
rm full.csv
```

ここでは、開発用に 10,003 行分のトレーニングデータを用意しています。中途半端な行数にしたのは、TensorFlow が「バッチサイズの整数倍ではない行数」のデータを正しく取り扱えることを示したかったからです。TensorFlow は行単位でデータを読み込むので、データの末尾まできた場合は、先頭に戻って必要な行数を読み込みます[7]。同様の操作をテストデータにも行います。`testFlights-00001*.csv` をコピーして、`test.csv` を作成してください。

開発した TensorFlow のコードは、最終的には Cloud ML Engine を用いて、クラウド上で実行します。そのためには、関連するコードを Python のモジュールとしてまとめる必要があります。そこで、モジュールをパッケージングするためのディレクトリ構造を用意します[8]。

[7] ここでは、TensorFlow に同梱の Estimator API と CSV リーダーを使用する前提です。他のデータ形式を使用する場合も、バッチサイズで分割できない数値を使用して、コードが正しく実行されることを確認するとよいでしょう。

[8] GitHub リポジトリの `09_cloudml/flights` を参照。

```
flights
flights/trainer
flights/trainer/__init__.py
```

__init__.py は空のファイルですが、trainer 以下のコードが Python モジュールであることを示すために必要です。これで、コードを書く準備が整いました。コードは次の 2 つのファイルに記述していきます。

- task.py：main 関数を定義
- model.py：機械学習モデルを定義

まずは、model.py に、データを読み込む関数を書くことから始めましょう。tensorflow パッケージをインポートして、これから読み込む CSV ファイルのヘッダーを定義します。

```
import tensorflow as tf

CSV_COLUMNS  = \
('ontime,dep_delay,taxiout,distance,avg_dep_delay,avg_arr_delay' + \
 'carrier,dep_lat,dep_lon,arr_lat,arr_lon,origin,dest').split(',')
LABEL_COLUMN = 'ontime'
```

TensorFlow の CSV リーダーでは、列が空の場合に備えてデフォルト値を指定します。また、このデフォルト値を用いて、列のデータ型が推測されます。

```
DEFAULTS = [[0.0],[0.0],[0.0],[0.0],[0.0],[0.0],\
            ['na'],[0.0],[0.0],[0.0],[0.0],['na'],['na']]
```

たとえば、列のデフォルト値を 0 にした場合は tf.int32 とみなされ、0.0 を指定した場合は tf.float32 になります。デフォルト値が文字列の場合は、tf.string になります。

続いて、CSV ファイルからデータを読み込む read_dataset 関数を作成します。より正確に言うと、read_dataset() は、トレーニングデータを読み込む関数を内部で定義して、その関数への参照を返します[9]。得られた関数は、呼び出しごとに batch_size の個数の Example を返却します。データ全体を読み込み終えると、また先頭に戻ってデータを取得しますが、num_training_epochs に指定した回数だけデータ全体を読み込んだ時点で処理を終了します(次回以降の呼び出しには、None を返します)。

[9] 実際のコードは、https://github.com/GoogleCloudPlatform/data-science-on-gcp/tree/master/09_cloudml/flights/trainer/model.py を参照。

```
def read_dataset(filename, mode=tf.contrib.learn.ModeKeys.EVAL,
                 batch_size=512, num_training_epochs=10):
```

ただし、テストデータについては、データ全体を何度も読み込む必要はありません。すべてのテストデータを一度だけ評価すれば十分なので、データを読み取る回数 num_epochs は、次のように設定されます。mode オプションにトレーニングを示す tf.contrib.learn.ModeKeys.TRAIN が指定されていない場合、num_epochs は、強制的に 1 になります。

```
num_epochs = num_training_epochs \
           if mode == tf.contrib.learn.ModeKeys.TRAIN else 1
```

filename オプションには、読み込み対象の CSV ファイルをワイルドカードで指定します。ワイルドカード（trainFlights*など）にマッチするすべてのファイルを見つけて、filename_queue に登録します。この時、すべてのファイル名を集めてランダムにシャッフルしたものを num_epochs 回登録することで、全体として、num_epochs 回分のデータを返却する関数が用意されます。

```
# could be a path to one file or a file pattern.
input_file_names = tf.train.match_filenames_once(filename)
filename_queue = tf.train.string_input_producer(
    input_file_names, num_epochs=num_epochs, shuffle=True)
```

すべてのデータを返す、1 回分の処理をエポックと呼びますが、登録ごとにシャッフルするので、エポックごとに異なる順序でファイルが読み込まれます。

分散トレーニングでは、分割された入力データについて、それらを読み取る順序を毎回入れ替えることが重要です。分散トレーニングでは、それぞれのワーカーにトレーニングデータのバッチが割り当てられます。ワーカーは、割り当てられたバッチに対する勾配を計算して、トレーニングの実行状態（ウェイトなどの共有データ）を管理する「パラメータサーバー」に送ります[10]。この時、何らかの障害で極端に処理の遅いワーカーからの結果は、切り捨てられる場合があります。したがって、同じバッチのデータをエポックごとに同じワーカーに割り当てると、特定のバッチがまったく処理されない可能性がでてきます。データをシャッフルすることで、このような可能性を軽減することができます。

ここで用意される関数は、filename_queue に登録されたファイルからデータを読んで、batch_size 行分のバッチデータを用意します。この時、各列のデータを先に定義した CSV_COLUMNS の各要素をキーとするディクショナリに変換した後、LABEL_COLUMN で指定された列を正解ラベルとして分離します。最終的に、CSV_COLUMNS の各要素をキーとして特徴量を集めたディクショナリと、対応する正解ラベルのリストが返却されます。

---

[10] https://research.google.com/pubs/pub44634.html を参照。

```
# read CSV
    reader = tf.TextLineReader()
    _, value = reader.read_up_to(filename_queue, num_records=batch_size)
    value_column = tf.expand_dims(value, -1)
    columns = tf.decode_csv(value_column, record_defaults=DEFAULTS)
    features = dict(zip(CSV_COLUMNS, columns))
    label = features.pop(LABEL_COLUMN)
    return features, label
```

上記のコードでは、TensorFlow のライブラリ関数を用いて CSV ファイルを読み込んでいます。TensorFlow でデータを読み込む最も効率的な方法は、TFRcored 形式（`tf.Example`、もしくは、`tf.SequenceExample` として定義されるプロトコルバッファ形式）のバイナリファイルにデータを変換しておくことです。ただし、本書執筆時点では、TFRcored 形式のファイルを可視化したり、デバッグするためのツールが用意されておらず、ここでは、開発効率を考えて CSV ファイルを使用しています。より簡便な方法としては、NumPy の配列データを `tf.Constants` 形式に変換するという方法もありますが、この場合は、NumPy の配列（つまり、サーバー上のメモリ）に収まらない量のデータを取り扱うことができません。ここでは、seaborn などの可視化ツールが利用できて、データ量をスケールできるというメリットから、CSV ファイルを選択しています。

データを読み込むコードができたので、これを呼び出す `main` 関数を用意します。Python の `argparse` ライブラリを使用して、入力対象のファイル名をコマンドラインオプションとして渡せるようにしています。

```
if __name__ == '__main__':
    parser = argparse.ArgumentParser()
    parser.add_argument(
        '--traindata',
        help='Training data file(s)',
        required=True
    )

    # parse args
    args = parser.parse_args()
    arguments = args.__dict__
    traindata = arguments.pop('traindata')
```

これで、`read_dataset()` を呼び出して、コマンドラインで指定した `traindata` からデータを読み込む関数 `input_fn` が得られます。

```
input_fn = model.read_dataset(traindata)
```

簡単な例として、`input_fn()` で読み込んだ最初のバッチについて、`reduce_mean()` を用いてラベルの平均値を計算してみます。

```
feats, label = input_fn()
avg = tf.reduce_mean(label)
print avg
```

このコードは、コマンドラインから、次のように実行することができます。

```
python task.py --traindata ~/data/flights/train.csv
```

必要なパッケージが見つからないというエラーが発生した場合は、pip を用いてインストールしてください[11]（必要な際は、最初に pip をインストールします）。もしくは、すでに TensorFlow がインストールされている、CloudShell の環境を利用してください。ただし、このプログラムの実行結果は、期待通りにはなりません。フライトが遅延しない確率[12]ではなく、次のような出力が得られます。

```
Tensor("Mean:0", shape=(), dtype=float32)
```

これは、どういうことでしょうか？　この理由は、TensorFlow の動作方法と関係があります。これまでに行った作業は、データフローグラフを定義しただけで、実際に計算を実行するという指示はまだ出していません。上記の変数 avg には、平均値を計算するという処理のグラフが格納されているだけですので、これを表示しても計算結果は得られないのです。TensorFlow が提供する低レベルの API を用いて、グラフの実行を直接に指示することもできますが、ここではその方法は示しません。そのかわりに、TensorFlow の Experiment クラスを使用して、トレーニングとテストを含めた一連の作業を自動化する方法を説明します。

9.3 Experiment クラスの設定

Experiment クラスは、機械学習モデルのトレーニングとテストを制御する仕組みを提供します。はじめに、モデルを定義した Estimator クラス（LinearClassifier、DNNClassifier、もしくは、カスタム Estimator など）と、モデルが受け取る特徴量の定義を与えて、Experiment クラスのインスタンスを生成します。さらに、トレーニングデータを取得する関数（さきほどの main 関数で用意した input_fn）を指定すると、バッチデータを取得して、分散環境でのトレーニングを自動的に実行してくれます。より正確には、図 9–3 にあるように、機械学習モデルのトレーニングとテスト、そして、予測処理に必要となるすべての情報を受け渡さなければ

11　たとえば、pip install tensorflow を実行します（本書執筆時点では、TensorFlow 1.12.0 で動作確認をしています。同様の環境を作る場合、pip install tensorflow==1.12.0 を実行します）。

12　ラベルの値は、遅延しなかった場合は 1.0、遅延した場合が 0.0 でしたので、これらの平均値は、バッチに含まれるフライトが遅延しない確率になります。

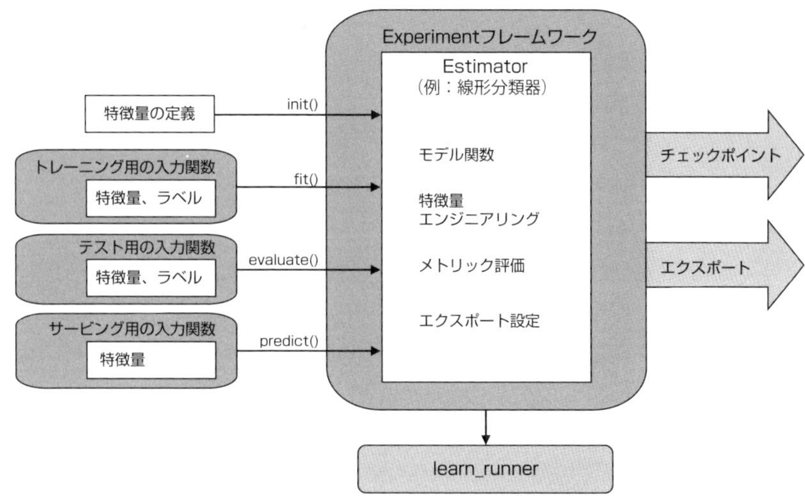

図9-3：Experiment フレームワークの構造

なりません。

具体的には、以下の情報です。

1. 機械学習モデルと特徴量の定義
2. トレーニング用の入力関数：前述の `read_dataset()` を用いて、トレーニングデータをバッチで返す関数を用意します。
3. テスト用の入力関数：前述の `read_dataset()` を用いて、テストデータをバッチで返す関数を用意します。
4. エクスポート設定[13]：トレーニング中にモデルをエクスポートして保存するタイミングを指定します。通常は、テスト結果が最もよかったモデルを保存します。
5. サービング用の入力関数：予測処理の際に、入力データを読み取るための関数を定義します。

その他にもさまざまなパラメータがありますが、指定が必須でない項目は、ここでは、すべてデフォルト値のままにしておきます。

[13] 技術的には、エクスポート設定とサービング用の入力関数は必須ではありませんが、トレーニング後のモデルで予測処理を行うという通常のユースケースでは指定が必要です。

9.3.1 線形分類器

第 7 章では、出発遅延時間、タクシーアウト時間、フライト距離の 3 つの変数を用いて、ロジスティック回帰による予測モデルを作成しました。さらに、出発地の空港を特徴量に追加することを考えましたが、これはカテゴリ変数なので、ワンホットエンコーディングを適用する必要がありました。その結果、100 以上の新しい特徴量が追加されてモデルが複雑になりすぎたため、Spark ML では処理ができなくなりました。

ここでは、TensorFlow を用いて、さらに多くのカテゴリ変数を含んだロジスティック回帰のモデルを作成します。前述のように、ロジスティック回帰は、加重和をシグモイド関数で変換するという単純な線形モデルです。TensorFlow では、これは `LinearClassifier` クラスとして提供されています。

モデルを作成するときは、特徴量ごとに、その型を表す `FeatureColumn` を指定します。たとえば、実数値をとる連続変数の特徴量は、`RealValuedColumn`（`tflayers.real_valued_column`）に対応します。出発遅延時間、タクシーアウト時間、フライト距離、出発／到着遅延の平均値、緯度、経度などがこれにあたります。次のコードでは、列名をキーとするディクショナリにこれらの定義を格納したものを変数 `real` に保存しています。

```
def get_features():
    real = {
      colname : tflayers.real_valued_column(colname) \
          for colname in \
            ('dep_delay,taxiout,distance,avg_dep_delay,avg_arr_delay' +
             ',dep_lat,dep_lon,arr_lat,arr_lon').split(',')
    }
    sparse = {
      'carrier': tflayers.sparse_column_with_keys('carrier',
                   keys='AS,VX,F9,UA,US,WN,HA,EV,MQ,DL,OO,B6,NK,AA'.split(',')),

      'origin' : tflayers.sparse_column_with_hash_bucket('origin',
                   hash_bucket_size=1000), # FIXME

      'dest'   : tflayers.sparse_column_with_hash_bucket('dest',
                   hash_bucket_size=1000)  # FIXME
    }
    return real, sparse
```

同じく、変数 `sparse` には、ワンホットエンコーディングが必要となる、カテゴリ変数の定義を保存しています[14]。これらの特徴量は、`SparseColumn`（`tflayers.sparse_column_with_keys` など）で表されます。まず、航空会社コードは、次の文字列のいずれかであることを明示的に指定しています。

14 ワンホットエンコーディングの詳細は、第 7 章を参照してください。

```
AS, VX, F9, UA, US, WN, HA, EV, MQ, DL, OO, B6, NK, AA
```

これは、カテゴリ変数のボキャブラリーと呼ばれます。ここでは、BigQuery を用いて、これらのボキャブラリーを発見しました。

```
SELECT
  DISTINCT UNIQUE_CARRIER
FROM
  `flights.tzcorr`
```

出発地と目的地の空港コードについても同じことができますが（たとえば、BigQuery で取得した空港コードの一覧をファイルに保存して、Python から読み込みます）、ここでは、空港コードをハッシュ値のバケットにマッピングすることで、処理を簡略化しました。つまり、データセット内のすべての空港コードを見つけるのではなく、空港コードをハッシュ値で 1,000 種類に分類して、それぞれのグループに個別の特徴量を割り当てます。空港コードの種類が 1,000 種類以下で、かつ、ハッシュの衝突が起こらなければ、これは空港コードごとにワンホットエンコーディングしたものと同じ結果になります。ハッシュの衝突の可能性はゼロではないので、多少のデメリットはありますが、これは後から簡単に修正できる部分なので、まずは、このままで開発を進めます。

特徴量が定義できれば、線形モデルの作成は簡単です。次のように、Estimator クラスのオブジェクト（この例では LinearClassifier）として、モデルを生成します。

```
def linear_model(output_dir):
    real, sparse = get_features()
    all = {}
    all.update(real)
    all.update(sparse)
    return tflearn.LinearClassifier(model_dir=output_dir,
                                    feature_columns=all.values())
```

モデルを作成したら、次は、トレーニングとテスト用の入力関数を用意します。

9.3.2 トレーニングとテスト用の入力関数

Experiment クラスは、入力関数への参照を受け取って、トレーニング、および、テストの際に利用します。入力関数は、次の型を持つ必要があります。

```
def input_fn():
      ...
      return features, labels
```

先に用意した read_dataset 関数は、この型の関数を定義して、その参照を返すように作られています。

```
def read_dataset(filename, mode=tf.contrib.learn.ModeKeys.EVAL,
  batch_size=512, num_training_epochs=10):

  # the actual input function passed to TensorFlow
  def _input_fn():
     # existing code goes here.
     ...
     return features, labels

  return _input_fn
```

read_dataset() で入力関数を作成する際は、入力関数が参照する CSV ファイルのパス (trainFlights*.csv、もしくは、testFlights*.csv) を指定します。次の例では、traindata と evaldata に、コマンドラインオプションで指定されたパス名が保存されています。

```
train_input_fn=read_dataset(traindata, mode=tf.contrib.learn.ModeKeys.TRAIN),
eval_input_fn=read_dataset(evaldata),
```

mode オプションは、データセットを読み出す回数を指定するために利用します。トレーニングデータについては、全データセットを num_training_epochs 回読み取り、テストデータについては、全データセットを 1 回だけ読み取ります。

9.3.3 サービング入力機能

トレーニング済みのモデルで予測する際、モデルに対する入力値は、REST API を経由して取得されます。つまり、予測処理を呼び出すアプリケーションは、すべての入力値（出発遅延時間やタクシーアウト時間など）を JSON の文字列として提供します。JSON に含まれるデータの型は、モデルが受け取るべき型に必ずしも一致しないため、受け取るべき型を指定したプレースホルダーを用意して、そこに受け取ったデータを保存する関数を用意しておきます。

```
def serving_input_fn():
    feature_placeholders = {
      key : tf.placeholder(tf.float32, [None]) \
        for key in ('dep_delay,taxiout,distance,avg_dep_delay,avg_arr_delay' +
             ',dep_lat,dep_lon,arr_lat,arr_lon').split(',')
    }
    feature_placeholders.update( {
      key : tf.placeholder(tf.string, [None]) \
        for key in 'carrier,origin,dest'.split(',')
    } )
```

```
    features = {
      key: tf.expand_dims(tensor, -1)
      for key, tensor in feature_placeholders.items()
    }
    return tflearn.utils.input_fn_utils.InputFnOps(
      features,
      None,
      feature_placeholders)
```

これで、Experiment クラスを作成する準備がすべて整いました。

9.3.4 Experiment の作成

Experiment クラスを利用する際は、Experiment クラスを返す関数への参照を learn_runner メインループに受け渡すという、少し回りくどい書き方が必要となります。

```
def make_experiment_fn(traindata, evaldata, **args):
  def _experiment_fn(output_dir):
    return tflearn.Experiment(
        linear_model(output_dir),
        train_input_fn=read_dataset(traindata,
                                    mode=tf.contrib.learn.ModeKeys.TRAIN),
        eval_input_fn=read_dataset(evaldata),
        export_strategies=[saved_model_export_utils.make_export_strategy(
            serving_input_fn,
            default_output_alternative_key=None,
            exports_to_keep=1
        )],
        **args
    )
  return _experiment_fn
```

ここでは、make_experiment_fn 関数で、Experiment クラスを返す関数への参照を用意しています。main 関数を含む task.py では、この方法で用意した参照を learn_runner メインループに受け渡します。

```
# run
tf.logging.set_verbosity(tf.logging.INFO)
learn_runner.run(model.make_experiment_fn(**arguments), output_dir)
```

これで、model.py と task.py が完成して、トレーニングが実行できるようになりました。

9.3.5 トレーニングの実行

task.py を含むディレクトリから、トレーニングの実行を開始することができます。

```
python task.py \
  --traindata ~/data/flights/train.csv \
  --output_dir ./trained_model \
  --evaldata ~/data/flights/test.csv
```

あるいは、Python のモジュールとして実行することもできます。次のように、Python の検索パスにモジュールへのパスを追加してから、python -m で呼び出します。

```
export PYTHONPATH=${PYTHONPATH}:${PWD}/flights
python -m trainer.task \
  --output_dir=./trained_model \
  --traindata $DATA_DIR/train* --evaldata $DATA_DIR/test*
```

TensorFlow は、トレーニングデータでモデルをトレーニングした後に、テストデータで評価を行います。バッチ処理を 200 ステップ実行した後に[15]、次のような評価結果が得られました。

```
accuracy = 0.922623, accuracy/baseline_label_mean = 0.809057,
accuracy/threshold_0.500000_mean = 0.922623, auc = 0.97447, global_step = 200,
labels/actual_label_mean = 0.809057, labels/prediction_mean = 0.744471, loss =
0.312157, precision/positive_threshold_0.500000_mean = 0.989173,
recall/positive_threshold_0.500000_mean = 0.91437
```

一例として、precision/... と記載された項目を見ると、98.9%という値が得られています。これは、遅延しないと予測した中で、実際に遅延しなかったものが 98.9%あったということです。あるいは、recall/... にある、91.4%という値は、実際に遅延しなかったフライトの 91.4%に対して、遅延しないという正しい予測ができたことを意味します。興味深い値ですが、ここでは、判断の閾値が 0.5 に設定されているので、これらの値そのものに意味はありません。本来は 0.7 という閾値、つまり、遅延しない確率が 70%未満の場合に会議をキャンセルする必要があるからです。

モデルが出力する確率値を取得して、0.7 という閾値で明示的に評価指標を計算することもできますが[16]、次のようにモデルの定義を修正することで、閾値を変更することも可能です。

---

[15] 評価結果に含まれる global_step は、モデルに対するバッチの処理回数を示します。トレーニング済みのモデルについて、チェックポイントファイルを用いてトレーニングを再開した場合、global_step は、チェックポイントに記録された値から増加します。たとえば、global_step = 300 で書き出されたチェックポイントに対して、さらに 10 回のバッチでトレーニングした場合、global_step は 310 になります。

[16] 1 回のトレーニングに対して複数の閾値で評価する際は、このような方法が必要です。

```
def linear_model(output_dir):
    real, sparse = get_features()
    all = {}
    all.update(real)
    all.update(sparse)
    estimator = tflearn.LinearClassifier(
        model_dir=output_dir,feature_columns=all.values())
    estimator.params["head"]._thresholds = [0.7]
    return estimator
```

これで、本来必要な評価指標が取得できました。

```
accuracy = 0.922623, accuracy/baseline_label_mean = 0.809057,
accuracy/threshold_0.700000_mean = 0.911527, auc = 0.97447,
global_step = 200, labels/actual_label_mean = 0.809057,
labels/prediction_mean = 0.744471, loss = 0.312157,
precision/positive_threshold_0.700000_mean = 0.991276,
recall/positive_threshold_0.700000_mean = 0.898554
```

第 7 章では、複数のモデルを比較する場合、閾値に依存せず、確率分布によって決まる単一の評価指標が必要なことを説明しました。上記の結果に含まれる AUC[17]（Area Under the Curve）はこのような指標の 1 つですが、RMSE ほどにはモデルの改善に敏感ではありません。ここでは、第 7 章の結果と比較するためにも、RMSE を求めることにします。これは、Experiment の定義に評価指標を追加することで実現できます[18]。

```
eval_metrics = {
    'rmse' : tflearn.MetricSpec(metric_fn=my_rmse,
                               prediction_key='probabilities')
},
```

RMSE を実際に計算する my_rmse 関数は、次のように定義されています。

```
def my_rmse(predictions, labels, **args):
  prob_ontime = predictions[:,1]
  return tfmetrics.streaming_root_mean_squared_error(prob_ontime,
                                                    labels, **args)
```

予測結果 predictions には、遅延しない確率と遅延する確率が保存されており、ここから遅延しない確率を取り出して、ラベル値と比較しています。この後、トレーニングを再実行すると、次の結果が得られます。

17 https://stats.stackexchange.com/questions/132777/what-does-auc-stand-for-and-what-is-it

18 https://github.com/GoogleCloudPlatform/data-science-on-gcp/blob/master/09_cloudml/flights/trainer/model.py

```
accuracy = 0.949015, accuracy/baseline_label_mean = 0.809057,
accuracy/threshold_0.700000_mean = 0.944817, auc = 0.973428,
global_step = 100, labels/actual_label_mean = 0.809057,
labels/prediction_mean = 0.78278, loss = 0.338125,
precision/positive_threshold_0.700000_mean = 0.985701,
recall/positive_threshold_0.700000_mean = 0.945508, rmse = 0.208851
```

確かに、RMSE の値が得られました。ただし、今はまだ開発用の小さなデータを用いていますので、結論を出す前に、より大きなデータセットで実行する必要があります。

9.3.6 クラウド上の分散トレーニング

Experiment クラスを実装した Python モジュールが完成していれば、すべてのデータセットを用いた分散トレーニングは簡単に実行できます。入力ファイルの読み込み先と出力ファイルの保存場所に Google Cloud Storage のディレクトリを指定して、gcloud コマンドでトレーニングジョブを Cloud ML Engine に送信するだけです[19]。

```
#!/bin/bash

BUCKET=cloud-training-demos-ml
REGION=us-central1
OUTPUT_DIR=gs://${BUCKET}/flights/chapter9/output
DATA_DIR=gs://${BUCKET}/flights/chapter8/output
JOBNAME=flights_$(date -u +%y%m%d_%H%M%S)
gcloud ml-engine jobs submit training $JOBNAME \
  --region=$REGION \
  --module-name=trainer.task \
  --package-path=$(pwd)/flights/trainer \
  --job-dir=$OUTPUT_DIR \
  --staging-bucket=gs://$BUCKET \
  --scale-tier=STANDARD_1 \
  -- \
   --output_dir=$OUTPUT_DIR \
   --traindata $DATA_DIR/train* --evaldata $DATA_DIR/test*
```

本書執筆時点では、TensorFlow 1.12.0 で動作確認をしています。同様の環境で実行する場合は、gcloud コマンドのオプションに--runtime-version 1.12 を指定します。

[19] 事前に Cloud ML Engine API が有効になっていることを確認してください。https://console.developers.google.com/apis/library/ml.googleapis.com

パッケージパスとモジュール名の指定は、ローカルでの実行時と同じです。違いがあるのは、`--traindata` と `--evaldata` として、第 8 章で作成した、Google Cloud Storage 上のデータファイルを指定する点です。`--scale-tier` によって、ジョブを実行するワーカーの数や性能が変わります。STANDARD_1 では 10 個のワーカーが使用できます。Cloud ML Engine では、必要なワーカーが自動的に割り当てられるので、サーバーレスにジョブが実行できます。

ただし、いきなりデータセット全体を処理するのではなく、まずは、データセットの一部で試してみましょう。これには、処理ファイルのパターンを次のように修正します。

```
PATTERN="Flights-00001*"
```

```
  --traindata $DATA_DIR/train$PATTERN --evaldata $DATA_DIR/test$PATTERN
```

これにより、モデルのトレーニングと評価を迅速に行うことができます。モデルが完成して、使用する特徴量が確定したら、データセット全体で最終的な評価を行います。今回は、この一部のデータセットを用いて、いくつかの結果を比較してみましょう。まずは、さきほど作成した、すべての特徴量を用いるモデルの結果です（表 9–1）。

表9–1：すべての特徴量を用いた結果

検証#	モデル	特徴量	RMSE
1	線形	すべての入力をそのまま使用	0.196

第 7 章で作成した 3 変数のモデルでは、RMSE は 0.252 だったので、追加の入力（時間平均と追加のカテゴリ変数）が大きく貢献しているものと考えられます。比較のために、第 7 章で使用した 3 変数のみにモデルを修正して、再度、評価を行います。さらに、出発遅延と到着遅延の平均時間のみを追加した場合も確認します（表 9–2）。

表9–2：特徴量の種類を減らした結果

検証#	モデル	特徴量	RMSE
1	線形	すべての入力をそのまま使用	0.196
2	線形	第 7 章と同じ 3 変数	0.210
3	線形	3 変数に第 8 章で計算した平均時間を追加	0.204

これを見ると、平均時間の情報、および、その他の追加情報、すべてがモデルの性能向上に寄与していることがわかります。

9.3.7 機械学習モデルの改善

Spark によるロジスティック回帰（第 7 章の検証#1：RMSE = 0.252）と、本章での TensorFlow によるロジスティック回帰（上記の検証#2：RMSE = 0.210）では、RMSE が異なります。これは、後者の方がより多くのデータを扱えるからです。データ量を増やすことは、特徴量を増やすよりも確実にモデルの性能を向上させますが、そのためには、大規模データに対応できるインフラストラクチャが必要となります。本章では、TensorFlow によって、さらに複雑なモデルを構築していきますが、TensorFlow の真のメリットは、巨大なデータセットを堅牢に扱うことができるという点にあります。やみくもに複雑なモデルを構築するのではなく、まずは、より多くのデータを集めることが大切です。

しかしながら、今回の場合、まだすべてのデータセットを使っているわけではありません。さらに大規模なデータセットを活用するために、より複雑なモデルを試してみるのは意味のあることです。特にさきほどの結果を見ると、すべての特徴量が線形モデルの性能向上に寄与していることがわかります。より複雑なモデルは、このような多数の特徴量をさらに有効活用できる可能性があります。次は、ディープニューラルネットワークを試してみることにしましょう。

9.4 ディープニューラルネットワーク（DNN）モデル

TensorFlow Playground の Web サイト[20]では、ニューラルネットワークの動作を可視化するアプリケーションを試すことができます。この分類器の目的は、2 色の点を分離することです（図 9–4）。

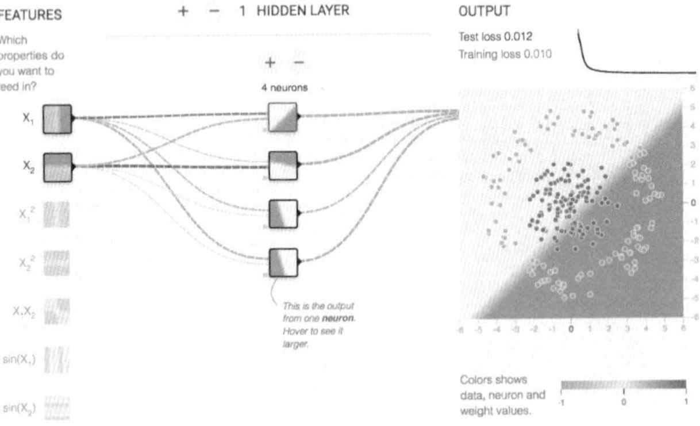

図9–4：TensorFlow Playground の画面

この例では、全部で 4 つのノードがあり、それぞれのノードに平面上の各点の座標 (X_1, X_2)

20 `https://playground.tensorflow.org/`

が入力されています。一番上のノードに注目すると、これは、X_1 と X_2 の加重和 aX_1+bX_2+c を計算します。そして、$aX_1+bX_2+c>=0$ となる領域で、ReLU の出力は 0 より大きくなりますが、このケースでは、これは、図 9–4 の右下のグレーの三角形部分に相当します。つまり、このノードは、直線で分類することしかできません。それでは、上から 2 つ目のノードはどうでしょうか？

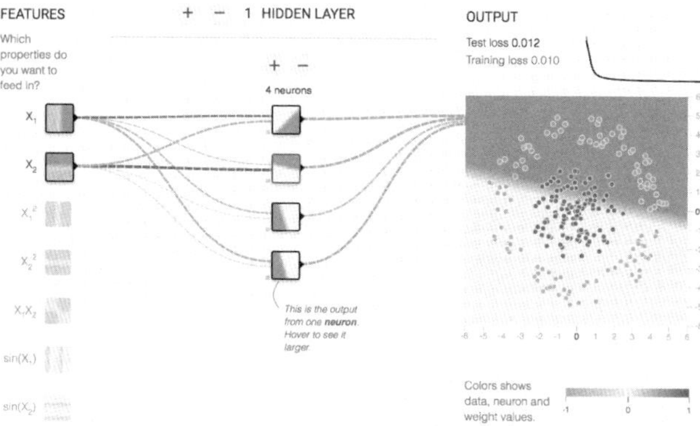

図9–5：2 つ目のノードによる境界

図 9–5 に示した 2 つ目のノードは、異なるウェイトを持っており、異なる直線の境界を持ちます。第 1 のノードと第 2 のノードは、どちらも、与えられたデータセットを適切に分類するのは難しそうです。しかしながら、これは、隠れ層に 4 つのノードを持つニューラルネットワークであり、それぞれの出力を統合したものが最終的な分類の境界を与えます。図 9–6 にあるように、これは、データセットにフィットした多角形の境界を実現します。

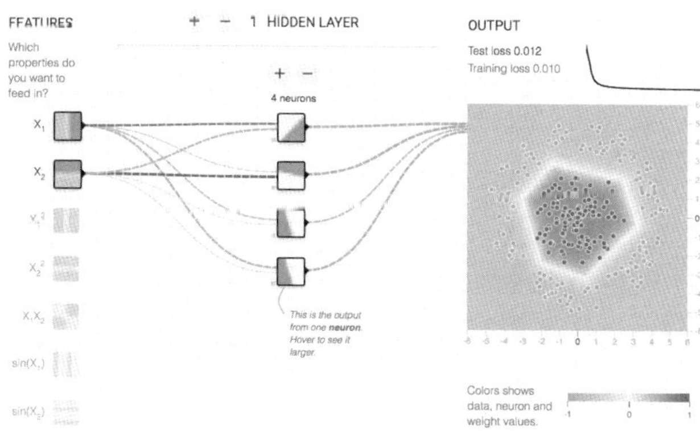

図9–6：すべてのノードを統合した境界

この例では、多角形の境界でデータを分類することができましたが、より複雑なレイアウトの場合は、複数の多角形を組み合わせる必要があるかも知れません。そのためには、図9–7のように、ニューラルネットワークに複数の隠れ層が必要となります。

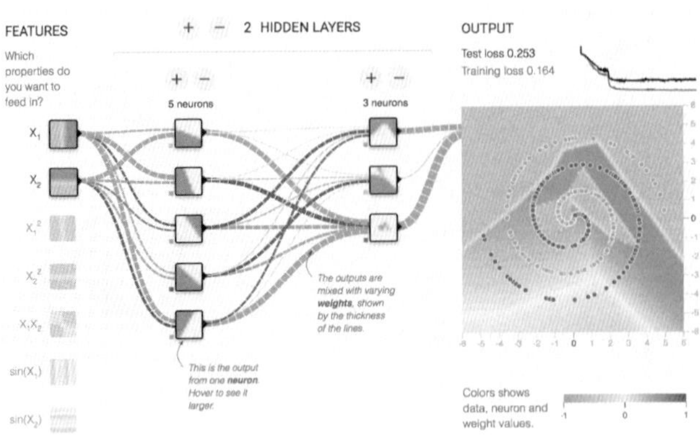

図9–7：複数の隠れ層を使用

この例では、確かに複数の多角形が構成されていますが、与えられたデータを適切に分類するにはまだ不十分です。ネットワークをより複雑にすることにより、このような渦巻き型のデータにも対応することができます（図9–8）。

この最後のニューラルネットワークは、多数の多角形で近似的に表現しているだけであり、渦巻き型というデータの性質を厳密に捉えているわけではありません。たとえば、データポイントが存在しない上下の領域には、人間の目から見ると、少し不自然な境界が生まれています。

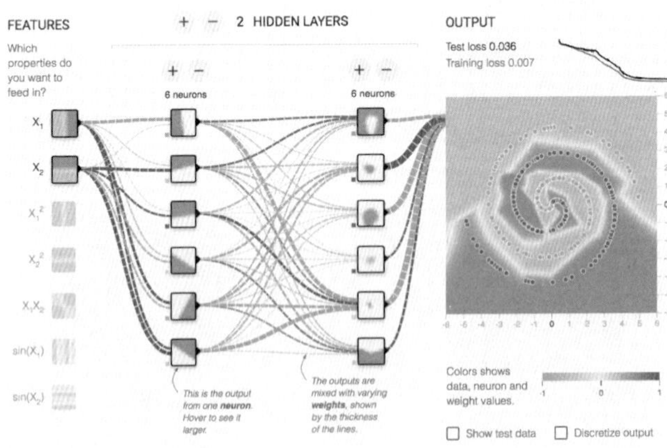

図9–8：渦巻き型データの分類

この部分にはデータが存在しないので、ニューラルネットワークは何かを学ぶことはできないのです。

なお、これらの図は、2 次元平面のデータと ReLU を用いたニューラルネットワークという、特定の条件における振る舞いを可視化したものであり、現実世界の問題では、多角形の領域で分類するという単純な捉え方ができない場合は多数あります。しかしながら、隠れ層に含まれるノードが協調して、分類の境界面を構成するという考え方は、理解の助けになるでしょう。

9.4.1 Embedding

ロジスティック回帰は、入力値の加重和に活性化関数（シグモイド関数）を適用したものと考えることができます。さきほど構築した TensorFlow の `LinearClassifier` によるモデルは、まさにそれです。しかしながら、さらに多くの特徴量とトレーニングデータがあれば、モデルのパラメータをさらに増やすことができます。TensorFlow Playground で確認したように、モデルのパラメータを増やして、より複雑な分類境界を得る方法の 1 つは、隠れ層を導入することです。隠れ層に含まれるノードは、いずれも、加重和を計算して活性化関数（ここでは、ReLU を使用します）を適用するわけですが、それぞれ個別のウェイトを持ちます。このように、独立した多数の線形分類器を組み合わせたものが、最終的な分類器として働きます。

ニューラルネットワークでは、実数値の特徴量は直接使用できますが、ワンホットエンコーディングの特徴量をそのまま入力することは避けるべきです。たとえば、1,000 種類の値をとるカテゴリ変数は、1,000 個の特徴量に変換されて、さらに、それぞれのデータは、どれか 1 つの特徴量だけが 1 になります。大部分の特徴量は 0 になるため、ニューラルネットワークに含まれる多数のパラメータを効率的に学習することができなくなります。この問題に対応する方法の 1 つが次元削減であり、Embedding と呼ばれる方法でこれを実現できます。Embedding では、たとえば、1,000 個の特徴量を 10 個の実数値に変換します。そして、変換後の実数値を特徴量としてニューラルネットワークに入力します。

TensorFlow では、`embedding_column` 関数を用いると、ワンホットエンコーディングされた特徴量に次元削減が適用できます。

```
def create_embed(sparse_col):
    dim = 10 # default
    if hasattr(sparse_col, 'bucket_size'):
       nbins = sparse_col.bucket_size
       if nbins is not None:
          dim = 1 + int(round(np.log2(nbins)))
    return tflayers.embedding_column(sparse_col, dimension=dim)
```

このコードは、ワンホットエンコーディングのバケット数を N として、$(1 + \log_2 N)$ 個の実数値に変換します。カテゴリ変数が 1,024 種類の値をとる場合、それぞれの値は、11 個の実数値（11 次元の実数ベクトル）に変換されます。変換に使用するウェイトは、ニューラルネットワークをトレーニングする際、ニューラルネットワークのウェイトと同時に決定されます。

このコードをDNN(ディープニューラルネットワーク)に適用するのは簡単です。実数値の特徴量はこれまで通りに使用しておき、カテゴリ変数については、(tflayers.sparse_column_with_keysなどで) ワンホットエンコーディングを適用した後、上記のコードで実数値ベクトルの特徴量に変換すれば、実数値の特徴量と区別なく使用することができます。

```
def dnn_model(output_dir):
    real, sparse = get_features()
    all = {}
    all.update(real)
    embed = {
       colname : create_embed(col) \
          for colname, col in sparse.items()
    }
    all.update(embed)

    estimator = tflearn.DNNClassifier(model_dir=output_dir,
                                      feature_columns=all.values(),
                                      hidden_units=[64, 16, 4])
    estimator.params["head"]._thresholds = [0.7]
    return estimator
```

この例では、ニューラルネットワーク自体に3つの隠れ層があります。最初の隠れ層には64個、2番目の隠れ層には16個、3番目には4個のノードがあります。デフォルトでは、すべてのノードは、活性化関数としてReLUを使用します。隠れ層の数とそれぞれの層に含まれるノードの数に、厳密な根拠はありません。一般論としては、最初の層のノードは、入力する特徴量の個数と同程度にしておき、先の層にいくほどニューロンの数を減らしていきますが、いずれにしろ、何らかの試行錯誤は必要です。このモデルの評価結果は、表9–3のようになります。

表9–3：DNNの評価結果

検証#	モデル	特徴量	RMSE
1	線形	すべての入力をそのまま使用	0.196
4	DNN	すべての入力を使用 カテゴリ変数は $(1 + \log_2 N)$ 次元にEmbedding	0.196

この結果を見ると、DNNは、線形モデルと性能が変わらないことがわかりますが、これは決して珍しいことではありません。より多くの特徴量を得ることと、より複雑なモデルを作ることを比較すると、特徴量を増やすほうが効果的なことがよくあります。つまり、データサイエンスではなく、データエンジニアリングの方がより高い効果をもたらすのです。

9.4.2 Wide & Deep モデル

単純な DNN では、性能の向上は見られませんでしたが、最後にもう少しだけ複雑なモデルを試してみましょう。最近の論文[21]において、Wide & Deep モデルと呼ばれる、ハイブリッド型のモデルが提案されています。これは、2 つの部分からなるモデルで、1 つは、ロジスティック回帰と同様の線形モデルです。そして、もう 1 つは、さきほど試した DNN です。それぞれの部分には、異なる特徴量を入力することができ、線形モデルの部分には離散的なカテゴリ変数、DNN の部分には実数値の特徴量を使用します。

この時、カテゴリ変数に Embedding を適用して DNN に入力したように、実数値の特徴量を離散化して、線形モデル部分への入力に利用するというアイデアがあります。たとえば、空港の場所を表す緯度と経度は、厳密な値はかならずしも重要ではありません。フライトの遅延を予測する上では、空港が存在する大雑把な地域がわかれば十分です。そこで、緯度と経度をバケットで離散化したものをカテゴリ変数として、線形モデルの部分にも入力することが考えられます。

この際、緯度と経度を別々の情報として扱うことに違和感を覚えるかもしれません。これらは、2 つセットで空港の位置を示すものですので、組み合わせて利用する方が自然と言えます。ここで利用されるのが、フィーチャークロスと呼ばれる手法です。これは、2 つの変数の AND 条件をとるものと考えてください。たとえば、洋服の色とサイズを表すカテゴリ変数があった場合、「赤の M サイズ」「青の S サイズ」のように、2 つの変数の値をペアにしたものを 1 つの変数とみなしてモデルに入力します。フィーチャークロスを使用する場合は、緯度と経度、あるいは、色とサイズのように、組み合わせて意味のある変数を見つけ出すことが大切になります。

それでは、これらの手法を用いて、新たなモデルを作成していきましょう。まず、さきほどの DNN のモデルの構成を思い出すと、関数 `get_features` で、実数値の特徴量とカテゴリ変数の特徴量を取得した後に、カテゴリ変数に対しては、Embedding を適用しました。こうして得られたすべての特徴量を DNN に入力しました。

今回は、さらに、実数値の特徴量の中から、空港の緯度と経度をバケット化することで、新しいカテゴリ変数を用意します。ここでは特に、出発地と目的地の組み合わせにも意味がある点に注意を払います。たとえば、西海岸に沿ったフライトが遅れることはあまりありませんが、シカゴ・ニューヨーク間の混雑するエリアを通過するフライトは遅延する可能性が高くなります。実際の所、米国の連邦航空局は、図 9–9 にあるように、航空機の経路をいくつかの区画に分けて管理しています。それぞれの区画における混雑状況がわかれば、その知見を機械学習モデルに反映することもできるでしょう。

---

21 https://arxiv.org/abs/1606.07792

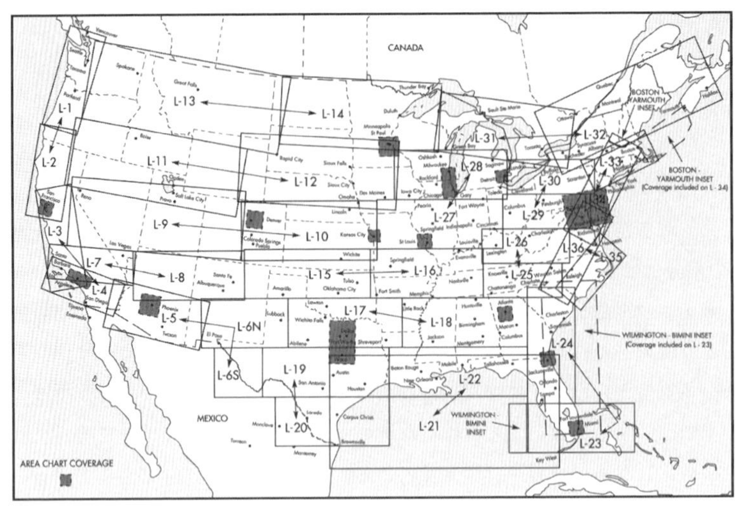

図9–9：連邦航空局が管理するフライトの区画

連邦航空局と同じ区画分けを採用するのは難しいので、ここでは、図9–10のように、緯度と経度を均等にバケット化して、均一な区画に分けることにします。

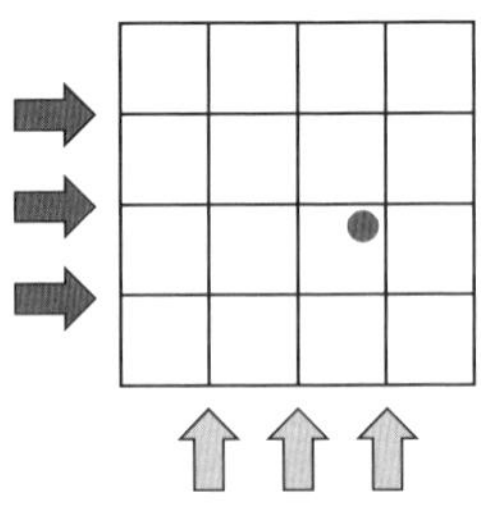

図9–10：本章で採用する均一な区画

次のコードでは、実数値の特徴量から、緯度と経度を取り出して、nbuckets個のバケットに離散化しています。緯度と経度は、出発地の空港と目的地の空港のそれぞれにある点に注意してください。

```
latbuckets = np.linspace(20.0, 50.0, nbuckets).tolist()  # USA
lonbuckets = np.linspace(-120.0, -70.0, nbuckets).tolist() # USA
disc = {}
disc.update({
   'd_{}'.format(key) : tflayers.bucketized_column(real[key], latbuckets) \
      for key in ['dep_lat', 'arr_lat']
})
```

```
disc.update({
    'd_{}'.format(key) : tflayers.bucketized_column(real[key], lonbuckets) \
        for key in ['dep_lon', 'arr_lon']
})
```

先に説明したように、緯度と経度は組み合わせて意味を持つ変数なので、出発地と目的地のそれぞれについて、フィーチャークロスを適用します。これにより、緯度と経度の組み合わせの総数として、nbuckets*nbuckets 種類の値を持つカテゴリ変数が得られます。

```
sparse['dep_loc'] = tflayers.crossed_column([disc['d_dep_lat'],
                        disc['d_dep_lon']], nbuckets*nbuckets)
sparse['arr_loc'] = tflayers.crossed_column([disc['d_arr_lat'],
                        disc['d_arr_lon']], nbuckets*nbuckets)
```

さらに、出発地と目的地の組み合わせに意味があることも思い出してください。そこで、さきほどフィーチャークロスで用意した位置情報をさらにフィーチャークロスで組み合わせます。

```
sparse['dep_arr'] = tflayers.crossed_column([sparse['dep_loc'],
                        sparse['arr_loc']], nbuckets ** 4)
```

当然ながら、出発地と目的地は、緯度・経度だけではなく、空港コードで判別することもできます。そこで、それぞれの空港コードをフィーチャークロスで組み合わせた特徴量も用意してみます。この場合、たとえば、シカゴの ORD 空港を出発し、ニューヨークの JFK 空港に到着するフライトには、ORD-JFK という値が対応することになります。

```
sparse['ori_dest'] = tflayers.crossed_column([sparse['origin'],
                        Sparse['dest'], hash_bucket_size=1000)
```

ここまで、バケット化とフィーチャークロスによって、さまざまなカテゴリ変数を作ってきましたが、これらすべてを線形モデルへの入力に使用します。たとえば、緯度・経度については、緯度と経度のそれぞれを表す変数に加えて、これらを組み合わせた変数、さらに、出発地と目的地を組み合わせた変数、これらすべてを入力することになります。その他のカテゴリ変数は、いままで通りにワンホットエンコーディングを適用して、こちらも線形モデルへの入力とします。

そして、これらの新しい変数は、DNN の部分にも利用できます。最初の DNN のモデルでは、カテゴリ変数に Embedding を適用しましたが、フィーチャークロスで得られた新しいカテゴリ変数を含めて、すべてのカテゴリ変数に Embedding を適用して、DNN への入力に利用します。

```
# create embeddings of all the sparse columns
embed = {
   colname : create_embed(col) \
      for colname, col in sparse.items()
}
real.update(embed)
```

これで、最初の入力データから大幅に特徴量を増やすことができました。これらの作業は、特徴量エンジニアリングにあたります。これらの特徴量を用いた Wide & Deep モデルは、DNNLinearCombinedClassifier クラスで作成します。線形モデルの部分と DNN の部分、それぞれに特徴量を指定している点に注意してください。

```
estimator = \
  tflearn.DNNLinearCombinedClassifier(model_dir=output_dir,
          linear_feature_columns=sparse.values(),
          dnn_feature_columns=real.values(),
          dnn_hidden_units=parse_hidden_units(hidden_units))
```

特徴量エンジニアリングを適用したこのモデルは、これまでよりも高い性能を発揮します（表 9-4）。

表9-4：特徴量エンジニアリングを適用した結果

検証#	モデル	特徴量	RMSE
1	線形	すべての入力をそのまま使用	0.196
5	Wide & Deep モデル	すべての入力に加えて、フィーチャークロスと Embedding による特徴量エンジニアリングを適用	0.187

モデルをただ複雑にするのではなく、データサイエンティストの洞察を反映した特徴量エンジニアリングを適用することで、モデルの性能が向上するということを理解しておいてください。

9.4.3 ハイパーパラメータ・チューニング

今回のモデルでは、いくつかの恣意的な選択をしました。たとえば、ニューラルネットワークの隠れ層の数、および、各層のノード数には、特別な根拠はありません。より複雑な問題に対応するには、より複雑なモデルが必要と考えられますが、フライト遅延を予測するという、この問題がどれほど複雑かを直感的に理解するのは困難です。しかしながら、適切なモデル設計が重要なことに変わりはありません。隠れ層の数とノード数には、何らかの方法で、適切な値を選択する必要があります。

恣意的に選択した値は、この他にもあります。TensorFlow でトレーニングを行う際は、トレーニングデータをバッチに分割して、勾配降下法のアルゴリズムを繰り返し適用します。今回は、バッチサイズを 512 に設定しましたが、この値もまた、特別な根拠はありません。バッチサイズを大きくすると、より少ない繰り返しですべてのデータを処理することができ、トレーニング時間を短縮することができます。しかしながら、バッチサイズが大きすぎると、個々のデータに特有の情報が失われて、トレーニングデータの特性を適切に学習できなくなる場合があります。さらに、GPU を使用する場合などは、GPU のメモリに乗り切らないバッチサイズは、逆に、トレーニングの速度を遅くする結果になります。適切なバッチサイズを選択することも、やはり重要なのです。

あるいは、緯度と経度を離散化する際のバケット数にも任意性があります。バケット数が少なすぎれば、個々の空港の場所が持つ個別の特性がとらえられなくなりますし、バケット数が多すぎれば、離散化の意味がなくなり、過学習が発生します。このように、選択に任意性があり、最適な値の決定に試行錯誤が必要なパラメータを一般にハイパーパラメータと呼びます。

そこで、モデルを改善するための最後のステップとして、これら 3 つのハイパーパラメータ（隠れ層とノードの数、バッチサイズ、バケット数）について、さまざまな値をためすという実験を行います。手作業で実験を進めることもできますが、ここでは、Cloud ML Engine のハイパーパラメータ・チューニング機能を使用します。これは、試したい値の範囲を指定すると、その範囲の中で最適な値を自動で検索するという機能です。この検索においては、すべての値をためすのではなく、独自の最適化手法が適用されます。

モデルの変更

ハイパーパラメータ・チューニングの機能を利用するには、TensorFlow のコードに次の 3 つの変更を加える必要があります。

1. ハイパーパラメータを評価する指標を追加します。
2. 出力ディレクトリの末尾に試行番号を含めて、複数の実行結果を分けて保存するようにします。
3. ハイパーパラメータの値をコマンドラインオプションで指定できるようにします。

モデルの評価指標にはさまざまな種類がありますので、ハイパーパラメータ・チューニングの際に使用する指標を明示的に指定する必要があります。ここでは、これまでと同じ RMSE を指定します。

```
eval_metrics = {
    'rmse' : tflearn.MetricSpec(metric_fn=my_rmse,
      prediction_key='probabilities'),
    'training/hptuning/metric' : tflearn.MetricSpec(metric_fn=my_rmse,
      prediction_key='probabilities')
},
```

ハイパーパラメータ・チューニングを実施する際は、異なるパラメータ値を用いて、複数のトレーニングが同時に実行されます。この時、チェックポイントの出力ディレクトリが重なると処理が正常に行われなくなるので、出力ディレクトリの末尾に「試行番号」を含めるように、task.py を変更します。

```
output_dir = os.path.join(
    output_dir,
    json.loads(
        os.environ.get('TF_CONFIG', '{}')
    ).get('task', {}).get('trial', '')
)
```

試行番号は、個々の実行を識別するために Cloud ML Engine が割り当てるもので、環境変数 TF_CONFIG から取得できます。今回の例では、試行番号 7 のチェックポイントは、gs://cloud-training-demos-ml/flights/chapter9/output/7/に保存されるようになります。

最後に、最適化したいハイパーパラメータをコマンドラインオプションから指定できるようにします。Cloud ML Engine は、このコマンドラインオプションを通じて、ハイパーパラメータの値を設定します。たとえば、次は、task.py に batch_size を指定するコマンドラインオプションを追加します。

```
parser.add_argument(
    '--batch_size',
    help='Number of examples to compute gradient on',
    type=int,
    default=100
)
```

さらに、Experiment クラスを用意する make_experiment 関数への入力に batch_size を追加して、そこから、read_dataset 関数に引き渡します。

```
def make_experiment_fn(traindata, evaldata, num_training_epochs,
                       batch_size, nbuckets, hidden_units, **args):
  def _experiment_fn(output_dir):
    return tflearn.Experiment(
        get_model(output_dir, nbuckets, hidden_units),
        train_input_fn=read_dataset(traindata,
          mode=tf.contrib.learn.ModeKeys.TRAIN,
               num_training_epochs=num_training_epochs,
               batch_size=batch_size),
```

同様の変更を nbuckets（バケット数）と hidden_units（隠れ層の構造を指定するリスト）についても行います。hidden_units については、コマンドラインで文字列として指定したものを適切なリストに変換するようにします。

ハイパーパラメータ設定ファイル

次は、ハイパーパラメータの検索範囲を指定するための設定ファイルを用意します[22]。

```
trainingInput:
  scaleTier: STANDARD_1
  hyperparameters:
    goal: MINIMIZE
    maxTrials: 50
    maxParallelTrials: 5
    params:
    - parameterName: batch_size
      type: INTEGER
      minValue: 16
      maxValue: 512
      scaleType: UNIT_LOG_SCALE
    - parameterName: nbuckets
      type: INTEGER
      minValue: 5
      maxValue: 10
      scaleType: UNIT_LINEAR_SCALE
    - parameterName: hidden_units
      type: CATEGORICAL
      categoricalValues: ["64,16", "64,16,4", "64,64,64,8", "256,64,16"]
```

このように、YAML 形式の設定ファイルを使用して、ハイパーパラメータを設定するためのコマンドラインオプションを指定します。この時、チューニングに使用するリソースを制限するための指定を同時に行います。この例では、scaleTier を STANDARD_1 にして、最大で 5 種類のトレーニングを同時に実行する、そして、最大で 50 回のトレーニングを行った時点で検索を打ち切る[23]という指定を行っています。検索の目標として、評価指標（今の場合は RMSE）を最小化するという指示も記載されています。

最適化するパラメータの指定を具体的に見ると、batch_size については、16 から 512 という範囲の整数値を指定しています。UNIT_LOG_SCALE というのは、小さい方の区間の端では、より多くの値を試したいという意図を示します。これは、バッチサイズについては、小さい値の方がよい結果が得られることが多いという経験に基づくものです[24]。

nbuckets も整数ですが、こちらは、5 から 10 の範囲で偏りなく検索します。先に見た連邦航空局の区分図では、全部で 36 の区画があり、これに対応するバケット数は 6（$6 \times 6 = 36$）になりますが、場所によって区画の大きさが異なることを考えると、より細かく分割した方が

22 GitHub リポジトリの 09_cloudml/hyperparam.yaml を参照。

23 Cloud ML Engine のハイパーパラメータ・チューニングはグリッドサーチではありません。パラメータがとり得る値の組み合わせは 50 をはるかに超えますが、最適化アルゴリズムは、その中から、最適と予想される 50 種類の組み合わせを試します。

24 https://www.cs.toronto.edu/~hinton/absps/guideTR.pdf

よいかも知れません。5から10の範囲で検索するということは、区画数にすると、25から100の区画を試すということになります。

hidden_unitsについては、隠れ層とノードの組み合わせについて、いくつかの候補を具体的に指定します。この例では、2層、3層、4層、そして、より多くのノードを含む3層のニューラルネットワークがあります。なお、ハイパーパラメータ・チューニングで見つかった最適値が検索範囲の境界に近い場合は、より広い範囲で、再検索することも必要です。たとえば、5から10の範囲で試したバケット数について、nbuckets = 10が最適とわかった場合は、さらに、10から15の範囲で試してみるとよいでしょう。同様に、4層のニューラルネットワークが最適であるとわかった場合は、5層と6層も試す価値があります。

ハイパーパラメータ・チューニングの実行

ハイパーパラメータ・チューニングのジョブを実行する手続きは、トレーニングのジョブを実行する場合とほとんど同じです。次のように、gcloudコマンドから実行しますが、トレーニングとの違いは、さきほど説明したハイパーパラメータ・チューニング用の設定ファイルを追加で指定することです[25]。

```
gcloud ml-engine jobs submit training $JOBNAME \
  --region=$REGION \
  --runtime-version 1.12 \
  --module-name=trainer.task \
  --package-path=$(pwd)/flights/trainer \
  --job-dir=$OUTPUT_DIR \
  --staging-bucket=gs://$BUCKET \
  --config=hyperparam.yaml \
  -- \
   --output_dir=$OUTPUT_DIR \
   --traindata $DATA_DIR/train$PATTERN \
   --evaldata $DATA_DIR/test$PATTERN \
   --num_training_epochs=5
```

本書執筆時点では、TensorFlow 1.12.0で動作確認をしています。同様の環境で実行する場合は、gcloudコマンドのオプションに--runtime-version 1.12を指定します。

数時間すると、出力ディレクトリにはさまざまな試行の結果が保存されていきます。また、その間、TensorFlowに付属のTensorBoardを利用して、任意の出力ディレクトリの内容を確認することができます。たとえば、一番最初の試行（試行番号1）の結果は、図9-11のよう

[25] GitHubリポジトリの09_cloudml/hyper_tune.shを参照。

になります。

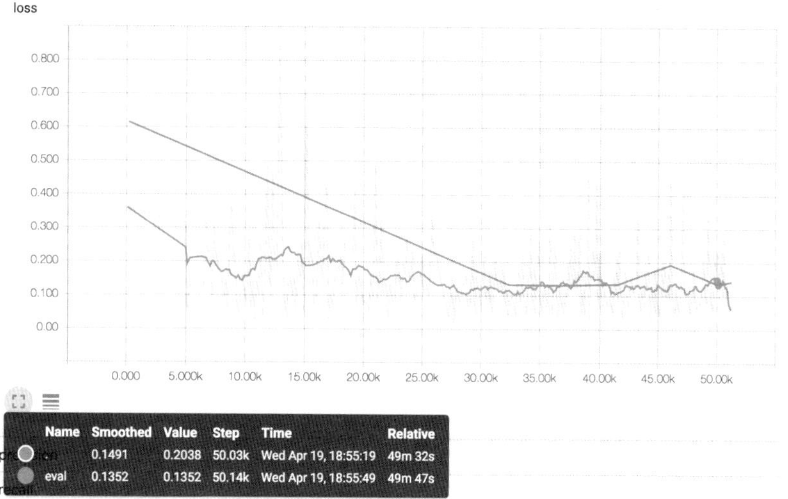

図9-11：TensorBoard によるトレーニング状況の確認

これはトレーニングに伴う損失関数の変化を示すもので、薄い色で表示された生データを見ると激しく変動していることがわかります。これは、バッチごとに計算されるものなので、ある程度の変動は予想されますが、スムージングされた濃い色のグラフを見ても、全体的に減少傾向があるようには思えません。これは、学習率が大きすぎる可能性があります。学習率というのは、1 回の処理で、どのぐらい大きくウェイトを変化させるかというパラメータですが、もしかしたら、学習率の値もハイパーパラメータ・チューニングに含めた方がよいのかも知れません。その他には、トレーニングのアルゴリズムの選択もハイパーパラメータ・チューニングの対象となります。

また、このグラフでは、テストセットに対する損失関数の値が 0.135 となっていますが、トレーニング時に用いられる指標は、RMSE とは異なる場合があるので注意してください。このトレーニングにおける、RMSE のグラフは図 9-12 のようになります。

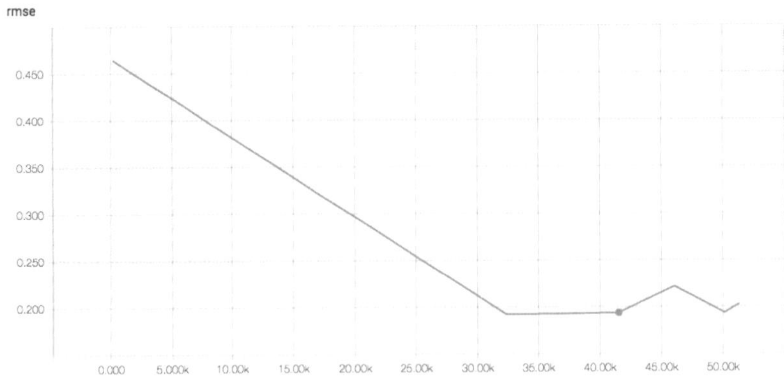

図9-12：トレーニング中の RMSE の変化

RMSE の値は、0.2 前後であることがわかります。それでは、この試行におけるハイパーパラメータは、具体的にどのような値なのでしょうか？　これは、gcloud コマンドで確認することができます。

```
gcloud ml-engine jobs describe <jobid>
```

ジョブ ID を指定して実行すると、これまでに完了したすべての試行におけるパラメータ設定と、最終的な RSME が表示されます。さきほどの試行に対する結果は、次のようになります。

```
- finalMetric:
    objectiveValue: 0.202596
    trainingStep: '3559'
  hyperparameters:
    batch_size: '170'
    hidden_units: 64,16
    nbuckets: '6'
  trialId: '1'
```

バッチサイズ 170、2 層のネットワーク、6 つのバケットということがわかります。RMSE は 0.203 で、以前の結果（0.187）よりも悪くなっています。

この例では、全部で 21 回の試行が完了した時点で、チューニングが終了しました。その中で、ベストの結果は次のものになります。

```
- finalMetric:
    objectiveValue: 0.186319
    trainingStep: '33637'
  hyperparameters:
    batch_size: '16'
    hidden_units: 64,64,64,8
    nbuckets: '10'
  trialId: '2'
```

これは、指定範囲の中では、最小のバッチサイズ、最大数の隠れ層、および、最大数のバケットになっており、ある意味、合理的な結果と言えるでしょう。しかしながら、この時の RMSE は、以前の結果とほとんど変わらない点に注意してください。他の試行結果と比較すると、次のように、より小規模なネットワークで、大きなバッチサイズと粗いバケットを用いた場合でも、ほとんど同じ結果が得られています。

```
- finalMetric:
    objectiveValue: 0.187016
    trainingStep: '5097'
  hyperparameters:
    batch_size: '100'
    hidden_units: 64,16,4
    nbuckets: '5'
  trialId: '18'
```

このように、モデルの構造を変えてもわずかな改善しか得られないことは、さきほど実施した特徴量エンジニアリングが大きな意味を持っていたと理解することができます。特徴量を追加することで、RMSE を 0.25 から 0.19 に改善できた一方で、ネットワークに新しい層を追加してもわずか 0.01 未満の改善しか見られなかったわけです。

学習率の変更

ハイパーパラメータ・チューニングに別れを告げる前に、最後の試みとして、学習率の変更を試してみます。さきほど観測された損失関数の値の変動は、学習率の設定に問題がある可能性を示唆しているからです。また、隠れ層の数については、さらに大きな値を試す余地が残っています。バッチサイズについては、前回のハイパーパラメータ・チューニングの結果を踏まえて、100 に固定します。ベストな結果を出したのは 16 でしたが、バッチサイズが小さいとトレーニングに時間がかかり、損失関数の変動がより大きくなる恐れがあるからです。

それでは、学習率をハイパーパラメータ・チューニングの対象にするために、コマンドラインオプションで学習率を指定できるようにして、それをモデルに受け渡すようにします。この時、DNNLinearCombinedClassifier が使用する学習率は 2 つある点に注意が必要です。これは、内部的に 2 つの最適化アルゴリズムを使用しているためです。線形モデル部分の最適化には FtrlOptimizer[26]、DNN 部分の最適化には AdagradOptimizer[27]が用いられます。ここでは、DNNLinearCombinedClassifier クラスのインスタンスを生成する部分で、それぞれのアルゴリズムに対して、学習率を指定します。

```
def wide_and_deep_model(output_dir, nbuckets=5,
                        hidden_units='64,32', learning_rate=0.01):
  ...
  estimator =
    tflearn.DNNLinearCombinedClassifier(model_dir=output_dir,
      linear_feature_columns=sparse.values(),
      dnn_feature_columns=real.values(),
      dnn_hidden_units=parse_hidden_units(hidden_units),
      linear_optimizer=tf.train.FtrlOptimizer(learning_rate=learning_rate),
      dnn_optimizer=tf.train.AdagradOptimizer(learning_rate=learning_rate/4))
```

AdagradOptimizer の学習率を FtrlOptimizer の学習率の 1/4 に設定しているのは、デフォルト値がそのような比率になっているためです。

最後に、ハイパーパラメータ・チューニングの設定ファイルを次のように用意します[28]。

```
trainingInput:
  scaleTier: STANDARD_1
  hyperparameters:
    goal: MINIMIZE
    maxTrials: 15
    maxParallelTrials: 3
    params:
    - parameterName: learning_rate
      type: DOUBLE
      minValue: 0.01
      maxValue: 0.25
      scaleType: UNIT_LINEAR_SCALE
    - parameterName: hidden_units
      type: CATEGORICAL
      categoricalValues: ["64,16,4", "64,64,16,4", "64,64,64,16,4",
                          "64,64,64,64,16,4"]
```

これを用いて、ハイパーパラメータ・チューニングのジョブを実行すると、ベストな結果は次のようになりました。

---

26 https://www.eecs.tufts.edu/ dsculley/papers/ad-click-prediction.pdf

27 http://www.jmlr.org/papers/volume12/duchi11a/duchi11a.pdf

28 GitHub リポジトリの 09_cloudml/hyperparam2.yaml を参照。

```
- finalMetric:
    objectiveValue: 0.186218
    trainingStep: '6407'
  hyperparameters:
    hidden_units: 64,64,64,16,4
    learning_rate: '0.060623111774000711'
  trialId: '12'
```

学習率は 0.06 で、5 層のネットワークが最適ということになりますが、それでも、RMSE には劇的な改善は見られませんでした。いずれにせよ、ここで得られたものがこれまでのベストの構成ということになるので、後は、このモデルを全てのデータセットを使ってトレーニングし直します。最終的な結果としては、RMSE が 0.1856 のモデルが得られます。

9.4.4 モデルをデプロイする

トレーニングされたモデルが完成したので、これを用いて予測を行いましょう。Experiment クラスを用いて、サービング用の入力関数とエクスポート設定を指定しておいたので、トレーニングが完了したモデルは、Cloud Storage のディレクトリ内にエクスポートされています。後は、これをデプロイして、REST でリクエストを受け付けるエンドポイントを作成するだけです。

モデルをデプロイする際は、モデル名とバージョン名を指定します。1 つのモデルに対して複数のバージョンをデプロイすることができるので、複数モデルに対する A/B テストを実施することも簡単です。

Cloud ML Engine は、エクスポート用のディレクトリの中に、タイムスタンプ付きのディレクトリを作成し、その中にモデルをエクスポートします。ここでは、最新のタイムスタンプを持つディレクトリを選択します[29]。

```
MODEL_LOCATION=\
$(gsutil ls gs://${BUCKET}/flights/chapter9/output/export/Servo/ | tail -1)
```

モデル名 flights でモデルを作成した後に、バージョン名 v1 を指定してモデルをデプロイします。

```
gcloud ml-engine models create flights --regions us-central1
gcloud ml-engine versions create v1 --model flights --origin ${MODEL_LOCATION}
```

29 完全なデプロイメントスクリプトは、GitHub リポジトリの 09_cloudml/deploy_model.sh を参照。

9.4.5 モデルによる予測

モデルのデプロイが完了すると、任意のプログラミング言語から、REST のリクエストが送信できます。ここでは、CloudShell から、Python を用いて試してみます。

最初のステップは、Cloud ML Engine によってデプロイされたサービスにアクセスするための認証情報を取得することです[30]。

```
#!/usr/bin/env python
from googleapiclient import discovery
from oauth2client.client import GoogleCredentials
import argparse
import json

parser = argparse.ArgumentParser()
parser.add_argument("-p", "--project", required=True,
                    help="Project that flights service is deployed in")
args = parser.parse_args()

credentials = GoogleCredentials.get_application_default()
```

次に、Google API Discovery Service を使用してクライアントオブジェクトを取得します[31]。

```
api =
  discovery.build('ml', 'v1', credentials=credentials,
    discoveryServiceUrl=
      'https://storage.googleapis.com/cloud-ml/discovery/ml_v1_discovery.json')

PROJECT = args.project
parent = 'projects/%s/models/%s/versions/%s' % (PROJECT, 'flights', 'v1')
response = api.projects().predict(body=request_data, name=parent).execute()
print "response={0}".format(response)
```

上記のコードでは、変数 `request_data` に JSON 形式のリクエストを格納しています。リクエスト内では、サービング用の入力関数で定義したキーを用いて、特徴量を指定します。

```
request_data = {'instances':
  [
      {
        'dep_delay': 16.0,
        'taxiout': 13.0,
        'distance': 160.0,
        'avg_dep_delay': 13.34,
        'avg_arr_delay': 67.0,
```

30 GitHub リポジトリの `09_cloudml/call_predict.py` を参照。

31 https://developers.google.com/discovery

```
        'carrier': 'AS',
        'dep_lat': 61.17,
        'dep_lon': -150.00,
        'arr_lat': 60.49,
        'arr_lon': -145.48,
        'origin': 'ANC',
        'dest': 'CDV'
      }
  ]
}
```

このリクエストに対しては、次のような結果が返ります。

```
{u'predictions':
  [{u'probabilities': [0.8313459157943726, 0.16865408420562744],
     u'logits': [-1.59519624710083], u'classes': 0,
     u'logistic': [0.16865406930446625]}
  ]}
```

これにより、このフライトが遅延する確率は 0.83（遅延しない確率は 0.17）とわかります。このように、Cloud ML Engine では、トレーニング済みのモデルをデプロイして利用することは非常に簡単です。ここでは、TensorFlow のモデルを REST 形式の Web サービスとしてデプロイしましたが、これをアプリケーションやその他のデータパイプラインに組み込むこともできます。この点については、次章であらためて説明します。

9.4.6 モデルを説明する

さきほどの 0.83 という遅延確率はかなり大きいので、ほぼ確実に会議をキャンセルした方がよさそうです。それでは、なぜこのモデルは 0.83 という確率を予測したのでしょうか？
モデルの予測結果を人間が理解できる形で説明するというのは、機械学習の世界でも活発に議論されている領域です。1 つの簡単な方法は、主要な変数の値を（トレーニングセット全体から計算される）平均値におきかえて、予測結果がどのように変わるかを確認することです。平均値におきかえても大きく結果が変わらなければ、その変数は予測には無関係だということです。ここでは例として、出発遅延時間、タクシーアウト時間、目的地空港の（過去 1 時間の）平均遅延時間について、これを試してみます。

```
request_data = {'instances':
  [
      {
        'dep_delay': dep_delay,
        'taxiout': taxiout,
        'distance': 160.0,
        'avg_dep_delay': 13.34,
        'avg_arr_delay': avg_arr_delay,
```

```
            'carrier': 'AS',
            'dep_lat': 61.17,
            'dep_lon': -150.00,
            'arr_lat': 60.49,
            'arr_lon': -145.48,
            'origin': 'ANC',
            'dest': 'CDV'
        }
        for dep_delay, taxiout, avg_arr_delay in
            [[16.0, 13.0, 67.0],
             [13.3, 13.0, 67.0], # if dep_delay was the airport mean
             [16.0, 16.0, 67.0], # if taxiout was the global mean
             [16.0, 13.0, 4] # if avg_arr_delay was the global mean
            ]
    ]
}
```

このリクエストでは、4 つのインスタンスを渡しています。最初のインスタンスは実際の観測値で、残りの 3 つは、それぞれの変数を順番に平均値に置き換えたものです。出発遅延時間とタクシーアウト時間は、該当空港における平均値[32]、平均遅延時間については、トレーニングセットに含まれるすべての値の平均値を使用しています。

なお、この 3 種類の変数を試しているのは、実際のユースケースに関連します。シンシナティ (CVG) 行きのフライトに搭乗しているユーザーに対して、「このフライトが遅延するのは目的地がシンシナティだからだ」と説明しても意味がありません。したがって、いくつかの変数は与えられたものとして扱い、ユーザーの体験に照らして意味のある変数を試す必要があります。

さきほどのリクエストに対して、予測サービスから得られたレスポンスを次のように解析します。

```
probs = [pred[u'probabilities'][1] \
         for pred in response[u'predictions']]
```

これは、「フライトが遅延しない確率」の値を取り出すもので、小数点第 2 位までを示すと次の結果が得られます。

```
[0.17, 0.27, 0.07, 0.51]
```

実際の確率 0.17 に比べて、最後の確率が最も大きく異なります。これは、目的地空港の（過去 1 時間の）平均遅延時間を実際の 67 分から、データ全体の平均である 4 分に置き換えた結果です。つまり、このユーザーに対しては、「目的地空港の混雑が原因で、このフライトは遅延する可能性が高い」と説明することができるのです。また、影響度はより小さいですが、実際

32 これらは、イベントデータに対して、BigQuery で検索できます。

の出発遅延時間 16 分が平均的な 13 分より大きいことも、遅延する確率を押し上げていることがわかります。

以上の考察をまとめると、フライト遅延を予測するアプリケーションは、このユーザーに対して、次のようなメッセージを表示することができます。

> あなたのフライトが 15 分以上遅延する可能性は 83%です。これは、目的地空港（CVG）の平均到着遅延が現在 67 分であることが主な理由です。また、あなたのフライトは 16 分遅れでゲートを離れましたが、これは、本空港では通常は 13 分程度です。

このような単純な理由とあわせてモデルの予測結果を伝えると、ユーザーにはとても役立ちます。ほんの少しの手間をかけて、モデルにわかりやすさを与えることが重要なのです。

9.5 まとめ

本章では、Spark ML の代わりに、TensorFlow を使用して、第 7 章の機械学習モデルをさらに拡張しました。カテゴリ変数によって特徴量が爆発的に増加する問題については、TensorFlow の Embedding の機能、そして、分散トレーニングの機能によって対応ができました。本章では説明しませんでしたが、TensorFlow では、より低レベルの実装を操作することも可能で、機械学習の研究者が、新しいモデルの研究開発にも利用できるという利点があります。その結果として、TensorFlow で開発された最新の研究成果を一般の利用者もすぐに活用できるというメリットが得られます。さらに、TensorFlow は、さまざまなハードウェアプラットフォームで利用できるので、既存のデータパイプラインに柔軟に組み込めるという特徴もあります。

また、本章では、`Experiment` クラスを用いることで、分散トレーニングを簡単に実施することができました。このときの手順について、5 つのポイントをまとめておきます。

1. `Estimator` クラスで実装した機械学習モデルの選択。`Estimator` クラスには、ロジスティック回帰、ディープニューラルネットワーク（DNN）、Wide & Deep モデルなど、すぐに使える実用的なモデルが用意されています。また、学習率の変更など、内部をカスタマイズすることも可能です。
2. トレーニング用のデータセットからラベルと特徴量を取得する、トレーニング用の入力関数。`Experiment` クラスは、これを用いてトレーニングを実行します。
3. テスト用のデータセットからラベルと特徴量を取得する、テスト用の入力関数。`Experiment` クラスは、これを用いて、定期的にモデルの評価を行います。
4. `Experiment` クラスがモデルをエクスポートする際に参照するエクスポート設定。本章では、テストセットに対する評価結果が最もよいものをエクスポートする設定を用いました。
5. 予測時に入力される特徴量を受け取るためのサービング入力関数。これは、エクスポートされる計算グラフの一部として組み込まれます。

ロジスティック回帰のモデルをトレーニングする際は、すべての変数を使用するとともに、第 8 章で用意した追加の特徴量（遅延時間の平均値）も使用しました。これにより、RMSE が大きく改善されました。

また、ニューラルネットワークの直感的な理解についても説明しました。複数の隠れ層によって、個々のノードが提供する分類境界を組み合わせることで、より複雑な分類境界を実現することができました。しかしながら、フライト遅延の問題においては、ロジスティック回帰を DNN に置き換えても、性能の改善は見られませんでした。その後、Wide & Deep モデルを採用し、連続変数のバケット化やフィーチャークロスなどの特徴量エンジニアリングで特徴量を追加することにより、さらに RMSE を改善することができました。

機械学習モデルと特徴量がすべて揃った後は、バッチサイズ、学習率、バケット数、ニューラルネットワークの構造など、さまざまなハイパーパラメータのチューニングを実施しました。バッチサイズの減少や隠れ層の増加などの効果が見られましたが、RMSE の値はチューニング前と大きくは変わりませんでした。これらの実験は、データセットの一部のみを用いて効率的に実施しましたが、ハイパーパラメータを最終決定した後は、完全なデータセットを用いて、モデルを再トレーニングしました。

そして最後に、完成したモデルをデプロイして、REST API による、オンラインでの予測を実現しました。また、機械学習モデルの予測結果を説明するための簡単な手法も紹介しました。

第10章

リアルタイム機械学習

これまでの章では、過去のフライトデータを用いて、フライトの到着が遅延するかどうかを予測する機械学習モデルを構築してきました。また、トレーニング済みのモデルをデプロイして、RESTのリクエストで予測が得られるWebサービスを実現できることも示しました。

モデルに入力する特徴量には、フライトに関するさまざまな情報が含まれています。個々のフライトに直接関係する情報には、出発遅延時間、タクシーアウト時間、フライト距離などがあります。そのほかには、空港ごとの過去の出発遅延（出発遅延時間＋タクシーアウト時間）の平均値、直近の1時間における到着遅延の平均値など、特別な計算を必要とする特徴量もありました。第8章では、Apache Beamのパイプラインを構築して、トレーニングデータからこれらの平均値を計算し、機械学習モデルのトレーニングに利用できるようにしました。また、第9章では、これらのデータを用いてモデルのトレーニングを行い、予測のためのWebサービスをGCP上にデプロイすることに成功しました。

本章では、現在のフライト情報をリアルタイムに取り込み、それぞれのフライトの遅延予測を行う、リアルタイムのBeamパイプラインを構築します。あるフライトが離陸したタイミングで、そのフライトに対する予測結果をデータベースに保存しておけば、現在フライト中の航空機について、その到着が遅延するかどうかをアプリケーションから検索できるようになります。それぞれのユーザーが個別に予測処理をリクエストする方法もありますが、すべてのフライトについて事前に予測しておく方が、はるかに効率的に処理できるでしょう[1]。フライトが離陸したタイミングでしか予測できないという制限がありますが、この点は、今回の機械学習モデルの制約として受け入れておくことにしましょう。

これまでにも説明したように、Apache Beamで平均時間を計算する利点は、過去データとリ

[1] フライト遅延予測サービスのユーザー数はフライト数よりも1桁は大きく、すべてのフライトについて複数回の参照が行われるという前提です。少しばかり楽観的な見通しですが、サービスが成功するという前提で設計するのは必要なことです。

アルタイムデータに同じコードが利用できることです。したがって、これまでに作成したパイプラインの大部分を今回の目的にも再利用することができます。変更が必要な点は、入力データを Cloud Pub/Sub からリアルタイムに取得する点と、機械学習モデルによる予測結果をデータベースに書き出すという点です。このためには、パイプラインの中で予測処理を実施する必要があります。まずは、そのためのコードを用意することにしましょう。

10.1 予測サービスの呼び出し

第 9 章では、Cloud ML Engine を利用して、トレーニングが完了した TensorFlow のモデルを Web サービスとしてデプロイしました。適切にフォーマットされた JSON のリクエストを送信することで、モデルを呼び出して、予測結果を得ることができます。たとえば、次のリクエストを送信したとします[2]。

```
{"instances":[{
    "dep_delay":16.0,
    "taxiout":13.0,
    "distance":160.0,
    "avg_dep_delay":13.34,
    "avg_arr_delay":67.0,
    "dep_lat":61.17,
    "dep_lon":-150.0,
    "arr_lat":60.49,
    "arr_lon":-145.48,
    "carrier":"AS",
    "origin":"ANC",
    "dest":"CDV"
}]}
```

これに対して、次のレスポンスが得られます。

```
{"predictions": [{
    "probabilities": [0.8313459157943726, 0.16865408420562744],
    "logits": [-1.59519624710083],
    "classes": 0,
    "logistic": [0.16865406930446625]
}]}
```

[2] リクエストに含まれる属性名（dep_delay、taxiout など）は、モデルをエクスポートする際に用いたサービング関数 serving_input_fn で定義したものです。たとえば、dep_delay と origin のプレースホルダーは、次のように定義していました。

```
tf.placeholder(tf.float32, [None])
tf.placeholder(tf.string, [None])
```

この定義に従って、dep_delay には浮動小数点の値、origin には文字列を与えています。

この結果には、2 つの確率値が含まれています。トレーニングデータに含まれる正解ラベルは、「フライトが遅延する（到着遅延時間が 15 分以上）」と「フライトが遅延しない（到着遅延時間が 15 分未満）」を 0 と 1 で表しており、それぞれの確率は、ラベルが 0 である確率と 1 である確率に対応します。上記の例であれば、フライトが遅延しない確率は 16.87%しかありません。会議をキャンセルする閾値は 70%でしたので、この場合はキャンセルをお勧めすることになります。

第 9 章では Python のコードからリクエストを送信する例を紹介しましたが、REST API に対応した Web サービスなので、Google Cloud Platform での認証処理ができて、JSON を扱えるものであれば、どのようなプログラミング言語からでも利用できます。ここでは、リアルタイムパイプラインの中で利用するため、Java を用いてリクエストを送信する方法を説明します。

10.1.1　Java クラスによるリクエストとレスポンス

Beam Java のパイプラインから REST API を呼び出す[3]には、Java のコードで JSON メッセージの組み立てとパースを行う必要があります。一般には、JSON のリクエストとレスポンスを Java のクラス（ここでは、Request クラス、および、Response クラスとします）にラッピングしておき、Jackson[4]や GSON[5]などのライブラリで、テキスト表現との相互変換を行います。

さきほどのリクエストメッセージであれば、Request と Instance の 2 つのクラスを用いて、次のように定義できます[6]。

```
class Request {
    List<Instance> instances = new ArrayList<>();
}
class Instance {
    double dep_delay, taxiout, distance, avg_dep_delay,
    avg_arr_delay, dep_lat, dep_lon, arr_lat, arr_lon;
    String carrier, origin, dest;
}
```

ここでは、複数のインスタンスを集めた JSON の配列（[...]）は java.util.List で表現し、個々のインスタンスに対応するディクショナリ（{...}）の要素は、キーに対応する要素名のフィールドに置き換えられています。同様にして、レスポンスメッセージに対応するクラ

[3] 第 8 章で説明したように、原著執筆時点では、Beam Python はストリーミングをサポートしていないため、Beam Java を使用しています。

[4] https://github.com/FasterXML/jackson

[5] https://github.com/google/gson

[6] 完全なコードは、https://github.com/GoogleCloudPlatform/data-science-on-gcp/blob/master/10_realtime/chapter10/src/main/java/com/google/cloud/training/flights/FlightsMLService.java を参照。

スである Response と Prediction は、次のようになります。

```
class Response {
    List<Prediction> predictions = new ArrayList<>();
}
class Prediction {
    List<Double> probabilities = new ArrayList<>();
    List<Double> logits        = new ArrayList<>();
    int          classes;
    List<Double> logistic      = new ArrayList<>();
}
```

JSON のリクエストを作成するときは、Request オブジェクトを作成した後に、GSON ライブラリでテキスト表現に変換します。

```
Request req = ...
Gson gson = new GsonBuilder().create();
String json = gson.toJson(req, Request.class);
```

同様にして、JSON のレスポンスとして予測結果を受け取った後に、GSON ライブラリで Response クラスのオブジェクトに変換することができます。

```
String response = ... // invoke web service
Response response = gson.fromJson(response, Response.class);
```

これらの新しいクラスをコードのあちこちにばらまかないで済むように、Instance クラスを Flight オブジェクトから直接に作成するコンストラクタを用意します。これにより、それぞれのフライトに対する予測をリクエストすることができます。

```
Instance(Flight f) {
    this.dep_delay = f.getFieldAsFloat(Flight.INPUTCOLS.DEP_DELAY);
    // etc.
    this.avg_dep_delay = f.avgDepartureDelay;
    this.avg_arr_delay = f.avgDepartureDelay;
    // etc.
    this.dest = f.getField(Flight.INPUTCOLS.DEST);
}
```

一方、予測サービスが返すレスポンスは、リクエストに含まれるそれぞれのフライトに対する予測結果をまとめたリストになります。それぞれのフライトについて、「遅延しない確率」を取り出したリストを返すメソッドを Response クラスに追加しておきます。

```
public double[] getOntimeProbability() {
    double[] result = new double[predictions.size()];
```

```
    for (int i=0; i < result.length; ++i) {
        Prediction pred = predictions.get(i);
        if (pred.probabilities.size() > 1) {
            result[i] = pred.probabilities.get(1);
    } else {
        result[i] = defaultValue;
    }
    return result;
}
```

10.1.2　リクエストの送信とレスポンスの解析

JSON のリクエストとレスポンスを取り扱うコードが用意できたので、これで、予測サービスの REST API を利用する準備が整いました。ここで使用するサービスは第 9 章でデプロイしたもので、次の URL に対応します。

```
String endpoint = "https://ml.googleapis.com/v1/projects/"
                  + String.format("%s/models/%s/versions/%s:predict",
                  PROJECT, MODEL, VERSION);
GenericUrl url = new GenericUrl(endpoint);
```

Google Cloud Platform の認証処理は、それほど難しくはありません。HTTP POST でリクエストを送ると、認証結果のレスポンスが返ります。次の例では、https トランスポートを作成し JSON のリクエストを送信しています。

```
GoogleCredential credential = // authenticate
        GoogleCredential.getApplicationDefault();
HttpTransport httpTransport = // https
        GoogleNetHttpTransport.newTrustedTransport();
HttpRequestFactory requestFactory =
        httpTransport.createRequestFactory(credential);
HttpContent content = new ByteArrayContent("application/json",
        json.getBytes()); // json
HttpRequest request = requestFactory.buildRequest("POST",
        url, content); // POST request
request.setUnsuccessfulResponseHandler(
        new HttpBackOffUnsuccessfulResponseHandler(
            new ExponentialBackOff())); // fault-tol
request.setReadTimeout(5 * 60 * 1000); // 5 minutes
String response = request.execute().parseAsString(); // resp
```

ここでは、ネットワーク遅延やサービスの不具合でリクエストに対して応答が得られないときのために、リトライを設定しています（ExponentialBackoff クラスを使用して、再試行の時間を調整するようにしてあります）。また、予測サービスにリクエスト送る際に、急激なトラフィックの増加に対するスケールアウトの時間を見込んで、すこし長めのタイムアウトを設定してあります。本書執筆時点では、追加のノードが起動するまでに 100〜150 秒の遅延が発生する場合がありました。

10.1.3 予測サービスのクライアント

ここまでに説明したコードはヘルパークラス（FlightsMLService）[7]にラッピングしてあるので、このクラスを用いると、特定の Flight オブジェクトに対して、到着が遅延しない確率を予測サービスから取得することができます。

```
public static double predictOntimeProbability(
  Flight f, double defaultValue) throws IOException, GeneralSecurityException {
    if (f.isNotCancelled() && f.isNotDiverted()) {
        Request request = new Request();

        // fill in actual values
        Instance instance = new Instance(f);
        request.instances.add(instance);

        // send request
        Response resp = sendRequest(request);
        double[] result = resp.getOntimeProbability(defaultValue);
        if (result.length > 0) {
            return result[0];
        } else {
            return defaultValue;
        }
    }
    return defaultValue;
}
```

このコードでは、キャンセル、もしくは、迂回が発生したフライトは除外している点に注意してください。今回の機械学習モデルは、そのようなデータを除外してトレーニングしているので、このようなフライトに正しい予測を返すことはできません。

[7] 完全なコードは、https://github.com/GoogleCloudPlatform/data-science-on-gcp/blob/master/10_realtime/chapter10/src/main/java/com/google/cloud/training/flights/FlightsMLService.java を参照。

10.2 フライト情報への予測の追加

フライト遅延の予測サービスに対するクライアントコードが完成したので、次は、フライトの離陸イベントを受け取って、リアルタイムに予測サービスを呼び出すパイプラインを作成します。取得した予測結果は、そのほかのフライト情報とあわせてデータベースに保存します。

第 4 章では、フライトのリアルタイムイベントをシミュレーションするコードを開発しましたが、そこでは、リアルタイムイベントを Google Cloud Pub/Sub のトピックに発行しました。したがって、ここで作成するパイプラインは、Cloud Pub/Sub からフライトのイベントを受け取り、その処理結果を BigQuery にストリーミングするという流れになります。

10.2.1 バッチによる入出力

リアルタイムイベントで作業を行う前に、まずは、同じことをバッチパイプラインで実装します。パイプラインが正しく動くことが確認できたら、入出力部分を入れ替えることで、リアルタイムのストリーミングデータを処理するように変更します。Apache Beam はバッチとストリーミングを同等に扱うので、この変更は容易です。入出力の入れ替えをスムーズにするために、Java の抽象クラスで型を決めておきます[8]。

```
public abstract class InputOutput implements Serializable {
    public abstract PCollection<Flight> readFlights(
        Pipeline p, MyOptions options);
    public abstract void writeFlights(
        PCollection<Flight> outFlights, MyOptions options);
```

バッチデータの場合、BigQuery のテーブルからイベントを読み取り、最後の結果は Google Cloud Storage にテキストファイルとして保存します。イベントを読み取るコードは `CreateTrainingDataset` で使用したコードとほぼ同じで、離陸と着陸のイベントを取得しますが、ここでは、キャンセル、もしくは、迂回が発生したフライトも除外せずに読み込みます。フライト遅延の予測ができるかどうかは別にして、すべてのフライトの情報を記録するためです。コードの主要な部分を、表 10–1 にまとめておきます。

[8] 完全なコードは、`https://github.com/GoogleCloudPlatform/data-science-on-gcp/blob/master/10_realtime/chapter10/src/main/java/com/google/cloud/training/flights/InputOutput.java` を参照。

表10-1：バッチデータを処理するコード

ステップ	タスク	コード
1	クエリの作成	String query = "SELECT EVENT_DATA FROM" + " flights.simevents WHERE " + " STRING(FL_DATE) = '2015-01-04' AND " + " (EVENT = 'wheelsoff' OR EVENT = 'arrived') ";
2	イベントの読み込み	BigQueryIO.Read.fromQuery(query)

3	Flight オブジェクトを作成	TableRow row = c.element();
		String line = (String) row.getOrDefault("EVENT_DATA", "");
		Flight f = Flight.fromCsv(line);
		if (f != null) {
		c.outputWithTimestamp(f, f.getEventTimestamp());
		}

最後の出力では、Flight オブジェクトにまとめられた情報に加えて、モデルで予測した「遅延しない確率」も書き出す必要もあります。そこで、これらの情報をまとめた FlightPred クラスを用意します。

```
@DefaultCoder(AvroCoder.class)
public class FlightPred {
    Flight flight;
    double ontime;
    // constructor, etc.
}
```

ontime フィールドには次の情報を格納します。

1 離陸イベントの場合は、予測された確率
2 到着イベントの場合は、実際の正解ラベル（0 または 1）
3 キャンセル、または、迂回したフライトの場合は Null

実際にデータを書き出す部分は、次のようになります。addPrediction メソッドは、予測結果を付け加えて、Flight オブジェクトを FlightPred オブジェクトに変換します。そして、その結果を CSV に変換して書き出します。

```
PCollection<FlightPred> prds = addPrediction(outFlights);
PCollection<String> lines = predToCsv(prds);
lines.apply("Write", TextIO.Write.to(
    options.getOutput() + "flightPreds").withSuffix(".csv"));
```

addPrediction メソッドは、ParDo.apply() で、PCollection に含まれる各 Flight オブジェクトに共通の処理を適用します。実際に適用する処理（DoFn の processElement メソッド）は、次のようになります。

```
Flight f = c.element();
double ontime = -5;
if (f.isNotCancelled() && f.isNotDiverted()) {
    if (f.getField(INPUTCOLS.EVENT).equals("arrived")) {
        // actual ontime performance
        ontime = f.getFieldAsFloat(INPUTCOLS.ARR_DELAY, 0) < 15 ? 1 : 0;
    } else {
        // wheelsoff: predict ontime arrival probability
        ontime = FlightsMLService.predictOntimeProbability(f, -5.0);
    }
}
c.output(new FlightPred(f, ontime));
```

FlightPred を CSV に変換するときは、無効な値を空の文字列に置き換えます。

```
FlightPred pred = c.element();
String csv = String.join(",", pred.flight.getFields());
if (pred.ontime >= 0) {
    csv = csv + "," + new DecimalFormat("0.00").format(pred.ontime);
} else {
    csv = csv + ","; // empty string -> null
}
c.output(csv);
```

10.2.2 データ処理パイプライン

パイプラインの入出力部分が実装されたので、その間の部分を実装しましょう。Flight オブジェクトに必要な情報を埋める処理は CreateTrainingDataset とほぼ同じで、これらのメソッドを再利用することができます。ただし、出発遅延の平均値は、第 8 章で計算した結果があるので、それを CSV ファイルから読み出します。より正確に言うと、CSV ファイルから読み出したデータをサイドインプットとして、Flight オブジェクトに結合します。到着遅延の平均値については、これまで通り、リアルタイムデータを使って再計算する必要があります。

```
Pipeline p = Pipeline.create(options);
InputOutput io = new BatchInputOutput();

PCollection<Flight> allFlights = io.readFlights(p, options);

PCollectionView<Map<String, Double>> avgDepDelay =
    readAverageDepartureDelay(p, options.getDelayPath());
```

```
PCollection<Flight> hourlyFlights =
    CreateTrainingDataset.applyTimeWindow(allFlights);

PCollection<KV<String, Double>> avgArrDelay =
    CreateTrainingDataset.computeAverageArrivalDelay(hourlyFlights);

hourlyFlights = CreateTrainingDataset.addDelayInformation(
                    hourlyFlights, avgDepDelay, avgArrDelay, averagingFrequency);

io.writeFlights(hourlyFlights, options);

PipelineResult result = p.run();
result.waitUntilFinish();
```

出発遅延の平均値を CSV ファイルから読み出す処理は、次のようになります。ここでは、サイドインプットとして利用できるように Map 型のビューに変換しています。

```
private static PCollectionView<Map<String, Double>>
  readAverageDepartureDelay(Pipeline p, String path) {
    return p.apply("Read delays.csv", TextIO.Read.from(path)) //
      .apply("Parse delays.csv", ParDo.of(
          new DoFn<String, KV<String, Double>>() {
          @ProcessElement
          public void processElement(ProcessContext c) throws Exception {
              String line = c.element();
              String[] fields = line.split(",");
              c.output(KV.of(fields[0], Double.parseDouble(fields[1])));
          }
      })) //
      .apply("toView", View.asMap());
}
```

残りの部分は CreateTrainingDataset とまったく同じです。全体をまとめると、次の流れになります。出発空港での出発遅延の平均値は CSV ファイルから取得し、一方、目的地空港での到着遅延の平均値は、直近の 1 時間の平均値をこれまでと同じくスライディングウィンドウで計算します。これらの情報を Flight オブジェクトに追加した後に、予測値を取得して、得られた結果をまとめて書き出します。

10.2.3 非効率性の特定

パイプラインのコードが完成したので、Cloud Dataflow を用いて、クラウド上でバッチパイプラインを実行します。しかしながら、このまま実行すると、Cloud ML Engine による予測処理が失敗し続けます。GCP の Web コンソールを開いて、API ダッシュボードから Cloud ML Engine API の使用状況を確認してみましょう（図 10–1）。

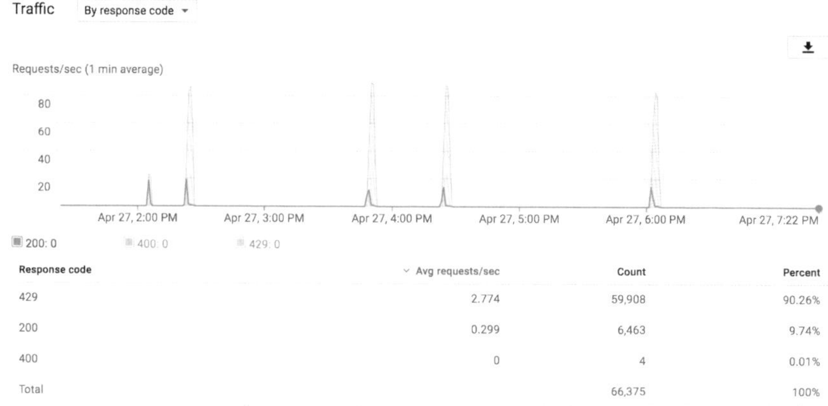

図10-1：Cloud ML Engine に対するリクエスト数

レスポンスコードの内訳を見ると、予測に失敗する理由はすぐにわかります。いくつかのリクエストがレスポンスコード 200 で成功して、残りのリクエストはレスポンスコード 429（"too many requests"）で失敗するというパターンが繰り返されています。リクエストが多すぎて、API のクォータを超過しているようです。グラフから、成功したリクエストのピークと失敗したリクエストのピークを比較すると[9]、現在のクォータの約 5 倍が必要になりそうです。ただし、いきなりクォータの増加をリクエストするのではなく、リクエストを減らすようにパイプラインを最適化できないかを考えてみましょう。

10.2.4 リクエストのバッチ処理

予測処理はフライトごとに行う必要がありますが、予測のリクエストを毎回呼び出す必要はありません。Cloud ML Engine では、複数のリクエストをまとめて、バッチで予測することができます。たとえば、60,000 フライトの予測を 60 フライトずつのバッチにまとめれば、1,000 回のリクエストで済みます。リクエスト回数を減らすと、予測サービスの利用コストが減らせるだけではなく、サービスからの応答を待つ時間が減るので、全体的な処理性能も向上するでしょう。

リクエストをバッチにまとめるには、いくつかの方法があります。件数でまとめるのであれば、100 フライトなど、一定の閾値に達するまでフライト情報を蓄積してからリクエストを送信します。あるいは、時間によってまとめる方法もあります。2 分間など、ある決まった期間のタイムスタンプのフライト情報をグループ化して、それらに対してリクエストを送信します。

9　スライディングウィンドウが閉じたタイミングで、予測リクエストがまとめて送られるため、グラフに複数のピークが生じています。

たとえば、件数に基づいてイベントをまとめる場合、Cloud Dataflow では、グローバルウィンドウにトリガーを設定するという方法があります。次の例では、新しいグローバルウィンドウを開始して、処理対象のイベントが 100 件に到達するたびに（もしくは、最初のイベントを受け取ってから 1 分後）にトリガーを実行するという設定を行っています。

```
.apply(Window.into(new GlobalWindows()).triggering(
    Repeatedly.forever(AfterFirst.of(
        AfterPane.elementCountAtLeast(100),
        AfterProcessingTime.pastFirstElementInPane().
        plusDelayOf(Duration.standardMinutes(1))))
```

ただし、今回のケースではこの方法は使えません。ここまでに作成したパイプラインでは、1 時間の幅のスライディングウィンドウがすでに適用されており、このウィンドウ内で予測処理が行われています。このパイプラインに対してさらにグローバルウィンドウを適用すると、既存のスライディングウィンドウが破壊されて、平均値の計算が正しく行われなくなります。新たなウィンドウを追加せずに、スライディングウィンドウの中でバッチにまとめる方法が必要です。

スライディングウィンドウが既にあるということは、このウィンドウの単位でイベントをまとめる事もできます。データとして書き出す必要があったのは、ウィンドウの最後の 5 分間のフライトだったことを思い出すと、この場合は、5 分間のフライトをまとめてバッチ処理することになります。しかしながら、これは少しバッチサイズが大きすぎます。1 回の予測リクエストは 1 つのワーカーから行われるので、その結果を Flight オブジェクトに反映する処理も同じワーカーが行う必要があり、ウィンドウごとの処理の負荷が単一のワーカーに集中してしまいます。

そこで、1 つのウィンドウ内で複数のバッチを構成できるように、それぞれの Flight オブジェクトにバッチ番号を発行して、バッチ番号をキーとするキーバリューペアにラッピングしてしまいます。

```
Flight f = c.element();
String key = "batch=" + System.identityHashCode(f) % NUM_BATCHES;
c.output(KV.of(key, f));
```

バッチを識別するキーは、Flight オブジェクト自身のハッシュコードを NUM_BATCHES で割った余りを用います。これにより、NUM_BATCHES 種類のキーが得られます[10]。

[10] 実際には、離陸、到着、キャンセル／迂回の 3 種類のイベントで処理方法が異なるため、実際のコードはもう少し複雑です。イベントタイプをキーの一部にして、NUM_BATCHES * 3 個のキーを作成しています。実際のコードは、https://github.com/GoogleCloudPlatform/data-science-on-gcp/blob/master/10_realtime/chapter10/src/main/java/com/google/cloud/training/flights/InputOutput.java を参照。

ラッピングした後に GroupByKey を適用することで、ウィンドウ内で複数のバッチにまとめることができます。

```
PCollection<FlightPred> lines = outFlights //
    .apply("Batch->Flight", ParDo.of(...) // see previous fragment
    .apply("CreateBatches", GroupByKey.<String, Flight> create())
```

GroupByKey は、同じバッチ番号の Flight オブジェクトを集めた Iterable<Flight>を出力するので、ここに含まれるフライトについて、まとめて予測のリクエストを送信します。

```
double[] batchPredict(Iterable<Flight> flights, float defaultValue)
  throws IOException, GeneralSecurityException {
    Request request = new Request();
    for (Flight f : flights) {
        request.instances.add(new Instance(f));
    }
    Response resp = sendRequest(request);
    double[] result = resp.getOntimeProbability(defaultValue);
    return result;
}
```

この変更でリクエスト数は大幅に減少し、クォータの超過は発生しなくなります。バッチでリクエストを送信することにより、同じだけのフライト情報をずっと少数のリクエストで処理できることがわかりました。

10.3 ストリーミングパイプライン

Cloud Storage 上の過去データを処理できるパイプラインが完成したので、次は、ストリーミングデータに対応するように、入出力先を変更します。Cloud Pub/Sub からイベントを受け取り、処理結果を BiqQuery にストリーミングします。

10.3.1 PCollections の Flatten 処理

テキストファイルからデータを読み取る際は、同じファイルから離陸と到着の両方のイベントを取得しました。一方、第 4 章で作成したシミュレーションのコードでは、これらのイベントを Cloud Pub/Sub の 2 つの異なるトピックに発行します。したがって、それぞれのトピックからのメッセージは、別々の PCollection で受け取る必要があります。そのため、2 つの PCollection を 1 つにマージする必要がありますが、同じタイプの PCollection は、Flatten PTransform でマージすることができます。次のように、2 つの PCollection をリストに格納したのちに、Flatten を実行します。

```
// empty collection to start
PCollectionList<Flight> pcs = PCollectionList.empty(p);
// read flights from each of two topics
for (String eventType : new String[]{"wheelsoff", "arrived"}){
    String topic = "projects/" + options.getProject() + "/topics/" + eventType;
    PCollection<Flight> flights = p.apply(eventType + ":read",
      PubsubIO.<String> read().topic(topic)
          .withCoder(StringUtf8Coder.of()) //
          .timestampLabel("EventTimeStamp")) //
          .apply(eventType + ":parse", ParDo.of(new DoFn<String, Flight>() {
              @ProcessElement
              public void processElement(ProcessContext c) throws Exception {
                  String line = c.element();
                  Flight f = Flight.fromCsv(line);
                  if (f != null) {
                      c.output(f);
                  }
              }
    }));
    pcs = pcs.and(flights);
}
// flatten collection
return pcs.apply(Flatten.<Flight>pCollections());
}
```

これは、知っておくべき処理パターンです。複数のソースからパイプラインを作成するときは、それぞれのソースを同じタイプの `PCollections` に取り込んだ後に、`Flatten` で変換することで、1 つにまとめることができます。

もう 1 つ注意すべき点は、`PubsubIO` で読み込んだメッセージにはタイムスタンプが割り当てられることです。デフォルトでは、Pub/Sub にメッセージが発行された時のタイムスタンプが与えられますが、今回は、過去のイベントをシミュレーションしているので、過去のタイムスタンプに書き換える必要があります。上記のコードでは、`timestampLabel` メソッドにより、Pub/Sub メッセージの `EventTimeStamp` 属性に格納された時刻をタイムスタンプとして割り当てています[11]。次は、Pub/Sub にメッセージを発行する際に、`EventTimeStamp` 属性にシミュレーション上のイベント発生時刻を記録する部分のコードになります。

```
def publish(publisher, topics, allevents, notify_time):
    timestamp = notify_time.strftime(RFC3339_TIME_FORMAT)
    for key in topics:  # 'departed', 'arrived', etc.
        topic = topics[key]
        events = allevents[key]
        logging.info('Publishing {} {} till {}'.format(len(events),
```

[11] `https://github.com/GoogleCloudPlatform/data-science-on-gcp/blob/master/04_streaming/simulate/simulate.py` を参照。

```
                    key, timestamp))
        for event_data in events:
            publisher.publish(topic, event_data.encode(),
                              EventTimeStamp=timestamp)
```

本当のリアルタイムイベントの場合でも、イベントの発生から、その情報が Pub/Sub のトピックに発行されるまでに時間がかかる場合は、同様の処理が必要です。

パイプラインによる処理結果を BigQuery にストリーミングする際は、`FlightPred` を `TableRow` に変換した後に、BigQuery のテーブルに書き出します。

```
String outputTable = options.getProject() + ':' + BQ_TABLE_NAME;
TableSchema schema = new TableSchema().setFields(getTableFields());
PCollection<FlightPred> preds = addPredictionInBatches(outFlights);
PCollection<TableRow> rows = toTableRows(preds);
rows.apply("flights:write_toBQ",BigQueryIO.Write.to(outputTable) //
    .withSchema(schema));
```

10.3.2 ストリーミングパイプラインの実行

これでパイプラインのコードが完成しましたので、実際にストリーミング処理を試してみましょう。はじめに、第 4 章で作ったシミュレーションのコードを実行して、Cloud Pub/Sub にイベントをストリーミングしていきます。

```
cd ../04_streaming/simulate
python simulate.py --startTime "2015-04-01 00:00:00 UTC" \
 --endTime "2015-04-03 00:00:00 UTC" --speedFactor 60
```

次に、Cloud Dataflow のパイプラインを開始して、これらのイベントを処理します。到着遅延の予測サービスを呼び出してフライト情報に予測結果を追加した後、その結果を BigQuery に書き出します。

```
mvn compile exec:java \
  -Dexec.mainClass=com.google.cloud.training.flights.AddRealtimePrediction \
  -Dexec.args="--realtime --speedupFactor=60 --maxNumWorkers=10 \
  --autoscalingAlgorithm=THROUGHPUT_BASED"
```

上記の`--realtime` オプションで、入出力先を切り替えることができます。今回は、Pub/Sub からイベントを受け取って、BigQuery に出力します。最初に実装したバッチ処理を実行する場合は、`--batch` を指定します。

BigQuery のコンソールに移動して、図 10-2 のクエリを実行すると、フライト情報が実際にストリーミングされていることが確認できます。

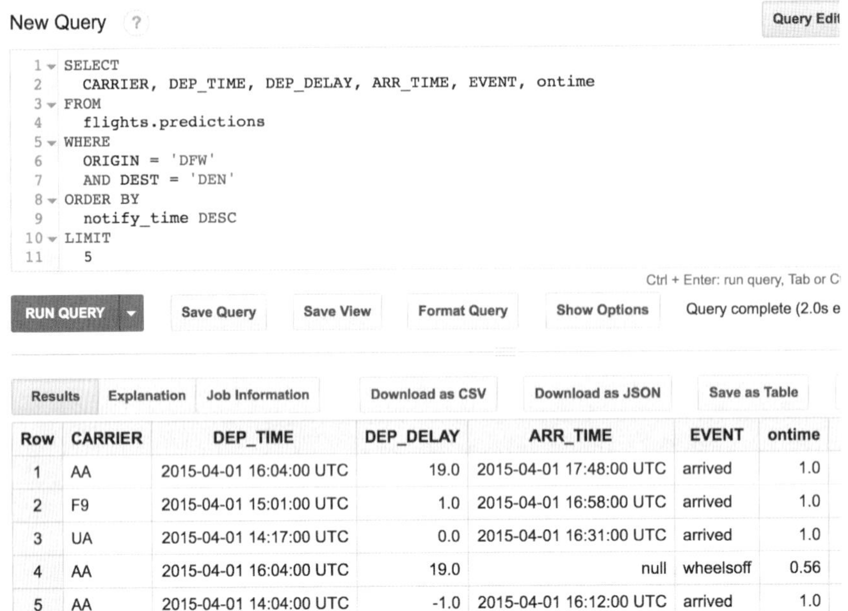

Row	CARRIER	DEP_TIME	DEP_DELAY	ARR_TIME	EVENT	ontime
1	AA	2015-04-01 16:04:00 UTC	19.0	2015-04-01 17:48:00 UTC	arrived	1.0
2	F9	2015-04-01 15:01:00 UTC	1.0	2015-04-01 16:58:00 UTC	arrived	1.0
3	UA	2015-04-01 14:17:00 UTC	0.0	2015-04-01 16:31:00 UTC	arrived	1.0
4	AA	2015-04-01 16:04:00 UTC	19.0	null	wheelsoff	0.56
5	AA	2015-04-01 14:04:00 UTC	-1.0	2015-04-01 16:12:00 UTC	arrived	1.0

図10-2：リアルタイムデータのストリーミング結果

上記のクエリでは、ダラス／フォートワース（DFW）からデンバー（DEN）へのフライトを検索して、最新の 5 件を表示しています。1 行目のフライトは、19 分の出発遅延にもかかわらず予定通りに到着したアメリカン航空（AA）便です。4 行目のフライトは、離陸した時点で、遅延しない確率が 56%と予測されています。

10.3.3 順不同レコードへの対応

今回のシミュレーションでは、フライトイベントを時間通りの順序で Cloud Pub/Sub に追加しています。一方、実際のサービス環境では、すべてのフライトイベントが発生順に到着するわけではなく、ネットワーク遅延などにより、イベントの到着順序が入れ替わることもあります。このような状況を正確にシミュレートするには、シミュレーターがイベントを発行する際に、ランダムな遅延を追加する必要があります。

これは、BiqQuery のクエリで実装することができます。次のように、シミュレーターが BigQuery からイベント情報を読み込む際に、NOTIFY_TIME にランダムな値を追加します。

```
SELECT
  EVENT,
  NOTIFY_TIME AS ORIGINAL_NOTIFY_TIME,
  TIMESTAMP_ADD(
```

```
    NOTIFY_TIME, INTERVAL CAST (0.5 + RAND()*120 AS INT64) SECOND)
    AS NOTIFY_TIME,
  EVENT_DATA
FROM
  ‘flights.simevents‘
```

RAND() は、0 から 1 の間で一様に分布する乱数を返すので、これに 120 を掛けることで、0〜2 分の遅延を発生させています。

BigQuery のコンソールでこのクエリを実行すると、意図通りに遅延が挿入できていることがわかります（図 10–3）。

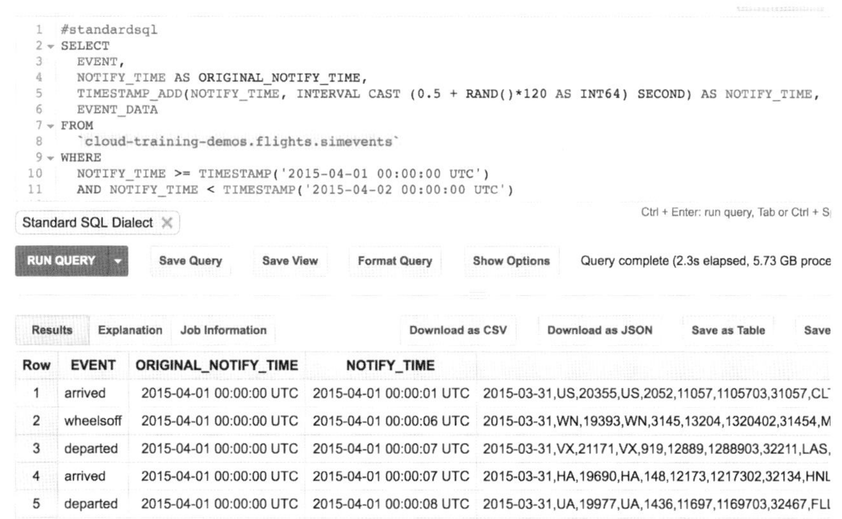

図10–3：イベントデータに対する遅延の挿入

最初の 2 つのイベントは、オリジナルの送信時刻は同じですが、それぞれに異なる遅延（1 秒と 6 秒）が追加されています。

10.3.4 均一に分布した遅延

遅延がゼロから始まるというのは不自然なので、もう少し変更してみましょう。たとえば、追加する値を CAST(90.5 + RAND()*30 AS INT64) に変更してみると、図 10–4 のように、90〜120 秒の遅延が得られます。

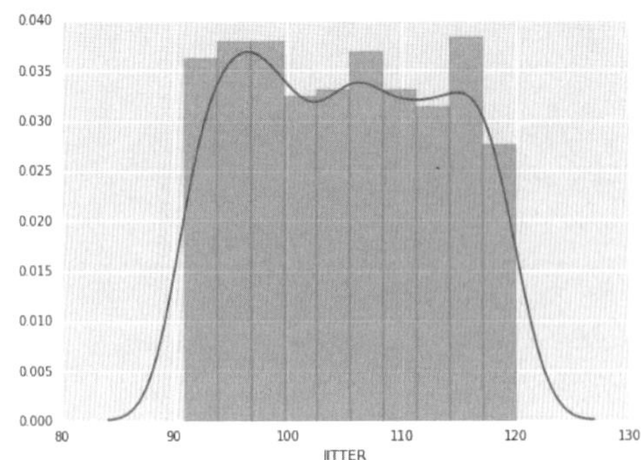

図10–4：一様分布に従った遅延

しかし、この結果もまだ現実的ではありません。実際のフライトメッセージの遅延がどのように分布するかはわかりませんが[12]、おそらくは、指数分布や正規分布に従うと考えられます。

10.3.5 指数分布

指数分布は、一定の確率で独立に発生するイベントが従う分布です。ネットワーク帯域の制限による遅延などは、指数分布に従います。次の関数を用いると、指数分布に従う遅延をシミュレーションすることができます。

```
CAST(-LN(RAND()*0.99 + 0.01)*30 + 90.5 AS INT64)
```

これにより得られる遅延は、図 10–5 のようになります。

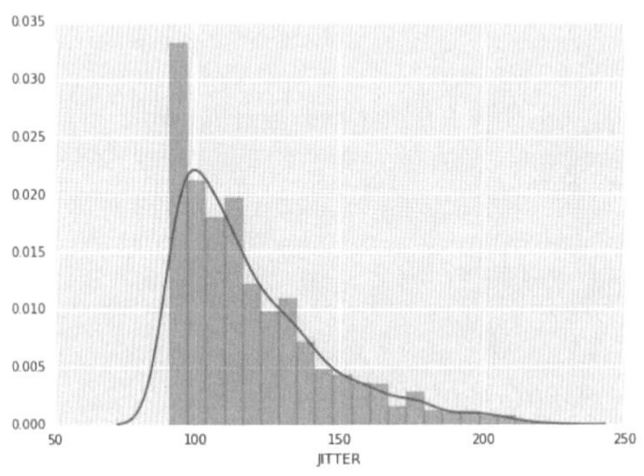

図10–5：指数分布に従った遅延

12 本物のリアルタイムフィードがあれば、実際の分布を確認することができます。

この場合、一番多いのは 90 秒の遅延ですが、いくつかのレコードでは、非常に長い遅延が発生していることがわかります。

10.3.6 正規分布

短期間に非常に多くのイベントが発生した場合、大数の法則によって、正規分布に従った遅延が発生する可能性もあります。この場合、遅延時間は、平均値のまわりに、ある標準偏差で対称に分布します。遅延が負になることはないので、ゼロ以下の部分は切り捨てます。

SQL だけで正規分布の乱数を発生することはできませんが、BigQuery では、JavaScript のユーザー定義関数（UDF）が使用できます。次の JavaScript 関数は、Marsaglia polar method という方法で、一様分布の確率変数のペアを単一の正規分布に変換します。

```
js = """
    var u = 1 - Math.random();
    var v = 1 - Math.random();
    var f = Math.sqrt(-2 * Math.log(u)) * Math.cos(2*Math.PI*v);
    f = f * sigma + mu;
    if (f < 0)
       return 0;
    else
       return f;
""".replace('\n', ' ')
```

この JavaScript を用いた一時的な UDF を用意して、SQL から呼び出します。

```
sql = """
CREATE TEMPORARY FUNCTION
trunc_rand_normal(x FLOAT64, mu FLOAT64, sigma FLOAT64)
RETURNS FLOAT64
LANGUAGE js AS "{}";

SELECT
trunc_rand_normal(ARR_DELAY, 90, 15) AS JITTER
FROM
  ...
""".format(js).replace('\n', ' ')
```

さきほどのコードでは、平均値 90、標準偏差 15 に設定しており、図 10-6 のような分布が得られます。

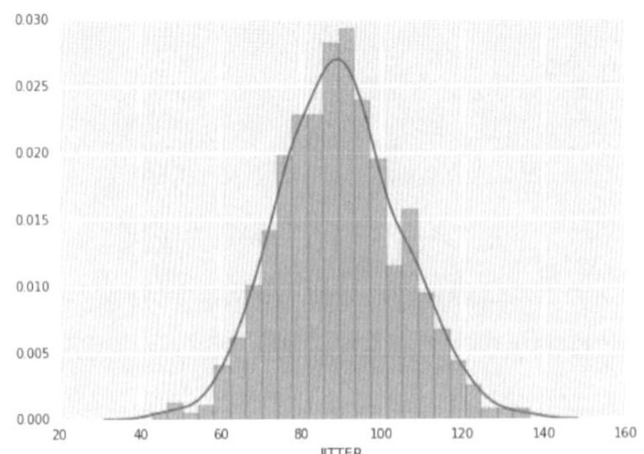

図10-6：正規分布に従った遅延

シミュレーションのコードを変更して、`--jitter` オプションで遅延の種類（`uniform`、`exp`、`None`）を選べるようにします[13]。次は、指数分布を選択した場合に実行されるクエリを示します。

```
jitter = 'CAST (-LN(RAND()*0.99 + 0.01)*30 + 90.5 AS INT64)'

# run the query to pull simulated events
querystr = """\
SELECT
  EVENT,
  TIMESTAMP_ADD(NOTIFY_TIME, INTERVAL {} SECOND) AS NOTIFY_TIME,
  EVENT_DATA
FROM
  `cloud-training-demos.flights.simevents`
WHERE
  NOTIFY_TIME >= TIMESTAMP('{}')
  AND NOTIFY_TIME < TIMESTAMP('{}')
ORDER BY
  NOTIFY_TIME ASC
"""
query = bqclient.run_sync_query(querystr.format(jitter,
                                              args.startTime, args.endTime))
```

10.3.7 ウォーターマークとトリガー

Beam のプログラミングモデルでは、タイムスタンプの順序が一致しないレコードを意識せずにスライディングウィンドウを設定することができます。つまり、それぞれのレコードは、

[13] `https://github.com/GoogleCloudPlatform/data-science-on-gcp/blob/master/04_streaming/simulate/simulate.py` で、`jitter` 変数の設定部分を参照。

タイムスタンプに合ったウィンドウに自動的に割り当てられます。ウィンドウの終了時刻がきた場合でも、さらに遅れて、そのウィンドウに入るべきレコードが来ることを予測して、ある程度の時間は待つようになっています。この時、どの時刻までのレコードを確実に処理したか（その時刻より前のレコードは、すべて受け取ったと信じる時刻）をウォーターマークとして記録します。

Beam では、ウォーターマークの設定、すなわち、この後どのぐらい遅れて到着するレコードがあり得るかを（これまでに受け取ったレコードの履歴を元にして）自動的に予測します。ウォーターマークの考え方は、Cloud Dataflow に固有のものではなく、すべてのストリーミングデータ処理にあてはまるものです。IoT デバイスからストリーミングデータを処理するシステムでも、ウォーターマークを利用して遅延データに対処する必要があります。

また、ウィンドウごとの集計処理（平均値の計算など）は、トリガーによって実施されます。ウィンドウが終了したタイミングで、そのウィンドウ内のデータを集計するのであれば、「ウォーターマークがウィンドウの終了時刻を超過した」という条件でトリガーを起動します。

```
Repeatedly.forever(AfterWatermark.pastEndOfWindow())
```

これは、スライディングウィンドウに対するデフォルトのトリガーになります。ウォーターマークの設定は、あくまで予測に基づくものなので、集計処理のトリガーを起動した後に、そのウィンドウ内のレコードがさらに遅れて到着する可能性はあります。このような遅延レコードの処理については、後ほど説明することにして、まずは、実際のウォーターマークのようすを観察することにしましょう。

ここでは、一様分布の遅延を追加したケースを試してみます。この場合は、90〜120 秒の範囲で遅延が発生するので、ウィンドウの終了時刻にあたるレコードが到着しても、その後 30 秒間（120 − 90 = 30）は、ウィンドウ内のレコードが遅れて到着する可能性があります。

GCP の Web コンソールで Cloud Dataflow のジョブのモニタリング画面を開き、各ステップのボックスをクリックすると、該当のステップにおけるウォーターマークが確認できます（図 10-7）。

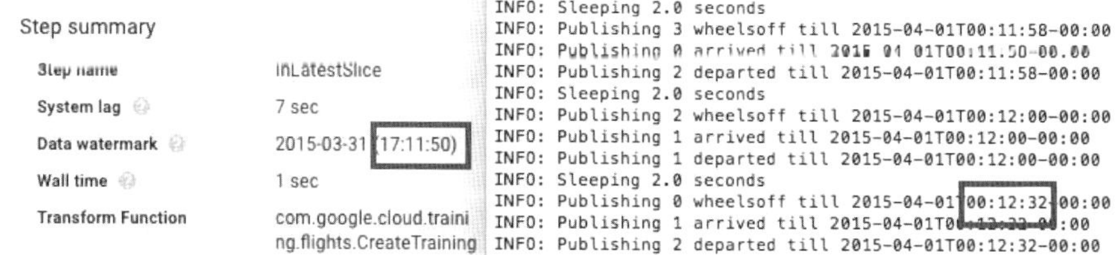

図10-7：一様分布の遅延に対するウォーターマーク

この例では、画面の右側にある 00:12:32（UTC）が最後に受け取ったレコードの時刻になります。一方、画面の左側にあるウォーターマークは、17:11:50（PST）を示します。タイムゾーンの違いによる 7 時間を差し引くと、ウォーターマークは、42 秒間遅れています。つまり、00:12:32（UTC）よりも、最大で 42 秒前のレコードが遅れて到着する可能性があることを正しく予測しています。

一方、指数分布の場合、大部分の遅延は小さな値をとるので、ロングテールの遅延を予測するのは困難です。図 10-8 に示した例では、予測されたウォーターマークは、22 秒だけ遅れています。

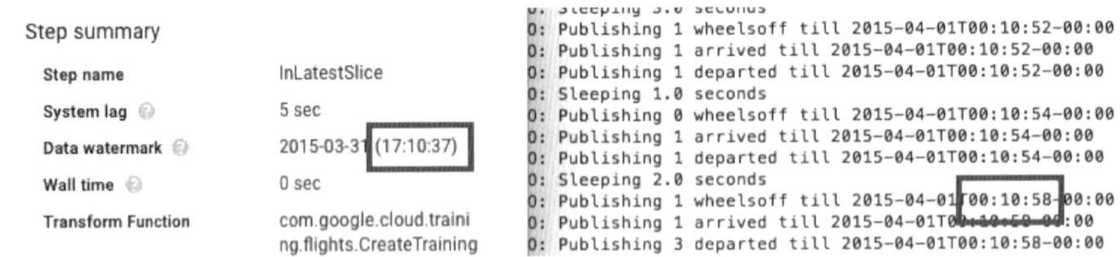

図10-8：指数分布の遅延に対するウォーターマーク

デフォルトのトリガーはパフォーマンスよりも正確さを優先するようになっており、トリガーを起動した後、さらに遅れてレコードが到着した場合は、もう一度トリガーを起動します。つまり、もう一度ウィンドウ内の集計処理を行って、再度、結果を出力します。遅れて到着するレコードが 10 個あった場合、最初の集計結果に加えて、再計算された結果が追加で 10 個出力されることになります（したがって、この結果を受け取る次の処理は、重複した結果を処理できる必要があります）。この動作は、次のようにカスタマイズすることができます。

```
.triggering(Repeatedly.forever(
            AfterWatermark.pastEndOfWindow()
            .withLateFirings(
                AfterPane.elementCountAtLeast(10))
            .orFinally(AfterProcessingTime.pastFirstElementInPane()
                .plusDelayOf(Duration.standardMinutes(30)))))
```

この例では、遅れて到着したイベントが 10 個たまるごとにトリガーを再起動し、さらに、30 分以上遅延したレコードは、無視して切り捨てます。

10.4　トランザクション、スループット、待ち時間

今回のシナリオでは、フライト記録を BigQuery にストリーミングするという構成で問題ありませんが、データパイプラインの種類によっては、問題が起きる可能性もあります。一般には、アクセスパターン、トランザクション、スループット、レイテンシ、この 4 つの観点で、データの出力先を選択する必要があります。

データの長期保存が目的で、データへの頻繁なアクセスが必要ない場合は、Cloud Storageにファイルとして出力するのが簡単です。後から分析が必要になった際は、Cloud SQLやBigQueryにインポートして利用することができます。それでは、保存したデータをリアルタイムに近い速度で参照する場合は、どのようにすればよいでしょうか？

今回のシナリオでは、それぞれのフライトは、出発や離陸など複数のイベントを発行します。この場合、最後の到着イベントを待ってからデータを出力するのでは、リアルタイムに近い検索はできません。それぞれのイベントを受け取るごとに、新しい情報を追記していくか、もしくは、テーブル上のデータを更新するという処理が必要になります。この時、すべてのクライアントが確実に同じデータを参照する必要があるかどうかも、考慮の対象となります。最新のデータだけが参照できるという強い一貫性（トランザクション機能）が必要なのか、クライアントによっては更新前の古いデータが見える可能性がある、結果整合性でよいのかという判断です。

次に、1秒間に受け取るイベント数はどの程度なのか、一定のレートなのか、ピーク時間があるのかといった条件によって、システムに求められるスループットが決まります。あるいは、結果整合性を採用する場合、最新の情報が反映されるまでの許容時間も考える必要があります。今回の場合であれば、フライト情報がデータベースに記録された後、その結果がクエリできるようになるまでに、どの程度の遅延が許容できるかという判断になります。本書執筆時点では、BigQueryへのストリーミングは、1秒あたり最大100,000イベントの書き込みが可能で、書き込み結果は数秒で反映されます。これより高いスループット、あるいは、より低いレイテンシが必要な場合は、他のソリューションを検討する必要があります。

10.4.1 ストリーミング出力先の検討

トランザクションが不要で、イベントごとにフライト情報を追記するという仕様の場合は、BigQuery、テキストファイル、あるいは、Cloud Bigtableが使用できます。

1 BigQueryは、SQLによるクエリをサポートする、フルマネージドなデータウェアハウスです[14]。毎秒数万レコードのスループットと数秒のレイテンシで問題ない場合は、最適の選択肢です。ほとんどのダッシュボードアプリケーションは、BigQueryで対応することができます。

2 Cloud Dataflowは、Cloud Storage上のテキストファイルへのストリーミングもサポートしています[15]。データの保存が目的で分析が不要な場合は、簡単で便利な方法です。さらに、BigQueryへの定期的なバッチ更新を組み合わせることも可能です。1

14 https://cloud.google.com/blog/big-data/2016/08/google-bigquery-continues-to-define-what-it-means-to-be-fully-managed

15 https://cloud.google.com/dataflow/release-notes/release-notes-java-2

時間単位で分割したテキストファイルにデータをストリーミングし、1 時間ごとに、その結果を BigQuery にバッチでアップロードします。1 時間遅れでしかデータを参照できない点が問題にならなければ、BigQuery に直接ストリーミングするよりも低コストなソリューションになります。

3 Cloud Bigtable は、スケーラビリティの高い NoSQL データベースサービスです。ミリ秒単位のレイテンシで、毎秒数百万ペタバイトの読み書きに対応することができます。複数クライアントが並列に読み書きする場合、全体のスループットは、ノード数に比例して増加します。たとえば、1 ノードが 6 ミリ秒で 10,000 回のアクセスに対応できる場合、100 ノードからなる Cloud Bigtable インスタンスは、同じ 6 ミリ秒で、100 万回のアクセスに対応することができます[16]。Cloud Bigtable はデータを自動的に再配置して、クエリのパフォーマンスと可用性を向上する機能があります。

一方、強い一貫性を保証するトランザクション機能が必要で、イベントごとにフライト情報を更新したい場合は、一般的なリレーショナルデータベース、トランザクションに対応した NoSQL データベース、あるいは、Cloud Spanner が選択肢となります。

1 Google Cloud SQL は、MySQL、もしくは、PostgreSQL が利用可能なリレーショナルデータベースのマネージドサービスです。高いスループットを必要としない、頻繁に更新される中規模のデータセットに適した選択肢で、特に、さまざまなツールやプログラミング言語からリアルタイムに近い速度でアクセスすることができます。リレーショナルデータベースは広く普及しており、広範なツールのエコシステムがあります。業界に特化したサードパーティの分析ツールでは、接続先のデータベースとして、リレーショナルデータベースのみがサポートされるということもよくあります。リレーショナルデータベースを新規に採用する際は、スループットとスケールの上限が、ユースケースに対する制限にならないことを確認しておいてください。

2 テラバイトを超えるデータセットがあり、階層型のオブジェクトをフラットなテーブル構造に変換せずに保存したい場合は、NoSQL のオブジェクトストアである、Cloud Datastore が利用できます。結果整合性を前提とすることで、高いスループットとスケーラビリティが得られます。「ancestor クエリ」と呼ばれる特別なキーを用いた検索では、強い一貫性が得られ、トランザクションにも対応することができます[17]。高いスループットと強い一貫性を両立したいに場合に有用なソリューションです。

3 Cloud Spanner は、強い一貫性のあるトランザクションをサポートする、SQL のクエ

---

[16] https://cloud.google.com/bigtable/docs/performance

[17] https://cloud.google.com/datastore/docs/articles/balancing-strong-and-eventual-consistency-with-google-cloud-datastore/

リに対応したデータベースです。グローバルな可用性を持ち、大規模なデータにもスケールすることができます。ミリ秒単位のレイテンシと高可用性（年間5分以下のダウンタイム）、トランザクション機能の提供、そして、グローバルなアクセスにも対応するといった特徴があります。フルマネージドサービスとして提供されており、レプリケーションや保守作業は自動化されています。

今回のユースケースでは、トランザクションは不要で、ストリームデータは毎秒1,000件未満です。また、フライトが遅延しそうなことがわかった際に、ユーザーに警告のメッセージを送るというユースケースを考えると、データの書き込み後、読み取りが可能になるまでの数秒の遅延は、特に問題となるものではありません。BigQueryはフルマネージドサービスで、さまざまなレポートツールから利用できます。他のソリューションと比較した場合のコストメリットもありそうです。これらの考察により、今回の場合は、BigQueryへのストリーミングが最適と考えられます。

10.4.2 Cloud Bigtable

それでは、仮に、毎秒数十万件のイベントが発生して、ミリ秒単位のレイテンシが求められるとすれば、どうなるでしょうか？　たとえば、フライト中の航空機が最新の位置情報を送信し続けており、そのデータを航空管制に使用するようなユースケースが考えられます。この場合は、Cloud Bigtableの方がより適した選択肢となります。ここでは、Bigtableの仕組みとあわせて、Bigtableにデータをストリーミングする方法を説明します。

Cloud Bigtableは、データ処理のインスタンスとストレージを分離します。Cloud Bigtableのテーブルは、タブレットと呼ばれる連続した行のブロックに分割されてストレージに保存されます。データを処理するインスタンスには、タブレットへのポインタのみが格納されていますので、インスタンスが停止してもデータが失われることはありません。処理中のジョブは、他のインスタンスに再配置されて、自動的に処理が継続されます（図10-9）。

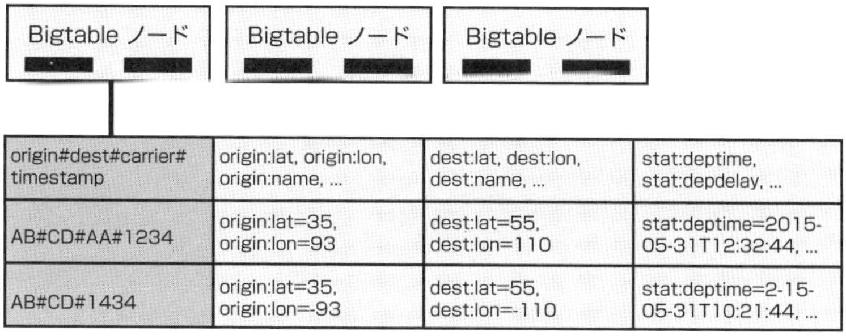

Bigtable ノード　Bigtable ノード　Bigtable ノード

origin#dest#carrier#timestamp	origin:lat, origin:lon, origin:name, ...	dest:lat, dest:lon, dest:name, ...	stat:deptime, stat:depdelay, ...
AB#CD#AA#1234	origin:lat=35, origin:lon=93	dest:lat=55, dest:lon=110	stat:deptime=2015-05-31T12:32:44, ...
AB#CD#1434	origin:lat=35, origin:lon=-93	dest:lat=55, dest:lon=-110	stat:deptime=2-15-05-31T10:21:44, ...

図10-9：Cloud Bigtableのアーキテクチャ

テーブルに格納するデータは、キーバリュー形式になっており、1つの行が1つのキーに対応します。それぞれの行は、キーの値でソートされた順にストレージに格納されます。1つの行に複数のバリュー、すなわち、カラムを持つことが可能で、関連するカラムはカラムファミリーにまとめて管理します。それぞれのカラムは、「カラムファミリー名＋カラム名」で識別されるので、同じ名前のカラムが複数のカラムファミリーに存在してもかまいません。1つのカラムに保存するデータは、内部的にタイムスタンプを持っており、異なるタイムスタンプのデータを複数保持することもできます。カラム内のデータは、基本的には、すべてバイト文字列として扱われます[18]。

Cloud Bigtableの性能特性は、タブレット（複数の行をまとめたブロック）内の行の配置から理解することができます。タブレット内の行は、キーのソート順に並んでいるので、たとえば、書き込み処理を最適化したいのであれば、1つのタブレットに書き込みが集中しないように、キーを分散させる必要があります。このため、キーのソート順にデータを書き込むと言った処理を避ける必要があります。一方、読み込みについては、単一のタブレットからまとめて読み込んだ方が性能が上がります。このような、書き込み性能と読み込み性能のバランスを取ったスキーマ設計が、Cloud Bigtableを使用する場合のポイントになります。書き込みについてはランダムなキーで、読み込みについてはシーケンシャルなキーで発生するというのが理想のアクセスパターンになります。

10.4.3 Bigtableのテーブル設計

Cloud Bigtableには、大きく2種類のテーブル設計があります。カラム数が多くて行数の少ない設計か、カラム数が少なくて行数が多い設計のどちらかです。

カラム数が多い設計の例として、自動車の製造工場を考えてみます。新しく製造を開始した自動車について、それを構成するパーツの情報をBigtableに保存します。自動車のシリアル番号をキーとして、すべてのパーツを個別のカラムに割り当てておき、製造工程が進むにつれて、パーツの情報を更新していくものとします（図10–10）。

車体シリアル番号	engine:part1, engine:part2, ...	transmission:part1, transmission:part2	accessories:part1, accessories:part2, ...
A134224232	engine:piston=...	transmission:axle=...	accessories:navigation=...
A134323422	engine:sparkplug=...	transmission:axle=...	accessories:seats=...

図10–10：カラム数が多いテーブル設計

この場合、自動車の種類によって構成するパーツが異なるので、あらゆるパーツをカラムに

18 アトミックインクリメントのように、整数であることが前提のカラムを除きます。

登録すると、行ごとに一部のカラムにしかデータが入らないことになりますが、Bigtableでは空のカラムはストレージを消費しないので、この点を気にする必要はありません。また、多数の製造ラインがあり、ラインごとに情報の更新が発生すると仮定すると、シリアル番号だけではなく、「ライン番号＋シリアル番号」をキーにする方がよいでしょう。これにより、ラインごとにタブレットが分かれて、書き込みを分散することができます。一方、データを読み込む際は、特定のラインで製造された自動車について、バッチでデータを取得するものとします。これは、連続する行をまとめて読み取るので、効率よくデータを取得することができます。あるいは、特定の自動車のデータが必要な場合は、1行だけを読み込めばよく、複数の行にアクセスする必要がありませんので、こちらも効率的に実行できます。

一方、今回のフライト情報の場合は、1つのイベントに伴うフィールドがそれほど多くないため、カラム数の少ない設計が適当と考えられます。1つのフライトに伴うイベントを1つの行に保存するという単純な設計にすることで、ストリーミング処理をシンプルかつ直感的に行うことができます。1つのフライトについて複数のイベントが発生するので、見かけ上は、新しいイベントで過去のイベント情報が上書きされますが、Cloud Bigtableでは、前述のように、内部的なタイムスタンプを用いて過去の情報も保持されるようになっています。

10.4.4 行キーの設計

フライトごとに行を分けるというテーブル設計はシンプルで直感的ですが、書き込みと読み取りについて両方の処理を効率化するには、キーの設計に工夫が必要です。まず、読み取りについては、特定の航空会社の特定の空港間のフライト情報（たとえば、ASのSEAからSJCへのフライトの状況）をまとめて取得するという処理が、主要なアクセスパターンだと仮定します。この場合は、これら3つの情報をキーの先頭に含めるというのが基本パターンになります。

```
ORIGIN#DEST#CARRIER
```

これにより、検索対象のデータが連続する行となるので、効率的な読み込みが実現できます。この戦略は、書き込みの性能を最適化するのにも役立ちます。一般的に、さまざまな空港からイベントが混在して到着すると考えられるので、書き込みは複数のタブレットに分散されると期待できます。アトランタのように特に発着の多い空港もありますが、空港の総数を考えると、特定の空港がホットスポットになることはなさそうです。その意味では、航空会社コードをキーの先頭にするのは得策ではありません。航空会社数はそれほど多くないので、大型の特定の航空会社（アメリカンとユナイテッドなど）がホットスポットになる可能性が発生します。

また、特定の航空会社の特定の空港間のフライト情報という前述の検索処理においては、通常は、直近のフライト情報に興味があるものと考えられます。そこで、新しいイベントは既存のイベントよりも上の行に挿入されるようにすれば、アプリケーションが検索する際に、最初に発見したデータを最新のものとみなすことができて便利です。これは、イベントのタイムスタンプをキーに含めることで実現できますが、タイムスタンプをそのまま付け加えてもうまくいきません。この場合、新しいイベントはより下の行に配置されてしまいます。

タイムスタンプを逆順にする方法はいくつか考えられますが、ここでは、タイムスタンプを1970 年からの経過時間（ミリ秒）に変換して、「大きな値」から引くという方法を用います。「大きな値」は、引いた結果がマイナスにならないように決める必要がありますが、ここでは、システムで取り扱える最大の値を採用します。

```
LONG_MAX - millisecondsSinceEpoch
```

この逆順のタイムスタンプをキーの末尾に配置します。キーの先頭に配置すると、新しいデータがすべて連続して、書き込み時のホットスポットが発生する点に注意してください。

```
ORIGIN#DEST#CARRIER#ReverseTimeStamp
```

また、ここで使用するタイムスタンプが、何の時間を指すのかにも注意してください。今の場合は、特定のフライトからのイベントは、すべて同じ行に保存したいので、イベントごとにタイムスタンプが異なると困ります。ここでは、該当フライトの予定出発時刻をタイムスタンプにすることで、同じフライトのイベントには、同じキーが割り当てられるようにします。また、ここでは、特定の航空会社の特定の空港間のフライトで、同じ出発予定時刻のフライトは1 つしか存在しないと仮定しています。

10.4.5 Cloud Bigtable へのストリーミング

それでは、Cloud Bigtable にフライト情報をストリーミングする仕組みを実装していきましょう。ストリーミング先となる Cloud Bigtable のインスタンスを gcloud コマンドで作成します。

```
gcloud beta bigtable \
  instances create flights \
  --cluster=datascienceongcp --cluster-zone=us-central1-b \
  --description="Chapter 10" --instance-type=DEVELOPMENT
```

インスタンスの名前は flights で、クラスタ名は datascienceongcp です[19]。コストを抑えるために、開発タイプのインスタンスタイプを指定しています。この場合は、クラスタのレプリケーションは行われず、グローバルな可用性は得られません。

Cloud Dataflow のコード内では、プロジェクト ID とインスタンス名の組み合わせで、接続先のインスタンスを参照します[20]。

---

19 本書執筆時点では、クラスタとインスタンスは 1 対 1 に対応します。

20 https://github.com/GoogleCloudPlatform/data-science-on-gcp/blob/master/10_realtime/chapter10/src/main/java/com/google/cloud/training/flights/PubSubBigtable.java を参照。

```
private static String INSTANCE_ID = "flights";
private String getInstanceName(MyOptions options) {
    return String.format("projects/%s/instances/%s",
                         options.getProject(), INSTANCE_ID);
}
```

Cloud Bigtable のインスタンスに対して、predictions という名前のテーブルを作成します。コードからは、（プロジェクト ID を含む）インスタンス名との組み合わせで参照します。

```
private static String TABLE_ID = "predictions";
private String getTableName(MyOptions options) {
    return String.format("%s/tables/%s",
                         getInstanceName(options), TABLE_ID);
}
```

カラムファミリー FL に、すべてのカラムをまとめます。

```
private static final String CF_FAMILY = "FL";
```

以上の設定を用いて、インスタンス上に空のテーブルを作成します。

```
Table.Builder tableBuilder = Table.newBuilder();
ColumnFamily cf = ColumnFamily.newBuilder().build();
tableBuilder.putColumnFamilies(CF_FAMILY, cf);

BigtableSession session = new BigtableSession(
  optionsBuilder.setCredentialOptions(
    CredentialOptions.credential( options.as(
      GcpOptions.class).getGcpCredential())).build());

BigtableTableAdminClient tableAdminClient =
    session.getTableAdminClient();

CreateTableRequest.Builder createTableRequestBuilder = //
    CreateTableRequest.newBuilder() //
      .setParent(getInstanceName(options)) //
      .setTableId(TABLE_ID).setTable(tableBuilder.build());

tableAdminClient.createTable(createTableRequestBuilder.build());
```

さきほど作成した Cloud Dataflow のパイプラインでは、Flight オブジェクトを TableRow オブジェクトに変換した後に、BigQuery のテーブルにストリーミングしました。Cloud Bigtable にストリーミングする際は、Mutation オブジェクトを作成した後に、テーブルへの書き込みを行います。次のコードでは、変更対象の行を示すキーと、個々のカラムの変更内容を示す Mutation オブジェクトを集めたリストからなるキーバリューペアを用意して、書き込みを実施しています。

```
PCollection<FlightPred> preds = ...;
BigtableOptions.Builder optionsBuilder = //
    new BigtableOptions.Builder() //
        .setProjectId(options.getProject()) //
        .setInstanceId(INSTANCE_ID) //
        .setUserAgent("datascience-on-gcp");
createEmptyTable(options, optionsBuilder);
PCollection<KV<ByteString, Iterable<Mutation>>> mutations =
    toMutations(preds);
mutations.apply("write:cbt", //
    BigtableIO.write() //
        .withBigtableOptions(optionsBuilder.build()) //
        .withTableId(TABLE_ID));
```

フライト情報から行を特定するキーを作成するコードは、次のようになります。

```
FlightPred pred = c.element();
String key = pred.flight.getField(INPUTCOLS.ORIGIN) //
    + "#" + pred.flight.getField(INPUTCOLS.DEST) //
    + "#" + pred.flight.getField(INPUTCOLS.CARRIER) //
    + "#" + (Long.MAX_VALUE - pred.flight.getFieldAsDateTime(
              INPUTCOLS.CRS_DEP_TIME).getMillis());
```

次は、それぞれのカラムの変更を示す Mutation オブジェクトを作成する部分です。

```
List<Mutation> mutations = new ArrayList<>();
long ts = pred.flight.getEventTimestamp().getMillis();
for (INPUTCOLS col : INPUTCOLS.values()) {
    addCell(mutations, col.name(), pred.flight.getField(col), ts);
}
if (pred.ontime >= 0) {
    addCell(mutations, "ontime",
    new DecimalFormat("0.00").format(pred.ontime), ts);
}
c.output(KV.of(ByteString.copyFromUtf8(key), mutations));
```

addCell() は、Bigtable に保存できるように、Java の文字列をバイトストリングに変換します。

```
void addCell(List<Mutation> mutations, String cellName,
             String cellValue, long ts) {
    if (cellValue.length() > 0) {
        ByteString value = ByteString.copyFromUtf8(cellValue);
        ByteString colname = ByteString.copyFromUtf8(cellName);
        Mutation m = //
            Mutation.newBuilder().setSetCell( //
                    Mutation.SetCell.newBuilder() //
```

```
                        .setValue(value) //
                        .setFamilyName(CF_FAMILY) //
                        .setColumnQualifier(colname) //
                        .setTimestampMicros(ts) //
            ).build();
        mutations.add(m);
    }
}
```

これらの変更により、パイプラインから、フライト情報を Cloud Bigtable にストリーミングできるようになります。

10.4.6 Cloud Bigtable からのクエリ

BigQuery にデータをストリーミングする利点の 1 つは、ストリーミングしている間でも SQL で分析を実行できることでした。Cloud Bigtable では SQL は使えませんが、HBase のコマンドラインシェル[21]からテーブルの内容を調べることができます。

たとえば、テーブルスキャンを実行して先頭の 1 行を取得すると、テーブル内の最新の行が得られます。

```
scan 'predictions', {'LIMIT' => 1}
hbase(main):006:0> scan 'predictions', {'LIMIT' => 1}
ROW                                COLUMN+CELL
 ABE#ATL#DL#9223370608969975807     column=FL:AIRLINE_ID, \
                                   timestamp=1427891940, value=19790
 ABE#ATL#DL#9223370608969975807     column=FL:ARR_AIRPORT_LAT, \
                                   timestamp=1427891940, value=33.63666667
 ABE#ATL#DL#9223370608969975807     column=FL:ARR_AIRPORT_LON, \
                                   timestamp=1427891940, value=-84.42777778
...
```

テーブル内の行はキーの昇順にソートされており、今の場合は、出発地の空港、目的地の空港、航空会社コード、そして、タイムスタンプの逆順でソートされています。このため、さきほどの出力では、先頭が A で始まる空港間のフライト情報が得られました。コマンドラインシェルはカラムごとに改行するので、1 つの行を参照していても、複数の行が出力されています（1 行の出力が長いので、紙面では\記号で折り返しています）。各行の先頭にあるキーを確認するようにしてください。

今回設計したキーの利点は、2 つの空港間での最新のフライト情報を取得できることです。たとえば、次は、アメリカン航空（AA）のオヘア空港（ORD）からロサンゼルス空港（LAX）への最新の 2 便について、イベント名と、到着が遅延しない確率を取得する例になります。

---

[21] https://cloud.google.com/bigtable/docs/quickstart-hbase

```
scan 'predictions', {STARTROW => 'ORD#LAX#AA', ENDROW => 'ORD#LAX#AB',
                     COLUMN => ['FL:ontime','FL:EVENT'], LIMIT => 2}
ROW                                    COLUMN+CELL
 ORD#LAX#AA#9223370608929475807        column=FL:EVENT, \
                                       timestamp=1427926200, value=wheelsoff
 ORD#LAX#AA#9223370608929475807        column=FL:ontime, \
                                       timestamp=1427926200, value=0.73
 ORD#LAX#AA#9223370608939975807        column=FL:EVENT, \
                                       timestamp=1427932080, value=arrived
 ORD#LAX#AA#9223370608939975807        column=FL:ontime, \
                                       timestamp=1427932080, value=1.00
```

到着イベントについては結果がわかっているので、確率ではなく、実績に基づいた正解ラベルとして 1.00 が表示されています。離陸イベントについては、到着が遅延しない確率として、0.73 が示されています。Cloud Bigtable からデータを取得して、このような結果を表示するアプリケーションが簡単に作成できることがわかります。

10.4.7 モデル性能の評価

最終的に得られたモデルの性能を正しく評価するには、真に独立したデータでテストする必要があります。今回の場合、2015 年のデータを使用してさまざまなモデルを比較して、さらに、ハイパーパラメータチューニングを行いました。したがって、2015 年のデータで最終判定を下すことはできません。幸い、この本の執筆をはじめてから数か月が経過したので、BTS の Web サイトにも 2016 年のデータが蓄積されてきました。ここでは、2016 年のデータを使用して、機械学習モデルの最終的な評価を行います。当然ながら、2015 年と 2016 年では環境が異なります。航空会社のフライトスケジュールの変更や、経済状況の変化に伴う搭乗者数の変化（すなわち、搭乗にかかる時間の変化）などがあるはずです。それでもやはり、2016 年のデータで評価するのは正しいことです。実際にこのモデルをエンドユーザーに提供する場合、結局は、未来のデータに対する予測が必要になるわけですから。

10.4.8 継続的なトレーニングの必要性

2016 年のデータを準備するには、2015 年のデータに対して行った手順を繰り返す必要があります。

1. 02_ingest/ingest.sh を修正して、2016 年のファイルを BTS のサイトからダウンロードして、クラウドにアップロードします。 2015 年と 2016 年のデータセットが混在しないよう、別のバケットかディレクトリにアップロードしてください。
2. 2016 年のデータを参照するように 04_streaming/simulate/df06.py を変更して、イベント情報を BigQuery のデータセットに保存します。ここでも、2015 年とは異なるデータセット（たとえば、flights2016）を使用してください。

2つ目のステップのスクリプトは、タイムゾーンの補正を行い、空港の位置（緯度、経度）に関する情報をデータセットに追加するものでした。実は、このスクリプトは、このままでは実行に失敗します。2016年に新たな空港が追加されたため、空港の位置情報を収めたCSVファイル airports.csv に必要な情報がなかったからです。ここでは、ワークアラウンドとして、空港を検索する部分のコードを次のように修正します。

```
def airport_timezone(airport_id):
if airport_id in airport_timezones_dict:
    return airport_timezones_dict[airport_id]
else:
    return ('37.52', '-92.17', u'America/Chicago')
```

空港の位置情報が見つからなかった場合、その空港は、米国国勢調査局によって推定された米国の中心緯度経度（37.52、-92.17）に位置すると想定しています[22]。

これで、2016年のイベント情報が生成できましたが、ここには根本的な問題が残っていることに注意してください。本書で作成した機械学習モデルでは、空港コードをカテゴリ変数として用いており、さらに、それをEmbeddingするという処理も行っています。2016年に新しく追加された空港コードの情報は、ここには一切含まれていませんので、この新しい空港に対して適切な予測ができるとは期待できません。現実世界の機械学習、特に、人間自身や何らかの人工物（顧客、空港、製品など）を扱う場合は、モデルを一度だけトレーニングして、それを永続的に使うことはできません。新しいデータを用いて、継続的にモデルを再学習することが必要となります。ここで、Cloud ML Engineを用いた自動化とモデルのバージョン管理機能が役立つというわけです。

ただし、モデルの継続的なトレーニングと言っても、モデルを最初から再トレーニングする必要はありません。Cloud ML Engineでモデルをトレーニングすると、チェックポイントが生成されます。新しいデータでモデルをトレーニングするときは、このようなチェックポイントを読み込んだ後に、新しいデータのバッチを適用してウェイトの再調整を行います。これにより、既存のトレーニング内容を失うことなく、新しいデータにも適合することが可能になります。計算グラフの一部を固定して、新しい空港コードを追加したEmbeddingなど、特定部分だけを再学習することもできます。これらは少し高度な話題になるので、ここでは、再トレーニングの処理には踏み込まず、まずは、現状のモデルをそのまま評価してみます。

[22] この場所はミズーリ中央部にあります。https://www.census.gov/2010census/data/center-of-population.php を参照。

10.4.9 評価用のパイプライン

2016 年のイベントデータが用意できたので、Cloud Dataflow を用いて、評価用のパイプラインを作成します。これは、トレーニング用のデータセットを作成するパイプラインと、リアルタイム予測を実行するパイプラインを組み合わせることで実現できます。具体的には、表 10–2 のようなステップになります。

表10–2：評価用パイプラインの作成

ステップ	処理内容	コード
1	イベントデータを取得するクエリ	SELECT EVENT_DATA FROM flights2016.simevents WHERE (EVENT = 'wheelsoff' OR EVENT = 'arrived')
2	Flight オブジェクトの作成	CreateTrainingDataset.readFlights
3	出発遅延の平均時間を計算	AddRealtimePrediction.readAverageDepartureDelay
4	スライディングウィンドウを作成	CreateTrainingDataset.applyTimeWindow
5	到着遅延の移動平均を計算	CreateTrainingDataset.computeAverageArrivalDelay
6	Flight オブジェクトに平均遅延時間を追加	CreateTrainingDataset.addDelayInformation

7	到着イベントについてのフライト情報をフィルタリング	Flight f = c.element();
		if (f.getField(INPUTCOLS.EVENT).equals("arrived")) {
		c.output(f);
		}

8	予測サービスをバッチで呼び出す	InputOutput.addPredictionInBatches (part of real-time pipeline)
9	結果を書き出す	FlightPred fp = c.element(); String csv = fp.ontime + "," + fp.flight.toTrainingCsv() c.output(csv);

このパイプラインから予測サービスを呼び出すには、オンライン予測のクォータを 1 秒あたり 10,000 リクエストに増やす必要がありました（図 10–11）。

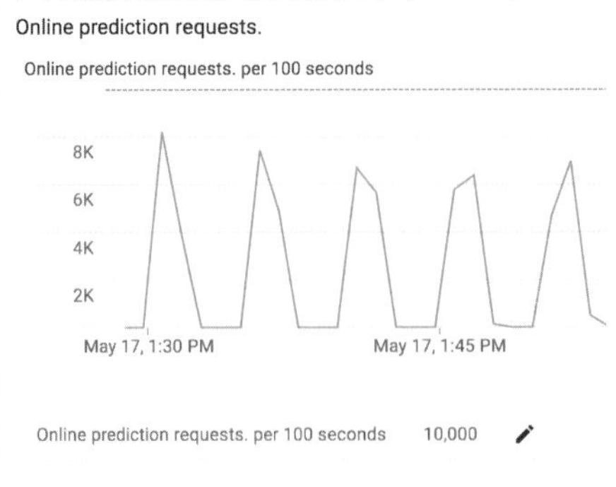

図10–11：評価用パイプラインからの予想リクエスト数

10.4.10 モデルの性能評価

評価用のパイプラインは、評価結果のデータセットを Cloud Storage のテキストファイルに書き込みます。SQL で分析するために、データセット全体を BigQuery のテーブルにアップロードします。

```
bq load -F , flights2016.eval \
   gs://cloud-training-demos-ml/flights/chapter10/eval/*.csv \
   evaldata.json
```

これにより、モデルの性能を迅速かつ簡単に分析できます。たとえば、RMSE は、次のクエリで計算できます[23]。

```
SELECT
  SQRT(AVG((PRED-ONTIME)*(PRED-ONTIME)))
FROM
  flights2016.eval
```

得られた RMSE は 0.24 になりました。トレーニング中のテストデータでは、RMSE は 0.187 でしたので、性能の低下が見られます。しかしながら、異なる期間の完全に独立した（新しい空港や経済状況の変化を伴う）データセットですので、これは合理的な結果と言えるでしょう。

10.4.11 周辺分布の確認

Cloud Datalab を使用して、予測結果をさらに詳しく分析してみましょう[24]。まずは、BigQuery を使用して、遅延したフライト、遅延しなかったフライトのそれぞれについて、予測確率[25]がどのように分布しているかを調べます。

```
sql = """
SELECT
  pred, ontime, count(pred) as num_pred, count(ontime) as num_ontime
FROM
  flights2016.eval
GROUP BY pred, ontime
"""
df = bq.Query(sql).execute().result().to_dataframe()
```

これによって得られるデータフレームには、遅延しない確率の予測値（2 桁に四捨五入）と実際の結果の組み合わせについて、それぞれのデータの件数が記録されています。はじめの数行を表示すると、図 10–12 のようになります。

---

23 レガシー SQL ではなく Standard SQL を使用しています。

24 Cloud Datalab については第 5 章を参照。

25 評価用のパイプラインでは、確率の値を 2 桁に丸めました。

```
df.head()
```

	pred	ontime	num_pred	num_ontime
0	0.99	0.0	1778	1778
1	0.54	1.0	13077	13077
2	0.25	1.0	5593	5593
3	0.63	0.0	2220	2220
4	0.41	0.0	2612	2612

図10–12：確率の予測値ごとのデータ件数

遅延しなかったフライトに限定して、確率の予測値ごとに件数をプロットすると図 10–13 のようになります[26]。

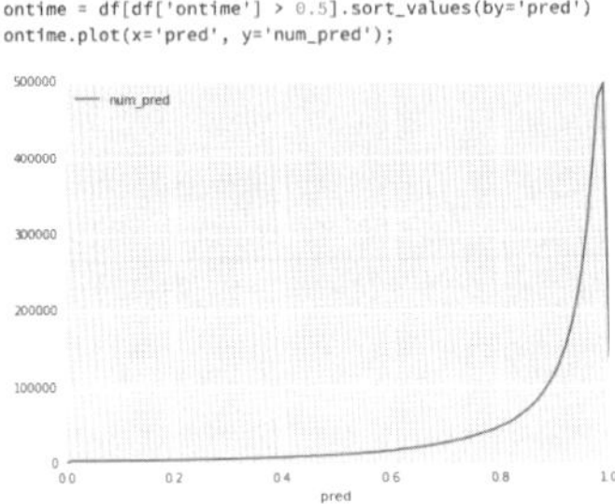

図10–13：遅延しなかったフライトに対する予測の分布

大多数のフライトは正しく予測されており、たとえば、予測確率が 0.4 未満の件数などは、かなり少ないことがわかります。図 10–14 のように、遅延したフライトについても、大部分の

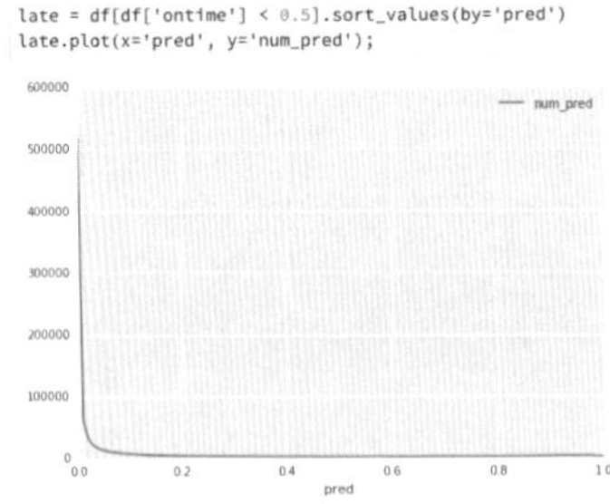

図10–14：遅延したフライトに対する予測の分布

[26] https://github.com/GoogleCloudPlatform/data-science-on-gcp/blob/master/10_realtime/distributions.ipynb を参照。

ケースで正しく予測していることがわかります。

BigQueryを使用して大きなデータセットを集約し、Cloud Datalab上でPandasとMatplotlib、もしくは、seabornを使って可視化するというこのパターンは非常に有効です。Matplotlibやseabornは、強力な可視化機能を持ちますが、メモリに収まらないデータを扱うことができません。一方、BigQueryでは、大規模なデータセットから主要な情報を集約することができますが、可視化の機能はありません。Cloud Datalabはこの2つを結びつけて、強力なバックエンドデータ処理エンジン（BigQuery）と強力な可視化ツール（Matplotlib / seaborn）の橋渡しをしてくれるのです。

サーバーレスなバックエンドにデータの集約を任せてしまうという使い方は、データサイエンス以外にも有効です。たとえば、Cloud DatalabをStackdriverと組み合わせて使用すると[27]、大規模なログの抽出結果を簡単に可視化することができます。

10.4.12 モデルの挙動を確認

トレーニング済みのモデルが、データの持つ特徴をどのように捉えているかを確認することもできます。たとえば、出発遅延時間が、遅延しない確率の予測にどのような影響を与えているかを調べてみます。

```
SELECT
  pred, AVG(dep_delay) as dep_delay
FROM
  flights2016.eval
GROUP BY pred
```

この結果をプロットすると、図10–15のようになります。

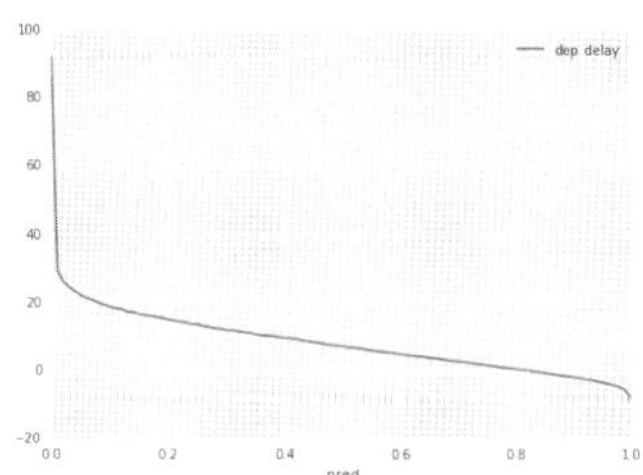

図10–15：出発遅延時間と予測値の関係

縦軸は出発遅延時間で、横軸は予測された確率の値です。30分以上遅延したフライトは、遅延しない確率がほぼゼロになっており、出発遅延と到着遅延の経験的な関係（10分以上出発が

27 https://cloud.google.com/monitoring/datalab/quickstart-datalab

遅延したら、到着が遅延する可能性が非常に高くなる）を正しく反映しています。

モデルの予測が失敗した場合の状況を分析することもできます。説明を簡単にするため、閾値を 0.5 として、モデルの予測が正しくないフライトについて、先ほどと同じ関係をプロットしてみます。

```
SELECT
  pred, AVG(dep_delay) as dep_delay
FROM
  flights2016.eval
WHERE (ontime > 0.5 and pred <= 0.5) or (ontime < 0.5 and pred > 0.5)
GROUP BY pred
```

結果は、図 10–16 のようになります。

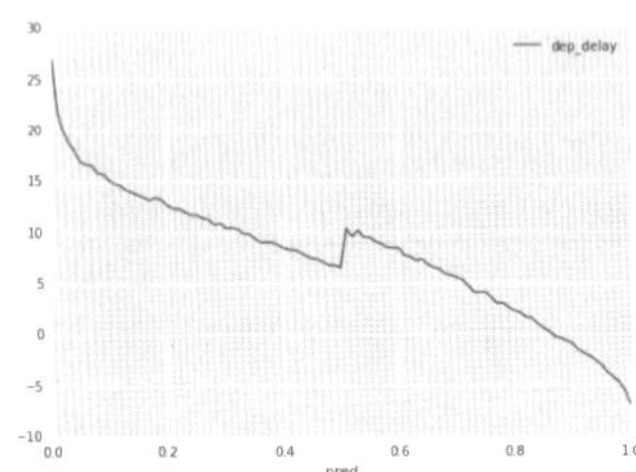

図10–16：予測が正しくなかったデータの特性

出発遅延時間が、およそ-5 から 20 の範囲に分布しており、この付近のフライトは予測が難しいことがわかります。

さらに、上記の結果を（タクシーアウト時間の違いや空港の違いなど）もう少し細かな条件で、分けて調べることもできます。ここでは、わかりやすい例として[28]、航空会社ごとに分けてみます。

```
SELECT
  carrier, pred, AVG(dep_delay) as dep_delay
FROM
  flights2016.eval
WHERE (ontime > 0.5 and pred <= 0.5) or (ontime < 0.5 and pred > 0.5)
GROUP BY pred, carrier
```

Pandas を利用して航空会社ごとに色分けした線を引くと、図 10–17 の結果が得られます。

28　この本はもう少しで終わりです！

```
df = df.sort_values(by='pred')
fig, ax = plt.subplots(figsize=(8,12))
for label, dfg in df.groupby('carrier'):
    dfg.plot(x='pred', y='dep_delay', ax=ax, label=label)
plt.legend();
```

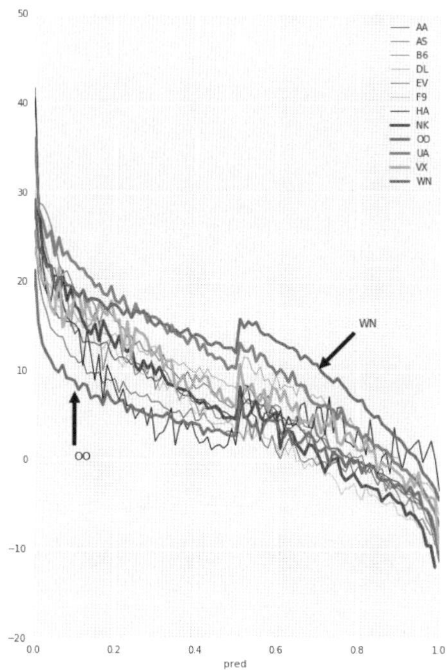

図10–17：予測が正しくなかったデータの特性（航空会社別）

10.4.13 行動変化の特定

図 10–17 の中で、たとえば左半分に注目します。これは、遅延すると予測した結果が間違っていた場合に相当しますが、その中でも OO（SkyWest Airlines）のフライトは、出発遅延時間が最も短くなっています。つまり、2015 年のトレーニングデータによれば、SkyWest のフライトは、比較的小さな出発遅延時間でも到着が遅延する傾向にあったのが、2016 年にはそれが当てはまらなくなったということです。グラフの右半分を見ると、遅延しないと予測した結果が間違っていた場合について、同様のことが言えます。WN（Southwest Airlines）は、2015 年は、比較的大きな出発遅延時間でも到着が遅延しなかったのが、2016 年にはそれが当てはまらなくなっているのです。

このような観察により、2015 年から 2016 年の間に、これら 2 社の運航方法がどのように変化したかを推察すれば、新しいデータでモデルを再学習するときにこの違いを確実に捉えることができるようになります。たとえば、SkyWestは、スケジューリングの方針を変更して、到着予定時刻を遅めに設定するようになり、2015年には遅延していたフライトが、2016年に遅延しなくなったという仮説が立てられます。

これが本当かどうかをOOの最も一般的なフライトで確認してみます。次のクエリは、フライト数が最も多い経路を発見します。

```
SELECT
  origin,
  dest,
  COUNT(*) as num_flights
FROM
  flights2016.eval
WHERE
  carrier = 'OO'
GROUP BY
  origin,
  dest
order by num_flights desc limit 10
```

この結果から、ORD–MKE間のフライトが最も多いとわかるので、2015年と2016年における、該当フライト（ORD–MKE）の予定フライト時間を確認してみます。

```
SELECT
  APPROX_QUANTILES(TIMESTAMP_DIFF(CRS_ARR_TIME, CRS_DEP_TIME, SECOND), 5)
FROM
  flights2016.simevents
WHERE
  carrier = 'OO' and origin = 'ORD' and dest = 'MKE'
```

2016年のシカゴ（ORD）— ミルウォーキー（MKE）間の予定フライト時間について、その分位数は次の通りです。

```
2580,2820,2880,2940,3180
```

一方、2015年の対応する分位数は、次のようになります。

```
2400,2760,2880,3060,3300
```

これは詳しく見てみる価値がありそうです。中央値は同じですが、2016年になると、最小値と最大値の幅が縮まっています。つまり、短いフライトはスケジュールを長くして、逆に、長いフライトはスケジュールを短くするという調整が入っているようです。私たちがモデル化しているシステムの背後には、常にこのような統計的変化が潜んでいます。これはまた、継続的なトレーニングがなぜ重要なのかを示しているとも言えます。

10.5 まとめ

本章では、第1章で始めたエンドツーエンドのプロセスを完了しました。トレーニング済みの機械学習モデルをマイクロサービスとしてデプロイし、このサービスを Cloud Dataflow のリアルタイムストリーミングのパイプラインに組み込みました。このために、`Flight` オブジェクトを JSON リクエストに変換し、受け取った JSON のレスポンスを再度 `FlightPred` オブジェクトに変換するという処理を行いました。また、フライトのリクエストを1つずつ送信するのは、ネットワーク転送量、待ち時間、そしてコストの面で非効率だということを発見して、Cloud Dataflow のパイプラインの中で、予測サービスへのリクエストをバッチにまとめるという実装を行いました。

この予測処理を行うパイプラインでは、Cloud Pub/Sub の2つのトピックからイベントデータを読み込み、それぞれの `PCollection` を1つにマージすることで、トレーニングの際に使用したパイプラインのコードを再利用することができました。トレーニングと予測に同じコードを使用することで、「トレーニングとサービングの歪み」が発生する可能性を低減することができます。また、ウォーターマークとトリガーにより、遅れて到着したレコードを適切に処理する方法を説明しました。

さらに、データの保存先となるデータベースの選択肢についても学びましたが、特に、高いスループットと低いレイテンシが必要な状況を仮定して、Cloud Bigtable にデータをストリーミングする方法を説明しました。Cloud Bigtable では、読み込みと書き込みの性能を両立させるために、アクセスパターンに適合したキーの設計が必要になることも説明しました。

最後にモデルの性能の最終評価を行いましたが、その中では、モデル化の対象となる環境が変化することにより、モデルの妥当性が失われていくということを学びました。環境変化の一例として、2015年と2016年での SkyWest Airlines のフライトスケジュールの変更が発見されましたが、このような変化に対応するには、機械学習モデルの継続的なトレーニングが必要となります。エンドツーエンドのシステムが構築できたので、次のステップは、データの更新と継続的なトレーニングを実現するということになります。

10.6 本書のまとめ

第1章では、データ分析の目的と、統計モデルと機械学習モデルを使用したデータドリブンな意思決定の方法、そして、将来このような役割が期待される市場背景について説明しました。また、本書でのケーススタディとして、予定している会議をキャンセルするべきかを判断するという問題を定式化しました。

第2章では、米国運輸統計局（BTS）の Web サイトからフライトデータを取り込む作業を自動化しました。Web フォームをリバースエンジニアリングして、必要なデータをダウンロードする Python のスクリプトを作成した後、ダウンロードしたデータを Google Cloud Storage に保存しました。最後に、データの取り込みを自動化するアプリケーションを Google App Engine で作成しました。取り込みのプロセスをサーバーレスにして、App Engine の Cron サービスから呼び出せるようにしました。

第 3 章では、エンドユーザーの知見をできるだけ早期に取り込み、モデルに反映する必要性を説明しました。これを実現するために、データポータルを用いて、Cloud SQL をデータソースとするダッシュボードを作成しました。このダッシュボードにより、出発遅延時間の閾値に基づいて到着遅延を予測するモデルが、どのように機能するかをエンドユーザーに説明することができました。

第 4 章では、リアルタイムのフライトイベントを再現するシミュレーターを作成しました。また、シミュレーターが Cloud Pub/Sub に発行するメッセージを用いて Cloud Dataflow によるストリーミング処理を行い、直近の到着遅延時間を集計して、その結果を BigQuery にストリーミングしました。Cloud Dataflow では Beam のプログラミングモデルを採用しており、同じコードをストリーミングとバッチに利用できるという特徴があります。これにより、この後の章で行う、機械学習モデルのトレーニングと予測の作業を簡略化することができました。

第 5 章では、Google BigQuery にデータセットをロードした後に、Cloud Datalab を使用してグラフを描くという手順で、インタラクティブなデータ探索を実施しました。これは、探索的データ分析とも呼ばれる作業です。この分析環境を利用して、到着遅延時間の 30 パーセンタイルに対応する出発遅延時間を決定する、ノンパラメトリック推定を実施しました。また、データセットをトレーニング用とテスト用に分割しましたが、その際に、日付を用いてデータセットを分割することが、今回の問題に適した手法であることを説明しました。

第 6 章では、Cloud Dataproc のクラスタを用いて、ベイズモデルを作成しました。この際に、Apache Spark を用いて、データを離散化するための近似分位法を適用し、Apache Pig を用いて、到着遅延が発生しないフライトの割合を計算しました。Cloud Dataproc により、BigQuery、Spark SQL、および、Apache Pig を Hadoop のワークフローに統合することができました。HDFS ではなく、Google Cloud Storage にデータを保存することで、Cloud Dataproc クラスタのサイズを作業内容に応じて適切に変更することができました。

第 7 章では、Apache Spark を使用して、ロジスティック回帰の機械学習モデルを構築しました。モデルには 3 つの入力変数があり、それらはすべて連続的な特徴量でしたが、離散的なカテゴリ変数を追加すると、データセットのサイズが爆発的に増加するため、スケーラビリティの問題が発生することがわかりました。また、本番環境での運用を実現し、低レイテンシでの予測処理を行うための課題も発見しました。

第 8 章では、機械学習モデルの入力に使用する新たな特徴量として、出発遅延と到着遅延の平均値を計算する、Cloud Dataflow のパイプラインを構築しました。ここには、スライディングウィンドウ、サイドインプット、複数の `PCollection` をキーでグループ化するなどの処理が含まれていました。

第 9 章では、TensorFlow を使用して、Deep & Wide モデルを用いた到着遅延予測の高性能な機械学習モデルを作成しました。Cloud ML Engine を利用して、TensorFlow モデルのトレーニングをスケールアウトし、ハイパーパラメータチューニングを行い、さらに、オンライン予測サービスとしてトレーニング済みのモデルをデプロイしました。

最後に、本章では、デプロイされたモデルをマイクロサービスとして使用することで、リアルタイムに受信したフライトデータに、予測結果を追加する処理を統合することができました。また、最新のデータを用いてモデルを評価することで、機械学習モデルを継続的にトレーニングする必要性が理解できました。

本書では、データサイエンスのプロセスをエンドツーエンドで紹介しました。解くべき問題を理解して定式化した後に、必要なデータを取り込み、最終的には、機械学習モデルによるリアルタイムな予測処理を実現しました。この作業を通して、筆者自身も、データサイエンスの活動がこれまで以上に簡単になったことを強く実感しました。単純な閾値を用いた判定からデータ分割に基づいたベイズモデル、そして、ディープニューラルネットワークまでを驚くほど簡単に実現できました。また、データの取り込みと更新、ダッシュボードの作成、データのストリーミング処理、さらには、機械学習モデルを用いた予測処理を実現するにあたり、膨大なコーディング作業に煩わされることもありませんでした。これまでは、データサイエンティストが行う作業の 80%は、データ処理の環境を整備する時間に費やされていました。機械学習モデルを本番運用するとなると、そのためのインフラストラクチャをスクラッチで開発する必要がありました。しかしながら、Google Cloud Platform を利用すれば、インフラストラクチャについて考える必要はありません。開発した機械学習モデルは、そのままオンライン予測サービスとしてデプロイすることも可能です。サーバーレスなデータ処理と機械学習のシステムをバックエンドとして、これらを統計処理や可視化のツールと統合することで、データサイエンスの実践は、すべての人々に解放されたのです。

本書を参考にして、皆さんもデータサイエンスの実践に取り組んでください。

付録 A

機械学習データセット内の機密データに関する考慮事項

Brad Svee と著者によって書かれたこの Appendix は、Google Cloud Platform のソリューションサイト[1] でも公開されています。

機械学習（ML）プログラムを開発する際には、社内のデータアクセスとそのアクセスのセキュリティの関係とのバランスをとることが重要です。機密データへのアクセスが制限されている場合でも、生データセットに含まれている分析情報を ML トレーニングに活用する必要があります。両方の目標を達成するには、任意の数の集計または難読化手法を部分的に適用した後で、生データのサブセットまたはデータセット全体で ML システムをトレーニングすると便利です。

たとえば、製品に関する顧客のフィードバックを評価するよう、ML モデルをトレーニングする必要がありますが、データエンジニアがそのフィードバックの送信者を特定することは望ましくありません。ただし、配送先住所や購入履歴などの情報は、ML モデルのトレーニングにとって非常に重要です。データがデータエンジニアに提供された後、データエンジニアはデータ探索の目的でデータにクエリをかける必要があるため、機密データフィールドを保護してからデータを使用可能にすることが重要です。この種のジレンマは、レコメンデーションエンジンを含む ML モデルでも一般的です。ユーザー固有の結果を返すモデルを作成するには、通常、ユーザー固有のデータにアクセスする必要があります。

このような場合のために、データセットから一部の機密データを削除してもなお有効な ML モデルをトレーニングするための手法があります。この記事では、機密情報を特定して保護するための戦略と、ML データに関するセキュリティ上の懸念に対処するプロセスについて説明します。

[1] https://cloud.google.com/solutions/sensitive-data-and-ml-datasets

A.1 機密情報の取り扱い

機密情報とは、該当する責任者の意思と法律的観点から、アクセスの制限や暗号化などのセキュリティ手段を追加して保護する必要があると考えられるすべてのデータのことです。たとえば、名前、メールアドレス、お支払い情報などのフィールド、あるいはデータエンジニアや悪意のある者が機密情報を間接的に推論できるような情報は、多くの場合、機密とみなされます。

HIPAA や PCI-DSS などの標準によって、機密データを保護するための一連のベストプラクティスが指定されると同時に、機密データが処理される方法が顧客に通知されます。これらの認定基準により、顧客は十分な情報に基づいて、個人情報のセキュリティに関する意思決定ができます。

機械学習データセットにおける機密データの処理が困難になる理由は、次の通りです。

- ほとんどの役割ベースのセキュリティは所有権の概念に基づいています。つまり、ユーザーは自分のデータを表示したり、編集したりできますが、そのユーザーに属していないデータにはアクセスできません。多くのユーザーからのデータの集合である ML データセットでは、所有権の概念は機能しなくなります。基本的に、データエンジニアは、データセットを効果的に使用するために、データセット全体に対する表示アクセス権を付与される必要があります。
- 予防措置として頻繁に使用される、機密フィールドの暗号化や解像度の削減は、ML データセットでは必ずしも十分ではありません。集計データセット自体が頻度分析攻撃[2] によって暗号化を破る手段を提供することがよくあります。
- データセットから機密フィールドをランダムにトークン化、抑制、または削除することは必要なデータを不明瞭にするため、ML モデルのトレーニングの効果が減少し、予測のパフォーマンスが低下する可能性があります。

組織は、通常、セキュリティと利便性の適切なバランスをとるために、ツールと一連のベストプラクティスを開発します。ML データセットの機密データを保護するために、以降で説明する次の 3 つの目標に留意してください。

- 高い信頼度でデータセット内の機密データを識別すること。
- プロジェクトへの悪影響なく機密データを保護すること。これは、機密扱いと判断したデータの削除やマスキング、曖昧化によって実現できます。
- ガバナンスプランとベストプラクティスのドキュメントを作成すること。これにより、データエンジニアとユーザーは、特に機密データを確実に識別、マスク、削除できな

[2] https://wikipedia.org/wiki/Frequency_analysis

いシナリオに関して、適切に意思決定できます。

これらの 3 つの目標については、以降のセクションで詳しく説明します。これらのセクションでは、データセットを社内でのみ公開するシナリオを中心に説明します。この記事では、データセットを一般公開で共有するシナリオについては説明しません。

A.2 機密データの識別

社内環境に機密データが存在するシナリオはいくつか考えられます。以降のセクションでは、最も一般的な 5 つのシナリオと、その機密データを識別するために使用できる方法について説明します。

A.2.1 列の機密データ

機密データは、構造化データセットの特定の列に限定されている場合があります。たとえば、ユーザーの姓名および住所を含む列のセットがあるとします。この場合、機密データを含む列を識別し、それらを保護する方法を決定して、決定事項を文書化します。

テキストベースの非構造化データセットの機密データ

機密データは、テキストベースの非構造化データセットの一部である場合、通常、既知のパターンを使用して検出できます。たとえば、チャットの記録のクレジットカード番号は、クレジットカード番号の共通の正規表現パターンを使用して確実に検出できます。誤った分類につながる正規表現の検出エラーは、Google Data Loss Prevention API（DLP API）[3]などのより高度なツールを使用して最小限に抑えることができます。

自由形式の非構造化データの機密データ

機密データは、テキスト形式のレポート、録音、写真、スキャンされた領収書など、自由形式の非構造化データとして存在することがあります。これらのデータセットでは、機密データを識別するのがかなり難しくなりますが、役立つツールが数多くあります。

- フリーテキストドキュメントの場合は、自然言語処理システム（Cloud Natural Language API [4]など）を使用して、エンティティ、メールアドレス、およびその他の機密データを識別できます。
- 録音の場合は、音声文字変換サービス（Cloud Speech API [5]など）を使用し、その後、自然言語プロセッサを適用できます。

[3] https://cloud.google.com/dlp/

[4] https://cloud.google.com/natural-language/

[5] https://cloud.google.com/speech/

- 画像の場合、テキスト検出サービス（Cloud Vision API [6]など）を使用して、画像から生のテキストを取得し、画像内のテキストの位置を切り出すことができます。Vision API は、画像内の一部のターゲット アイテムの位置座標を提供できます。たとえば、この情報を使用して、レジの行列の画像のすべての顔をマスクしてから、機械学習モデルをトレーニングして平均顧客待ち時間を見積もることができます。
- 動画の場合、各動画を個々の画像フレームに解析して画像ファイルとして扱うことができます。また、Cloud Video Intelligence API [7]などの動画処理ツールを Cloud Speech API とともに使用して、音声を処理することもできます。

ただし、これらの手法は、顧問弁護士の審査と承認を受ける必要があり、また該当するシステムがどの程度までフリーテキストの処理、音声の変換、画像の理解、動画の分割を行うことで、潜在的な機密データを識別できるかによって異なります。上に示した Google API と DLP API は、前処理パイプラインに組み込むことができる強力なツールです。ただし、これらの自動化された方法は完全ではなく、除去後に残っている機密情報を処理するためのガバナンスポリシーの整備を検討することが必要になります。

複数のフィールドを組み合わせた機密データ

機密データは、フィールドの組み合わせとして存在することや、保護されたフィールドの時間の経過に伴う傾向から明らかになることがあります。たとえば、ユーザーを識別する可能性を減らすための標準的な方法は、郵便番号の最後の 2 桁をぼかして、5 桁から 3 桁に減らすことです（zip3）。ただし、勤務先に関連付けられた zip3 と自宅住所に関連付けられた zip3 の組み合わせは、自宅と勤務先の組み合わせが一般的でないユーザーの識別には十分である可能性があります。同様に、時間の経過に伴う zip3 の自宅住所の傾向は、複数回転居した個人の識別に十分である場合があります。

頻度分析攻撃に対してデータセットが本当に保護されているかどうかを特定するには、統計に関する専門知識が必要です。人間の専門家に依存するシナリオには、スケーラビリティの課題があります。逆説的ですが、生データの潜在的な問題を調査するために、同じデータエンジニアによるデータの除去が必要となる場合があります。理想的には、このリスクを識別し、数値化するための自動化された方法を作成します（この記事ではこのタスクについて説明しません）。

いずれにしても、弁護士およびデータ エンジニアと協力して、これらのシナリオでのリスクの可能性を評価する必要があります。

非構造化コンテンツの機密データ

コンテキスト情報が埋め込まれているため、非構造化コンテンツに機密データが存在するこ

[6] https://cloud.google.com/vision/

[7] https://cloud.google.com/video-intelligence/

とがあります。たとえば、チャットの記録に「昨日、私のオフィスから電話しました。4 階は携帯電話の電波が弱いので、18 階の Cafe Deluxe Espresso の横のロビーに行ったのです」というフレーズがあるとします。

トレーニングデータのコンテキストと範囲、および弁護士のアドバイスに基づいて、このコンテンツの一部をフィルタリングする必要がある場合があります。非構造化という特性と、フレーズの組み合せが大量で複雑になることから、類似した推定が可能になるため、これはプログラマティックなツールによる対処が難しいシナリオですが、非構造化データセット全体へのアクセスに関するガバナンスの強化を検討する価値はあります。

モデル開発の場合、通常、信頼できる個人が除去および確認したデータのサブサンプルを取得し、モデル開発に利用できるようにすると効果的です。その後、セキュリティ制限とソフトウェア自動化を使用して、本番環境モデルトレーニングプロセスを通じて完全なデータセットを処理できます。

A.3　機密データの保護

機密データを識別したら、そのデータを保護する方法を決定する必要があります。

A.3.1　機密データの削除

プロジェクトでユーザー固有の情報を必要としない場合は、それらの情報をすべてデータセットから削除してから、ML モデルを構築するデータエンジニアにデータセットを提供することを検討してください。ただし、前述のように、機密データを削除するとデータセットの価値が大幅に低下する場合があります。このような場合、次の「機密データのマスキング」セクションで説明する手法を 1 つ以上使用して機密データをマスクする必要があります。

機密データを削除するには、データセットの構造によって異なるアプローチが必要です。

- データが構造化データセットの特定の列に限定されている場合、該当する列へのアクセスを提供しないビューを作成できます。データエンジニアがデータを表示することはできませんが、同時に、データは「ライブ」であり、継続的なトレーニングのために人間が介入してデータを非特定化する必要がありません。
- 機密データが非構造化コンテンツの一部であるが、既知のパターンを使用して識別可能な場合、自動的に削除して汎用文字列に置き換えることができます。DLP API[8]がこの方法で課題に対応します。

8　https://cloud.google.com/dlp/

- 画像、動画、音声、または非構造化自由形式データ内に機密データが存在する場合は、デプロイしたツールを拡張して機密データを識別し、マスクしたり削除したりできます。
- フィールドの組み合わせのために機密データが存在し、自動ツールまたは手動データ分析ステップを組み込んで各列のリスクを数値化している場合、データエンジニアは関連する列の保持または削除に関して、情報に基づいた意思決定を行うことができます。

A.3.2 機密データのマスキング

機密データフィールドを削除できない場合でも、データエンジニアがマスクされた形式のデータを使用して効果的なモデルをトレーニングできる可能性があります。データエンジニアが、ML トレーニングに影響を与えることなく、機密データフィールドの一部またはすべてをマスクできると判断した場合、いくつかの手法を使用してデータをマスクできます。

- 最も一般的なアプローチは、書式なしテキスト識別子のすべての出現をそのハッシュ値または暗号化された値、あるいはその両方に置き換える代入暗号を使用することです。一般的には、強力な暗号化ハッシュ（たとえば SHA-256[9]）または強力な暗号化アルゴリズム（たとえば AES-256[10]）を使用してすべての機密フィールドを格納することがベストプラクティスとして受け入れられています。暗号化にソルトを使用すると繰り返し可能な値が作成されず、ML トレーニングにとって弊害となることに注意が必要です。
- トークン化は、各機密フィールドに格納されている実際の値を無関係のダミー値で置き換えるマスキング手法です。ダミー値と実際の値とのマッピングは、より安全な完全に異なるデータベースで暗号化/ハッシュされます。この方法が ML データセットに対して機能するのは、同じトークン値が同じ値に対して再利用される場合のみであることに注意してください。この場合、これは代入暗号に類似しており、頻度分析攻撃に対して脆弱です。主な違いは、トークン化では、暗号化された値を別のデータベースにプッシュすることにより、保護が強化されることです。
- 複数列のデータを保護する別の方法は、主成分分析[11]（PCA）または他の次元削減手法を使用して複数の特徴を結合してから、結果の PCA ベクトルに対してのみ ML トレーニングを実施するというものです。たとえば、3 つの異なるフィールド `age`、`smoker`

9 https://wikipedia.org/wiki/SHA-2

10 https://wikipedia.org/wiki/Advanced_Encryption_Standard

11 https://wikipedia.org/wiki/Principal_component_analysis

(1 または 0 で表されます)、body-weight がある場合に、データを 1 つの列にまとめて、計算式 1.5age + 30smoker + 0.2 * body − weight を使用することが考えられます。20 歳で喫煙し、体重が 63.5Kg の個人の場合、値 88 が生成されます。これは、30 歳で喫煙せず、体重が 97.5Kg の個人の場合に生成される値と同じ値です。

なんらかの形でユニークな個人を識別した場合でも、PCA ベクトル式の説明なしにその個人をユニークにしている要素を特定することが困難であるため、この方法は非常に堅牢となります。ただし、すべての PCA 処理によってデータの分布が削減され、精度と引き換えにセキュリティが確保されます。

前述のように、異なる識別子が出現する一般的な頻度を事前に把握して、さまざまな暗号化された識別子の実際の出現状況から推定を導出することで、代入暗号を解読することが可能になる場合があります。たとえば、「赤ちゃんの名前の一般公開データセット」[12]における名前の分布を使用して、特定の暗号化された識別子に対する、可能性の高い一連の名前を推定することができます。悪意のある者が完全なデータセットにアクセスする可能性があることを考えると、暗号化、ハッシング、トークン化は頻度分析攻撃に対して脆弱です。一般化と数値化[13]は、代入において多対 1 のマッピングを使用し、対応する推定はわずかに弱くなりますが、依然として頻度分析攻撃に対して脆弱です。機械学習データセットには多数の対応する変数があるため、頻度分析攻撃は発生の同時確率[14]を使用でき、潜在的に暗号解読が容易になります。

したがって、機密データを含む可能性のあるすべての機械学習データセットへのアクセスを制限するために、すべてのマスキング方法を、効果的な監査およびガバナンスメカニズムと組み合わせる必要があります。これには、すべての機密フィールドが抑制、暗号化、数値化、または一般化されたデータセットが含まれます。

A.3.3 機密データの曖昧化

曖昧化は、データの精度や粒度を低下させることでデータセット内の機密データの特定を困難にする一方で、曖昧化する前のデータを使用したモデルのトレーニングと比較しても、同等の利点がある手法です。次のフィールドは、このアプローチに特に適しています。

- **場所**：人口密度は世界中で異なるため、位置座標をどの程度丸めるべきかについての簡単な答えはありません。たとえば、1 桁精度(-90.3、およそ 10km 以内など)に丸められた小数点ベースの緯度と経度は、大規模な農場がある農村部の居住者の特定には十分である可能性があります。座標の丸めでは十分でない場合は、市区町村、州、

12 https://cloud.google.com/bigquery/public-data/usa-names

13 https://wikipedia.org/wiki/Quantization

14 https://wikipedia.org/wiki/Joint_probability_distribution

郵便番号などのロケーション識別子を使用できます。これらは、はるかに広い地域をカバーするため、1 名の個人を区別することはより困難になります。1 つの行に固有の特性を適切に難読化するのに十分な大きさのバケットサイズを選択します。

- **郵便番号**：5+4 形式の米国の郵便番号は世帯を特定できますが、最初の 3 桁（zip3）のみが含まれるように曖昧化できます。これにより、多くのユーザーを同じバケットに入れることによって、特定のユーザーを識別する機能が制限されます。ただし、非常に大規模なデータセットでは、より巧妙な攻撃が可能になるため、このリスクを定量化することが有益である場合があります。
- **数量**：数字は、個人を特定する可能性を低くするためにビニングすることができます。たとえば、通常、正確な生年月日ではなく、誕生年を含む 10 年または誕生月のみを必須とします。したがって、年齢、生年月日などの数値フィールドは、範囲を代入することで曖昧化できます。
- **IP アドレス**：IP アドレスは、アプリケーションログを含む機械学習ワークフローの一部であることが多く、機密性の点で物理的住所と同様に扱われることがよくあります。曖昧化の手法としては、IPv4 アドレスの最後のオクテット（IPv6 を使用する場合は最後の 80 ビット）をゼロで埋めることをお勧めします。これには、緯度や経度を丸めたり、住所を郵便番号に減らしたりして地理的な精度と引き換えに保護を強化することと同じ効果があります。IP アドレスの曖昧化は、パイプラインのできるだけ早い段階に組み込みます。ディスクに IP アドレスを書き込む以前に、IP アドレスをマスクするか非表示にするよう、ロギングソフトウェアを変更できる可能性もあります。

A.4 ガバナンス ポリシーの確立

データセットに機密データが含まれている場合は、弁護士に相談して、ガバナンスポリシーとベストプラクティスのドキュメントを作成することをお勧めします。ポリシーの詳細は、制定者が決定します。PCI Security Standards Council の Best Practices for Maintaining PCI DSS Compliance[15]や ISO 標準の検索サイト[16]で参照できる「ISO/IEC 27001:2013」のセキュリティ手法要件など、数多くのリソースを利用できます。次のリストも、ポリシーフレームワークを確立する際に考慮できるいくつかの共通の概念を示しています。

- ガバナンスドキュメントのための安全な場所を確保します。
- 暗号化キー、ハッシュ関数、またはその他のツールをドキュメントから除外します。

[15] https://www.pcisecuritystandards.org/documents/PCI_DSS_V3.0_Best_Practices_for_Maintaining_PCI_DSS_Compliance.pdf

[16] https://www.iso.org/obp/ui/

- 機密データが受信される、すべての既知のソースを文書化します。
- 格納されている機密データのすべての既知の所在地、および存在するデータの種類を文書化します。データを保護するために行われたすべての改善手順を含めます。
- 改善手順が困難、一貫性がない、または不可能な機密データの既知の所在地を文書化します。これにより、頻度分析攻撃が使用される可能性があると思われる状況に対応します。
- 機密データの新しいソースを継続的にスキャンおよび識別するプロセスを確立します。
- 機密データへの一時的または永続的なアクセス権を付与された役割と（場合によっては）個々の従業員の名前を文書化します。そのアクセスが必要になった理由を含めます。
- 従業員が機密データへのアクセスをリクエストするプロセスを文書化します。機密データにアクセスできる場所、機密データをコピーできるかどうか、コピー方法、コピー場所、アクセスに関連するその他の制限事項を指定します。
- 誰がどの機密データにアクセスできるかを定期的に見直して、アクセスが必要かどうかを判断するプロセスを確立します。脱退プロセスの一環として、従業員が退職したり役割が変化したりした場合の対処方法の概要を示します。
- ポリシーを伝達し、実施して、定期的にレビューするプロセスを確立します。

索　引

[会員特典データのご案内]

原書刊行後に公開されたBigQueyMLやCloud Functions、Cloud Scheduler などの機能を使い、本書の内容をアップデートした記事を、著者が https://towardsdatascience.com/で執筆・公開しています。

それらの翻訳PDFを会員特典データとして以下のサイトで公開しています。会員特典データのダウンロードには、SHOEISHA iD（翔泳社が運営する無料の会員制度）への会員登録が必要です。詳しくはWebサイトをご覧ください。

●会員特典データのダウンロードサイト

https://www.shoeisha.co.jp/book/present/9784798158839/

会員特典データに関する権利は、著者・翻訳者および株式会社翔泳社が所有しています。許可なく配布したり、Webサイトに転載することはできません。また、会員特典データの提供は予告なく終了することがあります。あらかじめご了承ください。

スケーラブルデータサイエンス

データエンジニアのための実践Google Cloud Platform

2019年06月05日　初版第1刷発行

著　者　Valliappa Lakshmanan（バリアッパ・ラクシュマナン）
翻　訳　葛木美紀（かつらぎ・みき）
監　修　中井悦司（なかい・えつじ）
　　　　長谷部光治（はせべ・こうじ）
発行人　佐々木幹夫
発行所　株式会社翔泳社（https://www.shoeisha.co.jp/）
印刷・製本　株式会社加藤文明社印刷所

本書へのお問い合わせについては、ii ページに記載の内容をお読みください。

落丁・乱丁はお取り替えいたします。03-5362-3705 までご連絡ください。

ISBN978-4-7981-5883-9　Printed in Japan